POUR COMPRENDRE LES MATHÉMATIQUES

CM1
Cycle 3

Guide pédagogique

N. Bramand
Professeur des écoles

P. Bramand
Professeur agrégé

É. Lafont
Professeur des écoles

C. Maurin
Formateur en mathématiques

D. Peynichou
Maître formateur

A. Vargas
Directeur d'école

hachette
ÉDUCATION

Responsable de projet : Adélaïde Lebuy
Création de la maquette de couverture : Pierre Patrault
Exécution de la maquette de couverture : Médiamax
Illustration de la couverture : Alain Boyer
Création de la maquette intérieure : Pierre Patrault
Mise en pages : Médiamax
Dessins techniques : Gilles Poing
Fabrication : Patricia Zalewski

ISBN : 978-2-01-245781-2

AVANT-PROPOS

Ce guide pédagogique est conçu comme l'outil permettant la mise en œuvre la plus efficace et la plus complète du manuel de l'élève conforme aux **programmes officiels de novembre 2015**. Ces programmes fixent la liste des compétences et des connaissances associées que les enfants doivent avoir acquises à l'issue du cycle 3, dans le cadre du Socle commun de connaissances, de compétences et de culture.

Nos objectifs principaux sont les suivants :
- permettre à tous les enseignants de créer des situations d'apprentissage efficaces adaptées au niveau des enfants tout en respectant les contenus des programmes du CM1 (première année du cycle 3) ;
- alléger la tâche des enseignants qui ont la charge d'enseigner toutes les disciplines, en facilitant le travail de préparation des séances ;
- faciliter la gestion de la classe et celle des temps d'enseignement.

Nos choix ont pris appui tout à la fois sur :
- les apports, relativement récents, des neurosciences qui confirment le rôle déterminant des émotions ,d'une part, de l'intention volontaire, d'autre part, dans les processus de mémorisation ;
- les travaux de théoriciens comme Guy Brousseau ou Yves Chevallard;
- les travaux de chercheurs en didactique ou en psychologie cognitive comme Gérard Vergnaud ou Jean Julo;
- les publications des IREM et notamment de la COPIRELEM;
- l'expérience, enfin, et la culture pédagogique accumulées par les praticiens.

C'est en concevant ***des outils simples de maniement pour l'enseignant, des outils structurés et clairs d'accès pour l'enfant***, que l'on conduit celui-ci à aimer et à comprendre les mathématiques.

Ce guide comporte successivement :
- un court exposé de nos choix pédagogiques explicités par **domaines mathématiques** ;
- la **mise en œuvre des leçons** pour chacune des séquences du manuel de l'élève, avec des batteries de calcul mental, des propositions d'activités, les commentaires des exercices et, éventuellement, des compléments pédagogiques ou des éléments d'informations mathématiques... ;
- des **outils d'évaluation des compétences** réparties dans l'année scolaire, des conseils pour analyser les évaluations et mettre en œuvre la différenciation en classe en utilisant, soit les photofiches de soutien et/ou d'approfondissement, soit les activités du cahier de géométrie proposées dans notre collection *Pour Comprendre les mathématiques* ;
- les **annexes** relatives à des questions importantes du travail pédagogique.

Les auteurs

SOMMAIRE

Période 1

Période 2

Période 3

Période 4

Période 5

INTRODUCTION

« Dans la continuité des cycles précédents, le cycle 3 assure la poursuite du développement des six compétences majeures des mathématiques : chercher, modéliser, représenter, calculer, raisonner et communiquer. La résolution de problèmes constitue le critère principal de la maîtrise des connaissances dans tous les domaines des mathématiques, mais elle est également le moyen d'en assurer une appropriation qui en garantit le sens. [...]

On veille aussi à proposer aux élèves des problèmes pour apprendre à chercher qui ne soient pas directement reliés à la notion en cours d'étude, qui ne comportent pas forcément une seule solution, qui ne se résolvent pas uniquement avec une ou plusieurs opérations mais par un raisonnement et des recherches par tâtonnements.

Le cycle 3 vise à approfondir des notions mathématiques abordées au cycle 2, à en étendre le domaine d'étude, à consolider l'automatisation des techniques écrites de calcul introduites précédemment (addition, soustraction et multiplication) ainsi que les résultats et procédures de calcul mental du cycle 2, mais aussi à construire de nouvelles techniques de calcul écrites (division) et mentales, enfin à introduire des notions nouvelles comme les nombres décimaux, la proportionnalité ou l'étude de nouvelles grandeurs (aire, volume, angle notamment).

Les activités géométriques pratiquées au cycle 3 s'inscrivent dans la continuité de celles fréquentées au cycle 2. Elles s'en distinguent par une part plus grande accordée au raisonnement et à l'argumentation qui complètent la perception et l'usage des instruments. [...]

En complément de l'usage du papier, du crayon et de la manipulation d'objets concrets, les outils numériques sont progressivement introduits. Ainsi, l'usage de logiciels de calcul et de numération permet d'approfondir les connaissances des propriétés des nombres et des opérations comme d'accroitre la maitrise de certaines techniques de calcul. De même, des activités géométriques peuvent être l'occasion d'amener les élèves à utiliser divers supports de travail : papier et crayon, mais aussi logiciels de géométrie dynamique, d'initiation à la programmation ou de visualisation de cartes, de plans[1]. »

Nos intentions

Le manuel de l'élève du CM1 de la collection ***Pour comprendre les mathématiques*** a été conçu dans une optique constructiviste. Mais ce travail n'est pas spontané. C'est une activité sociale dont le langage est le médiateur principal. L'échange avec les pairs, d'une part, le rôle de l'adulte, d'autre part, prennent une part déterminante dans le processus d'apprentissage. Les théories de l'apprentissage qui sous-tendent notre travail prennent leur source dans les idées développées par G. Bachelard au cours du siècle dernier : « Les connaissances nouvelles s'élaborent contre les connaissances anciennes qui font obstacle à celles-là. »

Chaque étape de la progression place l'élève dans des situations qui lui imposent d'élaborer et de verbaliser les images mentales, les outils et les concepts logiques et mathématiques. Cela demande du temps, cela exige aussi la mémorisation et le renforcement des notions et des concepts ainsi construits. Cela permet enfin à l'enfant de conquérir son autonomie.

La gestion du temps

« Laisser du temps au temps » de l'apprentissage est l'une de nos préoccupations permanentes. Il faut laisser aux élèves le temps de construire les concepts et les outils fondamentaux du programme (droit à l'erreur, tâtonnement expérimental...). Il faut donc prévoir un dosage équilibré entre les activités de découverte et d'expérimentation, les phases de conceptualisation, les exercices d'entraînement, les exercices de soutien et les prolongements dans des activités pluridisciplinaires.

La pratique quotidienne du calcul mental (sans appui de l'écrit) et du calcul réfléchi (calcul mental avec appui de l'écrit)

Nous en proposons la mise en place dès la première semaine de la rentrée. L'acquisition et le renforcement des mécanismes de calcul, l'entraînement de la mémoire, la familiarité obtenue à l'égard des nombres (ils deviennent en quelque sorte « concrets »), la reconnaissance de la multiplicité des procédures applicables à un même calcul conduisent insensiblement au calcul pensé et maîtrisé. Lors de résolutions de problèmes, la familiarité acquise avec le maniement des nombres et les automatismes construits pour certains calculs permettent aux élèves de prendre du recul sur l'énoncé et de consacrer plus de temps et d'attention au raisonnement et à la stratégie de résolution.

La conquête de l'autonomie

Comme le conseille le guide pédagogique, la phase de recherche collective proposée au début de chaque leçon nouvelle prend souvent appui sur une situation de jeu ou d'expérimentation effective que l'enseignant peut mettre en place dans la classe avant de proposer aux élèves d'aborder les **Activités de recherche** collective du manuel. Cette mise en œuvre préliminaire permet aux élèves de mieux s'approprier la question ou le problème soulevé ; ils peuvent ainsi valider leurs propositions de façon effective et découvrir par eux-mêmes leur réussite ou leur erreur. Cela leur permet de donner plus rapidement du sens aux illustrations et aux représentations proposées dans le manuel puisque la situation qui y est évoquée leur est devenue familière. Cela va aussi

1. Programmes officiels – 26 novembre 2015.

permettre à l'enseignant de gérer plus efficacement et plus rapidement la phase de recherche collective qui vient jouer le rôle de trace écrite de l'activité précédente.

Nous avons aussi souhaité que chaque leçon soit suivie d'une institutionnalisation locale qui permet aux élèves de formuler ce qui vient d'être appris. Le guide pédagogique propose pour chaque leçon une conclusion orale possible de la séance. De plus, l'enseignant et les élèves trouveront, dans la rubrique **L'essentiel**, un résumé concis et structuré de la leçon.

La pratique d'une pédagogie différenciée

S'il est souhaitable que tous les enfants participent au travail de recherche collectif, il n'est pas utile, bien au contraire, qu'ils effectuent tous et au même moment les activités individuelles **S'exercer**. Celles-ci sont à la disposition de l'enseignant qui trouvera des outils pour remédier aux insuffisances des uns et la matière pour l'approfondissement et l'entraînement des autres. L'observation quotidienne des élèves permet à l'enseignant de proposer des parcours adaptés aux difficultés rencontrées par certains d'entre eux.

Dans cette rubrique, nous avons donc prévu, dans la plupart des exercices, deux niveaux de difficulté progressive : le niveau le plus facile est repéré par la lettre (a) de couleur verte, le plus difficile par la lettre (b) de couleur bleue.

Pour permettre la gestion de la différenciation pédagogique, des **Photofiches** sont associées aux leçons. Elles sont les outils des séances de différenciation : celles pour le soutien reprennent les exercices portant sur la compétence dans ce qu'elle a de simple, celles d'approfondissement vont plus loin dans l'étude de cette compétence.

La résolution de problèmes

Depuis le début de notre collection, nous avons toujours placé la résolution de problèmes au centre de toute acquisition mathématique. C'est pour résoudre des problèmes que l'élève a besoin de construire des outils mathématiques : techniques opératoires, instruments de mesure, etc. Nous avons donc intégré des problèmes au cœur de chaque leçon :

• Certains permettent la construction de connaissances nouvelles. Il s'agit des situations-problèmes proposées au début de chaque leçon dans la rubrique **Activités de recherche**. Ces problèmes placent les enfants en situation de recherche car ils ne possèdent généralement pas la technique leur permettant de les résoudre de manière experte. C'est ce travail de recherche, individuellement et en petits groupes, qui va leur permettre d'atteindre ,l'objectif fixé par cette leçon et d'acquérir les capacités et les connaissances correspondantes.

• D'autres sont destinés à permettre l'utilisation des acquis de la leçon dans des situations d'application immédiate. Ce sont les problèmes qui terminent généralement chaque leçon dans la rubrique **Résoudre**. Ils sont rangés par ordre de difficulté croissante avec un premier problème intitulé **Problème guidé**, où la mascotte **Mathix** donne des conseils méthodologiques.

Nous avons aussi choisi de consacrer à la résolution de problèmes un nombre important de leçons qui sont toutes accompagnées de leurs **Photofiches Problèmes** respectives :

• Des pages **Problèmes : Apprendre à résoudre** ont été créées spécialement pour vous apporter une aide dans ce travail difficile. Elles sont organisées pour favoriser une classification des différents types de problèmes que l'élève est amené à rencontrer dans son parcours scolaire. En apprenant à se détacher du contexte de l'énoncé pour accorder plus d'attention à la démarche de résolution, les élèves acquièrent une plus grande assurance. Ils établissent des analogies, repèrent des ressemblances ou des différences entre les différentes démarches et entrent davantage dans l'abstraction mathématique.

• D'autre part des compétences spécifiques, d'ordre méthodologique, sont à l'œuvre dans les activités de résolution de problèmes. Des pages **Problèmes : Méthodologie**, consacrées à l'aspect formel de la résolution de problèmes, permettent à tous les élèves de gérer et de dédramatiser les situations problèmes.

Les situations sur lesquelles portent les problèmes sont diverses. Elles peuvent être issues de la vie de la classe, de la vie courante, d'autres domaines de connaissances (sciences expérimentales et technologie, géographie...), de jeux ou concerner des objets mathématiques (figures, nombres...).

À chaque fin de période, avec les pages **Mobilise tes connaissances**, les élèves se confrontent à des problèmes de manière ludique et non conventionnelle.

Le Coin du chercheur propose régulièrement des situations ludiques ou des situations de recherche exploitables en classe. Elles peuvent permettre, selon le cas, de proposer un travail d'approfondissement à certains élèves, ou de proposer un travail de type méthodologique à l'ensemble de la classe. Elles comportent presque toujours un caractère de défi qui motive les élèves. Elles peuvent être utilisées par l'enseignant pour initier ses élèves de façon progressive à la résolution de problèmes classés dans les nouveaux programmes dans la catégorie « Problèmes pour apprendre à chercher ».

La pratique des jeux mathématiques

Elle contribue au développement de la pensée logique et de la capacité à anticiper. Élément très motivant, prolongé par le questionnement individuel ou collectif, le jeu devient un outil pédagogique efficace.

La pratique d'activités pluridisciplinaires

Elle permet de multiplier le temps utile et contribue, de surcroît, à donner du sens aux concepts et outils mathématiques. La mise en œuvre des activités motrices, de construction d'objets, de pliages, de tracés peuvent s'effectuer transversalement à d'autres champs disciplinaires : EPS, arts plastiques, travaux manuels et technologie. L'analyse d'un énoncé de problème relève aussi bien du français que des mathématiques. L'histoire, la géographie, la physique et les sciences naturelles sont l'occasion de mesurer, de construire ou d'interpréter tableaux et graphiques.

Les banques d'exercices

Elles facilitent la gestion du temps dans la classe et aident l'enseignant à pratiquer une pédagogie différenciée. Il y trouvera des exercices supplémentaires mais aussi des problèmes **Comme le problème guidé** qui sont les homologues de ceux rencontrés dans les différentes leçons. L'enseignant peut ainsi vérifier si les élèves sont capables de réinvestir les conseils méthodologiques.

L'évaluation

L'enseignant doit procéder régulièrement au bilan des compétences des élèves. Nous lui proposons, à chaque fin de période, les pages **Je fais le point** présentées sous forme de QCM.
L'élève fait le point sur ses connaissances. Les résultats permettent aussi à l'enseignant de repérer les notions maîtrisées par la majorité des élèves et celles qui doivent donner lieu à un travail de remédiation en atelier.
Comme les items de ces pages peuvent être anticipés à la maison, l'enseignant peut leur préférer ceux proposés dans le guide pédagogique pour réaliser les évaluations finales. Il utilisera alors les pages évaluations du manuel comme une activité préparatoire aux évaluations.

Les Techniques Usuelles de l'Information et de la Communication (TUIC)

Dans le manuel, cinq pages sont dédiées à ces techniques et apportent ainsi une aide non négligeable aux enseignants en leur proposant des activités géométriques ou numériques complémentaires qui permettent aux enfants d'approfondir les notions étudiées sous une forme différente les libérant des difficultés liées aux tracés avec les instruments ou aux calculs.

DOMAINES MATHÉMATIQUES

1. Nombres et calculs

Plusieurs principes nous ont guidés :
– accorder une attention extrême à la construction des concepts et des notions nouvelles, et les introduire toutes les fois que c'est possible comme réponses et outils pertinents de résolution de problèmes ;
– amener les élèves à choisir les méthodes de calcul les plus appropriées aux circonstances : calcul mental automatisé, calcul réfléchi avec appui de l'écrit, lecture de tables, mise en œuvre des algorithmes traditionnels de calcul ou utilisation de la calculatrice et de l'outil informatique ;
– pratiquer un entraînement systématique pour réactualiser des connaissances anciennes et éviter qu'elles ne soient oubliées, faute d'être utilisées et pour en acquérir de nouvelles par analogie.

Notre progression générale s'établit ainsi :
– réactualisation des connaissances acquises au cycle 2 et extension tant du champ de la numération (jusqu'au million) que de celui des opérations (addition, soustraction, multiplication et division) ;
– introduction des fractions et des nombres décimaux. Il s'agit en particulier de faire apparaître la nécessité d'introduire de « nouveaux nombres » pour résoudre de nouvelles classes de problèmes. Nous avons choisi la méthode préconisée dans les programmes qui consiste à exprimer la mesure d'une aire ou la mesure d'un segment en choisissant pour unité la mesure d'un autre segment.

L'objectif prioritaire reste, bien entendu, que les connaissances numériques des élèves soient opératoires, c'est-à-dire au service des problèmes qu'elles permettent de traiter, dans des situations empruntées à l'environnement social ou à d'autres domaines disciplinaires étudiés à l'école.

L'étude de la proportionnalité à l'école primaire se limite à la reconnaissance de problèmes qui relèvent du domaine multiplicatif. Ces problèmes sont traités en s'appuyant sur des raisonnements qui peuvent être énoncés par les élèves et qui s'appuient implicitement sur la linéarité multiplicative ou additive.

<table>
<tr><th>Attendus
de fin de cycle 3</th><th>Connaissances
et compétences associées</th><th>Leçons du fichier</th></tr>
<tr><td rowspan="6">Utiliser et représenter les grands nombres entiers, des fractions simples, les nombres décimaux</td><td>Composer, décomposer les grands nombres entiers, en utilisant des regroupements par milliers.
> Unités de numération (unités simples, dizaines, centaines, milliers, millions) et leurs relations.</td><td rowspan="2">1 Les nombres jusqu'à 9 999 (1)
8 Les nombres jusqu'à 9 999 (2)
13 Les nombres jusqu'à 9 999 (3)
14 Problèmes : Utiliser la décomposition des nombres
16 Les nombres jusqu'à 999 999 (1)
19 Les nombres jusqu'à 999 999 (2)
26 Les nombres jusqu'à 999 999 (3)
41 Problèmes : Les grands nombres en géographie</td></tr>
<tr><td>Comparer, ranger, encadrer des grands nombres entiers, les repérer et les placer sur une demi-droite graduée adaptée.</td></tr>
<tr><td>Comprendre et utiliser la notion de fractions simples.
> Écritures fractionnaires.
> Diverses désignations des fractions (orales, écrites et décompositions).</td><td rowspan="4">61 Les fractions simples (1)
63 Les fractions simples (2)
66 Les fractions simples (3)
72 Les fractions décimales (1)
75 Les fractions décimales (2)</td></tr>
<tr><td>Repérer et placer des fractions sur une demi-droite graduée adaptée.
> Une première extension de la relation d'ordre.</td></tr>
<tr><td>Encadrer une fraction par deux nombres entiers consécutifs.</td></tr>
<tr><td>Établir des égalités entre des fractions simples.</td></tr>
</table>

Attendus de fin de cycle 3	Connaissances et compétences associées	Leçons du fichier
Utiliser et représenter les grands nombres entiers, des fractions simples, les nombres décimaux	Comprendre et utiliser la notion de nombre décimal. > Spécificités des nombres décimaux.	76 Les nombres décimaux 83 Comparer, intercaler ces nombres décimaux
	Associer diverses désignations d'un nombre décimal (fractions décimales, écritures à virgule et décompositions). > Règles et fonctionnement des systèmes de numération dans le champ des nombres décimaux, relations entre unités de numération (point de vue décimal), valeurs des chiffres en fonction de leur rang dans l'écriture à virgule d'un nombre décimal (point de vue positionnel).	
	Repérer et placer des nombres décimaux sur une demi-droite graduée adaptée.	
	Comparer, ranger, encadrer, intercaler des nombres décimaux. > Ordre sur les nombres décimaux.	
Calculer avec des nombres entiers et des nombres décimaux	Mémoriser des faits numériques et des procédures élémentaires de calcul. > Multiples et diviseurs des nombres d'usage courant. > Critères de divisibilité (2, 5, 10).	21 Les multiples de 2, 5 et 10 28 Les multiples d'un nombre
	Élaborer ou choisir des stratégies de calcul à l'oral et à l'écrit. > Addition, soustraction, multiplication, division. > Propriétés des opérations : • $2 + 9 = 9 + 2$ • $3 \times 5 \times 2 = 3 \times 10$ • $5 \times 12 = 5 \times 10 + 5 \times 2$ > Faits et procédures numériques additifs et multiplicatifs.	4 Calcul réfléchi : Somme de deux nombres 5 Calcul réfléchi : Soustraction et addition à trou 18 Calcul réfléchi : Multiplier par 10, 100, 1000 23 Calcul réfléchi : Jongler avec les nombres 100 et 1000 24 Calcul réfléchi : Multiplier par 20, 30, 200, 300… 27 Calcul réfléchi : La multiplication en ligne 48 La division : Recherche du quotient et du reste par encadrement 52 Calcul réfléchi : Diviser par un nombre à un chiffre 84 Calcul réfléchi : Additionner des nombres décimaux simples 85 Calcul réfléchi : Soustraire des nombres décimaux simples 95 Calcul réfléchi : Moitié d'un nombre impair
	Vérifier la vraisemblance d'un résultat, notamment en estimant son ordre de grandeur.	22 Arrondir un nombre 32 Vraisemblance d'un résultat 91 Valeurs approchées et nombres décimaux
	Calcul mental : calculer mentalement pour obtenir un résultat exact ou évaluer un ordre de grandeur.	*Calcul mental quotidien (cf. tableau suivant)*
	Calcul posé : mettre en œuvre un algorithme de calcul posé pour l'addition, la soustraction, la multiplication, la division. > Techniques opératoires de calcul (dans le cas de la division, on se limite à diviser par un entier).	7 L'addition posée 15 La soustraction posée 34 La multiplication posée (1) 35 La multiplication posée (2) 53 La division posée (1) 67 La division posée (2) 89 L'addition posée de nombres décimaux 90 La soustraction posée de nombres décimaux
	Calcul instrumenté : utiliser une calculatrice pour trouver ou vérifier un résultat. > Fonctions de base d'une calculatrice.	37 Tuic n° 2 : Utiliser un tableur pour compter de 1 en 1 ; de 5 en 5 55 La calculatrice 74 Tuic n° 4 : Utiliser un tableur pour compter de 1000 en 1000 ; de 10000 en 10000 88 Calculatrice et décimaux

Attendus de fin de cycle 3	Connaissances et compétences associées	Leçons du fichier
Résoudre des problèmes en utilisant des fractions simples, les nombres décimaux et le calcul	Résoudre des problèmes mettant en jeu les quatre opérations. > Sens des opérations. > Problèmes relevant : • des structures additives ; • des structures multiplicatives.	6 Méthodologie : Comprendre un énoncé et rédiger une phrase réponse 10 Situations multiplicatives 20 Apprendre à résoudre : Situations additives et soustractives (1) 33 Apprendre à résoudre : Situations additives ou soustractives (2) 40 Apprendre à résoudre : Comparaisons additives ou soustractives 43 Situations de division (1) 45 Situations de division (2) 49 Apprendre à résoudre : Comparaisons multiplicatives 62 Apprendre à résoudre : Schématiser un énoncé 71 Apprendre à résoudre : Problèmes à étapes 93 Apprendre à chercher
	Organisation et gestion de données : prélever des données numériques à partir de supports variés ; produire des tableaux, diagrammes et graphiques organisant des données numériques ; exploiter et communiquer des résultats de mesures. > Représentations usuelles : • tableaux (en deux ou plusieurs colonnes, à double entrée) ; • diagrammes en bâtons, circulaires ou semi-circulaires ; • graphiques cartésiens.	31 Méthodologie : Lire un graphique 51 Interpréter un graphique en sciences (1) 59 Interpréter un graphique en sciences (2) 77 Apprendre à résoudre : Extraire des données 98 Tracer un graphique
	Proportionnalité : reconnaître et résoudre des problèmes relevant de la proportionnalité en utilisant une procédure adaptée.	79 Approche de la proportionnalité 97 La proportionnalité en cuisine

Calcul mental quotidien

Connaissances et compétences	Leçons du fichier				
	Période 1	**Période 2**	**Période 3**	**Période 4**	**Période 5**
Connaître les tables d'addition et de multiplication.	2-4-17	27-28-29-30 34-35-36-37 43-44	54-55-56-57	72-79	83-90-102
Réinvestir la numération : dictées de nombres, suites de nombres, comparaison…	3-8-18-23 24	38-39-41	58-59	69-70-73-74 80	88-89-91-92
Comprendre et utiliser la notion de nombre décimal.				75-76-78	82-84-85-86 87-100-101
Connaître les multiples et les diviseurs des nombres d'usage courant.		42-45	47-48		
Effectuer, sur des nombres entiers, un calcul additif, soustractif, multiplicatif ou un calcul de division.	1-5-7-9-10 15-16-19-21		50-51-52-53 60-61-63	65-66-67-68	
Effectuer, sur des nombres décimaux, un calcul additif ou soustractif.					94-95-96-97 98-99
Additionner ou soustraire un multiple de 10 à un nombre de 2 ou 3 chiffres.	11-12-13-14 22				
Multiplier ou diviser un nombre entier ou décimal par 10, 100, 1 000 ou par un multiple de 10, de 100…		26-31-32			
Résoudre mentalement un problème simple.	6-20	33-40	49-62	71-77	93

PROGRESSION DU CALCUL MENTAL

Période 1

1 Calculer de petites sommes ou différences
2 Tables de multiplication de 6 et 7.
3 Comparer des nombres inférieurs à 1000
4 Tables d'addition
5 Calculer la somme de deux nombres de 2 chiffres
6 Problème additif : Recherche de l'état final
7 Additionner un petit nombre à un nombre de 2 chiffres
8 Comparer des nombres inférieurs à 1000
9 Soustraire un petit nombre à un nombre de 2 chiffres
10 Soustraire un petit nombre à un nombre de 2 chiffres
11 Ajouter un multiple de 10 à un nombre de 2 chiffres
12 Ajouter un multiple de 10 à un nombre de 2 chiffres
13 Soustraire un multiple de 10 à un nombre de 2 chiffres
14 Soustraire un multiple de 10 à un nombre de 2 chiffres
15 Calculer la somme de deux nombres de 2 chiffres
16 Somme de deux nombres de 2 chiffres
17 Tables de multiplication de 9 et de 10
18 Dictée de nombres inférieurs à 100 000
19 Différence entre deux nombres proches de 2 chiffres
20 Problème soustractif : Recherche de l'état final
21 Différence entre deux nombres proches de 2 chiffres
22 Ajouter un multiple de 10 à un nombre de 3 chiffres
23 Dictée de grands nombres inférieurs à 1 000 000
24 Dictée de grands nombres inférieurs à 1 000 000

Période 2

26 Multiplier par 10, par 100
27 Tables de multiplication de 2 et de 5
28 Tables de multiplication de 3 et de 4
29 Tables de multiplication de 6 et de 7
30 Tables de multiplication de 8 et de 9
31 Multiplier par 20
32 Multiplier par 200
33 Problème soustractif : Recherche de l'état initial
34 Carrés des tables de multiplication
35 Produits « difficiles » des tables de multiplication
36 Compléter une multiplication à trou
37 Compléter une multiplication à trou
38 Trouver le suivant d'un nombre de 4 chiffres
39 Trouver le précédent d'un nombre de 4 chiffres
40 Problème soustractif : Recherche de la transformation
41 Comparer deux nombres inférieurs à 100 000
42 Multiples
43 Tables de multiplication de 2, 3, 4
44 Tables de multiplication (deux facteurs supérieurs à 5)
45 Multiples

Période 3

47 Multiples de 25, de 50
48 Diviseurs de 100 et de 1 000
49 Problème : Comparaisons additives ou soustractives
50 Additionner un nombre proche de 10
51 Ajouter un nombre proche de 100
52 Soustraire un nombre proche de 100
53 Soustraire un nombre proche d'un multiple de 10
54 Tables de multiplication (un facteur inférieur à 5)
55 Tables de multiplication (deux facteurs supérieurs à 5)
56 Compléter une multiplication à trou
57 Compléter une multiplication à trou
58 Continuer une suite de nombres
59 Continuer une suite de nombres
60 Quotient entier d'un nombre de 2 chiffres par 10
61 Quotient entier d'un nombre de 3 chiffres par 100
62 Problème : Comparaisons multiplicatives
63 Quotient entier d'un nombre de 2 chiffres par un nombre de 1 chiffre

Période 4

65 Somme de deux nombres de 2 chiffres
66 Ajouter un nombre à un nombre de 3 chiffres
67 Retrancher un nombre de 2 chiffres
68 Retrancher un nombre de 2 chiffres
69 Dictée de fractions simples
70 Dictée de fractions simples
71 Problème : Comparaisons multiplicatives
72 Tables de multiplication
73 Continuer une suite de nombres
74 Continuer une suite de nombres
75 Écrire le nombre entier égal à la fraction
76 Écrire le nombre entier égal à la fraction
77 Problème soustractif : Recherche de l'état initial
78 Écrire le nombre entier égal à la fraction décimale (dixièmes)
79 Tables de multiplication
80 Dictée de grands nombres inférieurs à 1 000 000

Période 5

82 Écrire le nombre entier égal à la fraction décimale (centièmes)
83 Tables de multiplication
84 Compléter une équivalence
85 Compléter une équivalence
86 Écrire une fraction décimale sous la forme d'une écriture à virgule
87 Écrire une fraction décimale sous la forme d'une écriture à virgule
88 Dictée de nombres décimaux
89 Dictée de nombres décimaux
90 Tables de multiplication
91 Comparer des nombres décimaux
92 Comparer des nombres décimaux
93 Problème soustractif : Recherche de la transformation
94 Ajouter un nombre décimal
95 Ajouter un nombre décimal
96 Additionner deux nombres décimaux
97 Soustraire un nombre décimal
98 Soustraire un nombre décimal
99 Soustraire un nombre décimal
100 Trouver l'entier le plus proche d'un nombre décimal
101 Trouver l'entier le plus proche d'un nombre décimal
102 Tables de multiplication

2. Grandeurs et mesures

Comme le préconisent les programmes, l'essentiel des activités concernant la partie « Grandeurs et mesures » porte sur la résolution de problèmes « concrets », réels ou évoqués, en utilisant des procédés directs, des instruments de mesure, des estimations ou des informations données avec les unités usuelles. Les activités scientifiques et technologiques fournissent un champ d'application privilégié pour ce domaine.
Toute activité de mesurage implique l'utilisation d'instruments, le choix approprié de l'unité, une estimation du résultat (ordre de grandeur).

Les objets mesurés sont de nature et de dimensions variées, le choix de l'instrument approprié constituant un objectif important. En particulier, les élèves sont entraînés à lire le résultat d'une mesure sur une graduation.
Il est important que les élèves disposent de références pour certaines grandeurs : 1 m, c'est un grand pas, 1 kg, c'est la masse d'un litre d'eau.

La mesure des longueurs constitue un contexte privilégié pour prendre conscience de l'insuffisance des entiers et pour travailler sur les fractions et les nombres décimaux.
Quelques références historiques sont fournies aux élèves et donnent lieu à des activités. Nous avons souligné l'importance de la Révolution française dans la mise en place d'un système fondé sur des références universelles (mètre défini, à l'origine, en référence à la mesure du méridien terrestre, kilogramme comme masse d'un litre d'eau, relié au système métrique par la relation 1 litre = 1 dm^3) et sur la volonté de faciliter les calculs (système métrique décimal ; voir annexe Grandeurs et mesures en fin de guide pédagogique).
Les exercices de transformation de mesures par des changements d'unités ne doivent pas occuper une place excessive et les conversions entre unités trop lointaines sont exclues.
En revanche, les élèves doivent avoir une bonne connaissance des relations entre les unités les plus utilisées :
- pour les longueurs (1 m = 100 cm, 1 cm = 10 mm, 1 dm = 10 cm, 1 km = 1 000 m) ;
- pour les masses (1 kg = 1 000 g, 1 t = 1 000 kg) ;
- pour les contenances (1 L = 100 cL, 1 L = 1000 mL).

Les élèves doivent être capables de lire l'heure sur une montre à aiguilles ou sur une montre digitale et d'évaluer des durées, ainsi que d'utiliser un chronomètre... En liaison avec le travail sur les fractions, des relations sont explicitées entre les expressions en fractions d'heure et en minutes.
Le recours à la droite graduée pour calculer une durée est systématique.
Les élèves doivent retenir les relations : 1 jour = 24 h, 1 h = 60 min, 1 min = 60 s.

La notion d'aire est mise en place, notamment par des activités de classement et rangement de surfaces qui précèdent les activités de mesurage. Le résultat de la mesure d'une aire exprimé avec une unité du système métrique, ainsi que son calcul, sont reportés au CM2.

Les angles géométriques sont des classes d'équivalence de secteurs angulaires pour la relation d'isométrie. L'équivalent de ce que sont les longueurs pour les segments. Les secteurs angulaires sont des parties non bornées du plan et, à ce titre, difficilement abordables par les enfants. La construction de la notion d'angle ne fait que débuter à l'école élémentaire.
Les gabarits d'angles sont des secteurs angulaires tronqués conservant l'origine du secteur. C'est pourquoi ils permettent de comparer ou de tracer les angles représentés par une paire de demi-droites de même origine. L'activité préparatoire que nous proposons consiste à dégager les notions d'angles « égaux », ou « plus petit » ou « plus grand » qu'un angle donné en comparant des gabarits d'angles.
Les activités de classement et de rangement d'angles précèdent les activités de mesurage en degrés, qui relèvent du collège. Les élèves doivent, en particulier, prendre conscience du fait que les longueurs des « côtés » n'ont aucune incidence sur le résultat de la comparaison des angles.

Attendus de fin de cycle 3	Connaissances et compétences associées	Leçons du fichier
Comparer, estimer, mesurer des grandeurs géométriques avec des nombres entiers et des nombres décimaux : longueur (périmètre), aire, volume, angle. Utiliser le lexique, les unités, les instruments de mesures spécifiques de ces grandeurs.	Comparer des périmètres avec ou sans recours à la mesure. Mesurer des périmètres en reportant des unités et des fractions d'unités. > Notion de longueur : cas particulier du périmètre. > Unités relatives aux longueurs : relations entre les unités de longueur et les unités de numération (grands nombres, nombres décimaux).	9 Du mètre au millimètre 29 Du mètre au kilomètre 42 Utiliser un tableau de conversion 58 Unités de numération et unités de mesure 86 Calculer un périmètre 87 Nombres décimaux et mesures
	Comparer, classer et ranger des surfaces selon leur aire sans avoir recours à la mesure.	57 Comparer des aires 60 Mesurer des aires 99 Aire et périmètre
	Déterminer la mesure de l'aire d'une surface à partir d'un pavage simple.	
	Différencier aire et périmètre d'une surface.	
	Mesurer des masses	44 Mesure de masses
	Estimer la mesure d'un volume par différentes procédures. > Unités usuelles de contenance (multiples et sous-multiples du litre).	47 Mesure de contenances
	Identifier des angles dans une figure géométrique. Comparer des angles. Reproduire un angle donné en utilisant un gabarit. Estimer et vérifier qu'un angle est droit, aigu ou obtus. > Notion d'angle. > Lexique associé aux angles : angle droit, aigu, obtus.	102 Les angles
Résoudre des problèmes impliquant des grandeurs (géométriques, physiques, économiques) en utilisant des nombres entiers et des nombres décimaux	Résoudre des problèmes de comparaison avec et sans recours à la mesure. Résoudre des problèmes dont la résolution mobilise simultanément des unités différentes de mesure et/ou des conversions.	65 Fractions et mesures dans la vie courante 68 Les fractions en musique 73 Fractions décimales et mesures
	Calculer la durée écoulée entre deux instants donnés. Déterminer un instant à partir de la connaissance d'un instant et d'une durée. > Unités de mesures usuelles : jour, semaine, heure, minute, seconde, dixième de seconde, mois, année, siècle, millénaire.	2 Lire l'heure 11 Problèmes : Les unités de durée en histoire 36 Heure, minute et seconde 69 Calculer une durée ou déterminer un instant
	Proportionnalité : Identifier une situation de proportionnalité entre deux grandeurs.	50 Graduer une droite 79 Approche de la proportionnalité

3. Espace et géométrie

Les mathématiques ne se réduisent pas aux activités numériques. Elles concernent aussi la construction de l'espace qui implique une éducation de l'œil et de la main. Nous avons consacré une place importante à la géométrie. Au cycle 3, nous passons de la reconnaissance des propriétés des objets de manière perceptive à leur étude en ayant recours aux instruments de tracé et de mesure.

Comme pour les activités numériques, les concepts délicats (segment, milieu, perpendiculaires, parallèles, cercle...) sont abordés explicitement. Les outils classiques de la géométrie (équerre, compas, règle graduée...) sont construits par les enfants. Ce n'est qu'une fois leur maniement compris et maîtrisé que les instruments du commerce sont systématiquement utilisés. Nous proposons de nombreuses activités de géométrie en deux ou en trois dimensions en prenant pour support le papier calque, le pliage, les puzzles, les constructions de solides.

Dans la continuité du cycle 2, les apprentissages spatiaux sont élaborés à partir de repérage sur le plan ou la carte, de déplacements dans des espaces réels, matérialisés ou numériques.

Enfin, trois leçons de géométrie Tuic reposent sur l'utilisation de l'outil informatique et donnent la mesure de l'importance que nous accordons à ces outils puissants de création et de représentation. Ils œuvrent au maintien et à la consolidation des concepts. Ils participent aussi au développement de l'autonomie de l'enfant et au renforcement de la confiance en soi.

La structuration de l'espace et les compétences géométriques se construisent dans la durée, tout au long de l'année. Elles impliquent une véritable activité de manipulations et de tracés. C'est pourquoi les leçons de géométrie sont généralement prévues pour trois journées. Les nombreuses pages de matériel fournies dans ce guide pédagogique permettent de mettre en œuvre les manipulations ou les exercices sans perte de temps et sans imposer un travail de préparation trop lourd aux enseignants.

Attendus de fin de cycle 3	Connaissances et compétences associées	Leçons du fichier
(Se) repérer et (se) déplacer dans l'espace en utilisant ou en élaborant des représentations	Se repérer, décrire ou exécuter des déplacements, sur un plan ou sur une carte. > Vocabulaire permettant de définir des positions et des déplacements.	39 Se repérer sur un plan
	Accomplir, décrire, coder des déplacements dans des espaces familiers.	100 Décrire et exécuter des déplacements
	Programmer les déplacements d'un robot ou ceux d'un personnage sur un écran. > Divers modes de représentation de l'espace.	92 Tuic n° 5 : Déplacements
Reconnaître, nommer, décrire, reproduire, représenter, construire quelques solides et figures géométriques	Reconnaître, nommer, comparer, vérifier, décrire des figures simples ou complexes (assemblages de figures simples) > Figures planes, premières caractérisations : • triangles dont les triangles particuliers (triangle rectangle, triangle isocèle, triangle équilatéral) ; • quadrilatères dont les quadrilatères particuliers (carré, rectangle, losange, première approche du parallélogramme) ; • cercle (comme ensemble des points situés à une distance donnée d'un point donné).	3 Les polygones 30 Les triangles 70 Les quadrilatères particuliers 78 Construire un carré, un rectangle, un losange 82 Le cercle 94 Reproduire une figure
	Reproduire, représenter, construire : > des figures simples ou complexes (assemblages de figures simples).	

Attendus de fin de cycle 3	Connaissances et compétences associées	Leçons du fichier
Reconnaître, nommer, décrire, reproduire, représenter, construire quelques solides et figures géométriques	Reconnaître, nommer, comparer, vérifier, décrire des solides simples ou des assemblages de solides simples à partir de certaines de leurs propriétés. > Vocabulaire approprié pour nommer les solides : pavé droit, cube, prisme droit, pyramide régulière, cylindre, cône, boule.	80 Les solides 96 Cube et pavé droit.
	Reproduire, représenter, construire : > des solides simples ou des assemblages de solides simples sous forme de maquettes ou de dessins ou à partir d'un patron (donné, dans le cas d'un prisme ou d'une pyramide, ou à construire dans le cas d'un pavé droit).	
	Réaliser, compléter et rédiger un programme de construction.	101 Programmes de construction
	Réaliser une figure simple ou une figure composée de figures simples à l'aide d'un logiciel.	12 Tuic n° 1 : Tracer des polygones 56 Tuic n° 3 : Tracer des droites perpendiculaires et des droites parallèles
Reconnaître et utiliser quelques relations géométriques	Effectuer des tracés correspondant à des relations de perpendicularité ou de parallélisme de droites et de segments. > Alignement, appartenance. > Perpendicularité, parallélisme.	17 Les droites perpendiculaires 54 Les droites parallèles
	Compléter une figure par symétrie axiale. Construire la figure symétrique d'une figure donnée par rapport à un axe donné que l'axe de symétrie coupe ou non la figure, construire le symétrique d'une droite, d'un segment, d'un point par rapport à un axe donné. > Figure symétrique, axe de symétrie d'une figure, figures symétriques par rapport à un axe.	38 Identifier un axe de symétrie

REPÈRES DE PROGRESSIVITÉ AU CYCLE 3

<table>
<tr><th colspan="2">Attendus de fin de cycle</th><th>CM1</th><th>CM2</th><th>6e</th></tr>
<tr><td rowspan="5">Nombres et calculs</td><td>Utiliser et représenter les grands nombres entiers, des fractions simples, les nombres décimaux.</td><td>Étude des nombres entiers jusqu'au million.
Étude des fractions simples et des fractions décimales en tant que partage de grandeurs.
Étude des nombres décimaux jusqu'aux centièmes.</td><td>Étude des nombres entiers jusqu'au milliard.
Reprise de l'étude des fractions simples et des fractions décimales en tant que partage de grandeurs.
Étude des nombres décimaux jusqu'aux millièmes.</td><td>Reprise du travail sur les nombres entiers jusqu'au milliard.
Approfondissement de l'étude des fractions simples et des fractions décimales et nouvelle conception de la fraction en tant que quotient de deux nombres entiers.
Étude des nombres décimaux jusqu'aux dix-millièmes.</td></tr>
<tr><td>Calculer avec des nombres entiers et des nombres décimaux.</td><td>Pratique du calcul mental qui s'étend progressivement des nombres entiers aux nombres décimaux.
Complexification des procédures à mobiliser.
Techniques opératoires de l'addition et de la soustraction des nombres décimaux, de la division euclidienne.</td><td>Pratique du calcul mental qui s'étend progressivement des nombres entiers aux nombres décimaux.
Complexification des procédures à mobiliser.
Techniques opératoires de la multiplication d'un nombre décimal par un nombre entier, de la division de deux nombres entiers avec quotient décimal, de la division d'un nombre décimal par un nombre entier.</td><td>Pratique du calcul mental qui s'étend progressivement des nombres entiers aux nombres décimaux.
Complexification des procédures à mobiliser.
Techniques opératoires de la multiplication de deux nombres décimaux.
Reprise de la division de deux nombres entiers avec quotient décimal, de la division d'un nombre décimal par un nombre entier.</td></tr>
<tr><td rowspan="3">Résoudre des problèmes en utilisant des fractions simples, les nombres décimaux et le calcul.</td><td colspan="3">Progressivité dans les nombres mis en jeu, dans le nombre d'étapes de calcul et la détermination ou non de ces étapes par les élèves.</td></tr>
<tr><td colspan="2">Problèmes dont la solution engage une démarche à une ou plusieurs étapes indiquées dans l'énoncé.</td><td>Problèmes nécessitant l'organisation de données multiples ou la construction d'une démarche.</td></tr>
<tr><td>Support unique de prise d'informations utiles (texte ou tableau ou représentation graphique).</td><td>Deux supports complémentaires de prise d'informations utiles.</td><td>Tâches complexes mêlant plusieurs supports de prise d'informations utiles.</td></tr>
<tr><td rowspan="2">Grandeurs et mesures</td><td rowspan="2">Comparer, estimer, mesurer des grandeurs géométriques avec des nombres entiers et des nombres décimaux : longueur (périmètre), aire, volume, angle.
Utiliser le lexique, les unités, les instruments de mesures spécifiques de ces grandeurs.
Résoudre des problèmes impliquant des grandeurs (géométriques, physiques, économiques) en utilisant des nombres entiers et des nombres décimaux.</td><td colspan="2">Construction et utilisation des formules du périmètre du carré et du rectangle.
Consolidation de la lecture de l'heure, de l'utilisation des unités de mesure des durées et de leurs relations ainsi que des instruments de mesure des durées.
Comparaison des contenances sans les mesurer et mesure de la contenance d'un récipient par un dénombrement d'unités, en particulier en utilisant les unités usuelles (L, dL, cL, mL) et leurs relations.
Estimation et vérification, en utilisant l'équerre si nécessaire, qu'un angle est droit, aigu ou obtus.
Comparaison des angles d'une figure puis reproduction d'un angle, en utilisant un gabarit.</td><td rowspan="2">Consolidation de la notion de périmètre, et établissement de la notion de distance entre deux points, entre un point et une droite.
Construction et utilisation de la formule donnant la longueur d'un cercle.
Calcul de l'aire d'un triangle rectangle, d'un triangle quelconque dont une hauteur est connue, d'un disque.
Détermination du volume d'un pavé droit. Liaison des unités de volume et de contenance (1 L = 1 dm^3 ; 1 000 L = 1 m^3)
Introduction d'une unité de mesure des angles et utilisation d'un outil de mesure (le rapporteur).</td></tr>
<tr><td>Comparaison et classement des surfaces selon leur aire.
Mesure ou estimation de l'aire d'une surface à l'aide d'une surface de référence ou d'un réseau quadrillé.</td><td>Découverte et utilisation des unités d'aire usuelles et leurs relations. Construction et utilisation des formules pour calculer l'aire d'un carré, d'un rectangle.</td></tr>
</table>

	Attendus de fin de cycle	CM1	CM2	6e
Espace et géométrie	**(Se) repérer et (se) déplacer dans l'espace en utilisant ou en élaborant des représentations.**	*Initiation à la programmation à l'occasion notamment d'activités de repérage ou de déplacement (programmer les déplacements d'un robot ou ceux d'un personnage sur un écran), ou d'activités géométriques (construction de figures simples ou de figures composées de figures simples).*		
Espace et géométrie	**Reconnaître, nommer, décrire, reproduire, représenter, construire quelques solides et figures géométriques.**	*Tracé d'un segment d'une longueur donnée ou report de la longueur d'un segment.* *Recours à différentes règles (graduées ou non, de diverses tailles), à des gabarits, à l'équerre, au compas.* *Usage de logiciels de géométrie dynamique à des fins d'apprentissage manipulatoire (à travers la visualisation de constructions instrumentées) et de validation des constructions de figures planes.*	*Dépassement de la dimension perceptive et instrumentée pour raisonner uniquement sur les propriétés et les relations.* *Usage de la règle et du compas pour tracer un triangle, connaissant la longueur de ses côtés.* *Recours à différentes règles (graduées ou non, de diverses tailles), à des gabarits, à l'équerre, au compas.* *Usage progressif de logiciels de géométrie dynamique pour effectuer des constructions.* *Familiarisation des élèves avec les représentations en perspective cavalière et avec la notion de conservation des propriétés lors de certaines transformations.*	*Reproduction d'un angle.* *Utilisation du rapporteur.*
Espace et géométrie	**Reconnaître et utiliser quelques relations géométriques.**	*Reconnaissance d'un carré en prenant en compte la perpendicularité et l'égalité des mesures des côtés.* *Aucune maîtrise n'est attendue des élèves pour ce qui est des codages usuels (parenthèses ou crochets).*	*Aucune maîtrise n'est attendue des élèves pour ce qui est des codages usuels (parenthèses ou crochets).*	*Reconnaissance d'un carré à partir des propriétés de ses diagonales ou de ses axes de symétrie.*
	Proportionnalité (traitée dans le cadre de chacun des trois domaines « Nombres et calculs », « Grandeurs et mesures » et « Espace et géométrie »).	*Recours aux propriétés de linéarité (additive et multiplicative) privilégiée dans des problèmes mettant en jeu des nombres entiers.* *Procédures du type passage par l'unité ou calcul du coefficient de proportionnalité mobilisées progressivement sur des problèmes le nécessitant et en fonction des nombres (entiers ou décimaux) choisis dans l'énoncé ou intervenant dans les calculs.*		
			Situations impliquant des échelles ou des vitesses constantes. *Utilisation de l'expression « % de » dans des cas simples (50 %, 25 %, 75 %, 10 %) où aucune technique n'est nécessaire, en lien avec les fractions d'une quantité.*	*Application d'un taux de pourcentage.*

Présentation de la période 1

Les pages 8 et 9 introduisent la Période 1. Elles ne sont pas de simples illustrations gratuites. Elles servent à présenter et sensibiliser les élèves aux notions qu'ils vont aborder de manière plus ludique qu'une simple et austère table des matières. En effet, chacune de ces notions est illustrée par un ou plusieurs détails du dessin qu'il s'agit de retrouver.
Il est probable que les détails amusants retiendront d'abord l'attention des élèves avant qu'ils ne s'intéressent au lien entre le dessin et les notions qu'ils vont étudier dans la période. Nous pensons qu'il vaut mieux entamer un travail dans la gaieté qu'avec appréhension. L'enseignant commente la page 8, qui explique comment exploiter la page de présentation. Puis, l'enseignant lit les bulles de Mathix, la mascotte, qui va donner des conseils ou proposer des aides tout au long des leçons. La consigne consistant à retrouver Mathix n'est pas purement ludique. C'est un entraînement au travail visuel de recherche d'informations sur un dessin complexe, qui facilitera par la suite l'exploitation d'autres documents. La recherche des détails du dessin correspondant aux notions à étudier peut :

- soit être dirigée collectivement par l'enseignant qui oriente les recherches par des questions précises :
  – « Quel détail du dessin correspond à une situation additive ? »
  – « Lequel permet d'observer des droites perpendiculaires ? »...
- soit commencer par un moment de recherche personnelle ou en petits groupes.

Chaque enfant recherche alors les détails du dessin correspondant aux leçons qui figurent dans le tableau du bas de la page. La mise en commun des découvertes donne lieu à un débat très enrichissant pour les enfants mais aussi pour l'enseignant, car elle lui permet de repérer les représentations des enfants et leur interprétation des termes employés dans les titres des leçons. Le dessin ci-dessous propose quelques exemples de réponses possibles. Les enfants en trouveront d'autres que la classe accepte si leur auteur est capable de les justifier. Si cette page est abordée et traitée comme une activité de recherche ludique, elle peut susciter des discussions intéressantes et contribuer à la motivation des enfants.

1 Les nombres jusqu'à 9 999 (1)

Compétences
Lire, écrire, décomposer les nombres inférieurs à 10 000.

Calcul mental
Calculer de petites sommes ou différences. L'enseignant dit : « 7 + 5 »; l'élève écrit 12.
Items : 7 + 5 ; 8 – 3 ; 5 + 2 ; 9 + 2 ; 7 – 4 ; 6 + 3 ; 7 + 4 ; 9 – 6 ; 6 + 5 ; 5 + 8.

Observations préalables
Cette première leçon est une séance de révision des nombres entiers inférieurs à 10 000. Elle vise à mettre en œuvre les acquis du second cycle. Le nombre 1 000 engendre une nouvelle famille de nombres, comme le nombre 100 l'avait fait avant lui. Les nombres de quatre chiffres obéissent aux mêmes règles de numération que les nombres de trois chiffres.
Il est important de rappeler aux élèves cette continuité pour qu'ils avancent en confiance dans le domaine des grands nombres.

Activités collectives

Matériel :
- Pour la classe : 4 boîtes contenant chacune 9 cartes (feuille de format A5) : une boîte rouge pour les milliers (m) de 1 m à 9 m, une boîte bleue pour les centaines (c) de 1 c à 9 c ; une boîte verte pour les dizaines (d) de 1 d à 9 d ; une boîte jaune pour les unités (u) de 1 u à 9 u.
- Par élève : une ardoise.

➡ Activités préliminaires

Activité 1

L'enseignant place les quatre boîtes de cartes sur une table face aux élèves. Il montre le contenu de ces boîtes. La classe commente : *« Ces cartes représentent les milliers, les centaines, les dizaines ou les unités. »* Au tableau, l'enseignant trace le tableau de numération avec 4 colonnes : m, c, d, u.
Dans un premier temps, un élève vient tirer une carte dans chacune des boîtes dans l'ordre, par exemple : 3 m, 6 c, 5 d, 9 u. Il les montre à la classe et écrit ces chiffres dans le tableau de numération. Les autres élèves doivent écrire, sur leur ardoise, le nombre en chiffres (3 659). L'enseignant vérifie les écritures proposées. C'est l'occasion de rappeler que pour lire facilement ces nombres de quatre chiffres on met un espace entre les milliers et les centaines.
L'enseignant demande ensuite d'écrire la décomposition additive du nombre 3 659 : 3 000 + 600 + 50 + 9. Un élève vient l'écrire et l'expliquer au tableau. La classe commente cette écriture, lorsqu'elle est comprise par tous, d'autres tirages sont répétés plusieurs fois. Les décompositions des nombres sont écrites par les élèves sur leur cahier ou leur ardoise puis au tableau par des élèves différents.
Dans un deuxième temps, l'enseignant propose de tirer les cartes dans le désordre (unités, centaines, milliers, dizaines ou dizaines, unités, centaines, milliers, etc.). L'activité se déroule de la même manière que la précédente.
Dans un troisième temps, l'enseignant tire lui-même une carte de chaque boîte sans la montrer et écrit le nombre en lettres : mille deux cent trente-huit. Les élèves écrivent ce nombre en chiffres sur leur ardoise, puis sa décomposition sous forme additive. L'enseignant demande enfin aux élèves : *« Quelles cartes ai-je tirées ? »* Ils doivent répondre : 1 m ; 2 c ; 3 d ; 8 u. L'enseignant montre alors les cartes pour vérification. L'activité est réalisée plusieurs fois.

Activité 2

L'enseignant propose de changer la règle du jeu. Un élève vient tirer une carte dans deux ou trois boîtes différentes. Par exemple, 9 m 5 d : il écrit dans un premier temps le nombre correspondant à ces cartes dans le tableau de numération, puis dans un second temps à l'extérieur du tableau.
L'enseignant fait constater que les cartes des centaines et des unités étant absentes, un zéro doit être écrit dans la colonne des centaines et celle des unités. Ces zéros sont indispensables quand on écrit le nombre en dehors des colonnes du tableau de numération car, s'ils n'étaient pas indiqués, on aurait écrit le nombre 95 et non 9 050 (qui possède effectivement 9 milliers et 5 dizaines). Les élèves écrivent, sur leur ardoise, ce nombre en chiffres, puis le décomposent : 9 050 = 9 000 + 50. L'élève qui a tiré les cartes écrit également ce nombre en lettres au tableau de la classe.
D'autres tirages dans le désordre sont proposés, par exemple, 5 c, 3 m, 4 u. Les élèves constatent que, la carte des dizaines étant absente, elle est remplacée dans le nombre par zéro. Ce zéro est indispensable car, s'il n'était pas indiqué, on aurait écrit 354 et non 3 504.
Enfin, l'enseignant invite un élève à tirer une seule carte de la boîte des milliers (par exemple, 4 milliers) et à l'écrire dans la colonne des milliers du tableau de numération.
L'élève complète les autres colonnes avec des zéros.

➡ Activités de recherche

Les élèves lisent et observent les consignes des « Activités de recherche ». L'enseignant s'assure que chaque consigne est comprise. Les élèves réalisent les activités présentées par Théo et Léa qui correspondent aux « Activités préliminaires ». Lors de la mise en commun, l'enseignant rectifie les erreurs et s'assure que tous les élèves ont compris.

En fin de séance, l'enseignant pose la question rituelle : *« Qu'avons-nous appris aujourd'hui ? »* Il attend une réponse proche de : ***« Nous avons appris à lire, écrire et décomposer les nombres jusqu'à 9 999. »***

S'exercer

1 C'est l'application directe des « Activités de recherche ». Les élèves doivent écrire 4 nombres en chiffres puis en lettres. Le niveau **a** correspond à l'activité de Léa ; elle présente les cartes « milliers », « centaines », « dizaines » et « unités » en faisant apparaître les puissances de 10 dans le désordre. Le niveau **b** représente l'activité de Théo ; seules deux cartes sont choisies. Cet exercice permet de repérer les élèves qui n'ont pas assimilé la numération de position et la signification de la position de chaque chiffre dans le nombre. Le recours à une dictée régulière de nombres est utile et nécessaire pour aider les élèves à surmonter leurs difficultés.

2 Cet exercice permet de vérifier si les élèves connaissent la valeur de chaque chiffre d'après leur position dans un nombre. Pour aider ceux qui sont en difficulté, l'enseignant utilisera le tableau de numération en y inscrivant les nombres donnés.

3 Ce tableau sert de récapitulatif à toutes les écritures rencontrées pour les nombres de quatre chiffres. Il permet à l'enseignant de bien cibler les éventuelles lacunes concernant l'écriture et la décomposition de ces nombres et d'y remédier. Il permet aussi à l'élève d'avoir une vue d'ensemble des différentes façons d'écrire un nombre de quatre chiffres.

Résoudre

4 Ce problème reprend, d'une manière ludique et instructive, l'exercice **1** **b**. Victor Hugo est né en 1802.

➤ Prolongements

➢ Photofiche S1

Cette photofiche de soutien comporte 2 exercices.

1 Il faut écrire des nombres en chiffres puis en lettres à partir de leur décomposition donnée par des cartes : m, c, d et u.

2 Cet exercice propose un tableau servant de récapitulatif aux deux décompositions rencontrées pour les nombres de quatre chiffres.

➢ Banque d'exercices p. 44

1 3080 = 3000 + 80 ; 4506 = 4000 + 500 + 6 ; 2900 = 2000 + 900 ; 8008 = 8000 + 8.

2 1 235 € → 12 billets de 100 € ; 3 billets de 10 € ; 5 pièces de 1 €.

2 Lire l'heure

Compétences
Lire l'heure et dire l'heure de façon usuelle : et quart, et demie, moins le quart.

Calcul mental
Tables de multiplication de 6 et de 7. L'enseignant dit : « 4 × 6 » ; l'élève écrit 24.
Items : 4 × 6 ; 6 × 6 ; 5 × 7 ; 8 × 7 ; 6 × 7 ; 3 × 7 ; 9 × 7 ; 5 × 6 ; 10 × 6 ; 7 × 7.

Observations préalables
Comme toutes les activités visant la structuration du temps, la maîtrise de la lecture de l'heure ne s'acquiert pas en une seule séance. C'est tout au long de l'année que l'enseignant invite ses élèves à lire l'heure qu'indique la pendule de la classe ou sa montre, à interpréter un emploi du temps, à respecter un horaire, la durée d'un exercice ou d'une récréation. Chaque fois que l'occasion se présente, il les met en situation de lire un horaire de train ou de bus, un programme de télévision, etc. L'une des principales difficultés de cet apprentissage est liée aux différentes façons de donner l'heure oralement et par écrit. Comprendre que « 5 heures moins le quart » correspond à « 4 h 45 » n'est jamais facile. De nombreux exercices seront nécessaires avant que cette compétence ne soit automatisée.

Activités collectives

Matériel :
- Un grand cadran à aiguilles mobiles (matériel à photocopier et à découper par élève à la fin de la leçon).
- Différents réveils et montres à aiguilles ou à affichage digital.
- Quelques documents où sont écrits des heures du matin et des heures du soir : emplois du temps, programmes de télévision, etc.

➡ Activités préliminaires

Activité 1 : Heure du matin, heure du soir

L'enseignant montre différents cadrans de montre et de réveil et demande aux élèves de préciser qui les utilise et dans quelle occasion. Il vérifie ensuite leurs connaissances en ce domaine : *« À quelle heure vous levez-vous le matin ? À quelle heure entre-t-on en classe ? À quelle heure quittez-vous l'école ? À quelle heure, le soir, vous couchez-vous ? »* Pour chaque réponse, il demande à quelques élèves d'écrire au tableau les réponses de leurs camarades ; d'autres montrent sur le grand cadran la position des aiguilles correspondant aux heures indiquées. La lecture et l'écriture des heures de l'après-midi seront sans doute l'objet de contestations de la part de certains élèves et susciteront un débat intéressant. Si les élèves ne relèvent pas ce problème, l'enseignant pose la question : *« Vous dites que vous entrez en classe à 8 h 30 et que vous quittez l'école à 4 h 30. Est-ce possible que 4 h 30 soit plus tard que 8 h 30 ? »* La réponse permet d'aborder les heures de l'après-midi qui sont toujours un peu mystérieuses pour les élèves, car elles ne figurent pas sur les montres à aiguilles. À l'aide du grand cadran, l'enseignant fait défiler les heures de classe : il est 9 h, 10 h, 11 h, 12 h ou midi, puis 13 h, 14 h, 15 h, etc., alors que les aiguilles sont sur 1, 2, 3... Il demande aux élèves de formuler la règle : *« Pour lire les heures de l'après midi, il faut ajouter 12 aux heures indiquées par les aiguilles. »*
Il montre alors quelques documents où sont écrites des heures du matin et des heures du soir : emplois du temps, horaires de train, programmes télé... Il demande aux élèves s'ils en connaissent d'autres. Il existe des cadrans d'horloge sur lesquels figurent les heures de l'après-midi, si nécessaire l'enseignant les utilise.

Activité 2 : Lecture usuelle de l'heure

Il propose ensuite aux élèves d'indiquer avec le cadran de leur pendule 7 h 15 et demande une autre façon de lire cette heure du matin. Si aucun élève ne le propose, il indique que cette heure se lit aussi 7 h et quart et demande de le justifier. Il insiste sur la correspondance 15 min égale un quart d'heure. Il propose ensuite d'afficher 7 h 45 et demande la justification de 8 h moins le quart.
Il procèdera de même pour 8 h 30 (8 h et demie). Enfin, il demande d'afficher 10 h 40 et demande la justification de 11 h moins vingt (dans 20 minutes il sera 11 h).
Dans tous les cas, le contrôle des réponses se fait sur le cadran affiché au tableau mis à l'heure par deux « horlogers » que l'enseignant renouvelle fréquemment pendant l'activité.

➡ Activités de recherche

Les élèves disposent de leur cadran pour afficher les heures indiquées par les 4 horloges dessinées. Les schémas dans l'encadré bleu, quart, demi et moins le quart, sont observés et commentés.
L'enseignant demande ensuite à un élève de lire la consigne : Les élèves doivent retrouver les horloges indiquant 14 h 45, c'est-à-dire l'heure indiquée par la pendule de La Grave, 15 h 55, l'heure de passage à l'Alpes d'Huez, neuf heures et quart, le passage à Gap. Ces heures sont faciles à traiter puisqu'elles indiquent l'heure puis les minutes qui se sont passées depuis le « début » de l'heure, ce qui n'est pas le cas pour le dernier item qui indique les minutes qui manquent pour aller à l'heure suivante, midi moins vingt : il sera midi dans vingt minutes. Cette heure correspond au passage des cyclistes à Briançon.

En fin de séance, l'enseignant pose la question rituelle : *« Qu'avons-nous appris aujourd'hui ? »* Il attend une réponse proche de : ***« Nous avons appris à lire les heures de manière usuelle. »***

S'exercer

1 Le travail porte sur les heures du matin et du soir. Il est nécessaire d'ajouter 12 heures à l'heure du matin pour indiquer l'heure du soir. Dans le niveau **a** l'heure ne dépasse pas la demie, ce qui n'est pas le cas au niveau **b**.

a Pendule A : matin 2 h 20 ; soir 14 h 20.
Pendule B : matin 8 h 30 ou 8 h et demi ; soir 20 h 30.
b Pendule C : matin 9 h 40 ; soir 21 h 40.
Pendule D : matin 4 h 50 ; soir 16 h 50.

2 Les élèves doivent écrire de deux façons l'heure du matin : soit l'heure passée suivie des minutes écoulées, soit l'heure à venir suivie des minutes qui manquent.
- Pendule A : 1 h 55 ou 2 h moins 5.
- Pendule B : 10 h 40 ou 11 h moins 20.
- Pendule C : 7 h 45 ou 8 h moins le quart.

Le coin du chercheur

Pour dire les heures du matin et de l'après-midi, les Anglais utilisent AM qui signifie *Ante Meridiem*, en latin, signifie Avant Midi et PM qui signifie *Post Meridiem*, en latin, signifie aPrès-Midi.
8 am correspond donc à 8 heures du matin et 8 pm à 8 heures du soir, c'est-à-dire 20 heures.

➤ Prolongements

➢ **Photofiche S2**

Cette photofiche de soutien comporte deux exercices.

Dans le premier exercice, l'élève doit écrire les heures du matin et du soir indiquées par 4 horloges.

Le second exercice permet de vérifier si l'élève connaît les différentes façons de lire et d'écrire les heures.

➢ **Banque d'exercices p. 44**

3 Les deux pendules du haut indiquent respectivement 9 h 35 ou 10 h moins 25 et 10 h 40 ou 11 h moins 20. Les deux pendules du bas indiquent respectivement 13 h 20 et 18 h 55.

Leçon 2 – Lire l'heure

Matériel photocopiable

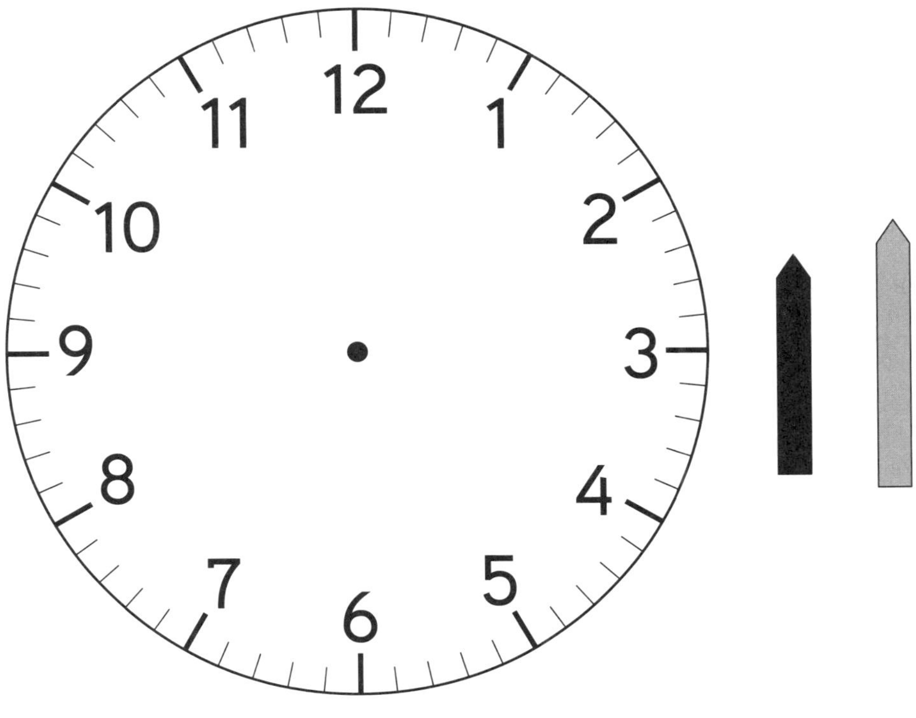

3 Les polygones

Compétences
Identifier un polygone en tant que ligne brisée fermée. Utiliser les mots : polygones, côtés et sommets.

Calcul mental
Comparer des nombres inférieurs à 1 000. L'enseignant dit : « 459, 495 » ; l'élève écrit le plus grand nombre.
Items : 459, 495 ; 650, 639 ; 599, 700 ; 824, 830 ; 623, 620 ; 345, 347 ; 749, 741 ; 910, 790 ; 560, 460 ; 579, 589.

Observations préalables
En géométrie euclidienne, un polygone (du grec *polus*, nombreux, et *gônia*, angle) est une figure géométrique plane formée d'une ligne brisée fermée. Une figure plane comportant un côté courbe n'est donc pas un polygone.
La notion de polygone est très importante puisque les triangles et les quadrilatères étudiés tout au long du cycle 3 sont des polygones.

Activités collectives

➡ Activités de recherche

1 L'enseignant demande à un élève de lire la bulle de Léa : Léa a tracé une ligne brisée ouverte se composant de plusieurs segments. Un autre élève lit à son tour la bulle de Louis : en fermant la ligne brisée on obtient un polygone. Les points rouges, qui sont les extrémités des segments, sont les sommets du polygone obtenu.
Les élèves lisent et répondent au premier item : la ligne brisée de Léa se compose de 4 segments, on dit qu'elle a 4 côtés. Cette ligne brisée a 5 sommets.
Pour tracer son polygone, Louis a tracé un segment pour fermer la ligne brisée de Léa. Ce polygone a donc 5 côtés et 5 sommets. Un polygone a donc autant de côtés que de sommets.
Les élèves cherchent individuellement les polygones parmi les 5 figures données. Il est important de leur faire justifier pourquoi les figures B et C ne sont pas des polygones : B est une ligne brisée ouverte et C comporte un côté courbe.

2 Dans cette deuxième partie des Activités de recherche, les élèves vont se rendre compte que les figures qu'ils manipulent régulièrement, les triangles et les quadrilatères, sont des polygones.
Un polygone possède autant de côtés que de sommets : un polygone de 3 côtés a 3 sommets, un polygone de 4 côtés a 4 sommets...

3 La dernière partie permet de découvrir une propriété des polygones : un polygone peut se décomposer en triangles ayant pour sommets des sommets du polygone Les pentagones se décomposent en 3 triangles, les hexagones en 4 triangles.

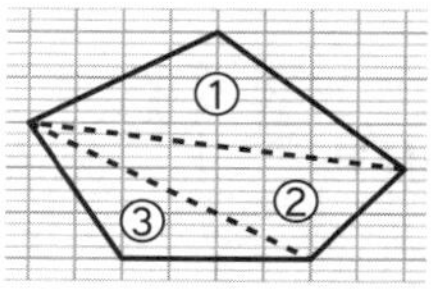

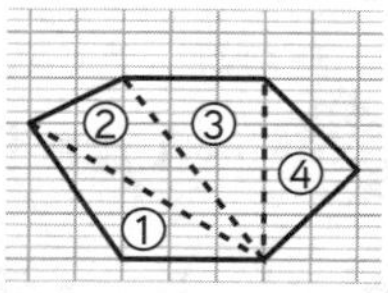

Activités individuelles

S'exercer

1 L'exercice est l'application directe du travail réalisé dans l'Activité de recherche. Dans l'item **a**, Ingrid a tracé une ligne brisée ouverte de 5 côtés et 6 sommets. Dans l'item **b**, Tom a obtenu un polygone à 6 côtés et 6 sommets en fermant la ligne brisée d'Ingrid.

2 L'exercice permet de reconnaître des polygones parmi différentes figures. Dans le niveau **b** de l'exercice, les figures composent une figure complexe. Un polygone ne peut avoir un côté courbe : dans l'item **a**, la figure F n'est donc pas un polygone ; dans l'item **b**, les figures B et C ne sont pas des polygones.

3 Les élèves vont devoir compléter un tableau. L'accent est mis sur le nombre de côtés et de sommets. Un polygone de 3 côtés possède 3 sommets : c'est un triangle (D et E). Un polygone de 4 côtés possède 4 sommets : c'est un quadrilatère (B et F). Un polygone de 5 côtés possède 5 sommets : c'est un pentagone (A). Le terme pentagone est défini par Mathix dans l'Activité de recherche. Un polygone de 6 côtés possède 6 sommets : c'est un hexagone (C). Le terme hexagone est défini par Mathix.

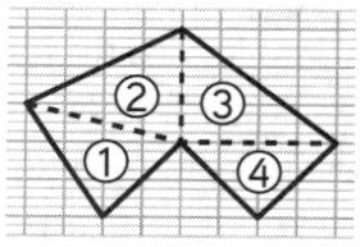

Résoudre

4 **Problème guidé.** Dans ce problème, l'élève doit reproduire un hexagone sur Seyès puis le décomposer en 4 triangles.

Le coin du chercheur
Il faut permuter les verres 2 et 5 pour avoir une alternance de verres pleins et de verres vides.

➤ Prolongements

➢ **Photofiche A1**
Cette fiche se compose de 3 exercices.
– Dans une figure complexe, les élèves doivent colorier les polygones.
– Un exercice comporte 5 items « vrai ou faux ». Il permet de réinvestir les propriétés des polygones.
– L'élève doit tracer un pentagone et un hexagone.

➢ **Banque d'exercices p. 44**
4 Cette ligne brisée comporte 6 sommets et 5 côtés

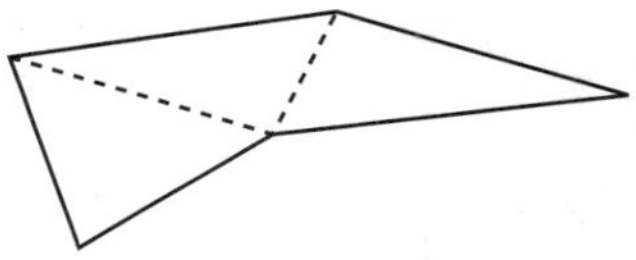

5 Un pentagone est un polygone possédant 5 côtés.

4 Calcul réfléchi : Somme de deux nombres

Compétence
Ajouter un nombre de deux chiffres à un nombre de deux chiffres.

Calcul mental
Tables d'addition. L'enseignant dit « 8 + 6 » ; l'élève écrit 14.
Items : 8 + 6 ; 9 + 5 ; 2 + 7 ; 6 + 7 ; 5 + 8 ; 2 + 7 ; 6 + 9 ; 8 + 8 ; 9 + 7 ; 3 + 8.

Observations préalables
Il est important de mettre en place des stratégies de calcul réfléchi pour additionner des nombres de deux chiffres afin de permettre aux élèves de ne pas systématiquement poser une addition ou de faire appel à la calculatrice. Nous proposons deux méthodes pour calculer une addition de deux nombres de deux chiffres. Chacune d'elles sera utilisée par l'élève puis, celui-ci choisira celle qu'il pratique avec le plus d'aisance.

Activités collectives

Matériel : des ardoises.

Activités de recherche

1 Les élèves lisent le calcul à effectuer : 57 + 24. Pour calculer cette addition, Théo choisit de décomposer le second terme de l'addition : 24 = 20 + 4 puis, d'additionner 20 au premier terme 57. Une fois ce calcul réalisé, il suffit de rajouter les unités 4. L'enseignant demande alors aux élèves de terminer le calcul sur leur ardoise : 57 + 24 = 57 + 20 + 4 ; 57 + 24 = 77 + 4 ; 57 + 24 = 81.

2 L'enseignant propose à un nouvel élève de lire la bulle de Léa. Pour calculer 57 + 24, Léa décompose les deux termes en dizaines et unités. Elle additionne les dizaines entre elles, les unités entre elles, puis le tout à la fin. L'enseignant demande alors aux élèves de terminer le calcul sur leur ardoise :
57 + 24 = 50 + 20 + 7 + 4 ; 57 + 24 = 70 + 11 ; 57 + 24 = 81.
Un élève vient compléter l'addition au tableau, la correction est collective.
En fin de séance, l'enseignant pose la question rituelle : *« Qu'avons-nous appris aujourd'hui ? »* Il attend une réponse proche de : ***« Nous avons appris à calculer la somme de deux nombres de deux chiffres. »***

Activités individuelles

S'exercer

1 Les élèves doivent utiliser la méthode de Théo : décomposer le second terme de l'addition en dizaines et unités.
a 65 + 34 = 65 + 30 + 4 ; 65 + 34 = 95 + 4 ; 65 + 34 = 99.
b 76 + 38 = 76 + 30 + 8 ; 76 + 38 = 106 + 8 ; 76 + 38 = 114

2 Pour cet exercice, les élèves doivent utiliser la méthode de Léa : décomposer le second terme de l'addition en dizaines et unités. Au niveau **b** le résultat va dépasser 100.
a 56 + 13 = 50 + 10 + 6 + 3 ; 56 + 13 = 60 + 9 ; 56 + 13 = 69
b 88 + 23 = 80 + 20 + 8 + 3 ; 88 + 23 = 100 + 11 ; 88 + 23 = 111

3 Les élèves utilisent la méthode de leur choix pour calculer :
a • 45 + 24 = 45 + 20 + 4 ; 45 + 24 = 65 + 4 ; 45 + 24 = 69
Ou : 45 + 24 = 40 + 20 + 5 + 4 ; 45 + 24 = 60 + 9 ; 45 + 24 = 69
• 37 + 31 = 37 + 30 + 1 ; 37 + 31 = 67 + 1 ; 37 + 31 = 68
Ou : 37 + 31 = 30 + 30 + 7 + 1 = 37 + 31 = 60 + 8 ; 37 + 31 = 68
• 53 + 35 = 53 + 30 + 5 ; 53 + 35 = 83 + 5 ; 53 + 35 = 88
Ou : 53 + 35 = 50 + 30 + 3 + 5 ; 53 + 35 = 80 + 8 ; 53 + 35 = 88
b • 28 + 17 = 28 + 10 + 7 ; 28 + 17 = 38 + 7 ; 28 + 17 = 45
Ou : 28 + 17 = 20 + 10 + 8 + 7 ; 28 + 17 = 30 + 15 ; 28 + 17 = 45
• 38 + 35 = 38 + 30 + 5 ; 38 + 35 = 68 + 5 ; 38 + 35 = 73
Ou : 38 + 35 = 30 + 30 + 8 + 5 ; 38 + 35 = 60 + 13 ; 38 + 35 = 73
• 75 + 35 = 75 + 30 + 5 ; 75 + 35 = 105 + 5 ; 75 + 35 = 110
Ou : 75 + 35 = 70 + 30 + 5 + 5 ; 75 + 35 = 100 + 10 ; 75 + 35 = 110

Résoudre

4 **Problème guidé.** Mathix propose de calculer dans un premier temps le prix de deux tee-shirts : 11 × 2 ou 11 + 11. Ce calcul ne pose aucune difficulté : les deux tee-shirts coûtent 22 €.
Pour calculer le prix total, les élèves doivent ensuite ajouter le prix des deux tee-shirts au prix du pantalon, puis calculer 38 + 22 en utilisant la méthode de leur choix :
38 + 22 = 38 + 20 + 2 ; 38 + 22 = 58 + 2 ; 38 + 22 = 60
Ou : 38 + 22 = 30 + 20 + 8 + 2 ; 38 + 22 = 50 + 10 ; 38 + 22 = 60
Boris va dépenser 60 €.

5 46 + 37 = 46 + 30 + 7 ; 46 + 37 = 76 + 7 ; 46 + 37 = 83
Ou : 46 + 37 = 40 + 30 + 6 + 7 ; 46 + 37 = 70 + 13 ; 46 + 37 = 83.
Mélissa a lu 83 pages dans la journée.

Prolongements

Photofiche S3

1 Les élèves doivent utiliser la méthode de Théo pour calculer deux sommes.

2 Les élèves doivent utiliser la méthode de Léa pour calculer deux sommes.

3 Les élèves doivent choisir la méthode de leur choix pour calculer 4 sommes.

4 C'est un problème additif. Pour trouver la distance parcourue par les cyclistes, les élèves doivent effectuer une addition.

Banque d'exercices p. 44

6 • 36 + 25 = 36 + 20 + 5 = 56 + 5 = 61
Ou : 36 + 25 = 30 + 20 + 6 + 5 = 50 + 11 = 61
• 53 + 45 = 53 + 40 + 5 = 93 + 5 = 98
Ou : 53 + 45 = 50 + 40 + 3 + 5 = 90 + 8 = 98
• 65 + 28 = 65 + 20 + 8 = 85 + 8 = 93
Ou : 65 + 28 = 60 + 20 + 5 + 8 = 80 + 13 = 93

7 Il faut dans un premier temps additionner les longueurs des deux petites boucles : 12 × 2 ou 12 + 12. Les deux petites boucles mesurent 24.
À cette longueur, il faut ajouter la grande boucle de 18 km :
24 + 18 = 24 + 10 + 8 = 34 + 8 = 42
ou : 24 + 18 = 20 + 4 + 10 + 8 = 30 + 12 = 42
La longueur totale du parcours est de 42 km.

5 Calcul réfléchi : Soustraction et addition à trou

Compétence
Résoudre une soustraction par une addition à trou.

Calcul mental
Calculer la somme de deux nombres de 2 chiffres. L'enseignant dit : « 12 + 25 » ; l'élève écrit 37.
Items : 12 + 25 ; 17 + 13 ; 25 + 15 ; 24 + 23 ; 32 + 14 ; 43 + 21 ; 34 + 42 ; 24 + 41 ; 14 + 26 ; 32 + 45.

Observations préalables
Cette leçon montre l'équivalence entre addition à trou (calcul du complément du premier terme de la différence) et soustraction (perçue comme le retrait du deuxième terme). Elle propose aux élèves la transformation de la soustraction en addition à trou pour en faciliter le calcul. En effet, calculer en « avançant » est plus facile que calculer en « reculant ». Avec la technique de calcul « des bonds en avant », le recours à l'écrit (schéma, opérations annexes) est obligatoire pour soulager la mémoire et poser les différentes étapes du calcul mais la verbalisation complète du calcul reste fortement souhaitable.

Activités collectives

Matériel : Monnaie factice en euros permettant de rendre la monnaie sur différents prix choisis par l'enseignant. Photographies d'objets avec leur étiquette-prix.

Activité préliminaire

L'enseignant affiche les photos de plusieurs objets dont le prix, compris entre 50 et 100 €, est indiqué par une étiquette. Par exemple : 87 €, 63 €, 78 €, … Il désigne un groupe d'élèves qui vont être les marchands responsables de rendre la monnaie aux acheteurs de ces objets et leur confie une caisse contenant plusieurs billets et pièces en euros. Un premier acheteur se présente pour acquérir un objet valant 87 € qu'il paie avec un billet de 100 €. Le groupe des marchands se concerte pour savoir quelle somme doit lui être rendue. Quand les marchands ont rendu la monnaie à l'acheteur, l'enseignant demande l'approbation de la classe sur le montant de la monnaie rendue. L'enseignant écrit au tableau et justifie la relation de départ : 87 € + monnaie = 100 €. Il sollicite la classe pour obtenir une autre façon d'obtenir la valeur de la monnaie à rendre : monnaie = 100 € – 87 € = … €.

La classe propose différentes techniques de calcul de la monnaie à rendre. L'enseignant montre, en s'aidant d'une droite graduée, qu'en partant de 87, il est facile d'arriver jusqu'à 100 en passant par 90 : 87 + 3 = 90 ; 90 + 10 = 100, donc 87 + 13 = 100 ou 100 – 87 = 13.

La situation est reprise avec d'autres objets et d'autres acheteurs qui peuvent payer avec 4 billets de 20 €, 2 billets de 50 €… selon le prix des objets achetés. Dans chaque cas, la classe est sollicitée et un élève vient au tableau pour valider le montant de la monnaie rendue en s'aidant de la droite graduée dessinée par l'enseignant.

Activités de recherche

1 Les élèves découvrent la situation de la leçon : Théo et Léa doivent calculer la différence 123 – 84. Ils la transforment en addition à trou pour la calculer en s'aidant d'une droite graduée. Les élèves doivent compléter le schéma associé (voir matériel ci-après) et achever le calcul de l'addition à trou pour en déduire la valeur de la différence 123 – 84. L'enseignant justifie l'équivalence entre la différence 123 – 84 et l'addition à trou 84 + … = 123, puis laisse la classe travailler sur le schéma et les calculs. À l'issue de cette recherche, une mise en commun est organisée. L'enseignant associe à l'addition à trou la technique utilisée au calcul du rendu de monnaie rencontré dans l'activité préliminaire. Il souligne l'intérêt de cette technique pour calculer une différence sans poser la soustraction ; elle permet de résoudre l'addition à trou par petits bonds, chacun pouvant être géré mentalement. La verbalisation – ou la rédaction de chaque étape – permet de contrôler l'ensemble du calcul. . Pour calculer 123 – 84 on cherche, par étapes, le nombre qu'il faut ajouter à 84 pour obtenir 123 :
84 + 6 = 90 ; 90 + 10 = 100 ; 100 + 23 = 123 ; 6 + 10 + 23 = 39 donc 123 – 84 = 39.

En fin de séance, l'enseignant pose la question rituelle : *« Qu'avons-nous appris aujourd'hui ? »* Il attend une réponse proche de : ***« Nous avons appris à transformer une soustraction en addition à trou et à la résoudre à l'aide d'une droite graduée. »***

Activités individuelles

S'exercer

1 **a** Les élèves doivent compléter deux schémas sur la droite graduée. Ils utilisent la photocopie distribuée par l'enseignant afin de ne pas disperser leur attention dans la réalisation du support. Ils doivent en déduire que 145 – 87 = 58 et que 163 – 78 = 85.

b Les élèves doivent calculer quatre différences :
130 – 50 = 80 ;
140 – 95 = 45 ;
168 – 80 = 88 ;
153 – 78 = 75 en complétant les étapes du calcul de l'addition à trou associée. L'aide du schéma n'est plus présente.

Résoudre

2 Problème guidé : Les élèves doivent calculer à quel âge est mort Charles Martel (51 ans) à partir de ses dates de naissance (690) et de mort (741). Mathix leur conseille de résoudre 690 + ... = 741 en utilisant une droite graduée. Charles Martel est mort à 51 ans.

3 Il faut calculer quelle somme doit être rendue à Ludovic qui achète une paire de rollers 67 € avec un billet de 200 €. 200 – 67 = 133. On rend 133 € à Ludovic.

Le coin du chercheur

Le premier dessin comporte 4 petits carrés et 1 grand carré. Le sixième carré apparaît sur le deuxième dessin.

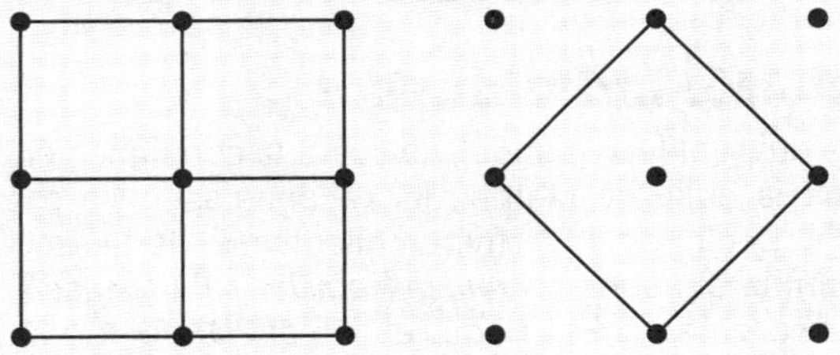

Prolongements

➢ **Photofiche S4**

Cette photofiche comporte deux exercices. Le premier contient quatre calculs de différence par la méthode de Théo avec les schémas à compléter, le second contient deux calculs par la méthode de Léa qui décompose son calcul en plusieurs étapes sans faire appel à un schéma.

➢ **Banque d'exercices p. 44**

8 Comme le problème guidé. Dans cet exercice, les élèves doivent calculer à quel âge est mort Clovis, né en 466, mort en 511. Ils peuvent réutiliser les techniques employées dans la résolution du problème guidé.
511 – 466 = 45.
Clovis est mort à 45 ans.

Leçon 5 – Calcul réfléchi : Soustraction et addition à trou

Matériel photocopiable

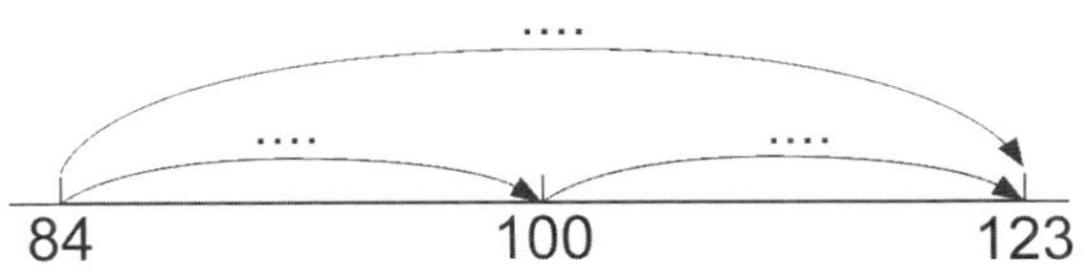

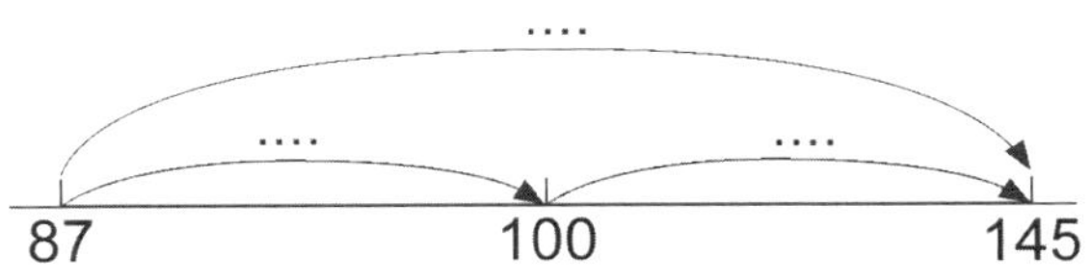

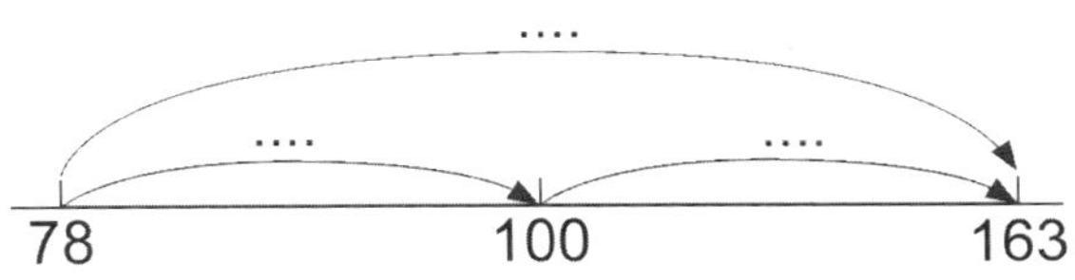

6 Problèmes : Méthodologie
Comprendre un énoncé et rédiger une phrase réponse

Compétence
Trouver la valeur de l'état initial dans un problème de transformation d'états.

Calcul mental
Problème : Owen a 5 billes. Il joue et gagne 12 billes. Combien de billes a-t-il maintenant ?; l'élève écrit 17.
Items :
- Karim a 6 billes, il en gagne 5. Combien de billes a-t-il maintenant ?
- Tom a 8 images, il en achète 6. Combien d'images a-t-il maintenant ?
- Marie a 9 billes, elle en gagne 8. Combien de billes a-t-elle maintenant ?
- Myriam a 7 perles, elle en achète 13. Combien de perles a-t-elle maintenant ?

Première partie : associer un énoncé à une question

Activité collective

L'enseignant écrit le premier énoncé au tableau :
Rafaël achète une bande dessinée 15 € et une boîte de jeu 20 €.
Il demande aux élèves de trouver la phrase qui manque à ce texte pour que celui-ci devienne un problème. Quand les élèves ont répondu qu'il manque une question, l'enseignant demande aux élèves d'inventer une question qui corresponde à l'énoncé. La classe accepte ou rejette la proposition et justifie ses choix. La question valable est celle à laquelle on peut répondre avec les données de l'énoncé. L'enseignant écrit la question choisie au tableau (question a) et invite la classe à résoudre le problème.

Activités individuelles

Les élèves ouvrent leur manuel, ils lisent la consigne générale écrite dans la bulle de Mathix. Ils reconnaissent le premier énoncé, c'est celui de « l'Activité collective ». Ils le recopient en associant la question : *combien Rafaël a-t-il dépensé ?*, puis résolvent le problème. Les nombres (15 et 20) ont été choisis pour que les élèves puissent facilement le résoudre mentalement. Une phrase réponse n'est pas exigée, 35 € suffit donc comme réponse,
Les élèves traitent ensuite les quatre problèmes suivants. Comme pour le premier problème, les nombres ont été choisis pour que les élèves puissent les résoudre sans poser les opérations. L'écriture d'une phrase réponse n'est pas exigée. Si dans l'énoncé 2, seule la question b correspond à l'énoncé, dans les énoncés 3 et 4, les questions a et c conviennent. Les élèves découvrent ainsi que plusieurs questions peuvent correspondre à un même énoncé.
Enfin, seule la question c correspond à l'énoncé 5.

Deuxième partie : rédiger une phrase réponse

Les élèves lisent silencieusement le cartouche vert et la bulle de Mathix. L'enseignant leur demande ensuite de dire à haute voix comment rédiger une phrase réponse. Les nombres ont été choisis pour faciliter les calculs qui peuvent se faire mentalement sans poser les opérations.
Les élèves traitent les cinq problèmes en respectant les consignes écrites sous chaque énoncé : écrire l'opération en ligne, la calculer mentalement, rédiger une phrase réponse sans oublier d'écrire l'unité à la suite du résultat numérique.
Les corrections sont collectives.
Les réponses attendues sont :

1 Le panier contient 57 champignons.
2 L'agriculteur a cueilli 130 kg de cerises.
3 Il lui reste 20 km à parcourir.
4 Arthur a versé 45 L d'eau dans le bac.
5 Le jeu vidéo coûte 35 €.

➤ Prolongements

➢ Photofiches P1 et P2

La photofiche P1 reprend la démarche de la première partie de la leçon. Elle propose cinq énoncés auxquels il faut associer une ou plusieurs questions.

La photofiche P2 reprend la démarche de la second partie de la leçon. Elle propose quatre problèmes à résoudre pour lesquels il faut écrire une phrase réponse.

7 L'addition posée

Compétence
Mettre en œuvre la technique opératoire de l'addition de nombres entiers.

Calcul mental
Additionner un petit nombre à un nombre de 2 chiffres. L'enseignant dit : « 14 + 8 » ; l'élève écrit 22.
Items : 14 + 4 ; 15 + 6 ; 25 + 4 ; 31 + 5 ; 24 + 5 ; 52 + 8 ; 16 + 6 ; 41 + 9 ; 28 + 3 ; 15 + 6.

Observations préalables
En classe de CM1, les élèves pratiquant régulièrement le calcul réfléchi et le calcul mental, sont capables de calculer mentalement la somme de deux nombres de deux chiffres. Pour les inciter à pratiquer le calcul mental des sommes de deux nombres de deux chiffres, il est donc préférable qu'ils ne posent pas systématiquement l'addition en colonnes pour calculer de telles sommes. Nous avons donc choisi de proposer cette technique uniquement pour le calcul de sommes où elle est vraiment nécessaire : les sommes de nombres de trois chiffres (ou plus), ou sommes de trois nombres (ou plus).
La technique de l'addition posée en colonnes repose sur les règles de la numération de position ; l'enseignant peut profiter de cette occasion pour s'assurer que les élèves ont compris :
– pourquoi les chiffres des différents termes de la somme doivent être alignés par la droite quand ils ne comportent pas tous le même nombre de chiffres ;
– le mécanisme de la retenue qui repose sur la récursivité des groupements par dix : 10 unités équivalent à 1 dizaine, 10 dizaines équivalent à 1 centaine...

Activités collectives

Activités de recherche

Les élèves découvrent l'opération que Théo doit calculer : 3 649 + 2 897 + 375 puis observent attentivement cette addition posée en colonnes. L'enseignant la pose au tableau. Un élève vient la calculer en expliquant ses calculs pas à pas.
Le calcul commence par l'addition des unités : 9 + 7 + 5 = 21. 21, c'est 1 unité et 2 dizaines : on note le 1 dans la colonne des unités et on reporte les 2 dizaines dans la colonne des dizaines. On dit : *« Je pose 1 et je retiens 2. »* On appelle 2 « la retenue ». Il ne faut pas oublier de l'ajouter quand on calcule le nombre des dizaines : **2** + 4 + 9 + 7 = 22. 22 dizaines, c'est 2 dizaines et 2 centaines. On pose 2 dans la colonne des dizaines et on retient 2 que l'on place dans la colonne des centaines. On calcule alors le nombre de centaines :
2 + 6 + 8 + 3 = 19. 19 centaines c'est 9 centaines et 1 millier. On pose 9 dans la colonne des centaines et on retient 1, que l'on place dans la colonne des milliers. On calcule enfin le nombre de milliers : **1** + 3 + 2 = 6.
3 649 + 2 897 + 375 = 6 921.
L'enseignant insistera sur la façon de poser l'opération en colonnes pour faciliter le calcul. Pour faciliter l'alignement des nombres, il est nécessaire d'utiliser les colonnes du quadrillage Seyès. Il ne faut pas oublier de laisser de la place pour écrire les retenues.
Afin de s'assurer que l'ensemble de la classe maîtrise la technique, il peut poser une nouvelle opération au tableau : 5 695 + 3 548 + 297.
Les élèves posent l'opération sur le cahier d'essai et la calculent. La correction se fait au tableau par un élève qui commente son calcul pas à pas.
Le calcul commence par l'addition des unités : 5 + 8 + 7 = 20. 20 c'est 0 unité et 2 dizaines : on note le 0 dans la colonne des unités et on reporte tout de suite les 2 dizaines dans la colonne des dizaines. On dit : *« Je pose 0 et je retiens 2. »* On appelle 2 « la retenue ». 2 + 9 + 4 + 9 = 24. 24 dizaines, c'est 4 dizaines et 2 centaines. On pose 4 et on retient 2 qu'on place dans la colonne des centaines. On calcule le nombre de centaines : 2 + 6 + 5 + 2 = 15. 15 centaines, c'est 5 centaines et 1 millier. On calcule enfin le nombre de milliers : 1 + 5 + 3 = 9.
5 695 + 3 548 + 297 = 9 540.

À l'issue de l'activité, l'enseignant pose la question rituelle : *« Qu'avons-nous appris aujourd'hui ? »* Il attend une réponse proche de : ***« Nous avons appris à calculer une addition posée en colonnes, avec retenue. »***

Activités individuelles

S'exercer

1 Dans cet exercice, les additions sont posées. Les additions de l'item **b** comportent des retenues plus nombreuses que celles de l'item **a**.

	(1)	(1)		
	5	1	7	6
+	2	4	9	5
=	7	6	7	1

	(1)	(1)	(2)	
	3	5	4	9
+	1	7	2	8
+	1	6	9	7
=	6	9	7	4

	(1)	(1)	(1)	
	6	2	5	8
+		9	7	6
=	7	2	3	4

	(2)	(1)	(2)	
	1	5	4	8
+		6	9	3
+	4	9	2	9
=	7	1	7	0

2 Dans cet exercice, l'élève doit poser les additions. Au niveau **a**, la pose est facilitée : les nombres possèdent le même nombre de chiffres, ce qui n'est pas le cas au niveau **b**.

a • 238 + 357 = 595 ; 324 + 504 = 828
• 3567 + 2483 = 6050 ; 6 245 + 2879 = 9 124

b • 647 + 842 = 1489 ; 5423 + 486 + 2761 = 8670
• 694 + 7450 = 8144 ; 3864 + 982 + 76 = 4 922

Résoudre

3 **Problème guidé.** 1089 + 25 + 256 = 1 370.
Le montant total de sa commande est de 1370 €.

Prolongements

Photofiche S5

Cette photofiche comporte 3 exercices.

Dans le premier exercice, l'élève doit calculer 3 additions posées de deux nombres.

Dans le deuxième exercice, il doit calculer 3 additions posées de trois nombres.

Dans le troisième exercice, il doit poser et effectuer 3 additions de trois nombres.

Banque d'exercices p. 44

9 674 + 87 + 1235 = 1996 ; 5624 + 79 + 612 = 6 315.

10 **Comme le problème guidé.**
1 267 + 1267 + 658 = 3192.
Le montant de la commande est de 3192 €.

8 Les nombres jusqu'à 9 999 (2)

Compétences
Comparer, ranger, intercaler des nombres. Les positionner sur une droite graduée.

Calcul mental
Comparer des nombres inférieurs à 1 000. L'enseignant écrit au tableau : 659 et 595...
L'élève écrit le plus grand : 659.
Items : 659 et 595 ; 809 et 991 ; 386 et 356 ; 709 et 695 ; 462 et 500 ; 159 et 190 ; 905 et 995 ; 678 et 693 ; 289 et 258 ; 979 et 985.

Observations préalables
Cette leçon est consacrée à la comparaison, au rangement et à l'intercalation des nombres de quatre chiffres.
Comme lors de la leçon 1 au cours de laquelle les élèves ont revu les nombres supérieurs à 1 000, il est souhaitable de revenir sur les règles de la numération étudiées au CE2 qui apportent cohérence et continuité aux procédures de comparaison et de rangement.
Pourquoi un nombre de quatre chiffres est-il supérieur à un nombre de trois chiffres ? Les élèves devraient pouvoir répondre à cette question en rappelant qu'un nombre de quatre chiffres est supérieur ou égal à 1 000 et possède donc 10 centaines ou davantage, tandis qu'un nombre de trois chiffres est plus petit que 1 000 car il possède moins de 10 centaines.
Pourquoi faut-il commencer par comparer les chiffres des milliers de deux nombres de quatre chiffres pour savoir quel est le plus grand ? La réponse à cette question souligne encore le rôle de la numération. Si l'on compare 2 879 et 4 123 : le premier possède deux paquets de mille, le second en possède quatre : le second est donc plus grand que le premier quels que soient ses autres chiffres, car 2 879 = 2 000 + 879 et le nombre 879 ne permet pas de former un nouveau millier. Ce genre de remarque permet de rassurer les élèves et d'asseoir les méthodes de comparaison sur des bases porteuses de sens, ce qui en garantit généralement un bon usage.

Activités collectives

Matériel : Pour la classe : Une douzaine d'ardoises sur lesquelles l'enseignant écrit des nombres de quatre chiffres.
Exemples : 1 201 – 5 923 – 7 165 – 1 615 – 6 610 – 6 619 – 8 357 – 8 398 – 8 329 – 3 520 – 3 398 – 3 802.

➡ Activité préliminaire

Activité : Le jeu des ardoises

L'enseignant donne les trois premières ardoises à trois élèves qui viennent se placer devant leurs camarades. Un quatrième élève est chargé d'ordonner ses trois premiers camarades de gauche à droite dans l'ordre croissant des nombres écrits sur les ardoises. Il explique comment il procède. La classe critique et valide. On procède de même pour les trois autres séries de trois nombres en changeant chaque fois les élèves. Enfin, un dernier élève ordonne les douze nombres écrits sur les ardoises. En conclusion, l'enseignant demande à la classe d'énoncer la règle de comparaison de deux nombres de quatre chiffres.

➡ Activités de recherche

1 L'enseignant fait expliciter la situation. Lorsqu'il est certain que les élèves ont compris l'énoncé et la lecture du tableau, il leur demande de trouver les quatre villes dont la population est comprise entre 5 000 et 10 000 habitants en s'appuyant sur les acquis de la leçon 1 (décomposition canonique des nombres de 4 chiffres).
Ensuite, pour les ranger en ordre croissant, les élèves sont amenés à comparer et à ordonner des nombres de 4 chiffres. L'enseignant demande à la classe de rappeler la règle de comparaison mise au point pendant l'« Activité préliminaire ».

2 Cette deuxième partie revient à intercaler des nombres dans une liste de nombres déjà placés sur une droite graduée. Il sera utile de placer sur la droite graduée des repères plus précis (5 500, 6 500, 7 500, 8 500, 9 500) pour aider les élèves à intercaler plus précisément les nombres d'habitants des 4 villes (Entraigues, Le Thor, Mazan, Morières) qui ont entre 5 000 et 10 000 habitants. Entraigues et Le Thor ont le même nombre de milliers d'habitant et l'intercalation est plus difficile. Harry choisit Mazan.

À la fin de la séance, l'enseignant pose la question rituelle : *« Qu'avons-nous appris aujourd'hui ? »* Il attend une réponse proche de : ***« Nous avons appris à comparer, à ranger des nombres de quatre chiffres, puis à intercaler un nombre de quatre chiffres entre deux nombres sur une droite graduée. »***

Activités individuelles

S'exercer

Les deux premiers exercices ont des niveaux différenciés.

1 L'élève doit ranger des séries de 4 nombres de 4 chiffres. On rappelle que pour ranger par ordre croissant, les nombres doivent s'écrire du plus petit au plus grand. La règle pour comparer deux nombres est rappelée aux élèves en difficulté : pour comparer deux nombres de 4 chiffres on compare d'abord le chiffre des milliers puis celui des centaines s'ils ont le même chiffre pour les milliers.

2 Cet exercice permet de vérifier si les élèves savent intercaler des nombres dans une liste de nombres donnés. Une droite graduée de 2 000 à 4 000 sera tracée au tableau lors de la correction pour permettre aux élèves de visualiser ces intercalations.

Résoudre

3 **Problème guidé.** Ce problème reprend les notions d'intercalation vues dans l'exercice précédent mais avec davantage de nombres, ce qui complexifie la situation. La bulle de Mathix guide les élèves pas à pas dans leur démarche.

➤ Prolongements

➢ Photofiche S6

Cette photofiche de soutien comporte 4 exercices.

1 L'élève doit entourer le plus grand des nombres écrits dans un nuage.

2 L'élève doit utiliser les signes $<$ et $>$ pour comparer deux nombres.

3 C'est un exercice de rangement.

4 Des étiquettes nombres doivent être intercalées sur une ligne graduée.

➢ Photofiche A2

Cette photofiche de soutien comporte 5 exercices.

1 L'élève doit compléter un tableau de nombres en trouvant le suivant et le précédent.

2 L'élève doit compter à rebours de 10 en 10.

3 L'élève doit compter à rebours de 100 en 100.

4 Il faut encadrer des nombres entre deux dizaines qui se suivent.

5 Il faut encadrer des nombres entre deux centaines qui se suivent.

➢ Banque d'exercices p. 44

11 9 218 m $>$ 7 450 m $>$ 6 400 m $>$ 5 121 m $>$ 4 115 m.

12 **Comme le problème guidé.**
7 800 m $<$ 7 893 m $<$ 8 164 m $<$ 8 516 m $<$ **8 600 m**.

9 Du mètre au millimètre

Compétences
Connaître le mètre et ses sous-multiples et les relations qui les lient.
Effectuer des calculs sur les longueurs.

Calcul mental
Soustraire un petit nombre à un nombre de 2 chiffres. L'enseignant dit : « 18 – 5 »; l'élève écrit 13.
Items: 18 – 5; 17 – 3; 25 – 2; 43 – 4; 71 – 5; 60 – 6; 80 – 9; 51 – 7; 62 – 4; 53 – 8.

Observations préalables
Dans cette leçon, nous limitons au mètre et à ses sous-multiples le travail sur les mesures de longueur. L'étude des multiples du mètre fera l'objet de la leçon 29. Pour que les élèves maîtrisent correctement les relations entre ces unités, il est indispensable de les inciter à réaliser des exercices pratiques de mesurage aussi souvent que l'occasion s'en présente, par exemple au cours des leçons de géométrie (tracés de segments et de figures dont les dimensions sont données, etc.), des séances de travail manuel, en biologie pour mesurer la croissance d'un végétal, en éducation physique pour mesurer la hauteur ou la longueur d'un saut, etc.

Activités collectives

Matériel :
- Papier cartonné.
- Divers mètres apportés par les élèves : mètre de couturière, de menuisier...
- Les instruments de mesure des longueurs utilisés en classe: doubles décimètres, règle de 1 m du tableau...

➡ Activités préliminaires

Activité 1: Fabriquer un mètre pliant

L'enseignant propose aux élèves de fabriquer un mètre pliant. Il constitue des groupes d'élèves et distribue une feuille de papier cartonnée par groupe. Il demande aux élèves de découper des bandes de 10 cm de longueur et 2 cm de largeur.
Il énonce que la bande de 10 cm de longueur porte le nom de décimètre. Il écrit au tableau : 1 décimètre = 10 centimètres. Son écriture abrégée s'écrit (dm): 1 dm = 10 cm. On dit que le décimètre comme le cm sont des sous-multiples du mètre. L'enseignant demande ensuite : *« Combien de bandes de 1 dm faut-il assembler pour fabriquer 1 mètre ? »* Les élèves débattent entre eux et il ressort que pour fabriquer un mètre pliant, il suffit d'assembler bout à bout 10 bandes de 1 décimètre avec du ruban adhésif. Cette remarque permet d'écrire l'égalité : 1 m = 10 dm. L'enseignant précise que les règles du commerce qu'utilisent les élèves mesurent souvent 20 cm. On appelle cette longueur un « double décimètre ». Ils le vérifient en observant les graduations portées sur les instruments qu'ils possèdent afin d'établir les liens entre ces unités.

Activité 2: Les instruments de mesure

L'enseignant présente différents modèles de mètres : le mètre pliant, le mètre à ruban, le « mètre » de couturière, la grande règle plate de la classe, etc. Les élèves les observent et font part de leurs remarques que la classe récapitule lors de la mise en commun : ces instruments sont fabriqués avec des matériaux divers ; certains mesurent exactement un mètre, d'autres, dépliés ou déroulés, mesurent plus d'un mètre ; l'appellation « mètre » de couturière est curieuse, car cet instrument mesure 150 cm. L'observation précise des graduations de ces instruments de mesure permet de revoir une unité de longueur étudiée au CE2 : le millimètre. Cette unité est aussi un sous-multiple du mètre. Les élèves rappellent que 1 cm = 10 mm. L'enseignant écrit au tableau les égalités qui ressortent de toutes ces observations:

1 m = 10 dm = 100 cm = 1 000 mm
1 dm = 10 cm = 100 mm
1 cm = 10 mm.

➡ Activités de recherche

1 Les élèves lisent individuellement l'énoncé et la consigne de Théo. L'enseignant demande à quelques volontaires de la commenter. Individuellement les élèves procèdent aux tracés. L'enseignant exige qu'ils soient réalisés avec précision ; il veille à l'utilisation correcte du double décimètre, en particulier à la place du zéro et à la lecture des graduations. Lorsque les deux segments sont correctement tracés, les élèves répondent aux questions : La figurine A ➔ 6 cm 4 mm est plus grande que la figurine B ➔ 57 mm.
La bulle de Léa est à son tour lue et commentée collectivement. Les élèves réfléchissent à la manière de comparer les longueurs des segments sans avoir à les tracer. Ils concluent que pour pouvoir comparer des mesures de longueur, ces mesures doivent être exprimées avec la même unité. Ils procèdent aux conversions. Les résultats sont écrits au tableau:
6 cm 4 mm = 60 mm + 4 mm = 64 mm.
Donc: 64 mm > 57 mm. Ou: 57 mm = 5 cm 7 mm.
Donc 6 cm 4 mm > 5 cm 7 mm.
Ils constatent alors que les deux méthodes (Théo et Léa) donnent le même résultat.

2 L'enseignant demande à quelques volontaires de commenter la consigne. Les élèves réalisent que, pour trouver la longueur du chemin de l'escargot, les longueurs des différentes parties du chemin doivent être d'abord exprimées avec la même unité, le centimètre, avant d'être ajoutées. Les élèves convertissent dans un premier temps en cm les unités qui le nécessitent: 8 dm = 80 cm; 5 dm 2 cm = 52 cm.
Puis ils calculent individuellement le chemin de l'escargot:
80 cm + 47 cm + 52 cm = 179 cm.
Cette longueur est ensuite convertie comme c'est demandé en m, dm et cm: 179 cm = 1 m 7 dm 9 cm.
La correction est collective et permet de traiter immédiatement les erreurs éventuelles.
En fin de séance, l'enseignant pose la question rituelle : *« Qu'avons-nous appris aujourd'hui ? »* Il attend une réponse proche de : ***« Nous avons appris à connaître le mètre et ses sous-multiples et les relations qui les lient, puis à effectuer des calculs sur les longueurs. »***

S'exercer

Les 4 premiers exercices sont de niveaux différenciés.

1 C'est l'application directe des « Activités de recherche ». Au niveau **a**, les élèves doivent convertir en cm, dm et mm des mesures exprimées uniquement en m. Au niveau **b**, les conversions prennent en compte tous les sous-multiples.
a 2 m = 200 cm ; 3 m = 3 000 mm ; 4 m = 40 dm
b 2 cm = 20 mm ; 3 dm = 30 cm ; 5 dm = 500 mm

2 Cet exercice permet de consolider les liens entre les unités de mesure.
a Longueur d'une table : 2 m 20 cm = 200 cm + 20 cm = 220 cm.
Hauteur d'un tabouret : 690 mm = 69 cm.
b Largeur d'une page : 210 mm = 21 cm.
Longueur d'un tableau : 3 m 5 cm = 300 cm + 5 cm = 305 cm.
Les élèves qui rencontrent des difficultés peuvent utiliser un tableau de conversion fourni par l'enseignant.
Il doit alors veiller à ce qu'ils n'écrivent qu'un seul chiffre par colonne. C'est le cas avec 210 mm : il faut placer 0 dans la colonne des mm, 1 dans celle des cm et 2 dans celle des dm.
210 mm = 21 cm.

m	dm	cm	mm
	2	1	0

3 Ordonner des mesures de longueur nécessite de les exprimer avec la même unité.
a 25 cm < 500 mm (50 cm) < 91 cm
b 67 cm < 8 dm (80 cm) < 900 mm (90 cm)

4 Lors de la correction, l'enseignant s'assure si les erreurs proviennent des conversions ou si elles sont dues à une maîtrise insuffisante de la technique de l'addition.
a 40 cm + 65 mm = 400 mm + 65 mm = 465 mm.
b 5 dm + 72 cm = 50 cm + 72 cm = 112 cm.

Résoudre

5 **Problème guidé.** L'enseignant rappelle la signification de « ligne brisée ». Il demande aux élèves de suivre les conseils de Mathix.
1 dm = 100 mm
100 mm – 55 mm = 45 mm ou 4 cm 5 mm.

6 L'enseignant reprend les conseils d'utilisation du double décimètre. La mesure de la ligne est d'abord donnée millimètres puis en cm et mm :
68 mm + 35 mm + 60 mm = 163 mm ou 1 dm 6 cm 3 mm

7 Les mesures doivent être converties en cm :
1 m 40 cm = 140 cm ; 1350 mm = 135 cm
Elles sont ensuite rangées par ordre croissant :
130 cm (Ingrid) < 135 cm (Flora) < 140 cm (Louna).

8 Les mesures des diamètres des balles doivent être converties en mm, puis rangées en ordre croissant :
38 mm (ping-pong) < 42 mm (golf) < 64 mm (tennis) < 118 mm (base-ball).

Le coin du chercheur
L'escargot met 10 jours pour sortir du puits.

➤ Prolongements

➢ **Photofiche S7**

Cette photofiche de soutien comporte 5 exercices.
1, **2** et **3** proposent des conversions.
4 Il faut tracer un segment de longueur donnée puis prolonger un segment pour qu'il mesure une longueur donnée.
5 Il faut mesurer puis calculer le périmètre d'une figure.

➢ **Banque d'exercices p. 44-45**

13 1 dm 5 cm 7 mm = 157 mm
3 dm 9 mm = 309 mm
1 m 8 mm = 1 008 mm
7 dm 4 mm = 704 mm
14 35 mm + 30 mm + 16 mm = 81 mm
15 **Comme le problème guidé.** 90 cm + (90 cm × 3) + 180 cm = 540 cm ou 5 m 40 cm

10 Situations multiplicatives

Compétence
Reconnaître des situations multiplicatives.

Calcul mental
Soustraire un petit nombre à un nombre à 2 chiffres. L'enseignant dit : « 13 – 7 » ; l'élève écrit 6.
Items : 13 – 7 ; 20 – 6 ; 15 – 6 ; 36 – 7 ; 23 – 5 ; 12 – 7 ; 15 – 9 ; 48 – 9 ; 16 – 8.

Observations préalables
Les élèves qui arrivent au CM1 doivent reconnaître dans des situations simples le sens de la multiplication. Pour vérifier ces acquis, nous avons privilégié des exemples empruntés à la vie courante. Le choix de petits nombres a pour objectif de permettre aux élèves de se concentrer sur le sens de l'opération.

Activités collectives

Activités préliminaires

Activité 1
Dans la cour, l'enseignant invite 20 élèves à se rassembler par groupes de 5. Il demande aux autres d'écrire, sur leur ardoise, le nombre total d'élèves ainsi groupés sous la forme d'un produit ou d'une somme. La classe critique collectivement les écritures, puis valide les bonnes réponses.
Pour réponses, l'enseignant attend 4 fois 5 groupes, soit 4 × 5 ou 5 + 5 + 5 + 5.

Activité 2
L'enseignant demande à 15 élèves de former 1 groupe de 5 élèves, 1 groupe de 4 élèves et 2 groupes de 3 élèves. Il demande aux élèves qui sont restés assis : *« Écrivez le nombre total d'élèves groupés sous forme d'une addition. Peut-on remplacer ces additions par une multiplication ? Pourquoi ? »* À la deuxième question, il attend une réponse proche de : *« On ne peut pas remplacer ces additions par une multiplication car tous les groupes n'ont pas le même nombre d'élèves. »* L'enseignant propose ensuite d'autres groupements.

Activités de recherche

1 La première partie des activités de recherche comporte 4 situations. On doit indiquer si la situation peut se résoudre par une multiplication, puis répondre à la question posée.
Chaque situation est analysée collectivement. Les élèves explicitent les différentes méthodes pour arriver au résultat. Lors de la discussion, les élèves découvrent que l'addition réitérée peut être utilisée pour calculer le résultat d'une multiplication.
La correction est collective.
a Chacune des 6 fleurs a 5 pétales ; le nombre de pétales est donc 6 × 5. C'est une situation multiplicative qui peut se résoudre par l'addition réitérée :
5 + 5 + 5 + 5 + 5 + 5 = 30 ; donc 6 × 5 = 30. Il y a 30 pétales.
b La deuxième situation présentée par Léa est un contre-exemple : tous les sacs ne contiennent pas le même nombre de billes. Ce n'est pas une situation multiplicative : le nombre de billes ne peut pas être trouvé par une multiplication mais seulement par une addition.
25 + 30 + 40 = 95. Il y a 95 billes.
c Le nombre de timbres est représenté sous la forme d'un nombre rectangulaire. C'est une situation multiplicative. La page est composée de 4 colonnes de 5 timbres ou de 5 lignes de 4 timbres. Le nombre de timbres est égal à 4 × 5 ou 5 × 4. Ce type de représentation permet de traiter la commutativité de la multiplication. On peut calculer ces produits par des additions réitérées :
4 × 5 = 5 + 5 + 5 + 5 = 20.
5 × 4 = 4 + 4 + 4 + 4 + 4 = 20.
Il y a 20 timbres sur la page.
d Tous les cars peuvent transporter le même nombre de passagers. C'est une situation multiplicative. Les 3 cars peuvent transporter 3 × 54 passagers. Ce produit peut être calculé par l'addition réitérée : 3 × 54 = 54 + 54 + 54 = 166. Les cars peuvent transporter 166 personnes.

2 Un élève lit l'énoncé de cette deuxième partie des activités de recherche. Les élèves observent que toutes les boîtes ne contiennent pas le même nombre d'œufs. Ce n'est pas une situation multiplicative. Le nombre d'œufs ne peut-être trouvé que par une addition : 4 + 6 + 6 + 10 = 26. Il y a 26 œufs.

3 Comme précédemment, un élève lit l'énoncé. Il faut calculer le prix de l'équipement pour 5 basketteuses de deux manières. La correction est collective.
On peut calculer le prix d'une tenue puis le multiplier par 5 pour avoir le prix de 5 tenues.
45 + 20 + 15 = 80. Le prix d'une tenue est de 80 €.
5 × 80 = 400. Le prix de cinq tenues est de 400 €.
On peut aussi calculer le prix de cinq paires de baskets, cinq maillots et de cinq shorts, puis additionner le tout.
5 × 45 = 225. Le prix des cinq paires de baskets est de 225 €.
5 × 20 = 100. Le prix de cinq maillots est de 100 €.
5 × 15 = 75. Le prix de cinq shorts est de 75 €.
225 + 100 + 75 = 400.
Le prix de cinq tenues est 225 € + 100 € + 75 € = 400 €.

L'enseignant pose ensuite la question rituelle : *« Qu'avons-nous appris aujourd'hui ? »* Il attend une réponse proche de : ***« Nous avons appris à reconnaître des situations multiplicatives et à calculer un produit par une addition réitérée. »***

Activités individuelles

S'exercer

Les trois premiers exercices sont de niveaux différenciés.

1 **a** Il y a plusieurs possibilités d'écritures additives : 4 + 5 sera sûrement l'écriture additive majoritaire. L'enseignant montrera l'écriture 3 × 3 si aucun élève ne l'a écrite.

b 8 + 8 + 8 = 3 × 8 ou 3 + 3 + 3 + 3 + 3 + 3 + 3 + 3 = 8 × 3 ou 6 + 6 + 6 + 6 = 4 × 6
Il y a 24 sucettes.
Les résultats peuvent être vérifiés par dénombrement.

2 **a** À ce niveau, les quantités sont visibles :
5 + 5 + 5 = 3 × 5
Il y a 15 macarons.

b Le dénombrement est impossible, il faut calculer.
6 + 6 + 6 + 6 + 6 = 30.
Il y a 30 macarons.
Le nombre de macarons peut s'écrire 5 × 6.

3 **a** À ce niveau, les quantités sont visibles. Le nombre de chocolats est :
5 × 3 = 3 + 3 +3 + 3 + 3 = 15 ou 3 × 5 = 5 + 5 + 5 = 15.
Il y a 15 chocolats dans la boîte.

b À ce niveau, le dénombrement est impossible.
Le nombre de chocolats est 5 × 4 = 4 + 4 + 4 + 4 + 4 = 20 ou 4 × 5 = 5 + 5 + 5 + 5 = 20.
Il y a 20 chocolats dans la boîte.

Résoudre

4 **Problème guidé.** Les élèves doivent calculer le nombre total de places dans la salle.
Mathix propose de calculer d'abord le nombre de fauteuils dans les 10 rangées.
10 × 25 = 250. Il y a 250 fauteuils.
Puis de rajouter la rangée de 15 fauteuils : 250 + 15 = 265.
Dans la salle, il y a 265 places.

5 Un repas coûte 21 €. Il faut calculer la note pour 5 personnes : Léo et ses 4 amis.
5 × 21 = 105. Le montant de la note sera de 105 €.

6 Pour calculer le montant de la commande, il faut calculer le prix de chaque quantité d'articles.
7 × 8 = 56. *Sept Contes* de Perrault coûtent 56 €.
23 × 5 = 115. Vingt-trois livrets de lecture coûtent 115 €.
4 × 28 = 112. Quatre DVD coûtent 112 €.
Un dictionnaire coûte 32 €.
56 + 115 + 112 + 32 = 315. Le montant de la commande est de 315 €.

Le coin du chercheur

Un archer tire une flèche par minute. S'il tire sa première flèche à midi, il tirera sa dernière à 12 h 59.

➤ Prolongements

➢ **Banque d'exercices p. 45**

16 5 + 5 + 5 + 5 = 4 × 5. Le prix des 4 billets de tombola est de 20 €.

17 80 + 95 + 85 = 260. Le montant de l'achat de Loan ne peut être trouvé par une multiplication. Loan va dépenser 260 c, soit 2 € 60 c.

11 Problèmes : Les unités de durée en histoire

Compétence
Utiliser les termes : millénaire, siècle, année.

Calcul mental
Ajouter un multiple de 10 à un nombre de 2 chiffres. L'enseignant dit : « 53 + 30 » ; l'élève écrit 83.
Items : 53 + 30 ; 47 + 20 ; 79 + 10 ; 84 + 10 ; 45 + 30 ; 62 + 30 ; 74 + 20 ; 49 + 40 ; 38 + 30 ; 25 + 50.

Activités collectives

Activités de recherche

1 Les élèves observent et commentent les trois frises chronologiques, celle des siècles, celle des années et celle des millénaires. La présence des pointillés sur chacune des représentations est expliquée. Les correspondances entre la bande des siècles et la droite des années sont relevées : les années de 0 à 100 correspondent au premier siècle. Un siècle dure donc 100 ans. La bulle de Mathix le signale. Les pointillés nous amènent au 18e siècle, ils représentent donc la durée qui va du 2e siècle au 18e siècle. Celui-ci commence après l'an 1700 et se termine en l'an 1800. L'enseignant demande aux élèves de nommer les bornes du 19e siècle puis du 20e et du 21e siècle. La bande des millénaires est commentée : 1 millénaire, c'est 1 000 ans. La bulle de Mathix le signale.
Les élèves répondent ensuite à la première consigne. Ils associent une couleur à chaque date. Les associations entre les dates et les positions des points de couleur sur la droite des années seront justifiées pendant la correction. L'invention du téléphone est repérée par le point violet, la prise de la Bastille par le point rouge, la construction du Pont du Gard par le point vert foncé, les premiers pas de l'homme sur la Lune par le point vert clair, la Première Guerre mondiale par le point orange et l'actuelle année scolaire par le point bleu.

2 Les élèves répondent aux questions portant sur les siècles et les millénaires.
Nous sommes actuellement au 21e siècle et au 3e millénaire ; la Première Guerre mondiale a eu lieu au 20e siècle ; l'invention du téléphone a eu lieu au 19e siècle et la prise de la Bastille au 18e siècle ; le 2e millénaire a commencé au 11e siècle et s'est terminé au 20e siècle.
Pour la correction des deux dernières questions, il sera peut-être nécessaire de dessiner au tableau une bande des siècles en parallèle avec celle des millénaires.

3 Deux siècles environ (exactement 180 ans) séparent la prise de la Bastille des premiers pas sur la Lune. Cinquante-cinq ans séparent le début de la Première Guerre mondiale des premiers pas sur la Lune.

En fin de séance, l'enseignant pose la question rituelle : *« Qu'avons-nous appris aujourd'hui ? »* Il attend une réponse proche de : ***« Nous avons appris à utiliser les mots : millénaire, siècle, année. »***

Activités individuelles

Résoudre

1 Pour cet exercice, les élèves peuvent utiliser les schémas de l'activité de recherche :
- invention de la télévision, 1926 : 20e siècle ;
- invention de l'ampoule électrique, 1879 : 19e siècle ;
- invention de la machine à vapeur, 1712 : 18e siècle ;
- invention de l'ordinateur, 1936 : 20e siècle.

2 10 siècles = 1 millénaire ; 40 siècles = 4 millénaires. Du haut des pyramides, 4 millénaires contemplent les soldats de Napoléon.

3 2015 se situe au 21e siècle ; 1515 se situe au 16e siècle. Ou bien 2015 – 1515 = 500. Cinq siècles séparent ces deux dates.

4 1492 se situe à la fin du 15e siècle ; 985 se situe à la fin du 10e siècle. Cinq siècles environ séparent ces deux dates.

5 2 600 ans = 26 × 100 ans = 26 siècles ; Marseille est âgée de 26 siècles.

➤ Prolongements

➢ Photofiche P3

Elle propose trois exercices.

L'exercice **1** donne cinq dates d'événements historiques qu'il faut inscrire dans leur millénaire.

L'exercice **2** donne cinq dates d'événements historiques qu'il faut inscrire dans leur siècle.

L'exercice **3** donne le siècle qui vit l'invention de la machine à vapeur et demande de cocher, parmi sept événements historiques donnés, ceux qui sont contemporains de l'invention.

12 Tuic n° 1 : Tracer des polygones

Compétence
Utiliser les outils de dessin d'un logiciel de traitement de texte pour tracer des polygones.

Calcul mental
Ajouter un multiple de 10 à un nombre de 2 chiffres. L'enseignant dit : « 68 + 50 » ; l'élève écrit 118.
Items : 68 + 50 ; 47 + 30 ; 85 + 20 ; 74 + 60 ; 71 + 40 ; 62 + 50 ; 89 + 40 ; 96 + 50 ; 65 + 40 ; 58 + 30.

Observations préalables
Les programmes, avec la mise en œuvre du socle commun de connaissances, de compétences et de culture, insistent, à juste titre, sur l'intérêt qu'apportent les outils informatiques dans la plupart des situations d'enseignement.
Au milieu de chaque période, nous proposons donc aux enseignants un atelier informatique intitulé TUIC (Technologies Usuelles de l'Information et de la Communication), qui permet aux élèves d'approfondir les notions étudiées. Outre l'allègement de la charge de travail qu'ils permettent pour traiter des données, les logiciels offrent l'occasion d'une approche expérimentale des mathématiques. Dans cet esprit, le logiciel permet de varier les points de vue sur un même concept ; mais les activités réalisées à l'aide de cet outil ne remplacent pas celles qui sont situées dans l'espace réel ou sur le plan matérialisé par la feuille de papier.

Activités individuelles

Matériel : Ces activités ont été conçues pour que les élèves puissent les pratiquer en autonomie en suivant pas à pas les consignes, soit à l'école, soit à la maison sur l'ordinateur familial. Le logiciel utilisé pour cet atelier est un logiciel libre (*open source*). Il est téléchargeable gratuitement à l'adresse suivante : http://www.openoffice.org/fr/ (pour de plus amples explications, se référer au chapitre Annexe 4 Tuic, page 258 de cet ouvrage). Il est intéressant pour sa fiabilité et sa souplesse d'adaptation. Bien sûr, ces activités peuvent être adaptées et réalisées avec tout autre logiciel de traitement de texte équipé des outils de dessin (Microsoft Word...).

Activité 1
Le logiciel de traitement de texte OpenOffice Writer est généralement contenu dans le dossier OpenOffice.org ; le logiciel est ouvert par un double-clic à l'aide du bouton gauche de la souris.
Dans le cas où ni la barre de boutons, ni le bouton « Dessin » n'apparaissent à l'écran, il faut cliquer sur le menu « Affichage », puis sur « Barre d'outils » et, enfin, cocher la case « Dessin ». De plus, si l'option est activée pour le logiciel, des infos-bulles apportent une aide précieuse tout au long de l'activité : lorsque le curseur de la souris reste quelques secondes sur un bouton, une petite étiquette apparaît indiquant la fonction du bouton en question.

Activités 2 et 3
Durant ces deux activités, les élèves apprennent à tracer une ligne brisée ouverte et un polygone avec le même outil informatique : le bouton « Polygone » situé dans la barre d'outils « Dessin ». Les élèves vont utiliser ce bouton de la même manière au début mais pas à la fin. C'est en effet la dernière manipulation qui détermine la figure :
– si les élèves double-cliquent dans la page, la figure ne se ferme pas et ils obtiennent une ligne brisée ouverte ;
– si les élèves double-cliquent sur le premier point tracé, ils obtiennent une ligne brisée fermée, soit un polygone.
Les illustrations sont une aide forte pour les élèves hésitants.

Activité 4
Durant cette activité, les élèves apprennent à tracer des polygones réguliers.
L'outil informatique intègre déjà des formes de base : triangle, rectangle, carré, trapèze, parallélogramme, losange, pentagone, hexagone... mais aussi des figures qui ne sont pas des polygones. D'ailleurs Mathix attire l'attention des élèves à ce sujet. Les élèves devront donc réinvestir les notions acquises lors de la leçon 3 pour tracer uniquement des polygones.

Activité 5
La dernière activité est plus ludique. Elle permet d'aider les enfants à connaître les fonctions des boutons de la barre d'outils « Dessin ». Sans appréhension particulière, à la différence des adultes, ils pourront réinvestir ces apprentissages vers d'autres boutons simples du traitement de texte comme la police de caractères, la taille, la couleur des caractères, etc.
L'enseignant peut demander aux élèves d'imprimer l'ensemble des figures tracées à l'issue de l'activité. Si les enfants n'ont pas le temps de terminer les tracés, ils enregistrent leur document.

13 Les nombres jusqu'à 9 999 (3)

Compétence
Trouver le nombre de dizaines, de centaines, de milliers dans un nombre.

Calcul mental
Soustraire un multiple de 10 à un nombre de 2 chiffres. L'enseignant écrit : « 72 – 40 » ; l'élève écrit 32.
Items : 72 – 40 ; 38 – 20 ; 63 – 50 ; 35 – 20 ; 84 – 30 ; 73 – 50 ; 65 – 40 ; 87 – 60 ; 93 – 70 ; 74 – 30.

Observations préalables
Dans cette leçon, les élèves vont faire la différence entre nombre de dizaines, de centaines ou de milliers dans un nombre, et chiffre des dizaines, des centaines ou des milliers. Comme la leçon suivante le montrera, connaître le nombre de dizaines, centaines, milliers, permet de résoudre des problèmes de répartition régulière en paquets de 10, de 100 ou de 1 000, mais aussi de mieux comprendre la technique opératoire de la division euclidienne. Cette connaissance permet surtout de faire le lien avec les unités de longueur, de masse ou de contenance comme le recommandent les programmes de 2015.

Activités collectives

Matériel : Monnaie factice : 40 billets de 10 € et 3 billets de 100 €. La photographie, format affiche, d'un vélo avec une étiquette prix de 240 €, d'une console de jeux avec une étiquette prix de 180 €, d'une tablette avec une étiquette prix de 350 €.

➡ Activité préliminaire

L'enseignant demande à deux élèves de venir jouer le rôle de banquiers et il leur confie la monnaie factice. Il demande à un autre élève de venir emprunter le nombre de billets de 100 € et de 10 € nécessaires pour acheter le vélo à 240 € ; il sollicite la classe pour avoir son accord. Il écrit au tableau le nombre 240 dans un tableau de numération et rappelle que le chiffre 2 est le chiffre des centaines et que le chiffre 4 est le chiffre des dizaines du nombre 240.
Il demande ensuite à l'élève qui a reçu la somme de 240 € en billets de 100 € et de 10 € d'échanger chaque billet de 100 € contre 10 billets de 10 € auprès des banquiers afin de payer le prix de 240 € en n'utilisant que des billets de 10 €. Pendant que l'élève se livre à ces échanges avec les banquiers, la classe est sollicitée pour prévoir quel sera le nombre de billets de 10 €. Quand tous les échanges ont été réalisés, la classe vérifie que ce prix peut être payé avec 24 billets de 10 €. L'enseignant précise que 24 est le nombre de dizaines du nombre 240, il ne doit pas être confondu avec le chiffre des dizaines de 240.
Selon le niveau de réussite de la classe, la situation est reprise avec une console de jeux à 180 €, puis une tablette à 350 €.

➡ Activités de recherche

1 Les élèves découvrent la situation de la leçon : ils doivent calculer le nombre de dizaines du nombre 231. Théo les aide en représentant ce nombre avec le matériel de numération : 2 plaques centaines, 3 barres dizaines et 1 jeton unité ; il échange ensuite chaque plaque centaine contre 10 barres dizaines comme le montre le schéma. Les élèves peuvent répondre en rapprochant cette situation de celle de l'activité préliminaire ou en comptant les barres dizaines du schéma. Le nombre de dizaines de 231 est 23.

2 Les élèves doivent indiquer quel est le nombre de centaines du nombre 1 340. Léa les aide en représentant ce nombre avec le matériel de numération : 1 plaque millier, 3 plaques centaines et 4 barres dizaines, elle échange ensuite la plaque millier contre 10 plaques centaines comme le montre le schéma. Les élèves peuvent répondre en comptant les plaques centaines du schéma. Le nombre de centaines de 1 340 est 13. Mathix montre aux élèves que l'utilisation du tableau de numération est un moyen rapide pour trouver le nombre de centaines.

3 Les élèves doivent ensuite indiquer le nombre de milliers de 5 280. La bulle de Mathix les incite à utiliser le tableau de numération. L'enseignant signalera que, dans le cas particulier des nombres à 4 chiffres, le nombre de milliers ne s'écrit qu'avec un seul chiffre qui est aussi le chiffre des milliers.

En fin de séance, l'enseignant pose la question rituelle : *« Qu'avons-nous appris aujourd'hui ? »* Il attend une réponse proche de : ***« Nous avons appris à indiquer le nombre de dizaines, le nombre de centaines ou le nombre de milliers dans un nombre. »***

Activités individuelles

S'exercer

Les exercices ont des niveaux **a** et **b** différenciés

1 **a** Le nombre 348 est décomposé en 100 + 100 + 100 + 40 + 8, les élèves doivent indiquer le nombre de dizaines de 100, de 40, puis en déduire le nombre de dizaines de 348.
b Les élèves doivent trouver par eux-mêmes le nombre de dizaines des nombres 420 ; 267 et 650, puis ils doivent entourer le chiffre des dizaines de chacun de ces nombres.

2 **a** Le nombre 2 340 est décomposé en 1 000 + 1 000 + 300 + 40, les élèves doivent indiquer le nombre de centaines de 1 000, de 300, puis en déduire le nombre de centaines de 2 340.
b Les élèves doivent trouver par eux-mêmes le nombre de centaines des nombres 2 350, 1 567 et 6 150, puis ils doivent entourer le chiffre des centaines de chacun de ces nombres.

Résoudre

3 **Problème guidé.** Un employé doit ranger 2 500 vis dans des boîtes de 100. Combien de boîtes va-t-il utiliser ? Mathix conseille aux élèves de chercher le nombre de centaines de 2 500. Les élèves doivent donc établir le lien entre le nombre de paquets de 100 et le nombre de centaines de 2 500. Pour beaucoup d'entre eux, cette correspondance est encore en cours de construction.

4 Roméo et son frère rangent 240 cartes dans des pochettes de 10 cartes. Combien de pochettes vont-ils utiliser ? Ce nouveau problème introduit la démarche de la leçon suivante dans laquelle les connaissances sur la numération de position devraient se substituer au calcul de longues séries d'additions de 10 en 10.

➤ Prolongements

➢ Photofiche S8

Cette photofiche comporte 4 exercices. Les règles d'échange de dix dizaines contre une centaine ou de dix centaines contre un millier y sont rappelées sous forme schématique et appliquées sur des nombres de 3 ou 4 chiffres.

➢ Photofiche A3

Cette photofiche comporte 5 exercices. Les trois premiers reviennent sur la distinction entre chiffres des centaines et nombre de centaines de façon classique, les deux derniers sont des exercices de réflexion autour d'une devinette ou du choix de nombres de 3 chiffres ayant le même nombre de dizaines.

➢ Banque d'exercices p. 45

19 **Comme le problème guidé.** Un tapissier doit acheter 1800 clous dorés vendus par boîte de 100. Combien de boîtes doit-il acheter ? Les élèves qui réinvestiront la notion de nombre de centaines du nombre 1 800 résoudront plus rapidement ce problème que ceux qui se lanceront dans le calcul d'une suite d'additions de 100.

20 Marlène achète un article à 320 €, elle le paie avec des billets de 10 €. Combien de billets donne-t-elle au marchand ? Le souvenir de l'activité préliminaire effectivement vécue par la classe devrait aider les élèves à résoudre correctement ce problème.

14 Problèmes : Utiliser la décomposition des nombres

Compétence

Résoudre un problème en s'appuyant sur la connaissance des unités de numération et leurs relations.

Calcul mental

Soustraire un multiple de 10 à un nombre de 3 chiffres. L'enseignant écrit : « 125 – 50 » ; l'élève écrit 75.
Items : 125 – 50 ; 238 – 20 ; 143 – 60 ; 325 – 40 ; 184 – 30 ; 213 – 30 ; 465 – 40 ; 525 – 60 ; 386 – 30 ; 254 – 60.

Observations préalables

Dans cette leçon, les élèves vont réinvestir les notions de nombre de dizaines et de nombre de centaines, pour résoudre des problèmes de répartition régulière en paquets de 10 ou de 100. Ces problèmes sont implicitement des problèmes de division par 10 ou par 100. Une des conditions à ce réinvestissement est toutefois d'associer dizaine et paquet de 10, centaine et paquet de 100. Le nombre de dizaines ou de centaines d'un nombre devient alors un outil de résolution de problèmes qui fait prendre conscience aux élèves que les informations contenues dans l'écriture en chiffres des nombres (conséquences des règles de la numération décimale de position) peuvent leur épargner de longs calculs.

Activités collectives

Matériel : Une grosse provision de noix ou de marrons (au moins 200) jouant le rôle des œufs, une quinzaine de boîtes d'œufs vides pouvant contenir 10 œufs.

Activité préliminaire

L'enseignant écrit le problème suivant au tableau :
« La fermière a ramassé 57 œufs dans son poulailler, elle les vend par boîte de 10 œufs.
Combien de boîtes va-t-elle remplir, combien lui restera-t-il d'œufs ? »
Les élèves font leurs propositions, l'enseignant constitue une collection de 57 œufs et demande à un élève de venir remplir les boîtes de 10 œufs. La classe constate que 5 boîtes sont remplies et qu'il reste 7 œufs. L'enseignant écrit 57 = 10 + 10 + 10 + 10 + 10 + 7 ou encore 57 = 5 dizaines 7 unités. L'enseignant demande aux élèves comment ils ont réussi à prévoir que 5 boîtes seraient remplies et qu'il resterait 7 œufs. Il rappelle la valeur des chiffres selon leur position : le chiffre 5 indique le nombre de dizaines, c'est-à-dire 5 paquets de 10.
L'enseignant écrit un autre énoncé au tableau :
« La fermière a ramassé 143 œufs dans son poulailler, elle les vend par boîte de 10 œufs.
Combien de boîtes va-t-elle remplir, combien lui restera-t-il d'œufs ? »
Les élèves lisent l'énoncé et font leurs propositions, si elles sont unanimes l'enseignant peut se dispenser de la validation expérimentale, sinon il constitue une collection de 143 œufs avec le matériel et demande à un élève de venir remplir les boîtes de 10 œufs.
Il demande aux élèves comment ils ont réussi à prévoir que 14 boîtes de 10 œufs seraient remplies et qu'il resterait 3 œufs. Il fait le lien avec le nombre de dizaines contenues dans le nombre 143 en rappelant que chaque dizaine correspond à un paquet de 10.
Il écrit au tableau 143 = 1 centaine 4 dizaines 3 unités = 14 dizaines 3 unités et demande à la classe de justifier ces égalités. Il conclut en rappelant que l'écriture chiffrée des nombres contient de nombreuses informations pour qui sait les décoder.

Activités de recherche

Les élèves découvrent la situation : Louis range 245 petites voitures par boîtes de 10. *Combien de boîtes seront complètes ? Combien lui faut-il de boîtes pour ranger toutes ses voitures ? Combien de voitures contient la boîte incomplète ?*
Dans la bulle, Louis explique le lien entre le nombre de boîtes de 10 complètes et le nombre de dizaines de 245. L'enseignant insiste sur ce lien, pas encore évident pour tous les élèves qui n'associent pas forcément les connaissances sur la numération à des problèmes de dénombrement. Pour trouver ce nombre, il oriente les élèves vers le tableau de numération dans lequel le nombre 245 a été décomposé en 200 + 40 + 5. Les élèves doivent indiquer le nombre de dizaines du nombre 200 et du nombre 40, préciser que 5 = 0 dizaine 5 unités avant de faire le bilan de ces décompositions pour conclure que 245 contient 24 dizaines et en déduire que Louis remplira 24 boîtes de 10 voitures, ce qui répond à la première question. Mathix attire l'attention des élèves sur le tableau de numération pour leur faire remarquer que le nombre de dizaines s'obtient en cachant le chiffre des unités, ce que les calculs précédents confirment et justifient.
Les élèves doivent ensuite répondre aux deux autres questions : *Combien de boîtes sont nécessaires pour ranger toutes les voitures ? Combien de voitures contient la boîte incomplète ?* Il faut 25 boîtes dont 24 seront pleines, la boîte incomplète contiendra 5 voitures.

En fin de séance, l'enseignant pose la question rituelle : *« Qu'avons-nous appris aujourd'hui ? »* Il attend une réponse proche de : ***« Nous avons appris à utiliser le nombre de dizaines pour résoudre un problème de rangement par paquets de 10. »***

Résoudre

1 Ce problème reprend fidèlement la démarche de l'activité de recherche :
Louna range 268 timbres dans des pochettes de 10.
a Les élèves doivent indiquer combien de pochettes de 10 sont complètes. Pour cela, ils doivent compléter la décomposition de 200, de 60 et de 8 en dizaines et unités afin de conclure que 268 contient 26 dizaines et que donc le nombre de pochettes complètes est 26. De là, ils déduisent les réponses aux deux autres questions.
b *Combien de pochettes lui faut-il pour ranger tous ses timbres?* Les élèves doivent compléter la phrase réponse : Il lui faut 27 pochettes pour ranger tous ses timbres.
c *Combien de timbres contient la pochette incomplète ?* Les élèves doivent compléter la phrase réponse : La pochette incomplète contient 8 timbres.

2 Dans cet exercice, le rangement s'effectue à nouveau par paquets de 10, mais le nombre proposé (450) est un multiple de 10. Les élèves doivent préciser que toutes les boîtes seront complètes et indiquer le nombre de boîtes de 10 : 45.

3 Ici, le rangement s'effectue par paquets de 100 avec un nombre (700) multiple de 100.
Les élèves doivent répondre à 3 questions : *Combien de centaines comporte le nombre 700 ? Combien de boîtes lui faut-il pour ranger tous les éléments ? Toutes les boîtes seront-elles complètes ?*
700 c'est 7 centaines, il lui en faut 7 et toutes les boîtes seront complètes.

➤ Prolongements

➢ Photofiche S9

Cette fiche comporte 3 problèmes, les deux premiers se résolvent grâce au nombre de dizaines, le dernier grâce au nombre de centaines. L'accompagnement, fort pour le premier problème, est plus limité pour les deux suivants.

➢ Photofiche A4

Cette fiche comporte 3 problèmes ; le premier se résout grâce au nombre de dizaines, le second grâce au nombre de centaines le dernier grâce au nombre de milliers. L'aide oriente les élèves vers le calcul de ces « nombres de ... ».

➢ Photofiche P4

Cette fiche comporte 3 problèmes et une devinette, les deux premiers concernent des rangements réguliers par paquets de dix et se résolvent grâce au nombre de dizaines, le troisième concerne des rangements réguliers par paquets de 100 et se résout grâce au nombre de centaines. La devinette mêle nombre de dizaines et chiffre des centaines.

➢ Banque d'exercices p. 45

21 Elsa range 157 timbres dans des pochettes de 10. Les élèves doivent calculer combien de pochettes sont nécessaires pour ranger tous les timbres et combien de timbres peut-on encore mettre dans la pochette incomplète.

22 Antoine range 578 trombones dans des boîtes de 100. Les élèves doivent calculer combien de boîtes sont nécessaires pour ranger tous les trombones et combien de trombones peut-on encore mettre dans la boîte incomplète.

15 La soustraction posée

Compétence
Maîtriser la technique usuelle de la soustraction avec plusieurs retenues.

Calcul mental
Calculer la somme de deux nombres de 2 chiffres. L'enseignant écrit « 14 + 12 » ; l'élève écrit 26.
Items : 14 + 12 ; 15 + 15 ; 20 + 13 ; 54 + 11 ; 59 + 13 ; 70 + 23 ; 56 + 12 ; 61 + 24 ; 80 + 16 ; 85 + 15.

Observations préalables
L'algorithme que nous présentons dans cette leçon fait appel à la propriété fondamentale de la différence : *« La différence de deux nombres ne change pas si on ajoute ou si on retranche un même nombre à ses deux termes »*. Pour ne pas oublier de comptabiliser la « retenue », qui représente l'emprunt fait aux dizaines et aux centaines du nombre du haut, on la porte dans la colonne des dizaines ou des centaines du nombre du bas.

Activités collectives

Activités de recherche

Un élève lit l'énoncé de la partie « Activités de recherche ». Pour connaître le nombre de concurrents qui terminent l'épreuve, il faut calculer 2 543 – 829. Un élève lit la bulle de Théo. L'enseignant pose l'opération au tableau et demande à un volontaire de venir la calculer. Il lui demande de commenter pas à pas les calculs.

	m	c	d	u
	2	15	4	13
–	+1	8	2+1	9
=	1	7	1	4

Le calcul commence par la colonne des unités : *« 3 – 9, c'est impossible, il faut donc ajouter 10 à 3 : 13 – 9 = 4. Il faut écrire 4 dans la colonne des unités. Comme j'ai ajouté 10 unités à 2 543, je dois ajouter 1 dizaine aux 2 dizaines de 829 : je dois écrire + 1 dans la colonne des dizaines. 4 – 3 = 1, j'écris 1 dans la colonne des dizaines. Dans la colonne des centaines, je dois calculer 5 – 8, c'est impossible, il faut donc ajouter 10 à 5 : 15 – 8 = 7. Il faut donc écrire 7 dans la colonne des centaines. Comme j'ai ajouté 10 centaines à 2 543, je dois ajouter 1 millier à 829, je dois écrire +1 dans la colonne des milliers. 2 – 1 = 1, je dois écrire 1 dans la colonne des milliers. 2 543 – 829 = 1 714. »*

L'enseignant insistera sur la façon de poser l'opération en colonnes. Pour faciliter l'alignement des nombres, il est nécessaire d'utiliser les colonnes du quadrillage Seyès et de penser à laisser de la place pour écrire la retenue. Les élèves vérifient ensuite le calcul en posant une addition.

Afin de s'assurer que l'ensemble de la classe maîtrise la technique, il peut poser une nouvelle opération au tableau : 3 425 – 1 819.

	m	c	d	u
	3	14	2	15
–	1+1	8	1+1	9
=	1	6	0	6

Les élèves posent l'opération sur le cahier d'essai et la calculent. La correction se fait par un élève au tableau. Il est important de la commenter pas à pas.

L'enseignant pose ensuite la question rituelle : « Qu'avons-nous appris aujourd'hui ? » Il attend une réponse proche de : ***« Nous avons appris effectuer une soustraction posée avec retenue ».***

Activités individuelles

S'exercer

1 Dans cet exercice, les soustractions sont posées. L'item **b** comporte deux nombres avec un 0 ainsi que la soustraction d'un nombre de 2 chiffres à un nombre de 3 chiffres.

a

	5	16	11
–	1+1	6+1	9
=	3	9	2

	6	14	15
–	2+1	6+1	7
=	3	7	8

b

	8	7	10
–	5	6+1	7
=	3	0	3

	9	10	14
–	+1	9+1	6
=	8	0	8

2 **a** 426 – 259 = 167 ; 834 – 657 = 177 ; 541 – 386 = 155
b 558 – 476 = 82 ; 408 – 199 = 209 ; 750 – 92 = 658

Résoudre

3 **Problème guidé.** Pour calculer le nombre de marches que Léon doit encore gravir, il faut calculer 307 – 178.
307 – 178 = 129. Léon doit encore gravir 129 marches.

➤ Prolongements

➢ Photofiche S10

1 Les élèves doivent résoudre 3 soustractions posées, chaque nombre comporte 3 chiffres.

2 Les trois soustractions sont aussi posées mais les nombres comportent majoritairement 4 chiffres.

3 Les élèves doivent poser et effectuer 3 soustractions.

➢ Banque d'exercices p. 45

23 456 – 274 = 182 ; 1235 – 528 = 707 ; 1006 – 597 = 409.

24 **Comme le problème guidé.** Pour calculer le nombre de kilomètres à parcourir l'après-midi, il faut calculer : 452 – 287 = 165.
Théo et ses parents doivent parcourir 165 km l'après-midi.

16 Les nombres jusqu'à 999 999 (1)

Compétences

Lire et écrire les nombres jusqu'à 999 999.

Calcul mental

Somme de deux nombres de 2 chiffres. L'enseignant écrit : 28 + 15; l'élève écrit 43.
Items : 28 + 15 ; 18 + 13 ; 54 + 26 ; 79 + 21 ; 57 + 34 ; 66 + 14 ; 78 + 24 ; 39 + 61 ; 26 + 53 ; 58 + 28.

Observations préalables

Les nombres de cinq ou six chiffres obéissent aux mêmes règles de numération que les nombres de trois ou quatre chiffres. Il est important que les élèves perçoivent cette continuité pour leur permettre d'avancer avec confiance dans le domaine des grands nombres.
L'étude des grands nombres se répartit sur les leçons 16 (lire et écrire), 19 (décomposer) et 26 (comparer, ranger, intercaler).

Activités collectives

Matériel :
- Pour la classe : un grand tableau de numération (utiliser toujours les mêmes couleurs pour les unités, dizaines… Les nouvelles unités dizaines de mille sont ici proposées en orange et les centaines de mille en violet). Des bandes de papier sur lesquelles sont écrits des grands nombres de 5 et 6 chiffres : 873 540 ; 905 600 ; 436 921 ; 23 503…
- Pour l'élève : tableau de numération (voir Matériel photocopiable ci-après).

➡ Activité préliminaire

L'enseignant prépare, sur le tableau de la classe, un tableau de numération de six colonnes. Les élèves l'observent et le commentent : les trois premières colonnes sont les unités, les dizaines, les centaines. Sur la quatrième colonne est noté « unités de mille ». Comme la classe des unités simples, la classe des milliers se décompose aussi en trois colonnes : unités, dizaines et centaines.
L'enseignant pose sur son bureau des étiquettes de nombres compris entre 1 000 et 999 999. Un élève prend une étiquette au hasard, observe le nombre et le montre à la classe. Il doit l'écrire dans le tableau de numération en commençant par la case des unités de la classe des unités.
L'enseignant demande ensuite la valeur de différents chiffres. Par exemple pour le nombre 436 921, 1 est le chiffre des unités, 2 est le chiffre des dizaines, etc. Il écrit ensuite ce nombre, à droite du tableau, en laissant un espace entre la classe des unités et la classe des milliers. Il propose à la classe de le lire à voix haute. Pour signaler cette séparation, on prononce à l'oral le mot « mille » puis on lit la classe des unités. Le nombre se prononce 436 mille 921. L'enseignant rappelle que lors d'une dictée de nombres le mot « mille » ne s'écrit pas, cela évitera les erreurs fréquentes comme l'écriture « 436 000 921 » pour 436 921.
L'enseignant demande à un autre élève de choisir une autre étiquette, d'écrire le nombre dans le tableau de numération puis à l'extérieur du tableau en séparant la classe des unités de la classe des milliers, puis de le lire. Si le nombre comporte 5 chiffres, la démarche est la même : il faut compléter le tableau en commençant par les unités, la colonne des centaines de mille restera vide. À tour de rôle, les élèves choisissent de nouvelles étiquettes, complètent le tableau, lisent le nombre et l'écrivent à droite du tableau.

➡ Activités de recherche

Un tableau de numération est distribué à chaque élève (Matériel photocopiable ci-après).
Les élèves lisent les consignes des « Activités de recherche ». L'enseignant s'assure que chaque consigne est comprise. Les élèves réalisent seuls l'activité présentée car elle correspond à l'« Activité préliminaire ». Lors de la mise en commun, l'enseignant rectifie les erreurs et s'assure que tous les élèves ont compris.
En fin de séance, l'enseignant pose la question rituelle : *« Qu'avons-nous appris aujourd'hui ? »* Il attend une réponse proche de : ***« Nous avons appris à lire et à écrire les nombres de 5 ou 6 chiffres. »***

Activités individuelles

S'exercer

Les quatre premiers exercices peuvent être abordés de façon différenciée.

1 Cet exercice permet de vérifier que les élèves savent séparer la classe des milliers de celle des unités simples. La différence entre le niveau a et b tient à la taille des nombres et à la présence de zéros. Les élèves en difficulté pourront utiliser le tableau de numération.

2 L'élève doit identifier, pour chaque nombre, les chiffres des centaines de mille, le chiffre des milliers et le chiffre des centaines. La différence entre le niveau a et b tient, ici aussi, à la taille des nombres et à la présence de zéros.

3 Dans cet exercice, les élèves doivent écrire en lettres des nombres écrits en chiffres. Cet exercice souligne l'importance des zéros dans l'écriture des nombres en chiffres.

4 Dans cet exercice, les élèves doivent écrire en chiffres les nombres écrits en lettres. Dans l'écriture du nombre de l'item **b**, il ne faut pas oublier d'écrire les zéros qui codent les absences d'unités dans la classe des milliers et de centaines dans la classe des unités.

Résoudre

5 Ce problème posé sous forme de devinette demande de reconstituer un nombre de 6 chiffres (512 630).

> ***Le coin du chercheur***
> Nous avons au départ 15 € chacun. Si je te donne 5 €, tu as 20 € et il me reste 10 €. Tu as alors 10 € de plus que moi.

➤ Prolongements

➢ **Photofiche S11**

Cette photofiche de soutien comporte 4 exercices.

1 Il reprend l'« Activité préliminaire ». L'élève doit s'aider d'un tableau de numération pour écrire correctement des nombres, puis séparer la classe des milliers de celle des unités simples.

2 Cet exercice permet de passer d'une écriture en lettres à une écriture en chiffres.

3 Dans cet exercice, les élèves doivent associer un nombre en chiffres à son écriture littérale.

4 Ce problème propose de reconstituer un nombre de 6 chiffres (342 600).

➢ **Banque d'exercices p. 45**

25 100 100 ; 608 500 ; 300 008 ; 243 085.

26 645 810.

Leçon 16 – Les nombres jusqu'à 999 999 (1)

Matériel photocopiable

Classe des milliers			Classe des unités		
Centaine de mille	Dizaine de mille	Unité de mille	Centaine	Dizaine	Unité

Leçon 16 – Les nombres jusqu'à 999 999 (1)

Matériel photocopiable

Classe des milliers			Classe des unités		
Centaine de mille	Dizaine de mille	Unité de mille	Centaine	Dizaine	Unité

17 Les droites perpendiculaires

Compétences
Reconnaître, vérifier, tracer des droites perpendiculaires, utiliser l'équerre.

Calcul mental
Tables de multiplication de 9 et de 10. L'enseignant dit « 4 × 9 » ; l'élève écrit 36.
Items : 4 × 9 ; 5 × 10 ; 5 × 9 ; 7 × 10 ; 7 × 9 ; 3 × 9 ; 8 × 9 ; 9 × 10 ; 9 × 9 ; 6 × 9.

Observations préalables
Cette leçon poursuit plusieurs objectifs : permettre aux élèves d'avoir une intuition correcte des droites perpendiculaires au-delà de la disposition horizontale/verticale, comprendre la nécessité d'une vérification précise de l'orthogonalité de deux droites à l'aide de l'équerre, savoir utiliser l'équerre comme outil de vérification et comme outil de tracé. Le vocabulaire doit lui aussi être consolidé, et la confusion entre parallèle et perpendiculaire dissipée.

Activités collectives

Matériel : du papier transparent, un marqueur, une équerre de tableau.

➡ Activité préliminaire

L'enseignant dessine au tableau plusieurs paires de droites sécantes qu'il numérote, certaines sont perpendiculaires, d'autres ne le sont pas. Il s'adresse à la classe et demande à chaque élève de noter sur son ardoise le numéro des paires de droites pour lesquelles il pense que les 4 « coins » formés par les deux droites sont identiques ou superposables. Il relève les réponses proposées par les élèves et demande à l'un d'entre eux de venir se livrer à une vérification pour l'une des paires de droites en dessinant un des coins formés par les deux droites sur le papier transparent à l'aide du marqueur, puis en le déplaçant sur les autres « coins » pour voir s'il se superpose. Si la superposition des 4 coins est confirmée, l'enseignant demande à la classe de nommer ce coin, la notion d'angle droit est attendue. L'enseignant peut alors préciser que les droites formant 4 coins identiques sont les droites perpendiculaires et que chacun de ces quatre coins est un angle droit qui peut être comparé à l'angle droit d'une équerre. L'orthogonalité ou la non-orthogonalité de chaque paire de droites est ainsi vérifiée d'abord par comparaison des 4 « coins », puis à l'aide d'une équerre sur un seul des quatre « coins ».

➡ Activités de recherche

1 Les élèves doivent trouver quels sont les chemins perpendiculaires à l'allée du Parc (ceux qui se coupent en formant un angle droit) sur le plan du village de vacances. Mathix leur conseille d'utiliser l'angle droit de leur équerre. Les élèves doivent donc placer leur équerre dans différentes positions pour découvrir que le chemin des Jonquilles, le chemin des Lilas et le chemin des Cerises sont perpendiculaires à l'allée du Parc, mais que l'allée du Parc n'est pas perpendiculaire à la route.

2 Quatre paires de droites sont proposées aux élèves, ils doivent indiquer les figures où les droites sont perpendiculaires. L'activité préliminaire devrait leur permettre de fixer rapidement leur attention sur les figures 2 et 4 avant de vérifier, à l'aide de leur équerre, que dans ces deux cas les droites sont bien perpendiculaires.

3 Les élèves doivent s'aider de la bande dessinée qui décrit les étapes suivies par Théo pour tracer deux droites perpendiculaires, afin de tracer eux-mêmes deux droites perpendiculaires sur leur cahier. Passer de l'équerre à la règle pour réussir le prolongement de la droite est un moment délicat de cette construction.

En fin de séance, l'enseignant pose la question rituelle : *« Qu'avons-nous appris aujourd'hui ? »* Il attend une réponse proche de : ***« Nous avons appris à reconnaître et à tracer des droites perpendiculaires à l'aide de l'équerre. »***

Activités individuelles

S'exercer

Les exercices ont des niveaux différenciés.

1 Les élèves doivent indiquer les figures où les droites sont perpendiculaires.

a Dans les deux figures proposées, une droite est horizontale, ce qui facilite la reconnaissance des perpendiculaires. L'une des paires de droites (n° 1) est formée du couple horizontale/verticale dont l'identification comme droites perpendiculaires ne pose pas de problème.

b Dans les deux figures proposées, les droites sécantes sont toutes obliques. Ainsi, la paire de droites perpendiculaires (n° 4) n'est plus formée de deux droites parallèles aux bords de la feuille, ce qui rend leur identification moins évidente. La paire de droites non perpendiculaires nécessite une vérification précise à l'aide de l'équerre car les angles formés sont proches d'un angle droit.

2 Les élèves doivent indiquer pour chaque figure, contenant 4 droites colorées sécantes entre elles, quelles sont les couleurs des droites perpendiculaires.

a La paire de droites perpendiculaires est la paire (jaune, bleue).

b Les deux paires de droites perpendiculaires sont (verte, bleue) et (rouge, jaune).

3 Les élèves doivent reproduire une droite donnée et tracer une autre droite perpendiculaire à cette première droite.

a La droite verte suit la ligne horizontale d'un quadrillage. Si les élèves savent que les droites d'un quadrillage se coupent en formant des angles droits, le recours à l'équerre n'est pas nécessaire pour tracer une droite perpendiculaire à la droite verte. L'enseignant confirme la propriété des droites d'un quadrillage lors de la correction.

b La droite rouge est tracée sur fond uni et elle n'est pas parallèle à l'un des bords de la feuille, le recours à l'équerre est donc nécessaire pour tracer une droite perpendiculaire à cette droite rouge.

Résoudre

4 Fatou n'emprunte que des rues perpendiculaires entre elles pour se rendre au jardin municipal ; les élèves doivent indiquer le chemin qu'elle suit en s'appuyant sur le plan du quartier : Allée des Coquelicots, Rue des Lilas, rue des Pinsons, Rue des Roses, Avenue des Chardonnerets.

Le coin du chercheur

On obtient un triangle rectangle.

➤ Prolongements

➢ Photofiche A5

Cette fiche contient deux exercices. Dans le premier il faut trouver les paires de droites perpendiculaires parmi 6 droites sécantes ; dans le second, il faut tracer 3 droites perpendiculaires à une droite donnée.

➢ Banque d'exercices p. 45

27 Aux élèves ayant une bonne maîtrise du tracé des droites perpendiculaires, l'enseignant demandera de tracer la droite verte sans suivre les lignes du quadrillage ou sur papier uni.

18 Calcul réfléchi : Multiplier par 10, 100, 1 000

Compétence
Multiplier un nombre entier par 10, 100, 1 000.

Calcul mental
Dictée de nombres inférieurs à 100 000. L'enseignant dit : « 46 258 » ; l'élève écrit : 46 258.
Items : 46 258 ; 57 867 ; 34 504 ; 68 543 ; 77 777 ; 98 896 ; 59 027 ; 70 860 ; 88 090 ; 90 009.

Activités collectives

➡ Activités préliminaires

Activité 1

L'enseignant écrit l'opération 37 × 10. Il peut l'introduire par un problème. Il demande aux élèves de la calculer en leur laissant le libre choix de la méthode. Certains élèves poseront l'opération et auront beaucoup de mal pour la calculer. L'enseignant demande aux élèves qui ont choisi des méthodes différentes d'expliquer leur calcul. La classe valide le résultat.
L'enseignant propose ensuite à la classe de calculer 48 × 100.

Activité 2

L'enseignant dessine le tableau de numération au tableau de la classe.

m	c	d	u

Il écrit les opérations à calculer : 145 × 10 et 56 × 100.
• 10, c'est une dizaine ; 145 × 10, c'est 145 dizaines. L'enseignant demande à un élève d'écrire 145 dizaines dans le tableau. Les élèves constatent que 145 dizaines, c'est 1 450.
145 × 10 = 1 450.
• 100, c'est une centaine ; 56 × 100, c'est 56 centaines. L'enseignant demande à un élève d'écrire 56 centaines dans le tableau. Les élèves constatent que 56 centaines, c'est 5 600.
56 × 100 = 5 600.

➡ Activités de recherche

Les élèves ouvrent leur manuel. Ils reconnaissent les situations rencontrées dans « l'Activité préliminaire 2 ». Ils lisent le calcul de Léa, 138 × 10, et ses explications : 10, c'est une dizaine, 138 × 10 = 138 dizaines. L'écriture de 138 dizaines dans le tableau de numération est une aide pour l'écriture de l'égalité à compléter : 138 × 10 = 1 380
Les élèves lisent ensuite le calcul de Théo : 45 × 100, puis ses explications : 100, c'est une centaine, 45 × 100 = 45 centaines. Les élèves complètent l'écriture de 45 centaines dans le tableau de numération et en déduisent que 45 centaines = 4 500. Ils complètent alors l'égalité : 45 × 100 = 4 500.
Les élèves constatent qu'il n'est pas nécessaire de poser les opérations pour multiplier par 10 ou par 100. Ils lisent la bulle de Mathix qui leur demande s'ils sauraient multiplier un nombre par 1 000. Et qui ajoute qu'ils pourront vérifier leurs résultats avec la calculatrice.
L'enseignant écrit alors au tableau les opérations : 53 × 1 000 et 300 × 1 000. Les élèves viennent écrire les résultats des opérations proposées et expliquent leur calcul. L'enseignant les reprend au tableau : 1 000 = 1 millier ; 53 × 1 000 = 53 milliers = 53 000 ; 300 × 1 000 = 300 milliers = 300 000.
Les élèves vérifient les résultats avec la calculatrice.
Pour s'assurer du bon fonctionnement de la technique, l'enseignant propose d'effectuer d'autres multiplications par 10, 100, 1 000. Les opérations et les résultats sont écrits au tableau. Les élèves observent toutes les égalités. L'enseignant leur demande de se regrouper pour rédiger une règle qui permet de trouver rapidement le résultat d'une multiplication par 10, par 100 ou par 1 000. Après l'énonciation de la règle écrite par les élèves, ceux-ci la comparent à L'essentiel. L'enseignant précise qu'il est préférable de dire et écrire : « placer un zéro à droite du nombre » ou « écrire un zéro à droite du nombre » plutôt que de dire « ajouter un, deux, trois zéros aux nombres » parce qu'ajouter zéro ne change pas la valeur du nombre, par exemple : 48 + 0 = 48.
En fin de séance, l'enseignant pose la question rituelle : « *Qu'avons-nous appris aujourd'hui ?* » Il attend une réponse proche de : ***« Nous avons appris à multiplier un nombre par 10, 100, 1 000. »***

Activités individuelles

S'exercer

1 Cet exercice vise la consolidation des acquis. Il s'agit d'appliquer la règle découverte dans l'Activité de recherche pour trouver les réponses. L'exercice **b** propose cinq nombres comportant des 0 parmi les nombres à multiplier par 10, 100, 1 000.

a	25 × 10 = 250	56 × 100 = 5 600	6 × 1 000 = 6 000
	58 × 10 = 580	79 × 100 = 7 900	43 × 100 = 4 300
	124 × 10 = 1 240	147 × 100 = 14 700	145 × 1 000 = 145 000
b	67 × 10 = 670	97 × 100 = 9 700	59 × 1 000 = 59 000
	130 × 10 = 1 300	162 × 100 = 16 200	70 × 1 000 = 70 000
	400 × 10 = 4 000	250 × 100 = 25 000	120 × 1 000 = 120 000

2 Dans les items proposés, le nombre à multiplier et le résultat sont donnés. L'élève doit trouver si l'autre terme du produit est 10, 100 ou 1 000. Dans l'item **b**, l'élève doit tenir compte du zéro du résultat pour trouver s'il faut multiplier par 10, 100 ou 1 000. Par exemple : 20 × ... = 2 000 ; on ne doit pas multiplier par 1 000 comme on pourrait le supposer en observant les trois zéros de 2 000.
a 25 × 100 = 2 500 ; 25 × 10 = 250
b 2 × 1000 = 2 000 ; 20 × 100 = 2 000

Résoudre

La résolution des problèmes 4 et 5 relève du calcul mental. Ils permettent de vérifier la capacité des élèves à trouver mentalement la solution d'un problème simple.

3 Problème guidé. La réponse nécessite deux opérations, ce qu'indique Mathix. (20 × 1 000) + 5 000 = 20 000 + 5 000 = 25 000. Le stade peut accueillir 25 000 spectateurs.

4 20 × 10 = 200. Flora pourra distribuer 200 sucettes.

5 24 × 10 = 240. Corentin a acheté 240 timbres.

➤ Prolongements

➢ Banque d'exercices p. 46

28 **a** 5 × 100 = 500 ; 20 × 100 = 2 000 ; 38 × 10 = 380

b 100 × 15 = 1 500 ; 10 × 320 = 3 200 ; 1 000 × 9 = 9 000

c 12 × 10 = 120 ; 450 × 10 = 4 500 ; 56 × 100 = 5 600

d 40 × 100 = 4 000 ; 50 × 100 = 5 000 ;
8 × 1 000 = 8 000.

29 Comme le problème guidé.
La réponse nécessite deux opérations.
(25 × 100) + (25 × 10) = 2 500 + 250 = 2 750
Laure a effectué 2 750 m dans la matinée.

Leçon 18 – Calcul réfléchi : Multiplier par 10, 100, 1 000

Matériel photocopiable

Tableau de numération

Classe des mille			Classe des unités		
Centaine	Dizaine	Unité	Centaine	Dizaine	Unité
100 000	10 000	1 000	100	10	1

19 Les nombres jusqu'à 999 999 (2)

Compétence
Décomposer les nombres jusqu'à 999 999.

Calcul mental
Différence entre deux nombres proches de 2 chiffres. L'enseignant dit : « 28 – 23 » ; l'élève écrit 5.
Items : 28 – 23 ; 19 – 17 ; 59 – 56 ; 79 – 71 ; 67 – 64 ; 61 – 59 ; 73 – 68 ; 99 – 93 ; 43 – 39 ; 58 – 48.

Observations préalables
Les parenthèses sont un symbole permettant de rendre prioritaire leur contenu dans l'exécution du calcul d'une expression : 5 × 4 + 3 = 23 tandis que 5 × (4 + 3) = 35.
D'autre part, pour ne pas alourdir les notations des expressions algébriques, il a été convenu que la multiplication serait prioritaire devant l'addition : 4 + 3 × 5 a le même sens que 4 + (3 × 5) et vaut 19. Donc l'utilisation des parenthèses dans les écritures mixtes traduisant la décomposition canonique d'un entier n'est pas indispensable. Les élèves découvriront au collège que (3 × 1 000) + (4 × 100) + 5 peut aussi s'écrire 3 × 1 000 + 4 × 100 + 5, mais au niveau du CM1, il est préférable de placer les produits entre parenthèses pour souligner leur caractère prioritaire afin de hiérarchiser l'ordre des calculs. C'est pourquoi nous écrirons les décompositions canoniques des grands nombres en utilisant des parenthèses autour de chaque produit.
L'utilisation d'un tableau de numération est vivement recommandée.

Activités collectives

Matériel :
- Pour la classe :
– un grand tableau de numération dessiné au tableau ;
– 6 boîtes contenant chacune 9 cartes : une boîte pour les centaines de mille, une boîte pour les dizaines de mille, une boîte pour les unités de mille, une boîte pour les centaines, une pour les dizaines et un dernière pour les unités.
- Pour l'élève : un tableau de numération (voir matériel photocopiable ci-après). Une ardoise.

➡ Activités préliminaires

Activité 1
L'enseignant place les 6 boîtes de cartes sur une table face aux élèves et montre leur contenu. La classe commente :
« Ces cartes représentent les centaines de mille, les dizaines de mille, les unités de mille, les centaines, les dizaines ou les unités. »
Au tableau, l'enseignant trace le tableau de numération avec 6 colonnes.
Dans un premier temps, un élève vient tirer une carte dans chacune des boîtes dans l'ordre : par exemple, 4 centaines de mille, 5 dizaines de mille, 1 unité de mille, 2 centaines, 9 dizaines et 7 unités. Il les montre à la classe et écrit ces chiffres dans le tableau de numération. Les autres élèves doivent écrire, sur leur ardoise, le nombre en chiffres (451 297) puis sous forme de décomposition canonique qu'ils connaissent depuis le CE2 :
451 297 = 400 000 + 50 000 + 1 000 + 200 + 90 + 7.
L'enseignant propose alors la décomposition multiplicative suivante :
451 297 = (4 × 100 000) + (5 × 10 000) + (1 × 1 000) + (2 × 100) + (9 × 10) + 7.
Les élèves l'observent et cherchent à l'expliquer. Les parenthèses sont utilisées pour la première fois dans le cursus de l'élève. L'enseignant demande aux élèves d'observer la place qu'occupent ces parenthèses dans la décomposition multiplicative. La discussion collective conclut que, dans ce cas, elles encadrent la décomposition multiplicative des nombres qui composent la décomposition additive. Elles mettent en évidence les nombres de centaines de mille, de dizaines de mille… que contient ce nombre.
Lorsque la classe a compris, l'élève qui a tiré les cartes lit ce nombre, puis l'écrit en toutes lettres au tableau. Les tirages sont répétés plusieurs fois avec des élèves différents et les décompositions additives et multiplicatives sont corrigées collectivement au tableau.

Activité 2
L'enseignant propose aux élèves de ne tirer que 3 cartes au choix, par exemple, 6 centaines de mille, 4 unités de mille et 9 unités. Il les montre à la classe et écrit ces chiffres dans le tableau de numération. L'enseignant fait constater qu'un zéro doit être écrit dans chaque colonne où aucune carte n'a été tirée. C'est l'occasion de rappeler la valeur des chiffres dans un nombre d'après leur position (numération de position). Les autres élèves doivent écrire, sur leur ardoise, le nombre en chiffres (604 009), puis la décomposition additive et multiplicative :
604 009 = 600 000 + 4 000 + 9.
604 009 = (6 × 100 000) + (4 × 1 000) + 9.
L'élève qui a tiré les cartes lit ce nombre, puis l'écrit en toutes lettres au tableau.
Les tirages sont répétés plusieurs fois avec des élèves différents. L'enseignant peut jouer sur le nombre de cartes à tirer : il peut demander de tirer seulement 4 cartes ou 2 cartes…
Dans un troisième temps, l'enseignant tire une carte dans plusieurs boîtes sans montrer ces cartes. Il écrit au tableau la décomposition canonique du nombre obtenu. L'enseignant demande alors : *« Quelles cartes ai-je tirées ? Pour vous aider, écrivez ce nombre dans le tableau de numération que je vous distribue. »*
Après propositions des élèves, il montre les cartes tirées pour vérification. Un élève vient écrire le nombre dans le grand tableau de numération dessiné au tableau. Un autre élève vient écrire ce nombre en lettres.

➡ Activités de recherche

1 Les élèves lisent les consignes des « Activités de recherche ». Le tirage de Léa correspond à l'« Activité préliminaire 1 ». Le tableau de numération prend toute son importance : il peut être utilisé comme aide à l'exercice ou pour vérifier un résultat. Léa a obtenu le nombre 235 640.

2 Pour le tirage de Théo, l'enseignant insiste sur la nécessité d'écrire les zéros intercalés qui correspondent à des cartes absentes. L'écriture du nombre dans le tableau de numération et les cartes tirées permettent de trouver plus facilement la décomposition canonique du nombre et sa décomposition multiplicative. Théo a obtenu le nombre 507 009.

Lors de la mise en commun, l'enseignant rectifie les erreurs et s'assure que tous les élèves ont compris.
En fin de séance, l'enseignant pose la question rituelle : « *Qu'avons-nous appris aujourd'hui ?* » Il attend une réponse proche de : ***« Nous avons appris à décomposer les nombres jusqu'à 999 999. »***

Activités individuelles

S'exercer

1 Cet exercice reprend la première partie des « Activités de recherche ». Les élèves doivent utiliser le tableau de numération pour ne pas oublier les zéros qui notent les absences visibles dans les colonnes. La différence entre le niveau **a** et le niveau **b** tient au nombre de zéros présents dans l'écriture chiffrée du nombre.
Fatou → 212 001 ; Ingrid → 120 030.

2 Dans cet exercice, les élèves doivent décomposer canoniquement des nombres ou les reconstituer à partir de leur décomposition canonique ou multiplicative. L'utilisation du tableau de numération peut être nécessaire pour de nombreux élèves.

351 603	**300 000 + 50 000 + 1 000 + 600 + 3**
(3 × 100 000) + (5 × 10 000) + (1 × 1 000) + (6 × 100) + 3	
85 403	80 000 + 5 000 + 400 + 3
(8 × 10 000) + (5 × 1 000) + (4 × 100) + 3	
305 780	**300 000 + 5 000 + 700 + 80**
(3 × 100 000) + (5 × 1 000) + (7 × 100) + (8 × 10)	

Le coin du chercheur
1, 2, 4, 8, 16, **32, 64, 128**

➤ Prolongements

➢ Photofiche S12

Cette photofiche de soutien comporte 5 exercices.

Dans les 4 premiers exercices, l'élève doit placer des nombres dans un tableau de numération, puis écrire leur décomposition canonique et multiplicative.

Le dernier exercice est une devinette : il faut trouver le nombre 364 000.

➢ Banque d'exercices p. 46

30 Décompose les nombres.
403 080 = (4 × 100 000) + (3 × 1 000) + (8 × 10) ;
500 400 = (5 × 100 000) + (4 × 100) ;
80 009 = (8 × 10 000) + 9

31 Écris ces nombres :
(4 × 100 000) + (5 × 10 000) + (6 × 100) = 450 600
(6 × 10 000) + (4 × 1 000) + (9 × 10) = 64 090
(8 × 100 000) + (7 × 1 000) + (8 × 10) + 2 = 807 080

Leçon 19 – Les nombres jusqu'à 999 999 (2)

Matériel photocopiable

Classe des milliers			Classe des unités		
Centaine de mille	Dizaine de mille	Unité de mille	Centaine	Dizaine	Unité

20 Problèmes : Apprendre à résoudre Situations additives ou soustractives (1)

Compétence

Trouver la valeur de l'état initial dans un problème de transformation d'états.

Calcul mental

Problèmes : Naïs a 10 billes (12 billes/15 billes/18 billes/14 billes/17 billes). Elle joue et perd 3 billes (4 billes/6 billes/7 billes/2 billes/3 billes). Combien de billes a-t-elle maintenant ? Les élèves écrivent 7 billes (8 billes/9 billes/11 billes/12 billes/14 billes).

Observations préalables

Les élèves vont apprendre à calculer la valeur de l'état initial dans un problème de transformation d'états. Dans la première partie, la transformation est négative, il faut donc effectuer une addition pour revenir à l'état initial. Dans la deuxième partie, la transformation est positive, il faut donc effectuer une soustraction pour revenir à l'état initial. Les premières résolutions s'appuient sur un schéma afin d'aider les élèves à identifier plus facilement les relations entre les différents nombres de l'énoncé. À l'issue de cette leçon, ce type de problème devrait pouvoir être identifié par les élèves et résolu avec succès par la plupart d'entre eux. Il nous semble important d'habituer les élèves à qualifier les résultats qu'ils obtiennent au cours de leurs calculs (en faisant suivre les nombres de ce qu'ils représentent), et à rédiger une phrase réponse complète car cette habitude se révélera très utile quand ils devront résoudre des problèmes à plusieurs étapes. Les problèmes de référence et leur résolution sont affichés en classe afin que les élèves s'y réfèrent lorsqu'ils doivent résoudre des problèmes. Cette leçon est prévue pour être traitée en deux séances distinctes.

Activité collective

➡ Problème de référence 1

Les élèves découvrent l'énoncé du problème, la situation leur est familière, elle concerne la variation d'effectif d'une classe au cours d'une année scolaire. Avant de répondre à la question posée, ils doivent observer le schéma de l'énoncé et trouver la signification de chacune des trois parties qui le composent, avant de préciser quelle est la valeur à trouver.
Pour ce faire, ils doivent sélectionner une des quatre valeurs ou opérations qui leur sont proposées avant d'achever la résolution du problème par un calcul et la rédaction d'une phrase-réponse. Mathix oriente la comparaison entre l'effectif de début d'année et celui de fin d'année, afin de mettre en évidence que la valeur recherchée doit être supérieure à l'effectif de fin d'année et éviter ainsi une réponse trop rapide qui associerait la notion de départ à la soustraction. Cette résolution est donc fortement guidée.
Les élèves doivent choisir l'opération 24 + 5, la calculer mentalement, puis rédiger une phrase réponse : *« Au début de l'année 29 élèves étaient inscrits dans la classe de Léa. »*
À l'issue de ce travail collectif, l'enseignant attire l'attention des élèves sur le fait que la question portait sur la valeur de départ et qu'il a fallu remonter la chronologie de l'énoncé en « passant le film à l'envers » : on a fait comme si les 5 élèves qui sont partis en cours d'année étaient revenus dans la classe de Léa.

Activités individuelles

➡ Problème d'application 1

Les élèves travaillent dans un premier temps, de façon individuelle. Ils doivent résoudre le problème d'application 1. Sa résolution est moins guidée que celle du problème de référence 1, mais sa structure est identique. La partie verte du schéma représente le nombre d'habitants du quartier avant la transformation du bâtiment bleu en immeuble de bureaux, la partie rose représente le nombre d'habitants qui ont quitté le quartier, la partie jaune représente les 900 personnes restant dans le quartier. Les élèves doivent calculer 900 + 200 et rédiger la phrase réponse : *« Avant la transformation du bâtiment bleu en immeuble de bureaux, il y avait 1 100 personnes dans le quartier. »*
Après un temps suffisant de recherche individuelle, l'enseignant favorise la confrontation des réponses entre élèves voisins, avant de procéder à une mise en commun. Il souligne la ressemblance entre ce problème et le problème de référence 1, malgré la différence de contexte et de taille des nombres, dans les deux cas il fallait trouver la valeur de départ.

➡ Problème d'application 2

Selon le choix de l'enseignant, ce dernier problème peut n'être traité que par les élèves ayant rapidement résolu le problème d'application 1 et jouer le rôle d'élément de différenciation ou être bien abordé par toute la classe dans les mêmes conditions que le problème précédent. À partir du seul énoncé les élèves doivent trouver que ce village de bord de mer qui a une population de 1 000 habitants durant l'hiver et perd 600 habitants après les vacances d'été, possède une population de (1 000 hab + 600 hab = 1 600 hab) 1 600 habitants durant l'été.

Activité collective

➡ Problème de référence 2

Les élèves découvrent l'énoncé du problème : la taille de Théo a augmenté de 6 cm au cours de son année de CM1. En fin d'année il mesure 134 cm. Combien mesurait-il en début d'année ? Avant de répondre à la question posée, ils doivent observer le schéma de l'énoncé et trouver la signification de chacune de ses trois parties, avant de préciser quelle est la valeur à trouver. Pour cela, ils doivent sélectionner une des quatre longueurs ou opérations qui leur sont proposées avant d'achever la résolution du problème par un calcul et la rédaction d'une phrase-réponse. En l'occurrence : 134 cm – 6 cm = 128 cm. *« Théo mesurait 128 cm en début d'année. »*

Le schéma doit aider les élèves à ne pas associer trop rapidement, l'augmentation de taille à une addition, et les valeurs des nombres permettent d'effectuer le calcul mentalement. Après ce travail collectif, l'enseignant souligne l'analogie avec les situations précédentes : il fallait encore trouver la valeur de départ et, pour cela, encore « passer le film de l'énoncé à l'envers ».

Activités individuelles

Problème d'application 1

Les élèves travaillent, dans un premier temps, de façon individuelle. Ils doivent résoudre le problème d'application 1. Sa résolution est moins guidée que celle du problème de référence 2, mais sa structure est identique. La partie verte du schéma représente la taille du bambou en fin de semaine, la partie rose représente son augmentation de taille, la partie jaune représente la taille du bambou en début de semaine.
Les élèves doivent préciser qu'ils cherchent la taille du bambou en début de semaine, écrire l'opération adéquate et la calculer (278 cm – 54 cm = 224 cm), puis rédiger une phrase-réponse : *« En début de semaine le bambou avait une hauteur de 224 cm. »*
Après un temps suffisant de recherche individuelle, l'enseignant favorise la confrontation des réponses entre élèves voisins, avant de procéder à une mise en commun. Il souligne la ressemblance entre ce problème et le problème de référence 2, et même la ressemblance avec les problèmes de la séance précédente car dans chaque cas, il fallait trouver la valeur de départ et remonter la chronologie de l'énoncé.

Problème d'application 2

Les mêmes options que celles de la séance précédente s'offrent à l'enseignant. Les problèmes 2 et 3 peuvent n'être traités que par certains élèves pendant que l'enseignant aide ceux qui ont rencontré des difficultés pour résoudre le problème d'application 1, ou bien traités par toute la classe dans les mêmes conditions que celles du problème d'application 1.
Dans ce problème, les élèves retrouvent un contexte comparable à celui du problème d'application 2 de la séance précédente, mais ici la population d'un village de montagne augmente de 300 habitants pendant les vacances d'hiver, sa population est alors de 800 habitants. Quelle est sa population en dehors des vacances ?
La réponse attendue est : 800 – 300 = 500. *« La population de ce village est de 500 habitants en dehors des vacances. »*

Problème d'application 3

Le contexte change mais la structure reste la même : un éléphanteau a grossi de 300 kg au cours de l'année, il pèse maintenant 700 kg. Combien pesait-il en début d'année ? Réponse attendue : 700 kg – 300 kg = 400 kg. *« En début d'année l'éléphanteau pesait 400 kg. »*

Prolongements

Photofiche P5

Cette fiche comporte 3 problèmes dans lesquels il faut trouver la valeur de l'état initial avec une transformation soustractive. La résolution du premier problème est guidée par un questionnement complémentaire, la résolution des deux autres n'est pas guidée.

Photofiche P6

Cette fiche comporte 3 problèmes dans lesquels il faut trouver la valeur de l'état initial avec une transformation additive. La résolution du premier problème est guidée par un questionnement complémentaire, la résolution des deux autres n'est pas guidée.

Banque d'exercices p. 46

32 Ce mois-ci le petit phoque gris a pris 60 kg. Il pèse 150 kg. Combien pesait-il en début de mois ? Les élèves doivent à nouveau inverser l'ordre de l'énoncé et calculer 150 kg – 60 kg = 90 kg. En début de mois le petit phoque pesait 90 kg.

33 12 personnes viennent de descendre du bus, le bus repart avec 25 passagers. Combien transportait le bus avant son arrêt ? Les élèves doivent à nouveau inverser l'ordre de l'énoncé et calculer 25 passagers + 12 passagers = 37 passagers. Le bus transportait 37 passagers avant son arrêt.

21 Les multiples de 2, 5, 10

Compétence
Reconnaître les multiples de 2, 5 et 10.

Calcul mental
Différence entre deux nombres proches de 2 chiffres. L'enseignant dit : « 54 – 49 » ; l'élève écrit 5.
Items : 54 – 49 ; 35 – 28 ; 46 – 41 ; 42 – 38 ; 21 – 17 ; 65 – 59 ; 57 – 53 ; 61 – 59 ; 83 – 78 ; 71 – 68.

Activités collectives

➡ Activités de recherche

1 Les élèves lisent la consigne et écrivent sur leur cahier d'essai les numéros des cases sur lesquelles les robots marcheront. Le robot rouge marchera sur les cases 2, 4, 6, 8, 10... Le robot vert marchera sur les cases 5, 10, 15, 20, 25, 30... Le robot bleu marchera sur les cases 10, 20, 30, 40, 50... Les numéros des cases sont faciles à trouver lorsqu'ils sont visibles sur le chemin. Il sera nécessaire d'établir des méthodes pour trouver les cases de chaque chemin, lorsque celles-ci ne paraissent pas sur le dessin, en particulier entre 24 et 68.

Les élèves reconnaissent sans difficulté que les nombres 0, 2, 4, 6, ... 18, 20, se trouvent dans la table de multiplication par 2 (les suivants s'obtiennent en prolongeant la table au-delà de 10 × 2), qu'ils sont pairs et se terminent par 0, 2, 4, 6 ou 8. Ces nombres sont des multiples de 2. L'enseignant leur demande de rechercher trois multiples de 2 situés après la case 77.

Les élèves constatent que les nombres des cases sur lesquelles marche le robot vert sont dans la table de multiplication par 5 (qui se continue après 10 × 5) et qu'ils se terminent par 0 ou par 5. Ce sont des multiples de 5. L'enseignant leur demande de rechercher trois multiples de 5 situés après la case 77.

Les élèves s'aperçoivent que les nombres 10, 20, 30, 40, 50, ... sont dans la table de 10 (qui se continue après 10 × 10), ce sont des multiples de 10. Ils se terminent par 0. Ce sont des nombres de dizaines entières. L'enseignant demande aux élèves de rechercher trois multiples de 10 situés après la case 77.

L'observation des nombres du chemin du robot bleu permet à l'enseignant d'attirer l'attention des élèves sur leurs propriétés. Il fait remarquer que 20, qui est sur le chemin du robot bleu, appartient aussi aux chemins du robot rouge et du robot vert : il est à la fois multiple de 2 et de 5. Les élèves cherchent dans le chemin bleu d'autres nombres qui sont à la fois multiples de 2 et de 5. Est-ce qu'un multiple de 10 est toujours multiple de 2 et de 5 ?
Les élèves répondent à cette question en utilisant des nombres entiers de dizaines comme exemples et en s'appuyant sur le fait que 10 = 2 × 5.

2 Les élèves lisent la question. L'enseignant en vérifie la compréhension et l'explicite si nécessaire : Tom doit piéger une seule case orange pour attraper les trois robots. Les élèves doivent comprendre que le nombre de la case doit être à la fois un multiple de 2, de 5 et de 10. Les élèves justifient leur réponse. La classe les valide. C'est la case 70 qu'il faut piéger. Il faut piéger la case qui porte un nombre multiple de 10 car un multiple de 10 est aussi un multiple de 2 et un multiple de 5.

En fin de séance, l'enseignant pose la question rituelle : *« Qu'avons-nous appris aujourd'hui ? »* Il attend une réponse proche de : ***« Nous avons appris à reconnaître des multiples de 2, 5 et 10. »***

Activités individuelles

S'exercer

Les exercices 1, 2 et 3 constituent un entraînement à la reconnaissance des multiples de 2, de 5 et de 10. La correction renvoie à « L'essentiel » pour rappeler que les multiples de 2 se terminent par 0, 2, 4, 6, 8, que les multiples de 5 se terminent par 0 et 5 et que les multiples de 10 se terminent par 0.
L'enseignant s'assure que tous les élèves ont compris la contrainte liée à l'encadrement dont les bornes doivent être rigoureusement respectées. Pour les multiples de 2, il faut donc chercher les nombres qui se terminent par 0, 2, 4, 6, 8 entre les bornes données. Pour les multiples de 5, il faut chercher ceux qui se terminent par 0 ou 5 et pour les multiples de 10 ceux qui se terminent par 0.
La taille des nombres est ce qui différencie les items a et b.

1 Multiples de 2 :
a entre 11 et 23 : 12 ; 14 ; 16 ; 18 ; 20 ; 22.
b entre 77 et 93 : 78 ; 80 ; 82 ; 84 ; 86 ; 88 ; 90 ; 92.

2 Multiples de 5 :
a entre 31 et 56 : 35 ; 40 ; 45 ; 50 ; 55.
b entre 123 et 147 : 125 ; 130 ; 135 ; 140 ; 145.

3 Multiples de 10 :
a entre 52 et 93 : 60 ; 70 ; 80 ; 90.
b entre 123 et 193 : 130 ; 140 ; 150 ; 160 ; 170 ; 180 ; 190

4 30 est un multiple de 2 car 2 × 15 = 30 ; c'est aussi un multiple de 5 car 5 × 6 = 30 ; c'est un multiple de 10 car 10 × 3 = 30. Les multiples de 10 se terminent par 0 comme les nombres pairs qui sont des multiples de 2 et comme les multiples de 5 ; un multiple de 10 est donc toujours un multiple de 2 et de 5.

Résoudre

5 Problème guidé. Ce problème guidé, posé sous la forme d'une devinette, conduit les élèves à rechercher les multiples de 2 et de 5 compris entre 71 et 82, puis à sélectionner le nombre qui convient.

$71 < 72, 74, 76, 78, 80 < 82$

$71 < 75, 80 < 82$

Si aucun élève ne le fait remarquer, l'enseignant précise que l'âge du grand-père est un multiple de 10. Entre 71 et 82, il y a un seul multiple de 10 : le nombre 80. Le grand-père a donc 80 ans.

➤ Prolongements

➢ Photofiche S13

Elle propose six exercices. Les trois premiers demandent les constructions des tables des multiples de 2, 5, 10. Le quatrième demande d'écrire trois séries de 4 multiples de 2, 5, 10 qui suivent chacune un nombre de trois chiffres donné. Le cinquième demande d'écrire cinq multiples de 5 compris entre 120 et 150. Le sixième est plus difficile : il faut entourer parmi cinq nombres ceux qui sont à la fois des multiples de 2, 5, 10.

➢ Banque d'exercices p. 46

34 Comme le problème guidé. Un multiple de 2 et de 5 est un multiple de 10. Le seul multiple de 10 entre 137 et 142 est 140. Le trésor est composé de 140 pièces d'or.

Leçon 21 – Les multiples de 2, 5, 10

Matériel photocopiable

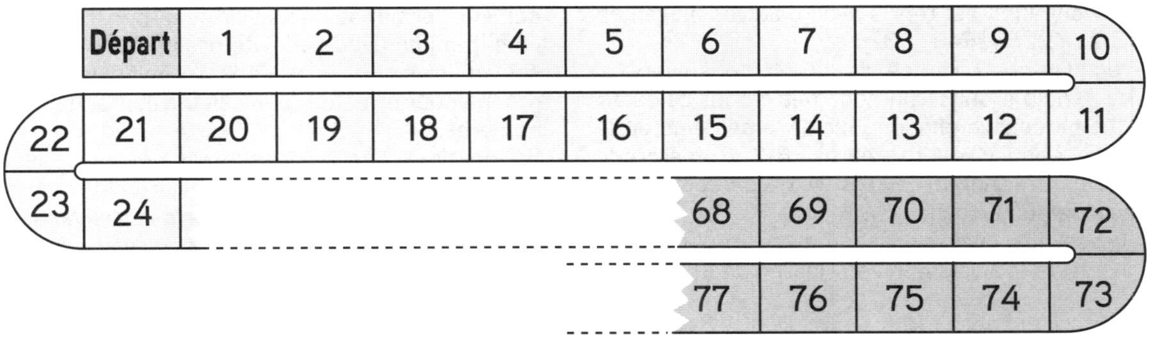

22 Arrondir un nombre

Compétences
Utiliser une droite graduée pour encadrer un nombre entre deux graduations. Arrondir un nombre au millier le plus proche.

Calcul mental
Ajouter un multiple de 10 à un nombre de 3 chiffres. L'enseignant dit : « 154 + 30 » ; l'élève écrit 184.
Items : 154 + 30 ; 238 + 20 ; 165 + 30 ; 325 + 50 ; 176 + 20 ; 325 + 50 ; 448 + 50 ; 525 + 70 ; 476 + 20 ; 564 + 30.

Observations préalables
Dans cette leçon, les élèves vont utiliser une droite graduée de 100 en 100 pour y placer des nombres de 4 chiffres et les arrondir au millier le plus proche, avant d'utiliser ces arrondis pour se livrer à des calculs approchés réalisables mentalement. La notion de « millier le plus proche » prend tout son sens si on évalue la distance qui sépare la position du nombre sur la droite graduée du millier qui en est le plus proche. Après plusieurs calculs, les élèves vont découvrir le rôle de « frontière » que jouent les nombres se terminant par 500, mais au départ, il est souhaitable qu'ils travaillent à partir de la notion de distance. Les calculs approchés permis par ces arrondis ne sont pas encore très familiers aux élèves mais ils vont en découvrir l'intérêt avec la fréquentation des grands nombres.

Activités collectives

Matériel : Un énoncé de problème et une droite graduée pour chaque élève (voir matériel ci-après).

➡ Activité préliminaire

L'enseignant écrit plusieurs nombres de 4 chiffres au tableau : 3 654 ; 5 812 ; 7 225 ; 2 748 ; 6 328.
Il demande à un élève de venir décomposer le premier nombre en la somme d'un millier et d'un nombre de 3 chiffres : 3 654 = 3 000 + 654 puis d'encadrer ce nombre entre deux milliers qui se suivent : 3 000 < 3 654 < 4 000. L'enseignant dessine ensuite une droite graduée de 100 en 100 entre 3 000 et 4 000 et demande à l'élève d'y placer le nombre 3 654 avant de dire si 3 654 est plus près de 3 000 ou de 4 000. Il précise alors que 4 000 est le millier le plus proche de 3 654 et conserve ce résultat écrit au tableau.
Ce même type de situation est repris avec d'autres élèves et les nombres 5 812 ; 7 225 ; 2 748 ; 6 328.
L'enseignant remet alors l'énoncé du problème suivant à chaque élève : « Arnold a utilisé un podomètre pour calculer la distance qu'il a parcourue chaque jour de la semaine où il est venu en classe. Lundi 3 654 m ; mardi 5 812 m ; mercredi 7 225 m ; jeudi 2 748 m ; vendredi 6 328 m. A-t-il parcouru plus de 20 km dans sa semaine de classe ? »
L'enseignant laisse les élèves résoudre ce problème à leur manière avant de les orienter vers les arrondis de ces nombres au millier le plus proche qu'ils ont calculés auparavant. Il leur montre que la somme :
4 000 m + 6 000 m + 7 000 m + 3 000 m + 6 000 m = 26 000 m ; était facile à calculer et permet d'affirmer qu'Arnold a parcouru plus de 20 km.

➡ Activités de recherche

Les élèves découvrent la situation de la leçon : Théo a réussi à calculer rapidement le nombre approximatif de spectateurs (17 000) ayant assisté à un concert, sans poser l'addition entre les trois nombres (7 148 + 6 835 + 2 940) composant le nombre total de spectateurs. Pour découvrir sa méthode, les élèves doivent reproduire une droite graduée de 100 en 100 de 2 000 à 7 500 (voir matériel), y placer chacun des trois nombres, arrondir chacun de ces nombres au millier le plus proche (7 000 ; 7 000 ; 3 000) et utiliser ces arrondis pour calculer une valeur approchée du nombre de spectateurs, ce qui leur permet de découvrir que Théo a raison. L'enseignant établit le lien avec l'activité préliminaire et souligne qu'il est souvent très utile de procéder à des arrondis au millier le plus proche pour effectuer des calculs approchés avec des grands nombres.
En fin de séance, l'enseignant pose la question rituelle : *« Qu'avons-nous appris aujourd'hui ? »* Il attend une réponse proche de : ***« Nous avons appris à trouver le millier le plus proche d'un grand nombre pour calculer rapidement la valeur approximative d'une somme de grands nombres. »***

Activités individuelles

S'exercer

Les exercices ont des niveaux différenciés.

1 Cet exercice propose de réutiliser la droite graduée précédente pour encadrer chaque nombre entre deux milliers qui se suivent, avant de calculer l'arrondi au millier le, plus proche de la série de nombres proposée :
a 3 200 (3000) ; 2 600 (3 000) ; 4 800 (5 000) ; 5 400 (5 000).
b 2 550 (3 000) ; 4 150 (4 000) ; 5 750 (6 000) ; 3 850 (4 000).

2 Dans cet exercice, les élèves doivent arrondir chaque nombre au millier le plus proche (la droite graduée précédente est encore utilisable pour certains nombres) puis calculer, dans le **a** la valeur approchée d'une somme ; dans le **b** la valeur approchée d'une différence.
a 4 900 (5 000) ; 3 100 (3 000) ; 5 000 + 3 000 = 8 000
5 300 (5 000) ; 7 800 (8 000) ; 5 000 + 8 000 = 13 000
b 5 850 (6 000) ; 3 900 (4 000) ; 6 000 – 4 000 = 2 000
4 230 (4 000) ; 1 850 (2 000) ; 4 000 – 2 000 = 2 000
10 240 (10 000) ; 6 890 (7 000) ; 10 000 – 7 000 = 3 000

Résoudre

3 Les élèves doivent trouver le montant approximatif d'une facture de matériel informatique s'élevant à 2 840 € + 1 240 € + 4 920 €. Ils doivent décider par eux-mêmes d'utiliser les arrondis au millier le plus proche : 3 000 € + 1 000 € + 5 000 € = 9 000 €. Le montant approximatif est de 9 000 €.

Le coin du chercheur

Seuls les segments repassés en gris sont des axes de symétrie du rectangle qui ne possède que deux axes de symétrie.

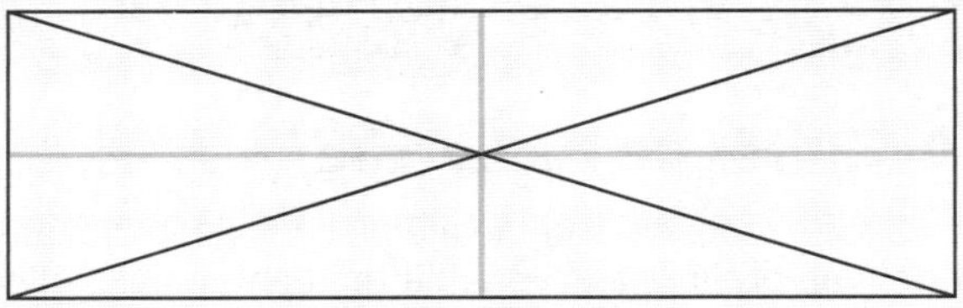

➤ Prolongements

➢ **Photofiche S14**

Cette fiche comporte 3 exercices. Dans le premier, il faut placer 6 nombres sur une droite graduée, puis les arrondir à la dizaine la plus proche. Dans le second, il faut placer 6 nombres sur une droite graduée, puis les arrondir à la centaine la plus proche. Dans le troisième, il faut placer 6 nombres sur une droite graduée, puis les arrondir au millier le plus proche.

➢ **Photofiche A6**

Cette fiche comporte deux problèmes ; dans le premier il faut arrondir la population des cinq départements d'outre-mer au millier le plus proche, dans le second il faut arrondir le prix d'une série d'articles à la dizaine d'euros la plus proche pour déterminer mentalement le prix total d'un équipement d'escalade et savoir s'il peut être acheté avec 300 €.

➢ **Banque d'exercices p. 46**

35

Angers	152 000	Le Havre	183 000
Montpellier	252 000	Lyon	472 000
Nantes	283 000	Lille	22 000
Bordeaux	243 000	Toulouse	438 000

36 Deux élèves forment une équipe : ils tirent chacun deux cartes-points différentes. Les élèves doivent arrondir le nombre de points de chaque carte au millier le plus proche, puis donner une valeur approximative du nombre de points de l'équipe.
Kamel : 3 000 + 12 000
Samir : 7 000 + 9 000
3 000 + 12 000 + 7 000 + 9 000 = 31 000
L'équipe de Kamel et Samir a gagné 31 000 points.

Leçon 22 – Arrondir un nombre

Matériel de l'activité préliminaire et de recherche

Arnold a utilisé un podomètre pour calculer la distance qu'il a parcourue chaque jour de la semaine où il est venu en classe.

Lundi : 3 654 m ; Mardi : 5 812 m ; Mercredi : 7 225 m ; Jeudi : 2 748 m ; Vendredi : 6 328 m

A-t-il parcouru plus de 20 km durant cette semaine ?

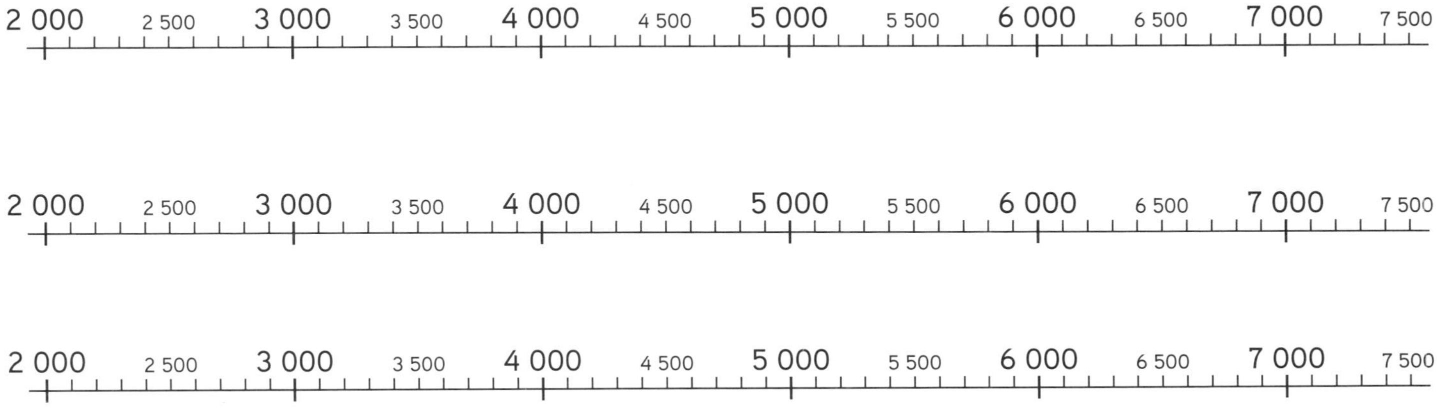

23 Calcul réfléchi : Jongler avec les nombres 100 et 1 000

Compétence
Comprendre la structuration arithmétique des nombres 100 et 1 000.

Calcul mental
Dictée de grands nombres inférieurs à 1 000 000. L'enseignant dit : « cinq cent dix mille sept cents » ; l'élève écrit 510 700.
Items : 510 700 ; 450 000 ; 645 725 ; 853 675 ; 700 500 ; 345 059 ; 906 740 ; 956 608 ; 900 900 ; 990 900.

Activités collectives

Activité préliminaire

L'enseignant fixe les règles du jeu. Il faut trouver le maximum d'écritures pour chacun des nombres 100 et de 1 000 en utilisant les signes + et × et deux fois maximum les nombres 80, 75, 50, 20, 25, 10, 4, 2 pour écrire 100 et deux fois maximum les nombres 800, 750, 500, 250, 100, 10, 5, 2. Chaque écriture juste vaut un point et une erreur coûte un point en moins. Le tableau est séparé en deux : une partie réservée au nombre 100, l'autre au nombre 1 000. Les élèves travaillent par équipes de quatre. L'enseignant laisse le temps à chaque équipe de s'organiser pour être le plus efficace possible. Quand elles ont fini leur travail, une équipe écrit ses résultats au tableau. La classe les valide. Les équipes qui en ont trouvé d'autres les écrivent à leur tour et les soumettent à l'approbation de la classe. Dans les parties du tableau réservées à chacun des deux nombres, un élève ou l'enseignant répertorie l'ensemble des écritures correctes et les classe en deux colonnes : l'une pour les formes additives, l'autre pour les formes multiplicatives. On ajoute une colonne supplémentaire si des élèves ont proposé des écritures mêlant les signes + et ×. Les équipes font le décompte de leurs points pour connaître l'équipe gagnante. La classe commente les écritures. L'enseignant souligne les analogies entre les écritures, par exemple 50 × 2 et 500 × 2 ; 75 + 25 et 750 + 250 ; 25 × 4 et 250 × 4... Il met en évidence celles qui sont importantes et qu'il faut mémoriser. Elles seront affichées en classe.
Les cinq façons d'obtenir 100 que les élèves doivent mémoriser : 50 × 2 ou 50 + 50 ; 25 + 75 ; 25 × 4 ; 10 × 10 ; 20 × 5.
Les cinq façons d'obtenir 1 000 que les élèves doivent mémoriser : 500 × 2 ou 500 + 500 ; 250 + 750 ; 250 × 4 ; 10 × 100 ; 5 × 200.

Activités de recherche

1 Les élèves reconnaissent le même type d'activité que celle de « l'Activité préliminaire ». Ils l'effectuent individuellement. Ils doivent trouver quatre écritures pour chacun des nombres 100 et 1 000 en utilisant les nombres imposées : 75, 25, 50, 10, 4, 10 pour 100 et 100, 800, 500, 200, 5, 10 pour 1 000. Il est permis d'utiliser plusieurs fois la même étiquette, c'est la bulle de Mathix qui le dit.
Les façons de faire 100 et 1 000 sont nombreuses, mais l'enseignant privilégiera dans cette activité 1 les quatre écritures : 75 + 25 ; 10 × 10 ; 25 × 4 ; 50 + 50 pour faire 100 ;
et : 100 × 10 ; 500 + 500 ; 800 + 200 ; 200 × 5 pour faire 1 000. Les élèves justifient leurs écritures. La correction est collective.

2 Les élèves recherchent de nouvelles écritures additives et multiplicatives. Ils recopient et complètent les égalités proposées. Lors de la correction, ils justifient leurs écritures.

90 + 10 = 100	100 = 70 + 30
20 × 5 = 100	1 000 = 500 × 2
250 + 750 = 1 000	1 000 = 600 + 400
4 × 25 = 100	1 000 = 250 × 4

En fin de séance, l'enseignant pose la question rituelle : *« Qu'avons-nous appris aujourd'hui ? »* Il attend une réponse proche de : ***« Nous avons appris à décomposer les nombres 100 et 1 000. »***

Activités individuelles

S'exercer

1 Les items **a** traitent les décompositions du nombre 100 et les items **b** celles du nombre 1 000.
a Les nuages égaux à 100 sont : B, C, E, F.
b Les nuages égaux à 1 000 sont : A, C, D.

2 Les items **a** proposent de trouver le troisième terme des décompositions additives des nombres 100 et 1 000.
30 + 20 + 50 = 100 ; 25 + 50 + 25 = 100 ;
1 000 = 250 + 500 + 250 ; 1 000 = 350 + 350 + 300.
Les items **b** proposent des décompositions d'un millier sous forme de produits.
1 millier = 1 dizaine × 1 centaine ou 10 × 1 centaine ;
1 millier = 1 centaine × 1 dizaine ou 100 × 1 dizaine.

Résoudre

3 **Problème guidé.** 1 000 – 750 = 250. Le jeudi soir, il reste à la factrice 250 km à parcourir.
250 = 125 + 125. Le samedi, elle parcourt 125 km.

➤ Prolongement

➢ **Banque d'exercices p. 46**

37 1 000 – 600 = 400.
Ensemble, les deux petits coffres contenaient 400 pièces.
400 = 200 + 200.
Chaque petit coffre contient 200 pièces d'or.

24 Calcul réfléchi : Multiplier par 20, 30, 200, 300

Compétence
Multiplier un nombre par un nombre entier de dizaines ou de centaines.

Calcul mental
Dictée de grands nombres inférieurs à 1 000 000. L'enseignant dit : « 402 500 » ; l'élève écrit 402 500.
Items : 402 500 ; 354 675 ; 234 789 ; 425 055 ; 540 506 ; 506 400 ; 690 000 ; 758 098 ; 890 105 ; 909 054.

Activités collectives

➡ Activité de recherche

Les élèves observent le calcul de Théo : 12 × 30. Ils lisent la bulle qui explique sa méthode. Les élèves la commentent : Théo transforme 30 en 3 dizaines ; 12 × 3 dizaines = 36 dizaines. La difficulté est le calcul du produit 12 × 3 = (10 + 2) × 3 = (10 × 3) + (2 × 3) = 30 + 6 = 36. Le tableau de numération est complété ainsi que l'égalité : 36 dizaines s'écrit 360.
Ils observent ensuite le calcul de Mélissa : 12 × 300. Ils lisent et commentent la bulle qui sa technique. Le tableau de numération est complété ainsi que l'égalité 12 × 300 = 3 600. Les élèves observent les deux calculs écrits l'un sous l'autre et se rendent compte que l'essentiel est de savoir calculer 12 × 3. Il suffit ensuite de placer respectivement un ou deux 0 à droite du résultat selon que le produit comporte un nombre entier de dizaines ou de centaines. Si les élèves n'ont pas réussi à exprimer la technique de calcul, l'enseignant fait remarquer que pour multiplier par 30, on multiplie d'abord par 3 puis par 10 et que pour multiplier par 300, on multiplie d'abord par 3 puis par 100. Pour vérifier la pertinence de la méthode de calcul, les élèves effectuent des multiplications par 20, 30, 200, 300 avec la calculatrice.
En fin de séance, l'enseignant pose la question rituelle : *« Qu'avons-nous appris aujourd'hui ? »* Il attend une réponse proche de : ***« Nous avons appris à multiplier un nombre par un nombre entier de dizaines ou de centaines. »***

Activités individuelles

S'exercer

1 Les produits sont groupés par deux. Pour chaque couple, le premier calcul est une aide pour le second. L'attention des élèves est ainsi focalisée sur le placement des 0.

a 5 × 40 = 200 ; 5 × 400 = 2 000
8 × 50 = 400 ; 8 × 500 = 4 000
7 × 60 = 420 ; 7 × 600 = 4 200
4 × 90 = 360 ; 4 × 900 = 3 600

b 32 × 20 = 640 ; 32 × 200 = 6 400
51 × 30 = 1 530 ; 51 × 300 = 15 300
13 × 50 = 650 ; 13 × 500 = 6 500
25 × 40 = 1 000 ; 25 × 400 = 10 000

2 Les items **a** comportent des produits de multiples de 10 ou de 100 entre eux ; les items **b** comportent des produits dans lesquels le multiple de 10 ou de 100 est placé en deuxième position afin de faire jouer la commutativité de la multiplication. La prise en compte des 0 est la difficulté de l'exercice.

a 50 × 20 = 1 000 ; 50 × 200 = 10 000
80 × 40 = 3 200 ; 80 × 400 = 32 000
70 × 60 = 4 200 ; 70 × 600 = 42 000
40 × 90 = 3 600 ; 40 × 900 = 36 000

b 30 × 22 = 660 ; 300 × 22 = 6 600
20 × 45 = 900 ; 200 × 45 = 9 000
50 × 41 = 2 050 ; 500 × 41 = 20 500
50 × 12 = 600 ; 500 × 12 = 6 000

Résoudre

3 Problème guidé.
Montant des billets de 100 € : 20 × 100 € = 2 000 €
Montant des billets de 50 € : 35 × 50 € = 1 750 €
Montant des billets de 20 € : 25 × 20 € = 500 €
Montant des billets de 10 € : 48 × 10 € = 480 €
2 000 € + 1750 € + 500 € + 480 € = 4 730 €
Le montant de la caisse est : 4 730 €.

4 La population de la ville de Pau est 100 fois celle de Rasteau. 100 × 800 hab = 80 000 hab.
La ville de Pau a une population de 80 000 habitants.

Le coin du chercheur
La réunion des deux rectangles forme un carré.

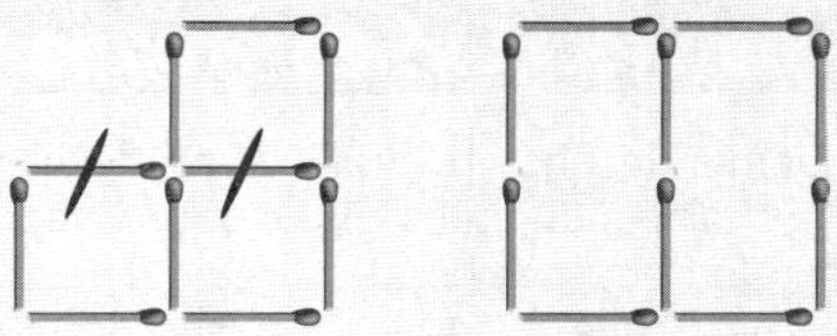

➤ Prolongements

➢ **Photofiche S15**

Pour renforcer les techniques de multiplication par 20, 200, 30, 300, cette photofiche propose quatre exercices montrant que lorsqu'on sait multiplier par 2, 3, ... il est facile de multiplier par 20, 30, 200, 300 ...

➢ **Banque d'exercices p. 46**

38 **a** 3 × 20 = 60
5 × 30 = 150
4 × 200 = 800

b 15 × 20 = 300
25 × 30 = 750
30 × 30 = 900

c 120 = 6 × 20
450 = 15 × 30
600 = 30 × 20

d 20 × 200 = 4 000
50 × 40 = 2 000
30 × 300 = 9 000

39 Comme le problème guidé.
Montant des billets de 100 € : 5 × 100 € = 500 €.
Montant des billets de 50 € : 12 × 50 € = 600 €.
Montant des billets de 20€ : 20 × 20 € = 400 €.
Montant des billets de 10 € : 32 × 10 € = 320 €.
500 € + 600 € + 400 € + 320 € = 1 820 €.
Montant de la recette : 1 820 €.

25 Mobilise tes connaissances (1)

Compétences
Prélever des informations à partir de supports variés. Mobiliser ses connaissances pour résoudre des problèmes.

Observations préalables
Chacune des cinq périodes se termine par un document de deux pages intitulé « Mobilise tes connaissances » qui porte sur un Département et Région d'Outre-Mer : Guadeloupe, Martinique, Réunion, Guyane et Mayotte. L'objectif et la présentation de ces pages diffèrent de ceux des autres leçons. Leur mise en œuvre nécessite une démarche pédagogique particulière. Ces doubles pages s'appuient sur des documents réels : reportages, photos, etc., présentés sous la forme d'un magazine par des enfants qui posent des questions à leurs lecteurs. Répondre à ces questions nécessite des recherches de données, puis des calculs variés qui correspondent généralement aux notions étudiées durant la période. Ce travail requiert la mobilisation d'un grand nombre de connaissances et de savoir-faire mathématiques, linguistiques, scientifiques. Il répond ainsi pleinement au programme. Il favorise de ce fait un travail pluridisciplinaire et permet l'utilisation d'un vocabulaire approprié.

Présentation collective

L'enseignant peut décider de traiter les deux pages successivement ou simultanément. Dans les deux cas, il est conseillé de consacrer deux séances à ce travail si l'on souhaite exploiter les informations fournies qui relèvent des domaines mathématiques, scientifiques, géographiques, et y apporter des éléments de réponse. Les élèves lisent individuellement le texte introductif, puis l'enseignant le fait lire à haute voix s'il estime favoriser ainsi la compréhension de tous. Il demande s'ils connaissent la Guadeloupe et d'autres Départements et Régions d'Outre-Mer. Il localise ces départements sur un globe terrestre. Les enfants communiquent ensuite à la classe leurs connaissances sur la Guadeloupe. Cette discussion vise à leur faire prendre conscience qu'il s'agit dans ces deux pages de documents réels et dont on parle à la télévision, dans les journaux… L'enseignant leur demande ensuite d'observer et de lire les documents qui figurent sur les deux pages (ou sur l'une des pages). Il leur laisse quelques minutes pour ce travail, puis leur donne la parole pour qu'ils puissent apporter des informations supplémentaires, poser des questions ou répondre à celles de leurs camarades. Il n'intervient que si aucun enfant ne sait répondre. Il s'assure, en posant quelques questions, que les informations données ont bien été comprises.

Travail individuel et en groupes

L'enseignant demande ensuite aux élèves de lire les questions, de rechercher les données utiles pour y répondre, d'effectuer les calculs nécessaires et de rédiger les réponses. Il leur signale qu'ils peuvent trouver sur ces deux pages tous les renseignements utiles pour répondre aux questions, ils ne sont donc pas obligés de consulter d'autres documents. Après un moment de travail individuel, il leur permet de collaborer avec deux ou trois de leurs camarades pour la rédaction collective des réponses.

Mise en commun

La mise en commun des résultats permet la confrontation des travaux des petits groupes. Si les réponses divergent, l'enseignant demande à chacun de justifier ses résultats. Il n'intervient que si les réponses ne sont pas suffisamment explicites pour tous.

Réponses aux exercices

1 La Guadeloupe a été découverte au XVe siècle.
2 La figure verte du logo n'est pas un polygone car elle a des bords arrondis.
3 67 × 100 = 6 700. La Guadeloupe se trouve à 6 700 km de Paris.
4 1616 mm = 161 cm 6 mm.
5 Basse-Terre, Pointe-à-Pitre, Le Gosier, Baie-Mahault, Les Abymes.
6 La population de la Guadeloupe est de 405 739 habitants.
7 950 m + 517 m = 1 467 m. L'altitude de La Soufrière est de 1 467 m.
8 En 2016, l'esclavage a été aboli depuis 168 ans.

Je fais le point (1)

Fiche autocorrective pour l'élève

Nombres

• Lire, écrire et comparer des nombres de 0 à 999 999

		A	B	C	Aide
1	Écris en lettres : 1 030	Mille trente *Bravo !*	Cent trente *Faux* *Tu as oublié le zéro intercalé.*	Mille trois *Faux* *Le chiffre 3 représente les dizaines et non les unités.*	L1 Ex. 1 et 3
2	Quel est le nombre : 9 000 + 500 + 2 = ?	952 *Faux* *9 doit être le chiffre des milliers.*	9 502 *Bravo !*	9 052 *Faux* *5 doit être le chiffre des centaines.*	
3	Range dans l'ordre croissant : 7 380 ; 7 003 ; 7 030	7 380 7 003 7 030 *Faux* *Aucun nombre n'est à sa bonne place.*	7 380 7 030 7 003 *Faux* *Tu confonds ordre croissant et ordre décroissant.*	7 003 7 030 7 380 *Bravo !*	L8 Ex. 1 et 2
4	Intercale 1 090 dans la suite : 1 080 ; 1 085 ; 1 095 ; 2 100	Entre 1 080 et 1 085 *Faux* *1 085 et plus petit que 1 090.*	Entre 1 085 et 1 095 *Bravo !*	Entre 1 095 et 2 100 *Faux* *1 095 est plus grand que 1 090.*	
5	Quelle est la valeur du chiffre 7 dans 74 625 ?	Dizaines de mille *Bravo !*	Unités de mille *Faux* *Le chiffre des unités de mille est 4.*	Centaines *Faux* *Le chiffre des centaines est 6.*	L16 Ex. 2 et 4
6	Écris en chiffres : Sept cent huit mille cinquante	70 850 *Faux* *7 doit être le chiffre des centaines de mille.*	708 050 *Bravo !*	78 050 *Faux* *7 doit être le chiffre des centaines de mille.*	
7	Quel est le nombre 500 000 + 10 000 + 200 + 8 ?	512 800 *Faux* *2 doit être le chiffre des centaines.*	510 208 *Bravo !*	501 208 *Faux* *1 doit être le chiffre des dizaines de mille.*	L19 Ex. 2
8	Quel est le nombre (6 × 10 000) + (7 × 100) + 9 ?	67 900 *Faux* *7 doit être le chiffre des centaines.*	60 790 *Faux* *9 doit être le chiffre des unités.*	60 709 *Bravo !*	

Espace et géométrie

- Identifier une figure plane
- Vérifier que des droites sont perpendiculaires

		A	B	C	Aide
9	Quelles droites sont perpendiculaires ? 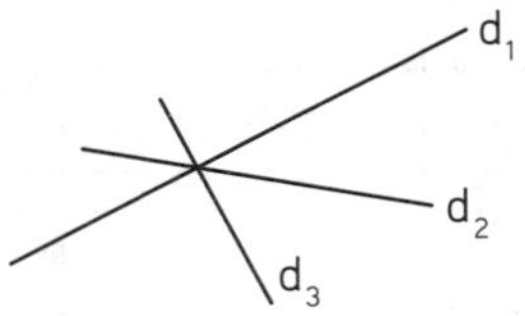 	d_1 et d_3 *Bravo !*	d_1 et d_2 *Faux* *Ces deux droites ne se coupent pas en formant un angle droit.*	d_2 et d_3 *Faux* *Ces deux droites ne se coupent pas en formant un angle droit.*	L17 Ex. 1 et 2
10	Quelles figures sont des polygones ? 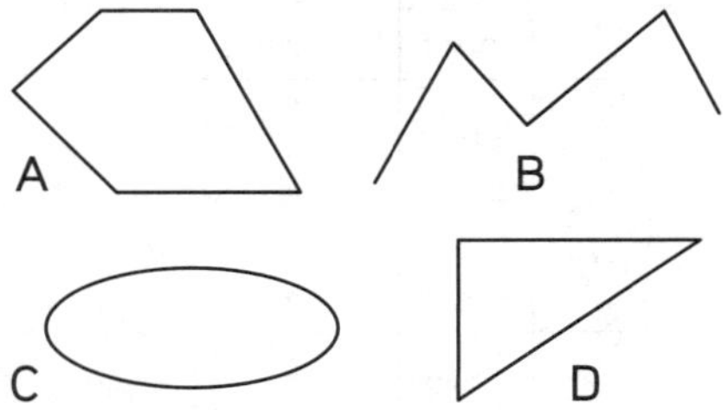 	A et D *Bravo !*	B et C *Faux* *Aucune de ces deux figures n'est un polygone.*	A, B et D *Faux* *La figure B est une ligne brisée ouverte.*	L3 Ex. 2

Calculs

- Calculer une somme
- Calculer une différence
- Calculer un produit

		A	B	C	Aide
11	Calcule sans poser l'opération : 124 – 26	150 *Faux* *Tu as additionné.*	108 *Faux* *Tu as calculé 124 – 16.*	98 *Bravo !*	L5 Ex. 1
12	Pose et effectue 75 + 4578 + 139	4672 *Faux* *Tu as oublié les retenues.*	4792 *Bravo !*	4692 *Faux* *Tu as oublié la dernière retenue.*	L7 Ex. 2
13	Pose et effectue : 2 032 – 864	2896 *Faux* *Tu as additionné.*	1238 *Faux* *Seul le chiffre des unités est bon.*	1168 *Bravo !*	L15 Ex. 2
14	Calcule : 25 × 300	7 500 *Bravo !*	75 *Faux* *Tu as oublié d'écrire les deux zéros à la fin du nombre.*	750 *Faux* *Tu as calculé 25 × 30.*	L24 Ex. 1

Problèmes

- Reconnaître et résoudre des situations additives ou soustractives
- Résoudre un problème en s'appuyant sur les unités de numération

		A	B	C	Aide
15	Natalia achète un livre 12 €. Il lui reste alors 28 €. Combien possédait-elle avant son achat ?	16 € *Faux* *Avant son achat elle possédait plus de 28 € !*	40 € *Bravo !*	30 € *Faux* *Tu as oublié une dizaine.*	L20
16	Stéphane range 161 timbres dans des pochettes de 10. Combien de pochettes de 10 timbres seront complètes ?	17 *Faux* *On demande le nombre de pochettes complètes.*	16 *Bravo !*	160 *Faux* *Dans 161, il n'y a pas 160 dizaines !*	L14

Grandeurs et mesures

- Utiliser des mesures de longueur
- Lire l'heure

		A	B	C	Aide
17	2 m 8 cm = … cm	28 *Faux* *Tu confonds dm et cm.*	208 *Bravo !*	280 *Faux* *200 + 8 = 208 et non 280.*	L9 Ex. 1 et 4
18	200 mm = … cm	20 *Bravo !*	2 *Faux* *2 cm = 20 mm.*	200 *Faux* *200 cm = 2 000 mm.*	
19	Quelle est la longueur du tour de cette figure ? 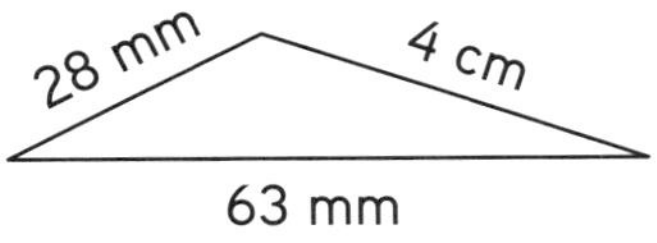	131 mm *Bravo !*	95 mm *Faux* *Tu n'as pas converti 4 cm en 40 mm.*	95 cm *Faux* *Tu as ajouté tout en cm.*	
20	Quelle heure est-il le matin ? 	8 h 50 *Faux* *Il n'est pas encore 8 heures.*	7 h 50 *Bravo !*	8 h 10 *Faux* *Tu confonds « moins 10 » avec « et 10 ».*	L2 Ex. 1
21	le soir ?	20 h 50 *Faux* *Il n'est pas encore 20 heures.*	20 h 10 *Faux* *Il n'est pas encore 20 heures.*	19 h 50 *Bravo !*	

Évaluation (1)

Nom : .... Prénom : .... Date : ....

Connaissances et compétences **Évaluation**

Nombres et calculs		
1. a. b. c. d.	**Composer, décomposer un nombre** Écrire un nombre en chiffres Décomposer un nombre Composer un nombre Nombre de dizaines dans un nombre	
2. a. b. c. d.	**Comparer, ranger, encadrer des grands nombres entiers** Comparer des nombres Ranger quatre nombres Intercaler un nombre Encadrer un nombre entre deux centaines	
3. a. b. c. d. e. f.	**Mémoriser des faits numériques et des procédures élémentaires de calcul** Calculer un somme en ligne Calculer une différence en ligne Calculer un produit Multiplier par 10, 100, 1 000 Multiplier par 20, 30, 200, 300… Connaître des multiples de 2, 5 et 10	
4.	**Vérifier la vraisemblance d'un résultat, notamment en estimant son ordre de grandeur** Arrondir un nombre	
5. a. b.	**Calcul posé : mettre en œuvre un algorithme de calcul posé pour l'addition, la soustraction** Poser et effectuer une addition Poser et effectuer une soustraction	
6.	**Résoudre des problèmes mettant en jeu les quatre opérations** Résoudre une situation soustractive	

1 **a. Écris** en chiffres :

– soixante-dix-huit mille cinq cent soixante : ....

– deux cent trois mille six cent quatre : ....

b. Décompose ce nombre.

240 709 = (2 × 100 000) + ...

c. Écris le nombre.

500 000 + 10 000 + 600 + 70 = ...

d. Dans chacun de ces nombres, **entoure** le nombre de dizaines :

58 ; 179 ; 5 690

Nom : .... Prénom : .... Date : ....

2 **a. Entoure** le plus grand nombre de chaque étiquette.

5678	4700	6780

3800	3 450	3 457

b. Range ces 4 nombres dans l'ordre décroissant : 830 ; 5000 ; 5 790 ; 4530.

....

c. Entre quels nombres de cette suite s'intercale 6589 ?

5 600 ; 6000 ; 6400 ; 6800.

.... < 6589 < ....

d. Encadre 2357 entre 2 centaines qui se suivent.

.... < 2357 < ....

3 **a. Calcule** sans poser l'opération : 58 + 36.

....

....

....

b. Calcule sans poser l'opération : 134 – 87.

....

....

....

Nom : .... Prénom : .... Date : ....

c. Calcule.

4 × 5 = ... ; 12 × 3 = ...

d. Calcule.

145 × 10 = ... ; 67 × 100 = ... ; 12 × 1000 = ...

e. Calcule.

15 × 30 = ... ; 25 × 400 = ...

f. Entoure en bleu les multiples de 2 et en vert les multiples de 5.

34 45 20 73 100 342 531 675

4 **Arrondis** au millier le plus proche.

4 732 → .... ; 6 217 → .... ; 1 238 → ....

5 **Pose** et **effectue**.

a. 3 678 + 9 782

b. 8 209 – 4 310

6 Aujourd'hui, Jules a gagné 42 billes. Il a maintenant 57 billes.
Combien de billes avait-il ce matin ?

....

....

....

....

Nom : .... Prénom : .... Date : ....

Connaissances et compétences **Évaluation**

Espace et géométrie		
7.	**Reconnaître, nommer des figures simples ou complexes** Reconnaître un polygone	
8.	**Effectuer des tracés correspondant à des relations de perpendicularité** Tracer des droites perpendiculaires	

7 **Barre** les figures qui ne sont pas des polygones.

8 **Trace** une droite perpendiculaire à chacune de ces deux droites.

Nom : .... Prénom : .... Date : ....

Connaissances et compétences **Évaluation**

Grandeurs et mesures		
9.	**Utiliser les unités de mesure des durées et leurs relations** Lire l'heure	
10.	**Calculer des périmètres** Calculer le périmètre d'un triangle	

9 **Écris** l'heure du matin indiquée par chaque horloge.

....

10 Tous les côtés de ce triangle mesurent 4 cm 5 mm.
Calcule le périmètre de ce triangle.

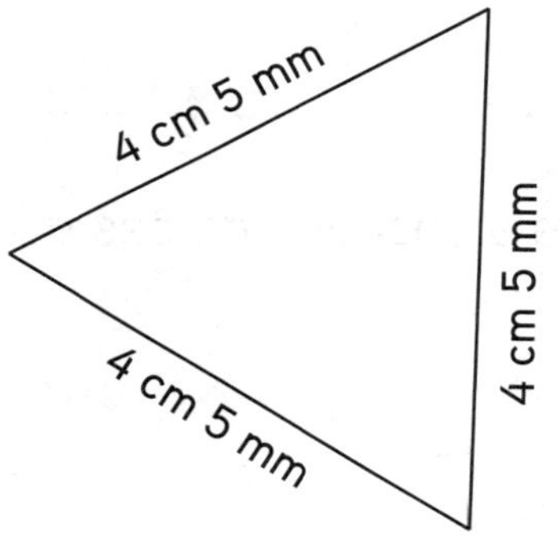

....

....

....

Présentation de la période 2

Observations préalables

Toutes les remarques relatives à la présentation de la Période 1 demeurent valables pour cette nouvelle période. L'enseignant peut s'y reporter utilement pour l'exploitation de cette page.
Les objectifs des leçons de la période : grands nombres, situations multiplicatives… apparaissent explicitement sur le dessin ainsi que les longueurs, masses et durées. On trouve également un graphique, des triangles, un plan. L'achat dans le kiosque permet d'évoquer des situations additives ou soustractives.

26 Les nombres jusqu'à 999 999 (3)

Compétences
Comparer, ranger, intercaler, placer sur une droite graduée les nombres inférieurs à un million.

Calcul mental
Multiplier par 10, par 100. L'enseignant dit : « 53 × 10 » ; l'élève écrit 530.
Items : 53 × 10 ; 38 × 100 ; 64 × 10 ; 35 × 100 ; 84 × 10 ; 73 × 10 ; 21 × 100 ; 39 × 100 ; 45 × 10 ; 74 × 10.

Observations préalables
Dans cette leçon, les élèves vont devoir ranger, donc comparer entre eux, des nombres à 6 chiffres, ils vont les placer sur une droite graduée de 20000 en 20000 et donc les intercaler entre les graduations de la droite. Dans ces différentes tâches, les élèves retrouvent les règles qu'ils ont utilisées pour des nombres à 4 chiffres, et découvrent ainsi que les règles de comparaison ne changent pas avec la taille des nombres. Ils découvrent aussi des nombres dans lesquels le nombre de milliers, assez facile à identifier, ne se confond plus avec le chiffre de milliers comme dans les nombres à 4 chiffres.

Activités collectives

➡ Activité préliminaire

L'enseignant écrit au tableau les nombres 824 et 586 sur la même ligne mais séparés par un espace. Il demande à un élève de venir écrire le signe < ou > qui convient entre ces deux nombres : 586 < 824.
L'enseignant écrit un nouveau chiffre devant chacun de ces deux nombres qui deviennent :
4 586 et **3** 824. Comment ces nouveaux nombres se rangent-ils ? On constate que leur ordre s'inverse par rapport à la comparaison précédente : **4** 586 > **3** 824.
L'enseignant demande à un élève de venir rajouter un nouveau chiffre devant chacun de ces deux nombres de façon à ce que ce nouveau chiffre change à nouveau le sens de leur comparaison. Par exemple **5**4 586 < **7**3 824.
Enfin, il demande à un dernier élève de venir rajouter encore un nouveau chiffre devant chacun de ces deux nombres pour inverser à nouveau le sens de leur comparaison. Par exemple : **4**54 586 > **2**73 824. Les cas où le sens de la comparaison ne serait pas modifié par l'apport d'un nouveau chiffre sont envisagés.
Dans chaque cas, les nombres sont lus à haute voix et la règle de comparaison est rappelée.

➡ Activités de recherche

1 Une carte de France apparaît avec le nom de 9 villes différentes, chacune étant accompagnée de l'effectif de sa population. Les élèves doivent indiquer quelle est la ville ayant le plus grand nombre d'habitants (Lyon avec 472 330 habitants), puis celle ayant le plus petit nombre d'habitants (Avignon avec 91 250 habitants). Dans ce dernier cas, le nombre de chiffres du nombre 91 250 est le critère déterminant pour affirmer qu'il est le plus petit, tous les autres nombres possédant 6 chiffres.

2 Les élèves doivent reproduire sur leur cahier une droite graduée de 20000 en 20000 depuis 100000 jusqu'à 260000, pour y placer approximativement (dans le bon intervalle), les populations des villes de Bordeaux (242 950 hab.), Angers (151 110 hab.), Lille (228 600 hab.) et Brest (141 300 hab.). Cet exercice les oblige à intercaler chaque nombre entre deux multiples successifs de 20 000. Ce placement sur la droite graduée est une aide forte au rangement, dans l'ordre croissant, de ces quatre nombres qui est demandé à l'étape suivante avant que les élèves ne précisent entre quelles villes de la droite graduée s'intercalent les villes de Dijon (151 540 hab.) et du Mans (143 599 hab.) : Dijon s'intercale entre Angers et Lille, Le Mans s'intercale entre Brest et Angers.

3 Les élèves doivent ensuite indiquer quel est le nombre de milliers des nombres d'habitants de Lyon (472), Toulouse (439) et Avignon (91). L'espace entre la classe des milliers et celle des unités ainsi que la prononciation des noms des nombres facilitent la lecture du nombre de milliers.

En fin de séance, l'enseignant pose la question rituelle : *« Qu'avons-nous appris aujourd'hui ? »* Il attend une réponse proche de : ***« Nous avons appris à comparer des nombres de 6 chiffres et à indiquer leur nombre de milliers. »***

Activités individuelles

S'exercer

Les exercices ont des niveaux différenciés.

1 Les élèves doivent utiliser les signes < ou > pour comparer deux paires de nombres.
a Les deux nombres à comparer n'ont pas le même nombre de chiffres (5 et 6 chiffres).
b Les deux nombres à comparer ont le même nombre de chiffres (6 chiffres), la comparaison oblige à comparer les chiffres de même rang.

2 Les élèves doivent ranger quatre nombres de 6 chiffres.
a Dans l'ordre croissant, le rangement s'effectue à partir du premier chiffre de gauche :
102 637 < 290 178 < 389 351 < 480 000.
b Dans l'ordre décroissant, le rangement nécessite la prise en compte des deux ou trois premiers chiffres de gauche : 900 500 > 899 071 > 895 000 > 886 900.

3 Les élèves doivent recopier une série de quatre nombres et entourer leur nombre de milliers.
a Les nombres possèdent tous 6 chiffres.

b Les nombres possèdent 6, 5 ou 4 chiffres. Dans le dernier nombre (1 975) le nombre de milliers est aussi le chiffre des unités de mille.

4 La suite de nombres 300 000 ; 350 000 ; 400 000 ; 450 000 ; 500 000 est donnée.

a Les élèves doivent intercaler 390 000 dans cette suite.

b Les élèves doivent intercaler 461 638 dans cette suite.

Résoudre

5 **Problème guidé**

On propose d'ajouter 2 centaines et 9 milliers à la population d'Angoulême (44 400 hab) pour obtenir la population de la ville d'Annecy. Mathix conseille d'utiliser un tableau de numération pour ajouter ces deux nombres en utilisant les colonnes du tableau.

6 Un tableau indique la superficie de 5 grands lacs dans le monde, les élèves doivent indiquer quel est le plus étendu (Lac supérieur 82 350 km²), le moins étendu (Lac Ontario 18 529 km²) puis ranger les superficies de ces 5 lacs par ordre croissant : 18 529 km² < 25 719 km² < 57 750 km² < 68 100 km² < 82 350 km².

Ils doivent enfin intercaler la superficie du lac Baïkal (31 500 km²) entre celles des autres lacs : 18 529 km² < 25 719 km² < 31 500 km² < 57 750 km² < 68 100 km² < 82 350 km².

7 Strasbourg a une population de 271 782 habitants et Nice une population de 343 milliers d'habitants. Les élèves doivent trouver quelle est la ville la plus peuplée. Pour y parvenir ils peuvent utiliser un tableau de numération et compléter 343 milliers en 343 000.

Le coin du chercheur

La tablette de chocolat a la forme d'un rectangle contenant 6 rangées de 5 carrés de chocolat. Elle contenait donc 30 carrés de chocolat. On en compte encore 18, la souris en a donc mangé 12.

➤ Prolongements

➢ Photofiche S16

Cette fiche comporte cinq exercices, le premier et le deuxième sont des exercices de comparaison, le troisième est un exercice de rangement du plus petit au plus grand et les deux derniers font appel à l'intercalation.

➢ Photofiche A7

Cette fiche comporte 4 exercices. Le premier est un exercice de comparaison faisant intervenir les symboles > ou <, le deuxième est un exercice de rangement de deux séries de 4 nombres du plus petit au plus grand, le troisième est un exercice d'intercalation et le dernier, un exercice de mise en correspondance de populations avec les noms de villes qui sont rangés par ordre décroissant dans un tableau.

➢ Banque d'exercices p. 82

1 Pour chacune des deux séries de 4 nombres, les élèves doivent écrire le plus grand :
34 000 pour la première ligne, 689 990 pour la deuxième ligne.

2 Les élèves doivent recopier les nombres de la première série dans l'ordre croissant :
34 000 < 34 400 < 304 000 < 340 000 et ceux de la deuxième série dans l'ordre décroissant :
84 900 > 84 833 > 841 099 > 841 700 > 841 099

3 **Comme le problème guidé.** On enlève 1 centaine, puis1 dizaine de milliers au nombre 900 000 : on obtient 889 900.

4 Il faut ranger dans l'ordre croissant les superficies de 5 îles fournies dans un tableau :
1 705 km² < 2 512 km² < 228 200 km² < 471 000 km² < 596 356 km².

27 Calcul réfléchi : La multiplication en ligne

Compétence
Utiliser la distributivité de la multiplication et la décomposition du plus grand facteur pour calculer un produit en ligne.

Calcul mental
Tables de multiplication par 2 et par 5. L'enseignant dit : « 7 × 5 » ; l'élève écrit 35.
Items : 7 × 5 ; 2 × 8 ; 5 × 6 ; 2 × 7 ; 5 × 9 ; 2 × 9 ; 5 × 4 ; 2 × 6 ; 5 × 7 ; 5 × 5.

Observations préalables
Dans cette leçon, nous utilisons la distributivité de la multiplication par rapport à l'addition illustrée par le partage de tableaux rectangulaires en deux sous-tableaux qui permettent des manipulations par découpage effectif. La décomposition additive du plus grand des deux facteurs est présentée comme un moyen de remplacer un calcul difficile par deux calculs plus simples que l'élève a appris à effectuer.

Activités collectives

Activité préliminaire

L'enseignant écrit au tableau le produit 8 × 12. Il dessine sous ce produit un quadrillage rectangulaire de 8 lignes et 12 colonnes qu'il associe à ce produit. Il demande à la classe de calculer ce produit sans compter les cases du quadrillage et sans utiliser l'addition réitérée. Si les élèves ne le proposent pas, il effectue un découpage du quadrillage par un trait de couleur au niveau de la dixième colonne et demande à la classe à quel produit correspond chaque partie du découpage. Les produits 8 × 10 et 8 × 2 correspondent à chacune des parties. Grâce à ce découpage, les élèves sont capables de calculer le produit 8 × 12. Les propositions font apparaître que 8 × 12 = (8 × 10) + (8 × 2) = 80 + 16 = 96.
D'autres découpages sont évidemment possibles, les élèves peuvent s'y essayer en calculant (8 × 6) + (8 × 6) ou (8 × 5) + (8 × 7) mais le premier découpage proposé est celui qui donne les produits les plus simples à calculer. Cette situation peut être reprise avec, par exemple, le produit 4 × 16.

Activité de recherche

Théo, Léa et Mélissa effectuent des multiplications.
Théo calcule 7 × 15, Léa 5 × 16 et Mélissa 6 × 23.
Les élèves remarquent que les trois enfants utilisent la technique étudiée en « Activité préliminaire » mais que les carreaux du quadrillage ne sont plus dessinés. L'enseignant les rassure en leur expliquant que leur absence ne va pas les empêcher de réussir le calcul. Les schémas indiquent comment les enfants ont décomposé le grand nombre de chaque produit. Les élèves répondent à la question : *« Pourquoi et comment les enfants décomposent-ils le grand nombre de chaque produit ? »* Décomposer le plus grand des deux nombres permet de transformer un calcul difficile en deux calculs simples. L'enseignant fait remarquer qu'on pourrait décomposer le plus petit des deux nombres mais on aurait à effectuer deux calculs avec chaque fois un grand nombre alors que la décomposition du grand nombre permet d'obtenir le calcul de deux petits produits. Les élèves observent les différents schémas, ils constatent que chaque enfant a pratiqué un découpage différent.
Théo a effectué le type de découpage utilisé dans l'« Activité préliminaire » qui s'appuie sur la décomposition canonique des nombres pour décomposer 15 en 10 + 5 ; Léa qui s'est rendu compte que 16 est un nombre pair l'a décomposé en deux moitiés (16 = 8 + 8) ; Mélissa utilise comme Théo la décomposition canonique pour décomposer le nombre 23 en 20 + 3.

Ils observent le calcul de Théo (l'enseignant signale que les cadres colorés doivent contenir le résultat du calcul portant la même couleur sur la ligne du dessus), le recopient et le complètent :
7 × 15 = (7 × 10) + (7 × 5)
7 × 15 = 70 + 35
7 × 15 = 105.
Les élèves effectuent les multiplications de Léa et de Mélissa en s'aidant des schémas indiquant les sous-produits à calculer. L'enseignant souligne l'importance d'une bonne connaissance des tables de multiplication. Les élèves ont appris à multiplier par 20 en leçon 24.

En fin de séance, l'enseignant pose la question rituelle : *« Qu'avons-nous appris aujourd'hui ? »* Il attend une réponse proche de : ***« Nous avons appris à décomposer une multiplication en deux multiplications plus faciles à calculer. »***

Activités individuelles

S'exercer

1 Les élèves doivent compléter des calculs de produits sur le modèle des calculs de Théo et Mélissa. Les supports schématiques ainsi que les décompositions en sous-produits et les aides colorées sur les calculs sont présentes dans les items **a**, ils ne le sont plus dans les items **b**.

a 7 × 14 = 70 + 28 = 98
6 × 32 = 180 + 12 = 192
b 4 × 37 = 120 + 28 = 148
8 × 24 = 160 + 32 = 192

2 Les élèves doivent calculer des produits. Pour les calculer, ils doivent les décomposer en sous-produits. Les décompositions ne sont plus données. Les produits de l'item **b** font intervenir des nombres plus importants que ceux de l'item **a**.

a 6 × 14 = 84 ; 5 × 17 = 85 ; 4 × 18 = 72

b 5 × 24 = 120 ; 7 × 32 = 224 ; 6 × 74 = 444

3 Les élèves doivent utiliser la méthode de Théo et celle de Léa pour effectuer 6 × 12.
C'est-à-dire utiliser la décomposition canonique de 12 et calculer : (6 × 10) + (6 × 2) = 60 + 12 = 72, puis utiliser la décomposition de 12 en deux moitiés et calculer :
(6 × 6) + (6 × 6) = 36 + 36 = 72.

Résoudre

4 **Problème guidé.** Pour calculer le nombre de pots, il faut calculer 5 × 18. Pour décomposer ce produit en deux sous-produits, les élèves ont le choix, comme le signale Mathix : 18 = 10 + 8 ou 18 = 9 + 9 ; 5 × 18 = 90.
Mamie a fait 90 pots de confiture.

➤ Prolongements

➢ Photofiche S17

Cette photofiche propose 4 calculs de produits. Pour les trois premiers, les décompositions en sous-produits sont données. Le dernier demande la décomposition en sous-produits avant d'effectuer le calcul. Le premier terme de chaque calcul est un nombre à un chiffre, le second terme est un nombre à deux chiffres compris entre 15 et 43. Tous les calculs sont accompagnés du schéma rectangulaire.

➢ Banque d'exercices p. 82

5 5 × 14 = (5 × 10) + (5 × 4) = 70 ;
5 × 14 = (5 × 7) + (5 × 7) = 70.
9 × 16 = (9 × 10) + (9 × 6) = 144 ;
9 × 16 = (9 × 8) + (9 × 8) = 144.

6 **Comme le problème guidé.** 8 × 25 = 200 carreaux.

7 9 × 27 = 243 biscuits.

Leçon 27 – La multiplication en ligne

Matériel photocopiable

Combien de carreaux composent cette mosaïque ? **Complète** les calculs.

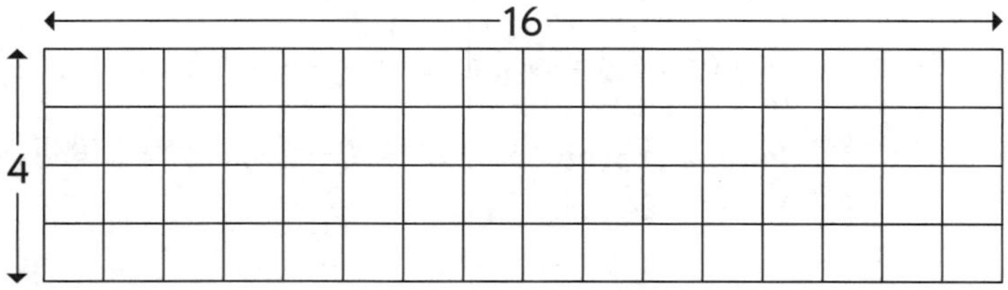

4 × 16 = (4 × 10) + (4 × 6)

4 × 16 = ... + ...

4 × 16 = ...

Calcule 4 × 12.

4 × 12 = (......... × ....) + (......... × ....)

4 × 12 = ... + ...

4 × 12 = ...

Calcule 8 × 24.

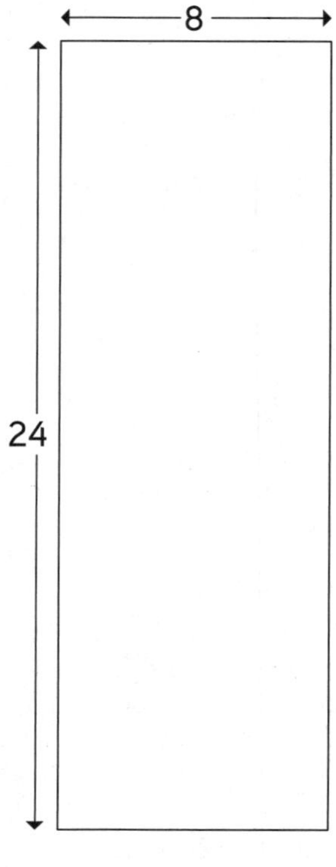

8 × 24 = (......... × ....) + (......... × ....)

8 × 24 = ... + ...

8 × 24 = ...

28 Les multiples d'un nombre

Compétences
Construire et utiliser une table de multiples. Encadrer un nombre entre deux multiples consécutifs.

Calcul mental
Tables de multiplication par 3 et par 4. L'enseignant dit : « 8 × 3 » ; l'élève écrit 24.
Items : 8 × 3 ; 8 × 4 ; 6 × 4 ; 3 × 7 ; 9 × 4 ; 6 × 3 ; 5 × 4 ; 9 × 3 ; 5 × 3 ; 7 × 4.

Activités collectives

Activités de recherche

1 Les élèves observent les trois jeux de cartes et lisent silencieusement le texte qui ouvre l'activité de recherche 1. L'enseignant leur demande ce que Théo veut faire. Réponse : Théo veut répartir les cartes de chaque jeu en paquets de 7 cartes. Le pourra-t-il ? Combien obtiendra-t-il de paquets de 7 cartes pour chaque jeu ?
Comment le savoir ? Il faut chercher combien il y a de fois 7 dans 21, 35, 77. Pour cela, il faut se servir de la table de multiplication de 7. Les élèves cherchent (dans leur tête ou concrètement sur la table) le produit qui dans la table de multiplication de 7 donne 21 : 3 × 7 = 21 puis celui qui donne 35 : 5 × 7 = 35, puis celui qui donne 77. Ce produit ne figurant pas dans la table de 7 qui s'arrête habituellement à 10 × 7 = 70, les élèves la continuent 11 × 7 = (10 × 7) + (1 × 7) = 70 + 7 = 77.
Ils peuvent maintenant recopier et compléter les calculs :
21 = 3 × 7. Il obtiendra 3 paquets de 7 cartes.
35 = 5 × 7. Il obtiendra 5 paquets de 7 cartes.
77 = 11 × 7. Il obtiendra 11 paquets de 7 cartes.
Ils lisent la bulle de Mathix : 21, 35, 77 sont des multiples de 7.
Les dix premiers multiples de 7 figurent dans la table de multiplication de 7.
L'enseignant demande aux élèves de trouver d'autres multiples de 7 : 14, 28, 42, 49, 56…
Il demande ensuite si 84 est un multiple de 7 : oui, car 84 = 12 × 7. L'enseignant rappelle qu'une table de multiplication peut se continuer au-delà de 10.

2 Les élèves lisent le texte de l'activité de recherche 2.
Léa a 45 cartes. Combien de paquets de 7 cartes peut-elle faire ?
L'enseignant demande si 45 est un multiple de 7. La réponse est non, mais 45 est proche de 42 et de 49 qui sont des multiples de 7 : 42 = 6 × 7 et 49 = 7 × 7. On peut encadrer 45 entre deux multiples de 7 : 6 × 7 < 45 < 7 × 7.
Léa peut faire 6 paquets de 7 cartes et il lui reste 3 cartes.

En fin de séance, l'enseignant pose la question rituelle : « *Qu'avons-nous appris aujourd'hui ?* » Il attend une réponse proche de : ***« Nous avons appris à chercher les multiples d'un nombre et à encadrer un nombre entre deux multiples consécutifs. »***

Activités individuelles

S'exercer

1 Cet exercice vérifie l'activité 1 des « Activités de recherche » : la recherche de multiples.
La différence entre les items **a** et **b** se fait sur la taille des nombres dont on cherche les multiples.
a Trois multiples de 3 plus grands que 10 : 12, 15, 18.
b Quatre multiples de 8 plus grands que 20 : 24, 32, 40, 48.

2 Cet exercice vérifie l'activité 2 des « Activités de recherche » : l'encadrement entre deux multiples consécutifs.
a Encadre 54 entre deux multiples consécutifs de 10 :
50 < 54 < 60 ; 5 × 10 < 54 < 6 × 10.
b Encadre 54 entre deux multiples consécutifs de 4
52 < 54 < 56 ; 13 × 4 < 54 < 14 × 4.
L'encadrement de l'item **b** se fait en allant au-delà de la partie connue de la table de 4.

3 Cet exercice montre qu'un nombre peut être le multiple de plusieurs nombres. Le nombre 12 est un nombre intéressant car il se trouve dans les tables de multiplication de 2, 3, 4, 6. Le nombre 12 est donc un multiple des nombres 2, 3, 4, 6.
L'enseignant prolonge cet exercice en demandant aux élèves de quels nombres 60 est-il le multiple. Les élèves seront surpris : 60 est le multiple de 2, 3, 4, 5, 6, 10, 12, 15, 20, 30.

Résoudre

4 Problème guidé
Les Jeux Olympiques ont lieu tous les quatre ans : en 2016, les suivants auront lieu en 2020.

Le coin du chercheur
Liste des paires de doigts possibles : (pouce, index) ; (pouce, majeur) ; (pouce, annulaire) ; (pouce, auriculaire) ; (index, majeur) ; (index, annulaire) ; (index, auriculaire) ; (majeur, annulaire) ; (majeur, auriculaire) ; (annulaire, auriculaire).
On peut faire 4 + 3 + 2 + 1 = 10 paires de doigts différentes avec les cinq doigts de la main.

➤ Prolongements

➢ Photofiche S18

Cette photofiche propose quatre exercices traitant des encadrements entre deux multiples consécutifs et un problème de partage.

➢ Banque d'exercices p. 82

8 Les six premiers multiples de 8 : 8, 16, 24, 32, 40, 48.
9 Comme le problème guidé. Les années de la Coupe du monde de rugby sont des multiples de 4. La Coupe du monde de rugby a donc lieu tous les quatre ans. La dernière Coupe ayant eu lieu en 2015, la suivante aura lieu en 2019.
10 Marine sautera sur le carreau 42.
11 Un livre comporte 160 pages ou 192 pages.

29 Du mètre au kilomètre

Compétences
Connaître le mètre et ses multiples et les relations qui les lient.
Effectuer des calculs sur les longueurs.

Calcul mental
Tables de multiplication par 6 et par 7. L'enseignant dit : « 9 × 6 »...
Items : 9 × 6 ; 6 × 6 ; 5 × 7 ; 8 × 6 ; 7 × 7 ; 4 × 6 ; 3 × 7 ; 5 × 6 ; 8 × 7 ; 9 × 7.

Observations préalables
Dans cette leçon sur les mesures de longueur, nous abordons l'étude du mètre et de ses multiples. Au CE2 les élèves ont déjà étudié un multiple du mètre : le kilomètre. Dans cette leçon nous abordons l'étude de deux nouveaux multiples : le décamètre (dam) et l'hectomètre (hm). Pour que les enfants maîtrisent correctement les relations entre ces unités, il est indispensable de les inciter à réaliser des exercices pratiques de mesurage aussi souvent que l'occasion s'en présente.
Pour permettre aux élèves d'effectuer des calculs ou des comparaisons sur les mesures de longueur, il est nécessaire que ceux-ci maîtrisent la technique de conversion. Nous proposons donc un travail systématique sur cette technique dans la phase d'entraînement.
Pour information : le mètre étalon n'existe plus depuis 1983. La Conférence générale des poids et mesures définit la valeur du mètre comme étant la distance parcourue par la lumière dans le vide en 1/299 792 458 seconde. Définition qui donne une très grande précision à l'unité de mesure de longueur.

Activités collectives

Matériel :
- décamètre ou double décamètre
- ficelle
- mètres (à ruban ou autres)
- un tableau de conversion par élève (voir matériel photocopiable)

➡ Activités préliminaires

Activité 1 : Rappels

Le mètre et le kilomètre ont déjà été étudiés au CE2. Afin que l'élève se réapproprie ces deux grandeurs, l'enseignant propose des distances sans préciser l'unité, m ou km. L'élève interrogé indique l'unité de longueur.
Distance entre 2 villes ou villages connus de la région de l'élève, longueur d'un tour de stade, hauteur d'un arbre, d'un clocher, d'une tour, distance de l'école à la boulangerie, dimensions de la France du Nord au Sud, etc.

Activité 2 : Activité en plein air

Sur le stade, l'enseignant répartit les élèves en 10 groupes. Il distribue à chacun une ficelle dont la longueur dépasse 10 m. Il demande aux élèves de couper cette ficelle à une longueur de 10 m. Le travail réalisé, les groupes comparent leurs 10 ficelles : elles doivent avoir la même longueur. Si ce n'est pas le cas, la discussion s'engage pour en connaître la cause (mauvais reports du mètre comme unité). L'enseignant déclare : *« Vous venez de construire un multiple du mètre qu'on appelle le décamètre. Le mot décamètre est formé d'un préfixe "déca" qui veut dire 10 et du radical "mètre". Ces ficelles qui mesurent 10 m ont une longueur de 1 décamètre. »* L'enseignant déroule le décamètre de la classe et les élèves comparent leur ficelle avec ce décamètre. Ils constatent qu'ils ont la même longueur.
L'enseignant propose aux groupes d'aligner bout à bout les dix « ficelles décamètres ».
Un élève se place tous les 10 m pour tenir les bouts reliés ensemble. Au fur et à mesure que les élèves se placent, ils annoncent les mesures : le premier enfant : 0 m, le deuxième, 10 m, etc. Le dernier élève annonce 100 m. L'enseignant regroupe les élèves et leur demande alors :
– *« Combien de décamètres a-t-il fallu pour faire 100 m ? »*
– *« Qui sait comment on nomme une distance 100 m ? »* Si la réponse n'est pas donnée l'enseignant explique, comme pour le décamètre, que cette nouvelle unité de mesure qui vaut 100 m est un multiple du mètre qu'on nomme : l'hectomètre. Le mot hectomètre est formé d'un préfixe « hecto » qui veut dire 100 et du radical « mètre ».
Au cours de la séance suivante d'EPS, l'enseignant demande aux enfants de trottiner ou de marcher sur une distance de 1 km. Ils auront ainsi une connaissance vécue de cette unité de longueur.
Lors de la récupération, l'enseignant leur demande de répondre aux questions :
– *« Combien d'hectomètres venez-vous de parcourir ? (10 hm)*
Les élèves en concluent que 1 km = 10 hm.
Rentrés en classe les résultats de la séance sont écrits au tableau.
1 kilomètre (km) = 10 hectomètres (hm) = 100 décamètres (dam) = 1 000 mètres (m)
1 hm = 10 dam = 100 m
1 dam = 10 m

➡ Activités de recherche

1 L'enseignant demande de lire l'énoncé et de commenter le tableau. Les élèves retrouvent les unités qu'ils ont vues lors des activités de plein air. L'enseignant distribue le tableau de conversion qu'il a préalablement photocopié. En utilisant les remarques de Mathix, le rappel des conclusions menées lors des activités de plein air et le renvoi à la première partie de L'essentiel, l'enseignant fait établir par les élèves les relations entre les différentes unités.
L'enseignant souligne que la comparaison entre des longueurs ou le rangement de plusieurs longueurs ne peuvent se faire que si celles-ci sont exprimées avec la même unité. On prend l'unité la plus petite : ici l'unité commune est le mètre.
Les élèves répondent individuellement en s'aidant si nécessaire du tableau de conversion. L'enseignant doit alors veiller à ce qu'ils n'écrivent qu'un seul chiffre par colonne.

80 dam = 800 m ; 30 hm = 3 000 m ; 1 km 500 m = 1 500 m ; 42 km 195 m = 42 195 m.
100 hm = 10 000 m ; 5 km = 5 000 m.
800 m < 1 500 m < 3 000 m < 5 000 m < 10 000 m < 42 195 m.

2 Les deux premières parties de cette activité : conversion en mètre et rangement par ordre croissant, semblables à l'activité précédente, sont réalisées individuellement par les élèves. La correction immédiate permet de corriger les erreurs éventuelles. 190 dam = 1 900 m ; 87 km = 87 000 m ; 200 hm = 20 000 m, donc 190 dam < 200 hm < 87 km.
La dernière partie traite du calcul : additionner des longueurs. 1 900 m + 87 000 m + 20 000 m = 108 900 m soit 108 km 900 m. Lors de cette activité, l'enseignant montre la nécessité des conversions lorsque l'on compare, que l'on range ou que l'on ajoute ou soustrait des longueurs exprimées avec des unités différentes.

À l'issue de la séance, l'enseignant pose la question rituelle : « *Qu'avons-nous appris aujourd'hui ?* » Il attend une réponse proche de : ***« Nous avons appris à connaître le mètre, ses multiples et les relations qui les lient, puis à effectuer des calculs sur les longueurs. »***

Activités individuelles

S'exercer

Les 5 exercices proposent des items **a** et **b** de niveaux différenciés.

1 C'est l'application directe des « Activités préliminaires ».
a 1 dam. **b** 3 km.

2 C'est un exercice de conversion. Les élèves qui rencontrent des difficultés peuvent utiliser un tableau de conversion fourni par l'enseignant.
a 1 dam = 10 m ; 1 hm = 100 m ; 1 km = 1000 m ; 8 hm = 800 m ; 5 dam = 50 m ; 3 km = 3000 m.
b 76 m = 7 dam 6 m ; 580 m = 5 hm 8 dam ; 5 280 m = 5 km 280 m ; 100 hm = 10 km.

3 Ordonner des mesures de longueur nécessite de les exprimer avec la même unité.
a 1 km 6 hm = 1 600 m ; 17 hm = 1 700 m donc : 1 200 m < 1 km 6 hm < 17 hm.
b 220 dam = 2 200 m ; 19 hm = 1 900 m ; 2 km = 2 000 m donc 220 dam > 2 km > 19 hm.

4 **a** 5 km 250 m = 5 250 m ; 6 km 30 m = 6 030 m.
b 7 km 5 hm = 7 500 m ; 12 km 6 dam = 12 060 m.

5 L'enseignant rappelle que pour additionner des longueurs, il faut les exprimer avec la même unité. Lors de la correction, l'enseignant vérifie si les erreurs proviennent des conversions ou d'une maîtrise insuffisante de la technique de l'addition.
a 1 km 550 m + 4 hm = 1 550 m + 400 m = 1 950 m.
1 hm 5 dam + 300 m = 150 m + 300 m = 450 m.
b 6 km 930 m + 100 m = 6 930 m + 100 m = 7 030 m.
12 hm + 62 dam = 1 200 m + 620 m = 1 820 m.

Résoudre

6 **Problème guidé**
Après lecture de l'énoncé, les enfants donnent des explications sur le parcours des randonneurs en s'aidant des conseils de Mathix :
4 km 250 m + 4 km 250 m + 1 km 750 m = 4 250 m + 4 250 m + 1 750 m = 10 250 m = 10 km 250 m
6 hm + 2 km + 6 hm + 2 km = 600 m + 2 000 m + 600 m + 2 000 m = 5 200 m = 5 km 200 m

7 À l'aller, Lucie parcourt : 2 km + 6 hm = 2 000 m + 600 m = 2 600 m. Au retour, elle parcourt la même distance. En tout, elle parcourt 2 600 m + 2 600 m (ou 2 × 2 600m) = 5 200 m ou 5 km 200 m.

Le coin du chercheur
Il y a 9 rectangles.

➤ Prolongements

➢ Banque d'exercices p. 82

12 3 km 50 m = 3 050 m ; 3 km 500 m = 3 500 m
2 km 9 hm = 2 900 m ; 1 km 80 m = 1 080 m

13 500 m = 5 hm ; 2 000 m = 20 hm ; 2 500 m = 25 hm

14 **Comme le problème guidé.** Les randonneurs ont parcouru 20 km.
7 km 200 m + 7 km 500 m + 5 km 300 = 20 km

Leçon 29 – Du mètre au kilomètre

Matériel photocopiable

Multiples			Unité
kilomètre	hectomètre	décamètre	mètre
km	hm	dam	m

30 Les triangles

Compétences
Connaître les différentes familles de triangles particuliers et leurs propriétés.
Tracer un triangle rectangle sur papier uni.

Calcul mental
Tables de multiplication par 8 et par 9. L'enseignant dit : « 3 × 8 » ; l'élève écrit 24.
Items : 3 × 8 ; 6 × 9 ; 5 × 8 ; 8 × 9 ; 7 × 8 ; 4 × 9 ; 3 × 8 ; 5 × 9 ; 8 × 8 ; 9 × 9.

Observations préalables
Les enfants du CM1 possèdent de nombreuses connaissances sur les triangles, figures qu'ils manipulent et observent depuis la grande section de l'école maternelle. Ils les rencontrent quotidiennement dans leur environnement (panneaux du code de la route, pictogrammes des produits manufacturés, éléments architecturaux...). Ils savent les désigner et les reconnaître parmi les polygones. Cette leçon se propose d'une part de fixer le vocabulaire et d'autre part d'entraîner aux constructions géométriques à l'aide des instruments. Celles-ci exigent du temps pour être menées à bien avec suffisamment de précision et de rigueur. Il pourra être utile de consacrer plus de deux séances à la leçon.

Activités collectives

Matériel :
- Papier uni et instruments du dessin géométrique.
- Photofiche des triangles agrandis des « Activités de recherche ».
- Tableau récapitulatif des triangles.

➡ Activités de recherche

1 Les élèves détachent les triangles de la page matériel photocopiable qui figure à la fin de la leçon. Il précise que ces triangles sont ceux des « Activités de recherche » mais agrandis pour que les mesures soient plus faciles à réaliser que sur ceux du manuel. La recherche peut être conduite en petits groupes et les résultats notés sur le tableau récapitulatif reproduit à l'identique et qui figure également dans le matériel photocopiable.
L'utilisation d'une bande de papier ou de la règle graduée ou du compas permet de comparer les longueurs des côtés. L'utilisation de l'équerre ou d'un gabarit d'angle droit permet de trouver les angles droits. Mathix donne à ce sujet des conseils utiles pour utiliser les instruments de géométrie et trouver le nom des divers triangles. Les mots « triangle rectangle », « isocèle » et « équilatéral » ne sont sans doute pas connus de tous les élèves. Si aucun d'eux ne les suggère, l'enseignant apporte l'information.
Après la mise en commun, les résultats sont consignés dans le tableau ci-dessous.

2 Les élèves peuvent s'entraîner d'abord sur une feuille de papier uni distribuée par l'enseignant. Ce dernier leur conseille de commencer la construction par le tracé de l'angle droit pour la mise en place de la figure sur la feuille. Il doit se montrer exigeant sur la précision du tracé. Les élèves prolongent comme il est demandé les côtés de l'angle droit pour matérialiser les droites qui portent les côtés de cet angle. Ils répondent que ces deux droites sont perpendiculaires.

3 Les élèves réalisent individuellement sur leur cahier d'essai le tracé d'un rectangle en utilisant les lignes du quadrillage. Ils tracent une diagonale pour partager ce rectangle en deux triangles. Ces triangles sont étudiés collectivement. Il apparaît que les triangles obtenus ont un angle droit. Ce sont des triangles rectangles. La classe conclut qu'un rectangle peut être partagé en deux triangles rectangles.

À l'issue de la séance, l'enseignant pose la question rituelle : *« Qu'avons-nous appris aujourd'hui ? »* Il attend une réponse proche de : ***« Nous avons appris à connaître les différentes familles de triangles particuliers et leurs propriétés et à tracer un triangle rectangle sur papier uni. »***

Couleur du triangle	Nombre de côtés de même longueur	Possède-t-il un angle droit ?	Nom du triangle
jaune	0	non	triangle quelconque
bleu	3	non	triangle équilatéral
vert	2	oui	triangle rectangle isocèle
orange	2	non	triangle isocèle
rose	0	oui	triangle rectangle

Activités individuelles

S'exercer

1 Les élèves utilisent le compas pour identifier les triangles. Ils peuvent se reporter à l'essentiel la page 54 si nécessaire. Les triangles **a** sont équilatéraux ; les triangles **b** sont isocèles.

2 Les élèves peuvent ici aussi utiliser le compas pour identifier les triangles.
Les triangles **a** sont isocèles ; les triangles **b** sont des triangles rectangles isocèles.

3 L'enseignant conseille, comme dans les « Activités de recherche », de démarrer la construction par le tracé de l'angle droit pour la mise en place de la figure sur la feuille. Il doit toujours se montrer exigeant sur la précision du tracé.

4 Même type de construction : il s'agit de tracer un triangle rectangle isocèle. Chaque côté de l'angle droit doit mesurer 7 cm.

Résoudre

5 **Problème guidé.** Après lecture de l'énoncé, les enfants utilisent les conseils de Mathix, pour réaliser la construction demandée. Ils doivent constater que le cercle de centre O et de diamètre BC passe aussi par le sommet de l'angle droit A. (Un triangle inscrit dans un cercle et dont un côté est un diamètre du cercle est un triangle rectangle.)

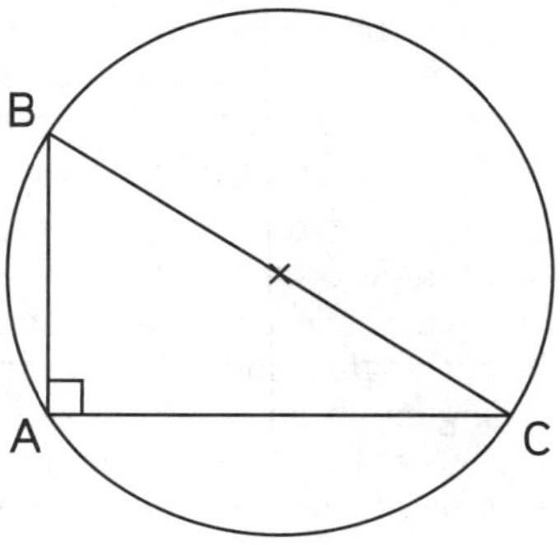

6 Le triangle qui apparaît est un triangle rectangle.

Le coin du chercheur

Voici la figure obtenue après découpage :

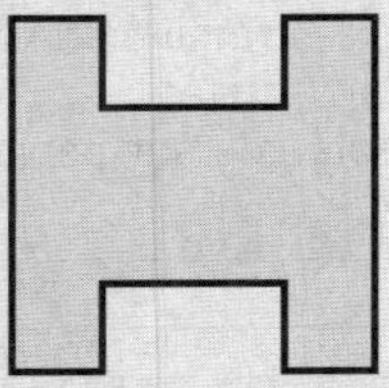

➤ Prolongements

➢ **Photofiche A8**

Cette photofiche propose un exercice de construction d'une figure complexe comportant des triangles rectangles.

➢ **Banque d'exercices p. 82 et 83**

15 **Comme le problème guidé.** Cet exercice est du même type que l'exercice **3** précédent. Il faut commencer par tracer l'angle droit puis mesurer 7 cm et 8 cm sur les côtés de cet angle droit.

16 1 (triangle isocèle) ; 2 (triangle rectangle) ; 3 (triangle rectangle) ; 4 (triangle rectangle isocèle) ; 5 (triangle équilatéral).

17 ABC est un triangle rectangle isocèle.

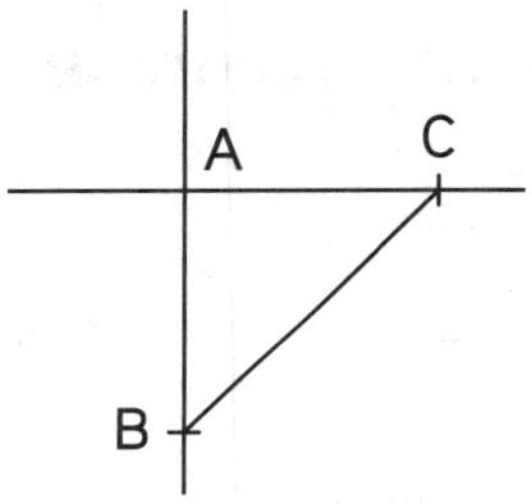

Leçon 30 – Les triangles

Matériel photocopiable

Tableau des triangles

Couleur du triangle	Nombre de côtés de même longueur	Possède-t-il un angle droit ?	Nom du triangle
jaune	0	non	triangle quelconque
bleu			
vert			
orange			
rose			

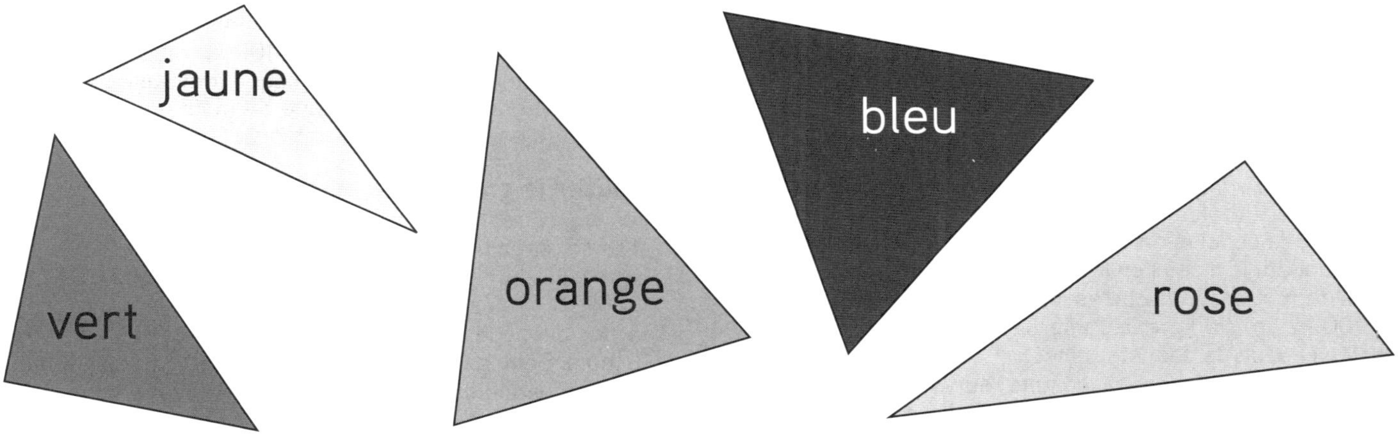

31 Méthodologie : Lire un graphique

Compétence
Prélever des informations chiffrées à partir de supports variés : graphique en bâtons, graphique cartésien.

Calcul mental
Multiplier par 20. L'enseignant dit : « 8 × 20 » ; l'élève écrit 160.
Items : 8 × 20 ; 5 × 20 ; 4 × 20 ; 6 × 20 ; 3 × 20 ; 9 × 20 ; 7 × 20 ; 12 × 20 ; 10 × 20 ; 11 × 20.

Observations préalables
D'après les programmes, les élèves doivent être capables de lire un graphique simple en bâtons ou un graphique cartésien dans lequel différents points sont reliés par une courbe.
De nos jours, ce support s'est banalisé dans le domaine de l'information ou de l'économie, car il permet de percevoir rapidement les variations d'une grandeur. Pour percevoir les avantages de ce support, il faut en avoir compris le fonctionnement. Dans cette leçon, le rôle des axes vertical et horizontal, porteurs d'informations essentielles, sera identifié, et la lecture des données du graphique qui nécessite des déplacements visuels parallèlement aux axes en suivant les lignes de fond du graphique expliquée.

Activités collectives

L'enseignant interroge la classe sur ce qu'est un graphique, il recueille les diverses propositions et rappelle que pour interpréter un graphique, il faut tenir compte des informations portées par les axes et connaître la valeur de l'écart entre deux graduations. Il indique aussi qu'il existe deux sortes de graphiques que la classe va étudier et que les élèves peuvent découvrir page 56 de leur manuel.

➡ Lire un graphique en bâtons

L'enseignant demande à la classe de lire le texte surligné en jaune. Il indique que ce graphique en bâtons représente la masse de quelques animaux d'Afrique.

Comprendre le graphique

L'enseignant demande aux élèves de lire la première question : *« Quelle information est donnée sur l'axe vertical ? »* et d'y répondre oralement. Il recueille leurs propositions et en dégage une conclusion claire : les graduations de l'axe vertical indiquent la masse en kg des animaux étudiés. L'intervalle entre deux interlignes correspond à 20 kg car l'axe est gradué de 100 kg en 100 kg et les interlignes partagent en 5 parties égales chacun de ces intervalles.
Les élèves se penchent ensuite sur la deuxième question : *quelle information est donnée sur l'axe horizontal ?* Ils y découvrent la liste des animaux.

Utiliser le graphique

L'enseignant demande à chaque élève de lire la première question et d'y répondre sur son ardoise (ou son cahier d'essai). Les réponses sont affichées et la classe effectue une mise en commun : l'animal le plus lourd est la girafe car sa masse correspond au rectangle vert qui est le plus haut, l'animal le moins lourd est l'addax car sa masse correspond au rectangle jaune qui est le moins haut. L'enseignant précise ce qu'est un addax : une petite antilope nocturne.
La deuxième question est traitée de la même façon. Les réponses nécessitent une lecture fine de la hauteur de chaque rectangle. Le lion pèse 200 kg, le crocodile pèse 540 kg et le buffle pèse 680 kg.
Pour répondre à la troisième question il faut suivre la ligne horizontale correspondant à la graduation 600 kg et la ligne horizontale correspondant à la graduation 300 kg : la girafe et le buffle pèsent plus de 600 kg ; le lion, l'addax et le zèbre pèsent moins de 300 kg.

➡ Lire un graphique en courbe

L'enseignant demande à la classe de lire le texte surligné en jaune. Il indique que ce graphique en courbe représente la variation de la masse d'un poulain au cours de ses 20 premiers mois de vie.

Comprendre le graphique

Les réponses aux deux questions concernant les axes vertical et horizontal sont gérées collectivement. L'écart entre deux interlignes correspond à une masse de 25 kg car l'axe est encore gradué de 100 kg en 100 kg mais les interlignes partagent en 4 parties égales chaque intervalle de la graduation. L'axe horizontal est gradué de mois en mois, seuls les mois pairs sont indiqués.

Utiliser le graphique

Les élèves répondent à chacune des deux questions sur leur ardoise après un temps de recherche suffisant.
La masse du poulain à sa naissance est de 80 kg, à 2 mois 150 kg, à 4 mois 200 kg, à 12 mois 325 kg.
Le poulain pèse 250 kg à l'âge de 6 mois et 350 kg à l'âge de 13 mois. Cette dernière réponse est la seule qui fait intervenir une graduation intermédiaire entre deux nombres pairs.
L'enseignant fait remarquer que l'allure montante de la courbe indique que la masse du poulain n'a pas cessé d'augmenter au cours de ses 20 premiers mois de vie.
En fin de séance, l'enseignant pose la question rituelle : *« Qu'avons-nous appris aujourd'hui ? »* Il attend une réponse proche de : ***« Nous avons appris à lire un graphique en bâtons et un graphique en courbe. »***

➤ Prolongement

➢ **Photofiche P7**

Cette fiche comporte l'analyse de deux graphiques. Le premier est un graphique en bâtons représentant les recettes journalières d'un commerçant au cours d'une semaine, le second est un graphique en courbe représentant l'évolution de la température au cours d'une journée avec un relevé à chaque heure. Les questions posées contrôlent la compréhension de ces graphiques.

32 Vraisemblance d'un résultat

Compétence
Évaluer la vraisemblance du résultat d'un calcul.

Calcul mental
Multiplier par 200. L'enseignant dit : « 3 × 200 » ; l'élève écrit 600.
Items : 3 × 200 ; 5 × 200 ; 4 × 200 ; 6 × 200 ; 8 × 200 ; 9 × 200 ; 7 × 200 ; 12 × 200 ; 10 × 200 ; 6 × 200.

Observations préalables
La vraisemblance d'un résultat est une notion difficile à définir, contrairement à l'exactitude qui ne se discute pas, la vraisemblance se perçoit surtout par son contraire. L'aberrance d'un résultat est plus facile à percevoir, surtout quand l'écart avec le résultat est important. La vraisemblance nécessite une confrontation avec un résultat attendu, cette attente pouvant être le fruit d'un calcul approché ou de la confrontation avec la réalité du monde (par exemple un marcheur ne peut pas parcourir 50 km en une heure). Bien que la première soit prédominante, les deux approches sont proposées dans cette leçon, qui est une première sensibilisation avec la notion de vraisemblance.

Activités collectives

➡ Activités préliminaires

L'enseignant propose le discours suivant à la classe :
Zoé a mesuré la largeur de la salle de classe, elle a trouvé 480 mètres.
Maxime a mesuré cette même largeur, il a trouvé 480 cm. Lequel se trompe ?
Les élèves font leurs propositions. Zoé se trompe forcément car la longueur de 480 m, c'est bien plus que 4 longueurs de terrains de football, ça ne peut donc pas être la largeur de la classe ! Ce n'est pas vraisemblable.
L'enseignant propose ensuite une deuxième situation : il écrit au tableau le calcul suivant :
5 234 – 2 997 = 237 et demande à la classe de dire si ce résultat est exact ou non, sans poser l'opération. Les élèves font leur propositions, puis l'enseignant propose d'arrondir les deux termes de la différence à la centaine la plus proche pour faire mentalement un calcul approché du résultat : 5 200 – 3 000 = 2 200. On constate que le résultat approché est très loin du résultat proposé, il y a donc une erreur de calcul, ce résultat n'est pas vraisemblable.

➡ Activités de recherche

1 Les élèves découvrent les illustrations du manuel : Théo, Léa et Mélissa ont chacun trouvé un résultat différent pour la différence 7 215 – 994. Les élèves doivent indiquer quels sont les deux enfants qui ont forcément commis une erreur dans leur calcul. Mathix conseille de calculer mentalement avec des valeurs arrondies au millier le plus proche.

Les élèves font leurs propositions, l'enseignant les recueille et convient avec la classe que Théo et Mélissa se sont forcément trompés car le résultat exact doit être proche de 7 000 – 1 000 = 6 000, or Théo trouve un nombre proche de 4 000 et Mélissa un nombre proche de 8 000. Seule Léa a peut-être trouvé le bon résultat. La vérification montre qu'elle a trouvé le bon résultat. Les élèves élaborent collectivement la réponse : *La valeur approchée de la différence est égale à 7 000 – 1 000 = 6 000, donc Théo et Mélissa se trompent forcément.*

2 Dans la deuxième partie, les élèves découvrent l'énoncé d'une autre situation : Léa a parcouru 3 km 560 m le matin et 4 140 m l'après-midi. Elle pense avoir parcouru 7 700 km.
Sans poser l'opération, les élèves doivent expliquer pourquoi ce résultat est forcément faux, avant de calculer la distance parcourue dans la journée et préciser quelle erreur Léa a commise. Il est possible que les élèves calculent mentalement la somme 3 560 + 4 140 = 7 700 et ne voient pas l'erreur portant sur l'unité. L'enseignant pourra alors souligner qu'il est impossible de parcourir plus de 7 000 km à pied dans une journée car un bon marcheur ne parcourt qu'environ 5 km par heure, s'il marche durant 12 h, ce qui est considérable, il n'aura parcouru que 60 km. Ce résultat n'est donc pas vraisemblable. En réalité, Léa a parcouru 7 700 m, soit 7 km 700 m.

En fin de séance, l'enseignant pose la question rituelle : *« Qu'avons-nous appris aujourd'hui ? »* Il attend une réponse proche de : ***« Nous avons appris à détecter des résultats impossibles ou invraisemblables, c'est-à-dire à évaluer la vraisemblance d'un résultat. »***

Activités individuelles

S'exercer

1 Les élèves doivent trouver le bon résultat de 3 opérations, parmi 3 réponses proposées pour chaque calcul, sans poser ces opérations. Mathix leur conseille de procéder par élimination avant de vérifier à la calculatrice que le résultat restant est le bon.
L'enseignant dirige la correction :
5 697 + 206 est proche de 5 700 + 200 = 5 900, donc 6 903 et 5 493 ne conviennent pas.
8 240 – 4 984 est proche de 8 200 – 5 000 = 3 200, donc 13 156 et 1 856 ne peuvent pas convenir.
203 × 98 est proche de 200 × 100 = 20 000, donc 1 454 et 28 ne peuvent pas convenir.

2 Louis remplit une bouteille avec 4 verres de 25 cL, il en déduit que sa bouteille contient 100 L. Les élèves doivent expliquer pourquoi Louis s'est trompé.
Les arguments peuvent être de deux types, et ils se complètent :
– l'unité n'a pas été respectée dans le calcul de 4 × 25 cL ;
– une bouteille ne peut pas contenir 100 L car la contenance d'une bouteille est de l'ordre de 1 ou 2 L.

Résoudre

3 Problème guidé. Jean fait plusieurs achats au supermarché, il dépense 2 € 10 c + 5 € 80 c + 3 € 20 c. Il paie avec un billet de 20 €. Le caissier veut lui rendre 1 € 90 c. Sans poser l'opération, les élèves doivent expliquer pourquoi le caissier se trompe. Mathix conseille d'arrondir chaque prix à l'euro le plus proche afin de calculer mentalement le montant de ses achats.
Les dépenses de Jean sont proches de : 2 € + 6 € + 3 € = 11 €. Le caissier doit donc lui rendre environ 9 € et non 1 € 90 c.

> **Le coin du chercheur**
> Mon double est égal à ma moitié, qui suis-je ?
> Le seul nombre ayant cette propriété est le nombre zéro.
> Le double de zéro est zéro, la moitié de zéro est aussi zéro car 0 + 0 = 0.

➤ Prolongements

➢ Photofiche S19

Cette fiche comporte quatre exercices. Les deux premiers sont des exercices faisant appel à des arrondis au millier le plus proche ; le troisième demande d'identifier une erreur d'unité de masse rendant le résultat invraisemblable ; le quatrième est sous forme de dialogue entre deux personnes et renvoie au calcul de la somme des arrondis à la dizaine la plus proche.

➢ Photofiche A9

Cette fiche comporte quatre exercices. Les deux premiers sont des exercices d'arrondis hors contexte, les deux derniers sont des problèmes contextualisés faisant appel à des arrondis pour répondre à la question posée.

➢ Banque d'exercices p. 83

18 Comme le problème guidé. Les dépenses de Noémie sont proches de 5 € + 2 € + 1 € = 8 €. Elle peut payer avec un billet de 10 €.

19 Un aller-retour correspond environ à un vol de 2 000 km. Il lui faut donc faire au moins 50 allers-retours entre Paris et Ajaccio pour parcourir environ 100 000 km.

33 Problèmes : Apprendre à résoudre Situations additives ou soustractives (2)

Compétence
Trouver la valeur d'une transformation dans un problème de transformation d'états.

Calcul mental
Problèmes : L'enseignant dit deux fois l'énoncé : Lucas a reçu 40 € pour son anniversaire. Il a maintenant 60 €. Combien possédait-il avant son anniversaire ? L'élève écrit 20 €.
Items :
- Paul a gagné 15 billes à la récréation, il rentre chez lui avec 45 billes. Combien avait-il de billes en arrivant à l'école ?
- En partant du refuge, Garry a gravi un dénivelé de 500 m pour arriver au sommet qui est à 2 300 m d'altitude. À quelle altitude se trouve le refuge ?
- Marie a grandi de 8 cm durant l'année de CM1, elle mesure maintenant 130 cm. Combien mesurait-elle en début d'année ?

Observations préalables
Cette leçon reprend le format de la leçon 20 consacrée à la résolution de problèmes de transformation d'états dans lesquels il fallait trouver la valeur de l'état initial. Ici la leçon est consacrée à la résolution de problèmes de transformation d'états dans lesquels il faut trouver la valeur de la transformation. Plusieurs contextes d'énoncés sont repris de la leçon 20 afin de capitaliser la familiarité que les élèves ont pu construire avec ces contextes lors de la leçon 20. Cette leçon est prévue pour être traitée en deux séances successives. Elle a pour objectif d'apprendre aux élèves à repérer les analogies de structure entre les différents problèmes proposés et d'apprendre à résoudre ce type de problème.

Activités collectives

➡ Problème de référence 1

Les élèves lisent silencieusement l'énoncé du problème. L'enseignant demande à certains d'entre eux de le « raconter » avec leurs propres mots sans donner la réponse à la question posée. La classe interprète ensuite le schéma : le nombre d'élèves en début d'année (24) correspond à la bande jaune, le nombre d'élèves en fin d'année (29) correspond à la bande verte, le nombre d'élèves arrivés en cours d'année correspond à la bande rose surmontée d'un point d'interrogation.
Puis, en conformité avec le schéma, la classe rappelle ce qu'il faut chercher et choisit l'opération qui permet d'y répondre : 29 – 24. L'enseignant souligne qu'en cherchant la différence entre le nombre d'élèves en fin d'année et le nombre d'élèves en début d'année, on fait apparaître combien d'élèves sont arrivés en cours d'année ; il montre comment le schéma permet de visualiser ces relations.
Les élèves calculent mentalement le résultat de cette soustraction et rédigent une phrase réponse.

Activités individuelles

➡ Problèmes d'application

1 Les élèves lisent silencieusement l'énoncé du problème d'application 1. L'enseignant leur demande de répondre aux questions portant sur le schéma avant de chercher l'opération qui permet de répondre à la question posée. Le nombre d'habitants pendant les vacances d'hiver correspond à la bande verte, le nombre d'habitants avant les vacances d'hiver correspond à la bande jaune, le nombre de vacanciers correspond à la bande rose. Après un temps de recherche, l'enseignant demande aux élèves de comparer leur réponse à celle de leur voisin avant de conduire la mise en commun. Le nombre de vacanciers est la différence entre le nombre d'habitants pendant les vacances et le nombre d'habitants avant les vacances : 1 300 hab. – 850 hab. = 450 hab. Le village a accueilli 450 vacanciers durant les vacances d'hiver.
L'enseignant souligne que cette fois encore c'est le calcul d'une différence qui a permis de trouver la valeur de l'augmentation de population.

2 Le deuxième problème d'application est résolu de façon autonome par les élèves et ne comporte aucune aide. Son contexte: le niveau d'eau d'une rivière qui augmente durant un violent orage, pour passer de 240 cm à 310 cm. Après un temps de recherche, les élèves se concertent sous la conduite de l'enseignant. Puis répondent individuellement à la question. L'enseignant dirige la mise en commun. Il demande aux élèves de dessiner un schéma comparable aux deux précédents et de le renseigner avant d'écrire la différence : 310 cm – 240 cm = 70 cm. L'enseignant confirme la réponse : à la suite de l'orage, le niveau de l'eau est monté de 70 cm. Une nouvelle fois, c'est le calcul d'une différence qui a permis de trouver la valeur de l'augmentation.

Activités collectives

➡ Problème de référence 2

Les élèves lisent silencieusement l'énoncé du problème de référence 2. L'enseignant les interroge pour contrôler leur compréhension et souligne l'intérêt de l'illustration qui résume à elle seule la situation de l'énoncé.
Il demande à la classe de répondre aux questions qui attestent d'une interprétation correcte du schéma : le prix du manteau

avant les soldes correspond à la bande verticale verte, le prix du manteau pendant les soldes correspond à la bande verticale jaune, la baisse du prix correspond à la bande rose surmontée d'un point d'interrogation. Les élèves précisent ce qu'il faut chercher et choisissent l'opération qui permet de trouver la réponse : 249 – 180. L'enseignant montre le lien entre ce calcul et le schéma. La classe rédige une phrase réponse : *« La baisse du prix de ce manteau est de 69 €. »* L'enseignant souligne que pour trouver la valeur de la baisse de prix, il a encore fallu calculer une différence entre le prix avant les soldes et le prix pendant les soldes.

Activités individuelles

➡ Problèmes d'application

1 Les élèves lisent silencieusement l'énoncé du problème d'application 1. L'enseignant leur demande de répondre aux questions portant sur le schéma avant de chercher l'opération qui permet de répondre à la question posée. Elle traduit la baisse du niveau d'eau entre la marée haute et la marée basse (marnage) dans le port de Granville.
Après un temps de recherche les élèves écrivent leur phrase réponse, l'enseignant leur demande de comparer leur réponse à celle de leur voisin avant de conduire la mise en commun.
La bande verte représente la hauteur d'eau à marée haute, la bande jaune représente la hauteur d'eau à marée basse, la bande orange représente la baisse de niveau de l'eau qui est l'objet de la question. L'opération (10 m 30 cm – 4 m 30 cm) nécessite normalement de convertir les deux hauteurs en cm, mais ici quelques élèves peuvent remarquer qu'elle peut se ramener à la différence 10 m – 4 m = 6 m. L'enseignant accepte cette remarque mais souligne qu'il s'agit d'un cas particulier et propose d'effectuer les conversions pour confirmer le résultat :
1 030 cm – 430 cm = 600 cm = 6 m.
La baisse du niveau de l'eau entre les deux marées est de 6 m.

2 Le deuxième problème d'application est résolu de façon autonome par les élèves et ne comporte aucune aide. Son contexte : la diminution de la population du département de la Creuse entre 2006 et 2015. La correction est conduite collectivement après un temps de recherche individuelle et l'écriture de la phrase réponse.
124 354 hab. – 123 029 hab. = 1 325 hab.
La population a baissé de 1 325 habitants entre 2006 et 2015.

3 Le troisième problème d'application est résolu de façon autonome par les élèves et ne comporte aucune aide. Son contexte : la baisse du niveau d'essence lors d'un trajet de 215 km. La correction est conduite collectivement après un temps de recherche individuelle puis par petits groupes.
52 L – 38 L = 14 L. La voiture a consommé 14 L d'essence pour parcourir le trajet de 215 km. L'enseignant souligne que, dans chacun des problèmes résolus, c'est une différence qui a permis de trouver la valeur de l'augmentation ou de la diminution.

En fin de séance, l'enseignant pose la question rituelle : *« Qu'avons-nous appris aujourd'hui ? »* Il attend une réponse proche de : ***« Nous avons appris à résoudre des problèmes dans lesquels il fallait calculer la valeur d'une augmentation ou d'une diminution. »***

➤ Prolongements

➢ Photofiche P8

Cette fiche comporte trois problèmes dans lesquels il faut chercher la valeur d'une transformation additive, la résolution du premier est accompagnée tandis que les deux autres problèmes ne comportent pas d'aide particulière.

➢ Photofiche P9

Cette fiche comporte trois énoncés de problèmes dans lesquels il faut chercher la valeur d'une transformation soustractive. La résolution du premier problème est accompagnée tandis que les deux autres ne comportent pas d'aide particulière.

➢ Banque d'exercices p. 83

20 La réponse se calcule mentalement et correspond à la différence 138 cm – 132 cm = 6 cm.

21 La réponse se calcule par la différence :
315 cm – 258 cm = 57 cm.

22 La population a augmenté entre 1990 et 2011 :
242 454 – 237 908 = 4 546.
Entre 1990 et 1999, la population a diminué de 5 332 habitants : 237 908 – 232 576 = 5 332.

34 La multiplication posée (1)

Compétence
Connaître la technique usuelle de la multiplication par un nombre d'un chiffre.

Calcul mental
Carrés des tables de multiplication. L'enseignant dit: «7 × 7»; l'élève écrit 49.
Items : 7 × 7 ; 5 × 5 ; 3 × 3 ; 8 × 8 ; 9 × 9 ; 2 × 2 ; 4 × 4 ; 6 × 6.

Observations préalables
Les élèves vont apprendre à effectuer une multiplication d'un nombre par un nombre d'un chiffre en utilisant la méthode usuelle. Le réinvestissement des acquis de la leçon 27 (La multiplication en ligne) va permettre aux élèves de comprendre chacune des étapes de cette procédure. En effet, multiplier 163 par 4, c'est multiplier 3 par 4, 60 par 4 et enfin 100 par 4 puis additionner le résultat de ces trois produits.

Activités collectives

Activités de recherche

Un élève lit l'énoncé de la partie « Activités de Recherche » : Théo et Léa doivent calculer 163 × 4. L'enseignant pose l'opération au tableau et demande à un élève de venir au tableau pour la calculer. L'enseignant lui demande de commenter pas à pas ses calculs.

« Je commence par les unités : 3 × 4 = 12. J'écris 2 et je retiens 1. Je continue avec les dizaines : 6 × 4 = 24 et j'ajoute la retenue : 24 + 1 = 25. J'écris 5 et je retiens 2. Je termine par les centaines 1 × 4 = 4 et j'ajoute la retenue : 4 + 2 = 6. 163 × 4 = 652. »

	c	d	u	
	1	6	3	
×			4	
	6	5	2	~~①~~ ②

L'enseignant fait remarquer que cette technique est celle que l'on utilise couramment pour effectuer une multiplication complexe quand on ne dispose pas de calculatrice. Afin de s'assurer que l'ensemble de la classe maîtrise la technique, l'enseignant peut poser une nouvelle opération au tableau : 231 × 5 = 1 155.
Les élèves posent l'opération sur le cahier d'essai et la calculent. La correction se fait collectivement.

L'enseignant pose ensuite la question rituelle : « *Qu'avons-nous appris aujourd'hui ?* » Il attend une réponse proche de : ***« Nous avons appris à effectuer une multiplication par un nombre d'un chiffre. »***

Activités individuelles

S'exercer

Les deux premiers exercices proposent des items **a** et **b** de niveaux différenciés.

1 Dans cet exercice, les multiplications sont posées. Dans l'item **b**, les nombres comportent des zéros.
a 48 × 6 = 288; 241 × 5 = 1205.
b 350 × 3 = 1050; 209 × 7 = 1 463.

2 Dans cet exercice, l'élève doit poser les multiplications. Hormis la présence de 0 dans les nombres, les multiplications par 8, 9 et 6 de l'item **b** sont plus difficiles que celles de l'item **a**.
a 146 × 4 = 584; 427 × 3 = 1281; 762 × 2 = 1524.
b 627 × 8 = 5016; 508 × 9 = 4572; 750 × 6 = 4500.

Résoudre

3 **Problème guidé.** Il y a 365 jours dans une année. Pour connaître la quantité de plancton consommée en une année, il faut calculer : 365 × 2 = 730. Une baleine consomme 730 tonnes de plancton par an.

➤ Prolongements

➢ **Banque d'exercices p. 83**

23 28 × 5 = 140
156 × 3 = 468
1206 × 4 = 4 824

24 **Comme le problème guidé.** Une semaine, c'est 7 jours. 134 × 7 = 938. La boulangère va utiliser 938 kg de farine en une semaine.

35 La multiplication posée (2)

Compétence
Connaître la technique usuelle de la multiplication par un nombre de deux chiffres.

Calcul mental
Produits « difficiles » des tables de multiplication. L'enseignant dit « 7 × 8 » ; l'élève écrit 56.
Items : 7 × 8 ; 8 × 6 ; 9 × 7 ; 8 × 9 ; 6 × 7 ; 7 × 3 ; 4 × 8 ; 6 × 9 ; 6 × 8 ; 7 × 6 .

Activités collectives

➡ Activités de recherche

Un élève lit l'énoncé de la partie « Activités de Recherche » : Théo et Léa doivent calculer 156 × 43. L'enseignant pose l'opération au tableau et demande à un élève de venir la calculer. Il lui demande de commenter pas à pas son travail. 43 c'est 40 + 3, donc 156 × 43 c'est 156 × 3 + 156 × 40.
« *Je commence par les unités : 156 × 3 = 468. Je continue avec les dizaines : 156 × 40, le nombre obtenu se terminera par 0 (les élèves ont appris à multiplier par 10, 20, 30, 40), je place le 0 et je multiplie 156 par 4 : 156 × 4 = 624. Puis je calcule : 468 + 6 240 = 6 708.* »

			c	d	u
			1	5	6
	×			4	3
156 × 3 →			4	6	8
156 × 40 →	+	6	2	4	0
156 × 43 →	=	6	7	0	8

Les élèves vérifient le résultat avec la calculatrice. L'enseignant fait remarquer que cette technique est celle que l'on utilise couramment pour effectuer une multiplication complexe quand on ne dispose pas de calculatrice. Afin de s'assurer que l'ensemble de la classe maîtrise la technique, l'enseignant peut poser une nouvelle opération au tableau : 361 × 25 = 9 025. Les élèves posent l'opération sur le cahier d'essai et la calculent. La correction se fait par un élève au tableau. Il est important de commenter les calculs pas à pas.

L'enseignant pose ensuite la question rituelle : « *Qu'avons-nous appris aujourd'hui ?* » Il attend une réponse proche de : ***« Nous avons appris à effectuer une multiplication par un nombre de deux chiffres. »***

Activités individuelles

S'exercer

1 Dans cet exercice, les multiplications sont posées. La taille des chiffres fait la difficulté de l'item **b**.
a 325 × 34 = 1 300 + 9 750 = 11 050.
b 756 × 63 = 2 268 + 45 360 = 47 628.

2 Dans cet exercice, l'élève doit poser les multiplications. La présence des zéros dans les nombres est la difficulté de l'item **b**.
a 563 × 24 = 13 512 ; 154 × 32 = 4 928 ; 345 × 35 = 12 075.
b 532 × 26 = 13 832 ; 503 × 37 = 18 611 ; 690 × 74 = 51 060.

Résoudre

3 Mathix propose de calculer d'abord le prix des 18 mensualités : 136 × 18 = 2 448. Puis d'ajouter la somme de départ : 2 448 + 500 = 2 948. Julia va payer sa moto 2 948 €.

Le coin du chercheur
Léa a tiré : 1 fléchette dans la zone 100, 2 fléchettes dans la zone 20 et 2 fléchettes dans la zone 5 :
100 + 20 + 20 + 5 + 5 = 150.

➤ Prolongements

➢ **Photofiche S20**

1 Les trois multiplications sont déjà posées, les places des retenues sont symbolisées. Les trois réponses aux calculs se trouvent parmi cinq propositions de réponses.

2 Les trois multiplications sont posées. Les trois réponses aux calculs se trouvent parmi cinq propositions de réponses.

3 L'élève doit poser et effectuer trois multiplications. Les trois réponses aux calculs se trouvent parmi cinq propositions de réponses.

➢ **Banque d'exercices p. 83**

25 39 × 15 = 585 ; 153 × 34 = 5 202 ; 1 246 × 25 = 31 150.

26 **Comme le problème guidé.** Pour connaître le prix des 12 mensualités, il faut calculer : 157 × 12 = 1 884. Puis rajouter la somme de départ, 1 884 + 300 = 2 184. Lucie va payer son scooter 2 184 €.

36 Heure, minute et seconde

Compétence
Connaître les relations entre heure, minute et seconde.

Calcul mental
Compléter une multiplication à trou. L'enseignant dit : « Combien de fois 7 dans 28 ? » ; l'élève écrit 4.
Items : Combien de fois 7 dans 28 ? ; Combien de fois 8 dans 64 ? Combien de fois 5 dans 45 ? Combien de fois 9 dans 54 ? Combien de fois 4 dans 28 ? Combien de fois 7 dans 49 ? Combien de fois 5 dans 45 ? Combien de fois 3 dans 27 ? Combien de fois 8 dans 72 ? Combien de fois 6 dans 48 ?

Activités collectives

Matériel : Pour 3 ou 4 élèves : une montre à aiguilles avec trotteuse ; des ficelles de 1 m de long.

Activités préliminaires

Activité 1 : Observation d'une montre
Au cours de l'observation collective d'une montre, l'enseignant demande de rappeler et de préciser le rôle des aiguilles : la petite aiguille indique les heures ; elle met 12 h pour faire le tour du cadran. La grande aiguille indique les minutes ; elle met 1 h ou 60 min pour accomplir un tour du cadran. La trotteuse indique les secondes ; elle met 1 s pour passer d'une petite graduation à l'autre. Elle fait le tour du cadran en 1 min ou 60 s.

Activité 2 : Le pendule
Pour que la notion de « seconde » soit vécue par les élèves, l'enseignant peut proposer cette expérience : attacher une trousse ou un autre objet assez lourd à une ficelle qui doit mesurer 1 m de longueur. Ce pendule bat la seconde, c'est-à-dire qu'il s'écoule une seconde entre deux passages successifs de la trousse devant la verticale de la main qui tient la ficelle. Les élèves peuvent le vérifier avec la trotteuse de leur montre. Par deux, ils peuvent aussi jouer à compter les secondes : l'un essaie de compter jusqu'à 60, seconde par seconde ; l'autre contrôle avec la montre. Puis les rôles s'inversent. C'est ensuite au tour de l'enseignant de chronométrer une minute. Les élèves comptent « dans leur tête » les 60 secondes et lèvent le doigt quand ils estiment le temps d'une minute écoulé. Les gagnants sont ceux qui évaluent la minute avec la plus grande justesse.
Les élèves complètent les égalités proposées :
1 min = 60 s ; 1 h = 60 min ; 1 h = 60 × 60 s = 3 600 s.

Activité 3 : Activité en plein air
Pour acquérir la notion de « durée » et savoir l'exprimer en minutes et secondes, il est important que les élèves se familiarisent avec l'utilisation de la montre. Les séances d'EPS permettent d'atteindre cet objectif. Sur le stade, lors d'une séance d'éducation physique, l'enseignant répartit la classe en groupes de trois élèves. Il organise une course de vitesse (un 50 m, par exemple pour les durées en secondes ou une course ou une marche plus longue pour les durées en minutes et secondes). Dans chaque groupe, l'un des élèves court, le deuxième chronomètre le coureur, le troisième note le temps. On inverse les rôles, puis on passe au deuxième et au troisième essai. À l'issue du dernier essai, les élèves choisissent chacun leur meilleur temps, puis désignent le premier de leur groupe. L'enseignant fait ensuite établir le classement entre les vainqueurs de chaque groupe.

Activités de recherche

1 Pour traiter la première partie, un élève lit les bulles de Théo et de Léa et la question posée ; après discussion, il ressort qu'il faut convertir 9 h en minutes pour répondre à l'affirmation de Léa. Après avoir lu la remarque de Mathix qui rappelle que 1 h = 60 min, les élèves effectuent le calcul :
9 h = 9 × 60 min = 540 min.
L'affirmation de Léa est donc exacte.

2 L'énoncé de cette deuxième partie est lu par un élève. Il est commenté par l'ensemble de la classe. La solution est recherchée individuellement, puis un élève vient l'écrire au tableau. Elle est critiquée ou approuvée par la classe. La durée totale du match est : 35 min + 10 min + 35 min = 80 min.
80 min = 60 min + 20 min = 1 h 20 min.

3 Dans cette dernière partie les élèves doivent convertir des secondes en minutes et secondes. La conversion est réalisée individuellement par les élèves. La correction immédiate permet de corriger les erreurs éventuelles.
70 s = 60 s + 10 s = 1 min 10 s.
Pour conforter ces conversions, l'enseignant peut proposer d'autres conversions d'heures en minutes, de minutes en secondes, etc.

À l'issue de la séance, l'enseignant pose la question rituelle : *« Qu'avons-nous appris aujourd'hui ? »* Il attend une réponse proche de : ***« Nous avons appris à utiliser et à convertir les unités de temps. Nous savons que 1 min = 60 s et que 1 h = 60 min. »***

Activités individuelles

S'exercer

Les trois premiers exercices ont des niveaux différenciés.

1 C'est un exercice de conversion en minutes :
a 2 h = 120 min ; 6 h = 360 min ; 10 h = 600 min.
b Ce niveau est plus difficile car il comporte des mesures complexes : 1 h 30 min = 90 min ; 2 h 10 min = 130 min ; 1 h 15 min = 75 min.

2 C'est un exercice de conversion en heures :
a 60 min = 1 h ; 120 min = 2 h ; 240 min = 4h.
b Ce niveau est plus difficile car on attend un résultat en heures et minutes : 70 min = 1 h 10 min ; 90 min = 1 h 30 min ; 100 min = 1 h 40 min.

3 C'est un exercice de conversion en secondes.
a 1 min = 60 s ; 3 min = 180 s ; 10 min = 600 s.
b Ce niveau est plus difficile car on attend un résultat en minutes et secondes :
80 s = 1 min 20 s ; 100 s = 1 min 40 s ; 120 s = 2 min.

Résoudre

4 **Problème guidé.** Il faut d'abord calculer la durée des 12 rounds d'un match de boxe : 3 min × 12 = 36 min. Pour comparer cette durée à une demi-heure, il faut transformer la demi-heure en minutes, comme le conseille Mathix :
1/2 h = 60/2 = 30 min. Le match a duré plus d'une demi-heure.

5 Ce problème est semblable à celui de l'activité de recherche 2. Les élèves en difficulté peuvent être renvoyés à cette partie de la leçon. La durée totale du match est (2 × 20 min) + 10 min = 50 min.
50 min < 60 min = 1 h. Ce match dure moins de 1 h.

6 Le temps de Lucile doit être converti en secondes pour être comparé à celui de Myriam : (3 × 60 s) + 10 s = 190 s. Myriam est plus rapide. On peut aussi transformer le temps de Myriam en minutes : 180 s = 3 min et le comparer à celui de Lucile 3 min 10 s.

➤ Prolongement

➢ Banque d'exercices p. 83

27 **Comme le problème guidé.**
5 min 30 s = (5 × 60 s) + 30 s = 330 s.
320 s < 330 s : Raphaël a été plus rapide.

Leçon 36 – Heure, minute et seconde

Matériel photocopiable

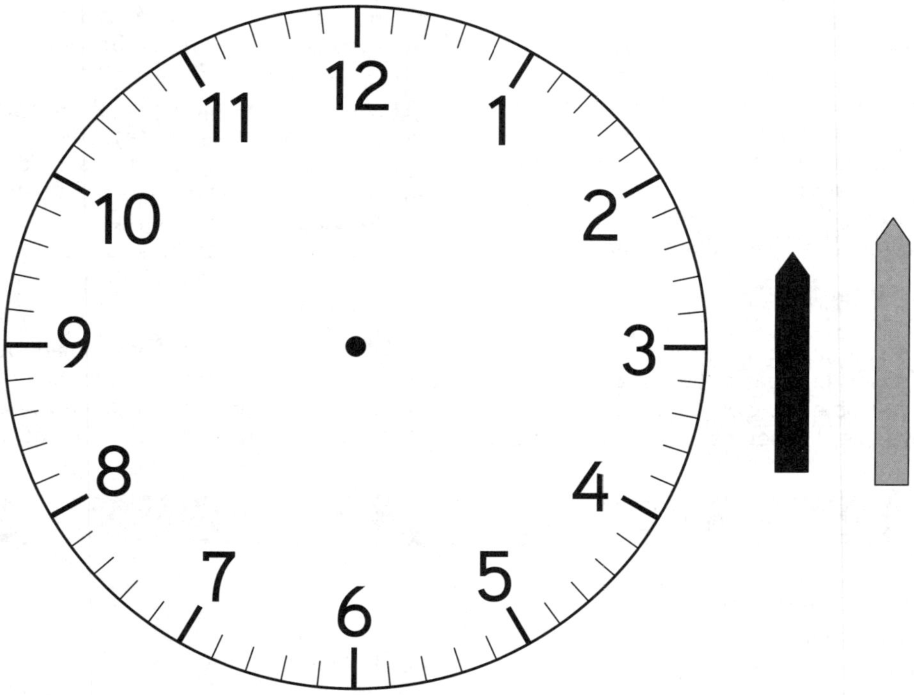

37 Tuic n° 2 : Utiliser un tableur pour compter de 1 en 1 ; de 5 en 5...

Compétence
Utiliser un tableur pour réinvestir la numération.

Calcul mental
Compléter une multiplication à trou. L'enseignant dit : « Combien de fois 7 dans 63 ? » ; l'élève écrit 9.
Items : Combien de fois 7 dans 63 ? ; 6 dans 48 ? ; 5 dans 35 ? ; 8 dans 64 ? ; 7 dans 42 ? ; 6 dans 54 ? ; 4 dans 28 ? ; 9 dans 36 ? ; 8 dans 32 ? ; 9 dans 72 ?

Observations préalables
Les programmes, avec la mise en œuvre du socle commun de connaissances, de compétences et de culture, insistent, à juste titre, sur l'intérêt qu'apportent les outils informatiques dans la plupart des situations d'enseignement.
Au milieu de chaque période, nous proposons donc aux enseignants un atelier informatique intitulé TUIC (Technologies Usuelles de l'Information et de la Communication), qui permet aux élèves d'approfondir les notions étudiées. Outre l'allègement de la charge de travail qu'ils permettent pour traiter des données, les logiciels offrent l'occasion d'une approche expérimentale des mathématiques. Dans cet esprit, le logiciel permet de varier les points de vue sur un même concept. Toutefois, les activités réalisées à l'aide de cet outil ne remplacent pas celles qui sont situées dans l'espace réel ou sur le plan matérialisé par la feuille de papier.

Activités individuelles

Matériel : Ces activités ont été conçues pour que les enfants puissent les pratiquer seuls en suivant pas à pas les consignes, soit à l'école, soit à la maison sur l'ordinateur familial. Le logiciel utilisé pour cet atelier est un logiciel libre (*open source*). Il est téléchargeable gratuitement à l'adresse suivante : http://www.openoffice.org/fr/ (pour de plus amples explications, se référer au chapitre Annexe 4 Tuic, page 258 de cet ouvrage). Il est intéressant pour sa fiabilité et sa souplesse d'adaptation. Bien sûr, ces activités peuvent être adaptées et réalisées avec tout autre tableur (Microsoft Excel...).

Activité 1

Le logiciel de traitement de texte OpenOffice Calc est généralement contenu dans le dossier OpenOffice.org ; le logiciel est ouvert par un double-clic à l'aide du bouton gauche de la souris.
L'atelier commence par la saisie de nombres dans les cellules A1 et A2. Il se poursuit par la sélection de ces deux cellules pour ensuite effectuer, grâce à l'ordinateur, une incrémentation automatique. C'est l'opération qui consiste à ajouter 1 (et par extension une valeur fixée) à un nombre. Mathix donne un petit conseil qui peut être utile aux élèves lors de cette manipulation.
Après l'observation des nombres qui s'affichent automatiquement, les élèves répondent à la question : *« L'ordinateur ajoute 1 pour passer d'une cellule à l'autre. »*
Afin de bien acquérir cette technique, les élèves recommencent la même activité dans les cellules B1 jusqu'à B10 et constatent que l'ordinateur ajoute 5 pour passer d'une cellule à l'autre.

Activité 2

Les élèves saisissent maintenant les trois nombres 995, 996, 997 dans les cellules D1 à D3.
Ils continuent cette suite jusqu'à la cellule D10 en mobilisant leurs savoirs sur la numération, notamment sur le passage du millier. Lorsqu'ils ont terminé, les élèves vérifient l'exactitude de leur travail. Pour cela, ils saisissent dans les cellules E1 jusqu'à E3, les mêmes trois premiers nombres et utilisent la technique d'incrémentation automatique apprise dans l'activité 1. Si les deux listes de nombres sont les mêmes, les élèves ont correctement ajouté 1 pour compléter cette première suite.

Activité 3

C'est le même type d'activité que précédemment avec des nombres plus grands et un comptage de 5 en 5.

Activité 4

La dernière activité propose un comptage à rebours de 1 en 1. Cette activité est plus difficile. Si elle n'est pas réussie, l'enseignant proposera aux élèves des comptages à rebours avec des nombres plus petits.
L'enseignant peut demander aux élèves d'imprimer l'ensemble des suites de nombres à l'issue de l'activité. Si les enfants n'ont pas le temps de les terminer, ils enregistrent leur document.

38 Identifier un axe de symétrie

Compétence
Identifier qu'une figure possède un ou plusieurs axes de symétrie par pliage ou retournement, avec un calque ou un gabarit.

Calcul mental
Trouver le suivant d'un nombre de 4 chiffres. L'enseignant dit: « Quel est le suivant de 6 099 »; l'élève écrit 6 100.
Items: 6 099; 1 089; 3 009; 1 999; 8 887; 4 699; 7 999; 1 909; 4 998; 7 099.

Observations préalables
Les élèves sont familiarisés avec la notion d'axe de symétrie d'une figure depuis le cycle 2. Ils ont appris à les tracer par pliage. Cette première leçon sur la symétrie propose de remettre en mémoire et de consolider ces savoirs. Elle propose aussi de mettre en œuvre les différentes techniques qui permettent de reconnaître qu'une figure admet un ou plusieurs axes de symétrie et de tracer ces axes par pliage, retournement d'un gabarit ou à l'aide du calque. Elle se déroule sur deux séances.

Activités collectives

Matériel:
• Gabarit de losange et de parallélogramme (activité préliminaire 2) (voir matériel photocopiable).
• Les figures de la deuxième partie des activités de recherche (voir matériel photocopiable).

➡ Activités préliminaires

Activités de pliage

Les élèves travaillent individuellement ou par petits groupes de deux ou trois pour faciliter les échanges entre pairs.

1. Chaque élève dispose d'une feuille de papier uni. Il la plie. Il est invité à dessiner une figure arbitraire partant du pli et le rejoignant, puis à la découper. Les élèves font part de leurs observations sur la figure dépliée, que l'enseignant note au tableau. *« La figure (dépliée) obtenue possède deux parties égales (superposables). »* ; *« Elle admet un axe de symétrie. »* ; *« Le pli matérialise l'axe de symétrie qui est une droite. »*, etc. L'enseignant demande aux élèves comment différencier une figure possédant un axe de symétrie d'une figure qui n'en possède pas. *« Une figure possédant un axe de symétrie est plus régulière qu'une figure sans axe de symétrie. »* Il distribue à chaque élève (ou groupe d'élèves) une seconde feuille de papier. Les élèves sont invités à tracer le contour de leur figure sur cette feuille, puis à retourner la figure et essayer de la poser à nouveau dans son contour. Ils constatent que c'est possible.

2. L'enseignant leur distribue un gabarit de parallélogramme et un gabarit de losange, et leur demande si ces figures possèdent des axes de symétrie. La méthode la plus simple qui vient à l'esprit est de chercher à plier la figure sur elle-même.

L'enseignant attire alors l'attention des élèves sur une autre méthode : tracer le contour de la figure et regarder si la figure retournée rentre ou non dans le contour. Les élèves constatent ainsi que le parallélogramme, pourtant bien régulier, n'admet pas d'axes de symétrie.

➡ Activités de recherche

1 Les élèves découvrent les figures du manuel. Chaque élève manipule le calque et, par pliage et retournement, identifie la figure A comme ayant un axe de symétrie. La figure B est la conséquence d'une translation, elle ne possède pas d'axe de symétrie. La correction est collective.

2 Les élèves doivent reproduire les figures proposées (en utilisant le quadrillage) puis les découper afin de réaliser des gabarits (voir matériel photocopiable). Par pliage, ils vont se rendre compte que la figure 1 possède un seul axe de symétrie et que les figures 2 et 4 possèdent plusieurs axes de symétrie. Enfin, par pliage ou retournement, ils vont trouver que la figure 3 n'a pas d'axe de symétrie. Les axes de symétrie sont tracés sur les gabarits des figures 1, 2 et 4.

3 En travaillant sur le carré, les élèves vont travailler sur une figure qui leur est familière et se rendre compte que les diagonales peuvent être des axes de symétrie. Ils vont devoir tracer 4 axes de symétrie.

4 Contrairement au carré, le rectangle ne possède que 2 axes de symétrie.

À l'issue de l'activité, l'enseignant pose la question rituelle : *« Qu'avons-nous appris aujourd'hui ? »* Il attend une réponse proche de : ***« Nous avons appris à identifier par pliage ou retournement, avec un calque ou un gabarit qu'une figure possède un ou plusieurs axes de symétrie. »***

Activités individuelles

S'exercer

Les quatre exercices proposent des items **a** et **b** de niveaux différenciés.

1 **a** La figure possède un axe de symétrie, l'axe « b ».
b La figure ne possède aucun axe de symétrie (translation).

2 **a** L'axe rouge est l'axe de symétrie de la figure 1.
b L'axe rouge est l'axe de symétrie des figures 5 et 6.

3 **a** La figure A possède 6 axes de symétrie ; La figure B possède 5 axes de symétrie.
– Hexagone régulier :

– Pentagone régulier :

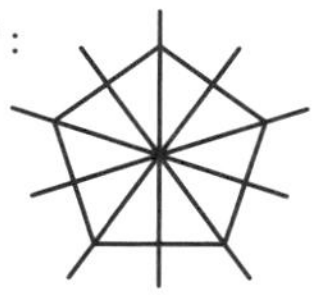

b La figure C est un triangle rectangle non isocèle. Elle ne possède pas d'axe de symétrie.
La figure D est un losange et possède deux axes de symétrie (les diagonales).

4 **a** La photo possède un axe de symétrie horizontal.
b La photo possède un axe de symétrie vertical

Résoudre

5 **Problème guidé.** La figure A possède 2 axes de symétrie et la figure B en possède 4.

Le coin du chercheur

Anna a 21 ans.

➤ Prolongements

➢ Photofiche S21

Cette fiche se compose de 3 figures et de leur gabarit. Les élèves doivent trouver les figures qui possèdent des axes de symétrie puis les tracer.

➢ **Photofiche A10**

1 Parmi plusieurs lettres de l'alphabet, les élèves doivent trouver celles qui possèdent un ou plusieurs axes de symétrie puis le ou les tracer.

2 C'est la même consigne que l'exercice **1**, mais les élèves travaillent avec des panneaux de la signalisation routière.

3 Les élèves doivent décalquer un losange et un carré, afin de trouver par pliage leurs axes de symétrie.

➢ **Banque d'exercices p. 84**

28 **Comme le problème guidé.** Les deux figures ne possèdent pas le même nombre d'axes de symétrie.

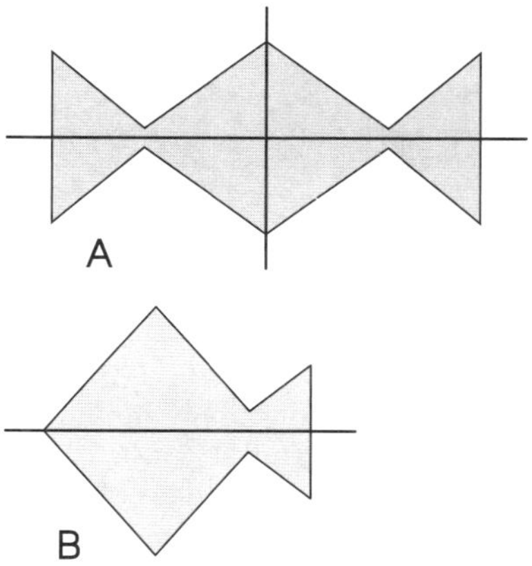

Leçon 38 – Identifier un axe de symétrie

Matériel photocopiable

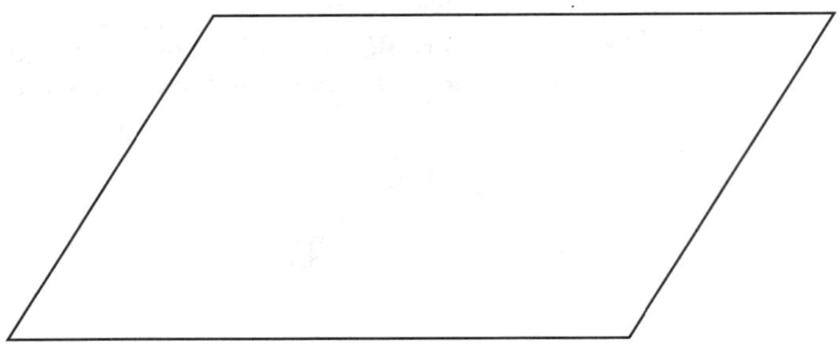

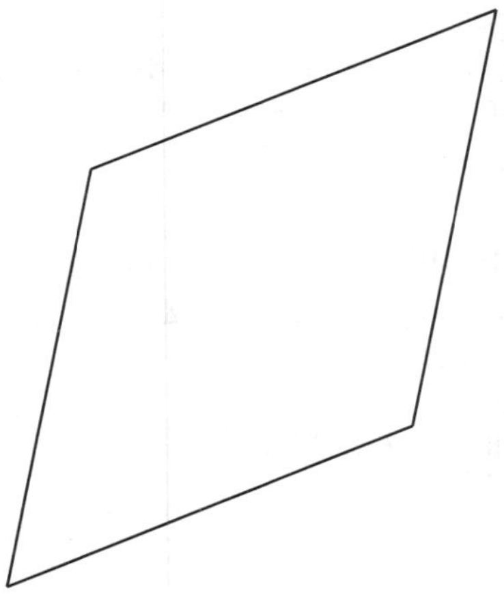

1

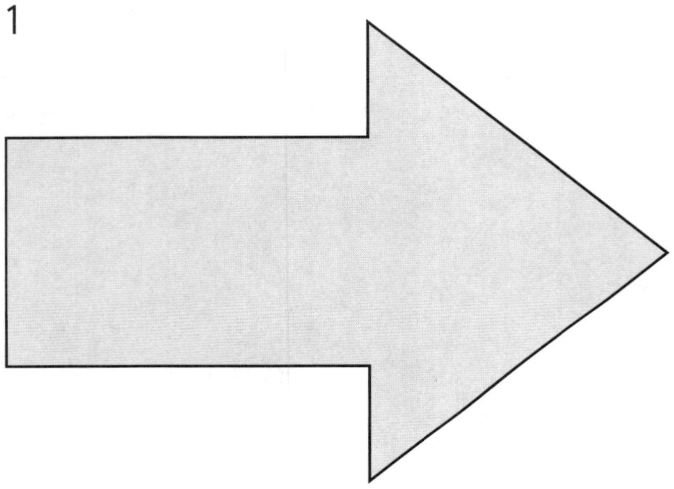

2

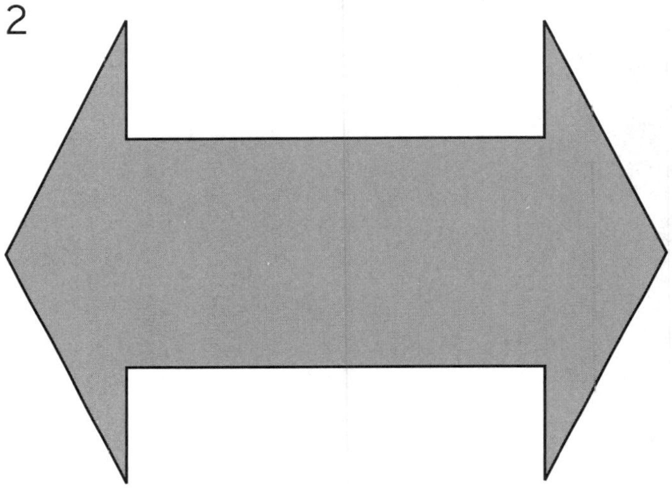

3

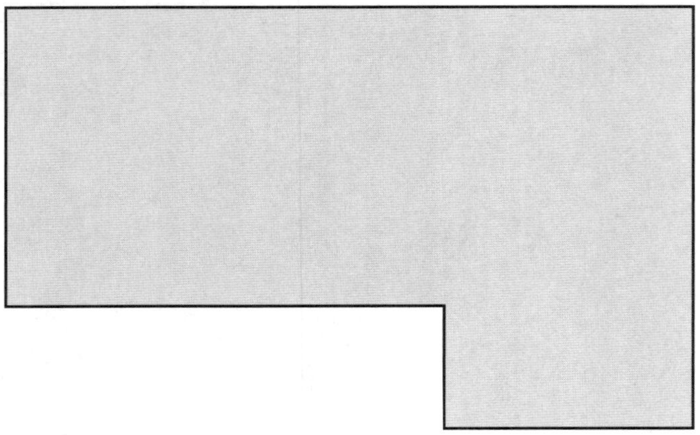

4

39 Se repérer sur un plan

Compétences
Se repérer sur un plan ou sur une carte. Décrire ou exécuter des déplacements.

Calcul mental
Trouver le précédent d'un nombre de 4 chiffres. L'enseignant dit : « Quel est le précédent de 8700 ? » ; l'élève écrit 8 699.
Items : 8700 ; 6500 ; 9000 ; 4300 ; 1000 ; 6999 ; 7 760 ; 1999 ; 8000 ; 9 800.

Observations préalables
Avant de travailler sur le plan d'une ville inconnue, il est souhaitable que les élèves puissent se repérer sur le plan de leur propre ville, de leur quartier ou de leur environnement proche. Savoir situer sa rue, sa maison, l'école, la piscine ou le gymnase que l'on fréquente donne du sens à la notion de repérage sur un plan ou une carte. Il est de nos jours très facile de se procurer en nombre les documents nécessaires que distribuent volontiers les syndicats d'initiative, les offices municipaux et les offices de tourisme dans les villes. Par ailleurs, de nombreux portails Internet permettent d'imprimer à des échelles variables et avec une grande précision le plan de n'importe quel quartier, ville ou village.

Activités collectives

Activités préliminaires

Les activités que l'on va proposer en début de leçon s'appuient sur la connaissance de l'environnement des élèves. Elles sont données à titre d'exemple. Les conditions particulières de chaque école, cadre urbain, suburbain, villageois, etc., conduisent évidemment les enseignants à varier les consignes. Les élèves travaillent par paires. Ils sont munis du plan de leur ville ou de leur quartier. L'enseignant leur propose une suite d'activités, par exemple :
– Trouver leur rue sur le plan, puis éventuellement leur maison. Noter leurs coordonnées.
– Si l'un des élèves de la paire invite chez lui son camarade, quel chemin devra parcourir celui-ci ? L'enseignant demandera d'écrire, dans l'ordre du parcours, le nom des rues et des places, de tracer au crayon ce parcours sur le plan. De même, il pourra proposer aux élèves de retrouver l'école sur le plan, de noter ses coordonnées, de tracer le parcours menant du domicile à l'école. L'enseignant demande ensuite quels monuments, parcs, institutions se trouvent dans telle ou telle case. Selon le cas, il demande quelle ligne de tramway, bus ou métro, il faut emprunter pour se rendre de tel endroit à tel autre. La liste des questions qu'il peut poser n'est pas limitée.

Activités de recherche

Après une lecture collective des questions, c'est individuellement que les élèves essaient d'y répondre. La correction est collective. L'enseignant note au tableau les réponses des élèves.

1 Les élèves observent le plan du centre de Paris. Ils ont déjà consulté le plan de leur ville ou de leur quartier. Ils doivent verbaliser ce qu'ils savent de façon plus ou moins consciente : les lettres A, B, C, D, E, F et G ainsi que les numéros 1, 2, 3, 4 servent à désigner des cases qui recouvrent le plan et délimitent des parties plus réduites de la ville. Ces cases facilitent la recherche d'endroits précis sur le plan.
Les lettres Ⓜ désignent les entrées des stations de métro.

2 En (F, 3) se trouve le Musée du Louvre et en (D, 2) le Jardin des Tuileries.

3 L'Assemblée nationale se situe en (B, 2) et l'Hôtel des Invalides en (A, 4).

4 Théo part de l'Hôtel des Invalides en (A, 4), puis il traverse les cases (A, 3) et (A, 2) pour arriver en (A, 1), case où se trouve le Grand Palais.

L'enseignant pose ensuite la question rituelle : *« Qu'avons-nous appris aujourd'hui ? »* Il attend une réponse proche de : ***« Nous avons appris à nous repérer sur un plan. »***

Activités individuelles

Résoudre

1 En (C, 5) se trouve le Fort Saint-Jean.
En (B, 1) se trouve la station de métro Colbert.

2 L'Opéra se situe en (E, 2). Le MuCEM se situe en (B, 5)
L'Hôtel de Ville se situe en (C, 3). Le Ferry Boat qui traverse le Vieux-Port se situe en (D, 3).

3 Jules et ses parents partent de l'Arc de triomphe de la place Jules Guesde (B, 1), pour se rendre au Musée d'Histoire de Marseille situé en (D, 1). Ils peuvent emprunter la rue d'Aix, le Cours Belsunce puis la rue Bir-Hakeim par exemple.

Le coin du chercheur
Il faut 1 000 000 mm pour faire 1 km.

Prolongements

Photofiche P10

Sur cette photofiche, les élèves vont devoir travailler sur le plan de la ville d'Avignon.

Comme dans les activités de la leçon, ils doivent repérer un lieu grâce aux coordonnées d'une case, puis repérer la case correspondant à un lieu. Enfin, ils vont devoir décrire un déplacement.

Banque d'exercices p. 84

29 Le Musée d'Orsay se situe en (D, 3).
La station de Métro Varenne se situe en (B, 4).

40 Problèmes : Apprendre à résoudre Comparaisons additives ou soustractives

Compétence
Trouver la valeur du référé ou du référent dans un problème de comparaison d'états.

Calcul mental
Problèmes : L'enseignant dit deux fois l'énoncé : « Chloé a 20 billes. Elle gagne des billes à la récréation. Maintenant elle a 35 billes. Combien de billes Chloé a-t-elle gagnées ? »
L'élève écrit 15 billes.
Items :
– Paul a 15 billes, à la récréation il gagne des billes. Il rentre chez lui avec 45 billes. Combien de billes a-t-il gagnées à la récréation ?
– Au début de l'année de CM1 Marie mesurait 128 cm, à la fin de l'année elle mesure 134 cm. De combien de cm a-t-elle grandi durant l'année ?
– En partant du refuge à 1 950 m d'altitude, Garry gravit un important dénivelé pour arriver au sommet à 2 550 m d'altitude. Quelle est la hauteur du dénivelé gravi par Garry ?

Observations préalables
Cette leçon reprend le format des leçons 20 et 33. Elle se penche sur les problèmes de comparaison additive (de plus que) ou soustractive (de moins que) dans lesquels il faut chercher la valeur du référé (sens normal de la comparaison) ou du référent (qui oblige à inverser le sens de la comparaison). Plusieurs contextes d'énoncés sont repris des leçons précédentes, les schémas y jouent encore un rôle d'aide appréciable. Cette leçon est prévue pour être traitée en deux séances successives. Elle poursuit les mêmes objectifs que les leçons 20 et 33 : apprendre aux élèves à repérer les analogies de structure entre les différents problèmes proposés et apprendre à résoudre ce type de problème de façon autonome.

Activités collectives

➡ Problème de référence 1

Les élèves lisent silencieusement l'énoncé du problème. L'enseignant demande à certains d'entre eux de le « raconter » mais sans donner la réponse à la question posée. La classe interprète ensuite le schéma : le nombre d'élèves de la classe de Théo correspond à la bande verte, elle est surmontée d'un point d'interrogation, le nombre d'élèves de la classe de Boris (25) correspond à la bande jaune, la bande rose représente la différence entre le nombre d'élèves de la classe de Théo et le nombre d'élèves de la classe de Boris : celle de Théo compte 3 élèves de plus.

Puis, la classe rappelle qu'il faut chercher le nombre d'élèves de la classe de Théo et choisit l'opération qui permet de l'obtenir : 25 + 3. L'enseignant souligne qu'en connaissant la différence entre le nombre d'élèves des deux classes et le nombre d'élèves de l'une des deux classes, il devient possible de trouver le nombre d'élèves de la deuxième classe, il montre comment le schéma permet de visualiser ces relations.
Les élèves calculent mentalement le résultat de cette adition et rédigent une phrase réponse : *« La classe de Théo compte 28 élèves. »*

Activités individuelles

➡ Problèmes d'application

1 Les élèves lisent silencieusement l'énoncé du problème d'application 1. L'enseignant leur demande de répondre aux questions portant sur le schéma. Le nombre d'habitants pendant les vacances d'hiver correspond à la bande verte, le nombre d'habitants en dehors des vacances correspond à la bande jaune, la bande rose représente la différence entre le nombre d'habitants pendant les vacances et en dehors des vacances. Il faut chercher le nombre d'habitants pendant les vacances d'hiver. Après un temps de recherche, l'enseignant demande aux élèves de comparer leur réponse à celle de leur voisin avant de conduire la mise en commun. La population du village est de 450 habitants ; durant les vacances, cette population compte 350 habitants de plus qu'avant les vacances. Quel est le nombre d'habitants de ce village durant les vacances d'hiver ? Le schéma montre que la réponse s'obtient en additionnant 450 et 350. Le village compte donc 800 habitants durant les vacances d'hiver. L'enseignant souligne qu'en connaissant la différence entre l'effectif de la population du village avant les vacances et pendant les vacances, il a été possible de trouver la population pendant les vacances à partir de la population avant les vacances.

2 Le deuxième problème d'application est résolu de façon autonome par les élèves et ne comporte aucune aide. Son contexte : la différence de température entre deux matins successifs, cette différence est négative. Hier, il faisait 5 degrés de moins que ce matin ; ce matin, il fait 13 °C. Quelle était la température d'hier matin ? L'enseignant conseille aux élèves de se demander quel matin est le plus froid et de s'aider éventuellement d'un schéma comparable à celui utilisé dans le problème précédent. La correction collective donne la réponse : hier matin, il faisait 8 °C.

Activités collectives

➡ Problème de référence 2

Les élèves lisent silencieusement l'énoncé du problème de référence 2. L'enseignant les interroge pour vérifier leur compréhension et souligne l'importance de savoir si le prix de la veste était plus élevé en décembre ou en janvier, car cet élément va déterminer la résolution du problème.
Il demande ensuite à la classe de répondre aux questions d'interprétation du schéma : le prix de la veste au mois de janvier (130 €) correspond à la bande verticale jaune, le prix de la veste en décembre correspond à la bande verticale verte, elle est surmontée d'un point d'interrogation, la bande rose correspond à la baisse de prix de 45 € entre décembre et janvier.

Les élèves précisent qu'il faut chercher le prix de la veste en décembre. Le choix de l'opération qui permet de trouver la réponse fait l'objet d'un débat : 130 + 45. L'enseignant montre le lien entre ce calcul et le schéma. Il souligne la difficulté à décider d'effectuer une addition alors que la comparaison des prix de l'énoncé parle de « 45 € de moins ». Si la veste coûte 45 € de moins qu'en décembre, c'est qu'en décembre elle coûtait 45 € de plus qu'en janvier. Il faut donc bien analyser la situation avant de décider de l'opération et notamment identifier clairement quel est le prix le plus bas ou le plus élevé. Un schéma peut y aider. La classe rédige une phrase réponse : *En décembre, la veste coûtait 175 €.*

Activités individuelles

➡ Problèmes d'application

1 Les élèves lisent silencieusement l'énoncé du problème d'application. L'enseignant leur demande de répondre aux questions portant sur le schéma avant de chercher l'opération qui permet de répondre à la question posée. La température moyenne au mois de mars correspond à la bande verte, la température moyenne au mois de février correspond à la bande jaune, la bande rose représente l'écart entre ces deux températures. Il faut chercher la température au mois de février. La question porte à nouveau sur le référent, ce qui oblige à inverser le sens de la comparaison.
L'enseignant conseille aux élèves de s'appuyer sur le schéma qui est là pour les aider. Après un temps de recherche, les élèves écrivent leur réponse. L'enseignant demande aux élèves de comparer leur réponse à celle de leur voisin avant de conduire la mise en commun.
Il faut trouver la température au mois de février. L'opération qui convient est 12 °C – 4 °C = 8 °C. L'enseignant insiste sur le fait qui si la température en mars a été plus élevée qu'en février c'est que, comme le montre le schéma, la température du mois de février a été plus basse que celle du mois de mars. Cette inversion orale de la comparaison est un exercice qui favorise la résolution de problèmes de comparaison dans lesquels la question porte sur la valeur du référent. L'enseignant met les élèves en garde contre une association trop rapide entre l'expression « de plus que » et une addition, ou l'expression « de moins que » et une soustraction.

2 Le deuxième problème d'application est résolu de façon autonome par les élèves et ne comporte aucune aide. Il demande de comparer les températures de deux matins successifs. La question porte à nouveau sur le référent, ce qui oblige à inverser le sens de la comparaison : hier il faisait 9 °C, c'était 6 °C de moins que ce matin. Quelle température indiquait le thermomètre ce matin ? L'enseignant conseille de bien lire l'énoncé en se demandant si la température était plus élevée hier ou ce matin. Un schéma comparable à celui utilisé dans le problème précédent peut à nouveau être utile.
Après un temps de recherche individuelle, les élèves écrivent leur phrase réponse. La correction est conduite de façon collective. Ce matin, il faisait 9 °C + 6 °C = 15 °C. L'enseignant confirme que si la température d'hier était inférieure de 6 °C à celle de ce matin, c'est que celle de ce matin est supérieure de 6 °C à celle d'hier. Cette inversion du sens de la comparaison s'avère essentielle dans les situations de comparaison dans lesquelles la question porte sur le référent.

3 Le troisième problème d'application est résolu de façon autonome par les élèves et ne comporte aucune aide. Son contexte : la distance parcourue par un facteur. Le mardi, il a parcouru 65 km, c'est 12 km de plus que lundi. Quelle distance a-t-il parcourue le lundi ? L'enseignant conseille de déterminer quel jour le facteur a parcouru la plus grande distance, et de s'aider éventuellement d'un schéma.
Après un temps de recherche individuelle, les élèves écrivent leur phrase réponse. La correction est conduite avec la participation de la classe : si le mardi, le facteur a parcouru 12 km de plus que le lundi, c'est que le lundi, il a parcouru 12 km de moins que le mardi.
65 km – 12 km = 53 km. Le lundi, le facteur a parcouru 53 km.

En fin de séance, l'enseignant pose la question rituelle : *« Qu'avons-nous appris aujourd'hui ? »* Il attend une réponse proche de : ***« Nous avons appris à résoudre des problèmes dans lesquels il fallait trouver une valeur à partir d'une différence. »***

➤ Prolongements

➢ Photofiche P11

Cette fiche comporte trois problèmes dans lesquels il faut chercher la valeur du référé dans un problème de comparaison additive ou soustractive, ce qui ne nécessite pas d'inverser le sens de la comparaison. Le premier énoncé est accompagné d'une aide légère tandis que les deux autres ne comportent pas d'aide particulière.

➢ Photofiche P12

Cette fiche comporte trois problèmes dans lesquels il faut chercher la valeur du référent dans un problème de comparaison additive ou soustractive, ce qui nécessite d'inverser le sens de la comparaison. Le premier énoncé est accompagné d'une aide légère tandis que les deux autres ne comportent pas d'aide particulière.

➢ Banque d'exercices p. 84

30 Dans cet exercice de comparaison, il faut calculer la valeur du référent et donc inverser le sens de la comparaison. Aujourd'hui, le marchand de glaces a vendu 235 glaces. C'est 30 glaces de moins qu'hier.
Hier, il a donc vendu 30 glaces de plus qu'aujourd'hui : 235 glaces + 30 glaces, soit 265 glaces.

41 Problèmes : Les grands nombres en géographie

Compétences
Comparer, ranger, intercaler des grands nombres.

Calcul mental
Comparer deux nombres inférieurs à 100 000. L'enseignant écrit au tableau : « 82 026 et 8 926 » et demande lequel est le plus grand ; l'élève écrit 82 026.
Items : 82 026 et 8 926 ; 48 567 et 50 123 ; 67 160 et 65 996 ; 76 865 et 76 499 ; 9 999 et 20 101 ; 34 675 et 34 656 ; 89 405 et 90 200 ; 87 150 et 78 986 ; 22 456 et 22 198 ; 90 500 et 9 890.

Activités collectives

Activités de recherche

1 Les élèves observent la carte de l'Europe. L'enseignant explique les mots « superficie » et « km² » ou fait rechercher leur définition dans le dictionnaire. Les élèves remarquent que la superficie de l'Allemagne n'est pas mentionnée sur la carte. L'enseignant précise que pour répondre à la consigne de l'activité 1, on ne tiendra pas compte de la superficie de l'Allemagne. Les élèves lisent la consigne, l'un d'eux rappelle la signification de l'ordre décroissant, un autre rappelle la règle de rangement des nombres : le nombre qui a le plus de chiffres est le plus grand ; si les nombres ont le même nombre de chiffres, on compare les chiffres en commençant par la gauche des nombres. L'enseignant fait constater que les nombres exprimant les superficies ont tous 6 chiffres. Les élèves rangent les superficies ; l'un d'entre eux écrit son rangement, la classe valide : 551 500 km² > 338 145 km² > 301 230 km² > 131 940 km² > 103 000 km². Les difficultés de rangement portent sur la comparaison entre le deuxième nombre et le troisième ainsi que sur la comparaison entre le quatrième et le cinquième : ce sont les chiffres des dizaines de mille qui permettent de les ordonner.

Puis les pays sont rangés France, Finlande, Italie, Grèce, Islande.

2 Les élèves lisent la consigne de l'activité 2. Il faut intercaler l'Allemagne dans le rangement précédent. L'Allemagne a une superficie de 357 021 km², c'est moins que la France mais plus que la Finlande. L'Allemagne s'intercale entre la France et la Finlande :
France, Allemagne, Finlande, Italie, Grèce, Islande.

3 Les élèves lisent la consigne de l'activité 3. Il faut arrondir toutes les superficies à la centaine de milliers de km² la plus proche. Ils ont appris à arrondir en leçon 22. La correction se fait au tableau sur lequel est tracée une droite numérique graduée de 100 000 en 100 000, de 100 000 à 600 000. Les élèves qui ont eu des difficultés viennent y repérer la place des nombres à arrondir, ils constatent ainsi la proximité du nombre repéré avec la centaine de milliers la plus proche.
551 500 km² s'arrondit à 600 000 km² ;
357 021 km² s'arrondit à 400 000 km² ;
338 145 km² s'arrondit à 300 000 km² ;
301 230 km² s'arrondit à 300 000 km² ;
131 940 km² s'arrondit à 100 000 km² ;
103 000 km² s'arrondit à 100 000 km².

Activités individuelles

Résoudre

Les élèves résolvent individuellement les deux problèmes proposés. Ils reprennent exactement la même tranche de nombres et le même questionnement que dans « l'Activité de recherche ».

1 Populations rangées dans l'ordre décroissant de leur population : 967 600 hab. > 890 500 hab. > 678 200 hab. > 616 900 hab. > 610 000 hab.
Départements rangés par ordre décroissant de leur population : Ille-et-Vilaine ; Finistère ; Calvados ; Vendée ; Morbihan.
La Sarthe (556 000 hab.) se place en fin de rangement.

2 Il faut arrondir les nombres d'habitants à la centaine de milliers la plus proche.
967 600 habitants s'arrondit à 1 000 000 habitants ;
890 500 habitants s'arrondit à 900 000 habitants ;
678 200 habitants s'arrondit à 700 000 habitants ;
616 900 habitants s'arrondit à 600 000 habitants ;
610 000 habitants s'arrondit à 600 000 habitants ;
556 000 habitants s'arrondit à 600 000 habitants.

➤ Prolongement

➢ **Photofiche P13**

Cette photofiche traite la tranche des dizaines de milliers. Elle propose de ranger les capacités de cinq grands stades de football de notre pays dans l'ordre croissant et cinq autres dans l'ordre décroissant, d'intercaler un stade célèbre dans le rangement des stades déjà effectué, enfin d'arrondir au millier le plus proche le nombre de spectateurs de quatre stades.

42 Utiliser un tableau de conversion

Compétence
Apprendre à utiliser un tableau pour convertir des mesures de longueur.

Calcul mental
Multiples. L'enseignant dit : « 6 est un multiple de... et de... ». L'élève écrit : 2 et 3.
Items : 6 est un multiple de... et de... ; 8 est un multiple de ... et de ... ; 10 est un multiple de ... et de ... ; 15 est un multiple de... et de... ; 14 est un multiple de... et de... ; 21 est un multiple de... et de... ; 18 est un multiple de... et de... ; 20 est un multiple de... et de... ; 24 est un multiple de... et de... ; 30 est un multiple de... et de... .

Activités collectives

➡ Activités de recherche

Matériel : Photocopies des tableaux de conversion (*cf.* fin de leçon).

Les élèves sont munis d'une feuille photocopiée comportant plusieurs tableaux de conversion vierges.
L'enseignant dessine le tableau de conversion des mesures de longueur au tableau de la classe. Les unités de mesures m, dm, cm, mm, dam, hm, km sont lues et le sens des abréviations rappelé.

1 Les élèves lisent la bulle de Léa qui indique comment placer 1 035 m dans le tableau, ils observent ce placement dans le tableau. L'important est de retenir que le chiffre des unités du nombre, ici 5, se place en premier dans la colonne correspondant à l'unité de mesure choisie, ici le mètre, et qu'ensuite on place les autres chiffres un à un dans chaque colonne en allant vers la gauche. Les élèves observent le trait vertical rouge qui marque la colonne des mètres.
L'enseignant demande aux élèves de placer 3 458 cm dans le premier tableau de conversion de leur feuille photocopiée.
Il demande aux élèves dans quelle colonne il faut placer le chiffre 8. Une fois la colonne repérée, les élèves placent les autres chiffres du nombre. L'enseignant vérifie qu'il n'y a qu'un seul chiffre par case. Le nombre est écrit sur le tableau de conversion du tableau de la classe, les élèves corrigent sur leur feuille si nécessité. L'enseignant propose ensuite d'écrire 4 500 mm, puis 5 700 dm sur le tableau de conversion de la photocopie et vérifie les écritures. Les élèves ont appris à placer les nombres dans le tableau de conversion. Il s'agit maintenant de le faire fonctionner pour convertir les mesures de longueur.

2 Les élèves lisent la bulle de Théo. Il propose de convertir 1 035 m en hm et m. Pour cela, quand le nombre est écrit, il repère la case hectomètre (hm) et la marque avec un trait vertical rouge. Il peut alors lire la conversion : 10 hm 35 m.
Avec l'aide du deuxième tableau de leur photocopie, les élèves convertissent 3 458 cm en m et cm, 4 500 mm en m et mm, et 5 700 dm en hm et dm. La correction se fait au tableau de la classe. 3 458 cm = 34 m 58 cm ; 4 500 mm = 4 m et 500 mm ; 5 700 dm = 5 hm 700 dm.

3 Les élèves lisent la bulle de Mélissa. Ils apprennent à convertir 1 035 m en cm. Le trait rouge est placé dans la colonne cm puis il faut écrire un zéro dans chaque colonne vide.
1 035 m = 103 500 cm.
Les élèves, avec l'aide du troisième tableau de conversion de la photocopie, convertissent 34 dm en mm. La correction se fait sur le tableau de la classe : 34 dm = 3 400 mm. L'enseignant leur propose ensuite de convertir 5 700 dm en cm : 5 700 dm = 57 000 cm.

4 Avec Louis, les élèves vont apprendre à convertir 1 km 9 dam en m. Il faut placer 1 dans la colonne des km, 9 dans la colonne des dam, tracer le trait rouge dans la colonne m. Les colonnes vides hm et m sont complétées avec un 0 chacune.
1 km 9 dam = 1 090 m.
Avec l'aide du dernier tableau de leur photocopie, les élèves convertissent 5 km 8 dam en m.
5 km 8 dam = 5 080 m. La correction se fait au tableau de la classe. L'enseignant propose la conversion de 7 hm 5 m en m, et 9 km 8 m en m. La correction se fait au tableau : 7 hm 5 m = 705 m ; 9 km 8 m = 9 008 m.

Activités individuelles

S'exercer

1 **a** 23 dam = 230 m ; 4 km = 4 000 m ; 36 hm = 3 600 m.
b 400 cm = 4 m ; 3 000 mm = 3 m ; 510 dm = 51 m.
Les conversions de l'item **a** sont « descendantes », celles du **b** sont « remontantes », en général plus difficiles à effectuer car elles s'appuient implicitement sur une décomposition multiplicative du nombre, si on n'utilise pas de tableau de conversion.

2 **a** 235 cm = 2 m 35 cm ; 2 940 mm = 2 m 94 cm ; 3 642 cm = 36 m 42 cm.
b 45 dm = 4 m 50 cm ; 365 dm = 36 m 50 cm ; 5 030 mm = 5 m 3 cm.

Résoudre

3 **Problème guidé.** Il faut suivre le conseil de Mathix : convertir les distances en mètres pour les comparer.
1 km 4 hm = 1 400 m ; 13 hm 5 dam = 1 350 m.
C'est José qui a nagé la plus grande distance.

Le coin du chercheur
Dans le noir, il faut tirer 3 chaussettes, pour être sûr d'avoir au moins 2 chaussettes de la même couleur.

➤ Prolongements

➢ Photofiche S22
Elle propose quatre exercices. Le premier reprend l'apprentissage de l'écriture des nombres dans un tableau de conversion, les autres sont des exercices de conversion plus faciles que ceux du manuel. Chaque exercice est accompagné d'un exemple et d'un tableau de conversion à compléter.

➢ Photofiche A11
Elle comporte deux exercices et un problème. Chaque exercice propose 5 conversions à réaliser avec l'aide des tableaux de conversion.

Leçon 42 – Utiliser un tableau de conversion

Matériel photocopiable

Tableaux de conversion des mesures de longueur

km	hm	dam	m	dm	cm	mm

....

....

....

km	hm	dam	m	dm	cm	mm

....

....

....

km	hm	dam	m	dm	cm	mm

....

....

....

km	hm	dam	m	dm	cm	mm

....

....

....

km	hm	dam	m	dm	cm	mm

....

....

....

43 Situations de division (1)

Compétence
Trouver le nombre de parts en cherchant de manière empirique le quotient et le reste.

Calcul mental
Tables de multiplication de 2, 3, 4. L'enseignant dit : « 6 × 4 »; l'élève écrit 24.
Items: 6 × 4; 5 × 3; 8 × 2; 7 × 4; 6 × 3; 7 × 2; 9 × 4; 8 × 3; 6 × 2; 8 × 4.

Observations préalables
On distingue deux types de situations se résolvant par une division euclidienne:
– les situations de groupements ou division-quotition, dans lesquelles on cherche combien de «parts» d'un effectif donné vont pouvoir être formées avec un nombre donné d'objets (ex.: *combien remplira-t-on de cages de 8 perruches avec 106 perruches?*);
– les situations de division partage ou division-partition, dans lesquelles on cherche quelle doit être la part de chacun dans une distribution équitable d'un nombre donné d'objets entre un nombre donné de personnes (ex.: *on dispose de 100 bouteilles d'eau, combien doit-on distribuer de bouteilles d'eau à chacune des 7 équipes du tournoi ?*).
Le premier type de situation se résout assez naturellement de façon additive ou soustractive, la méthode multiplicative apparaissant comme un accélérateur possible de la résolution. C'est ce type de situation qui va être étudié dans cette leçon: elle présente une méthode soustractive et une méthode multiplicative, pour résoudre une telle situation.
L'autre type de situation sera étudié en leçon 45.

Activités collectives

Activités de recherche

1 Individuellement ou en petits groupes, les élèves observent les calculs de Théo et de Léa puis les complètent. Lors de la mise en commun, l'enseignant fait confronter les différentes réponses.
Les élèves constatent que Théo a utilisé une procédure soustractive : soustractions successives du diviseur. Il part du dividende et enlève la valeur du diviseur tant que c'est possible. L'enseignant peut faire remarquer, si aucun élève ne l'a déjà dit, que cette méthode est longue et fastidieuse.
Les élèves analysent ensuite les calculs de Léa. Ils remarquent qu'elle met en œuvre une procédure multiplicative qui autorise une approche du dividende par des multiples du diviseur. Elle utilise la table de 8 mais comme le dividende est plus grand que 10 × 8, elle est obligée de continuer la table des multiples au-delà de 80.
Les conclusions s'avèrent les mêmes : avec 106 perruches, cette animalerie peut remplir 13 cages de 8 perruches et il restera 2 perruches dans une cage incomplète.
Les élèves répondent ensuite à la question portant sur le nombre de perruches dans la cage incomplète. Une discussion peut s'engager dans la classe.
L'enseignant fait compléter l'égalité : 106 = (13 × 8) + 2 avec 2 < 8.
Les mots « dividende », « diviseur », « quotient » et « reste » sont précisés : 106 est le dividende ; 13 le quotient ; 8 le diviseur et 2 le reste. C'est l'occasion de signaler que le reste de la division est toujours inférieur au diviseur.

2 Les élèves rédigent individuellement la solution de ce problème. En cas de blocage, ils peuvent demander l'appui de l'enseignant qui conseille généralement de relire attentivement l'énoncé ou de revenir au modèle de la situation précédente.
Dès que la majorité des élèves a terminé, l'enseignant leur demande de se regrouper par deux ou par quatre, de confronter leurs résultats et de rédiger une réponse collective.
La mise en commun du travail des groupes permet ensuite de discuter chaque solution.
La comparaison des méthodes montre que les diverses solutions aboutissent au même résultat.
160 = (13 × 12) + 4 avec 4 < 12.
13 cages seront complètes et il restera 4 perruches dans une cage incomplète.

En fin de séance, l'enseignant pose la question rituelle : « *Qu'avons-nous appris aujourd'hui ?* » Il attend une réponse proche de : ***« Nous avons appris à chercher le nombre de parts dans une situation de division en effectuant plusieurs soustractions ou plusieurs multiplications. »***

Activités individuelles

S'exercer

1 C'est l'application directe des « Activités de recherche ».
a Les élèves utilisent la méthode de Théo : soustractions successives.
b Les élèves utilisent la méthode de Léa : multiplications successives pour encadrer le dividende entre des multiples du diviseur. Ici, le dividende est dans la table de 15.
L'enseignant peut, s'il le souhaite, exiger des élèves qu'ils écrivent l'égalité suivante: 80 = (5 × 15) + 5.
Julie peut fabriquer 5 bracelets. Il restera 5 perles.

2 Cet exercice permet de consolider la méthode de Léa. Le dividende est en dehors de la table de 4 qu'il faut prolonger au-delà de 10.
50 = (12 × 4) + 2
Adélaïde peut remplir 12 boîtes de 4 figurines. Il restera 2 figurines dans une boîte incomplète.

Résoudre

3 **Problème guidé.** L'enseignant pose la question suivante pour apprécier la compréhension de la situation : *« De combien d'élèves une équipe est-elle composée ? »* Il demande ensuite aux élèves de suivre les conseils de Mathix.
90 = (12 × 7) + 6
On pourra former 12 équipes et 6 joueurs seront remplaçants.

4 L'observation des égalités et notamment du reste doit permettre aux élèves de conclure qu'Alex s'est trompé car le reste (14) est plus grand que le diviseur (9).

5 Les élèves utilisent la méthode de leur choix pour répondre aux deux premières questions.
62 = (5 × 12) + 2
Elle peut confectionner 5 bouquets. Il restera 2 roses.
La dernière question est plus ouverte. Les élèves utiliseront certainement le reste (12 – 2 = 10) ou plus rarement le quotient (5 + 1 = 6 ; 6 × 12 = 72 et 72 – 62 = 10).
Il faudrait 10 roses supplémentaires pour avoir un bouquet de plus.

Le coin du chercheur

En chiffres romains, L signifie 50, X signifie 10.
La position du X est importante : à gauche du L, on le soustrait (XL = 40) ; à droite du L, on l'additionne (LX = 60). Donc LX est le plus grand de ces deux nombres romains.

➤ Prolongements

➢ Photofiche S23

Cette photofiche de soutien comporte 2 exercices de division résolus par la méthode de Léa. Afin d'alléger la charge de travail des élèves, les tableaux sont pré-remplis, il ne reste plus qu'à les compléter.

➢ Banque d'exercices p. 84

31 L'égalité 33 = (5 × 5) + 8 ne correspond pas à une division car le reste (8) est plus grand que le diviseur (5).

32 200 = (13 × 15) + 5. Ils pourront préparer 13 barquettes et il restera 5 pensées.

33 **Comme le problème guidé.** 165 = (20 × 8) + 5. Il y aura 20 enfants qui recevront une étiquette.

34 12 × 30 < 380 < 13 × 30
Pour qu'il y ait assez de verres pour toutes les personnes, il faut acheter 13 paquets.
13 × 30 = 390 et 390 – 380 = 10
Il restera 10 verres.

44 Mesure des masses

Compétences
Connaître les unités de masse el les relations qui les lient.
Effectuer des conversions et des opérations sur les masses.

Calcul mental
Tables de multiplication (deux facteurs supérieurs à 5). L'enseignant dit : « 6 × 9 » ; l'élève écrit 54.
Items : 6 × 9 ; 8 × 7 ; 7 × 7 ; 8 × 9 ; 6 × 6 ; 8 × 6 ; 9 × 7 ; 7 × 6 ; 8 × 8 ; 9 × 9.

Observations préalables
La notion de poids sera distinguée de celle de masse seulement au collège. Une masse est une quantité de matière que l'on exprime en g ou en kg. La masse est la même que l'on soit sur la Terre, sur la Lune, dans une station spatiale... La masse est souvent confondue avec le poids qui est une force exercée par la Terre et due à la gravitation. L'emploi du verbe « peser » pour mesurer une masse est une conséquence de cette confusion. Le poids se mesure en newton (N). On pèse 6 fois moins sur la Lune que sur Terre. Cette subtilité est bien sûr hors programme à l'école primaire !
L'enseignant privilégie la terminologie spécifique : « Ce meuble a une masse de 40 kg ». En situation, les expressions courantes : « Ce meuble pèse 40 kg » ou « Le poids de ce meuble est 40 kg » sont tolérées.
Les enfants ont rarement l'occasion d'observer et de manipuler une balance Roberval. Toutefois, c'est un outil pédagogique intéressant :
– elle permet de visualiser des masses : l'élève peut manipuler différentes masses marquées allant du g au kg ;
– elle permet de faire des calculs sur les masses en comptabilisant la somme des masses marquées placées sur un plateau ;
– elle permet de traiter, de manipuler et de vérifier des égalités mathématiques : si A = B + X alors X = A – B.
Afin que les enfants appréhendent mieux la notion de masse, il serait bon que l'enseignant consacre du temps à la manipulation d'un tel instrument de mesure.
Au cours de cette leçon, le travail doit être précédé de manipulations. L'étude et l'utilisation d'une boîte de masses marquées nous semble indispensable.

Activités collectives

Matériel :
• Au moins une balance Roberval et la boîte de masses marquées en laiton.
• Masses marquées en fonte.

➡ Activité préliminaire

Activité : Concours
Les élèves observent la balance Roberval et en expliquent l'utilisation. Ils font ensuite une connaissance plus approfondie de la boîte de masses marquées et notent les abréviations des noms des unités gravés sur les masses. L'enseignant en donne la définition et l'étymologie ou les fait rechercher dans le dictionnaire. Les préfixes des multiples : déca, hecto, kilo viennent du grec et signifient respectivement 10, 100 et 1 000 fois plus grands que l'unité ; les préfixes des sous-multiples déci, centi et milli sont empruntés au latin et signifient respectivement 10, 100 et 1 000 fois plus petits que l'unité. L'enseignant note au tableau la liste ordonnée des multiples et sous-multiples et les relations qui les lient :
1 kg = 1 000 g ; 1 hg = 100 g ; 1 dag = 10 g ; 1 g = 10 dg = 100 cg = 1 000 mg.
Lorsque les élèves ont soupesé les diverses masses, l'enseignant demande à l'un d'eux d'estimer la masse d'un livre. L'enfant vérifie ensuite son hypothèse en utilisant la balance Roberval. La classe valide la pesée lorsque l'aiguille est verticale. Les plateaux sont alors en équilibre.
Le concours débute : les enfants dans un premier temps évaluent la masse de divers objets : la masse d'un litre d'eau, d'un dictionnaire, d'une gomme, etc. en grammes, hectogrammes, kilogrammes... Ils peuvent s'aider en venant soupeser les masses marquées en fonte ou en laiton, mises à leur disposition. Ils se regroupent par quatre et, après une discussion interne dans chaque groupe, les rapporteurs viennent noter au tableau les valeurs proposées par leur groupe. Dans un second temps, à l'aide de la balance Roberval et des masses marquées mises à leur disposition, les enfants vérifient par la pesée leurs estimations. Ceux qui ont trouvé les estimations les plus proches des masses réelles ont gagné le concours. L'enseignant en profite pour leur faire remarquer que la masse d'un litre d'eau est proche du kilogramme.
L'enseignant laisse la balance à leur disposition dans la classe durant une semaine. Les élèves, à tour de rôle, mesureront la masse de divers objets de la classe.

➡ Activités de recherche

1 Les enfants évaluent la masse du litre d'eau. Si l'activité précédente a été conduite, les élèves vont rapidement conclure que 1 L d'eau à une masse de 1 kg. Cela se vérifie rapidement avec la balance Roberval. Il en est de même pour la feuille A4, la balance est assez sensible pour marquer une masse de 4 grammes. Il est intéressant de noter qu'un morceau d'une feuille de papier A4 (de 70 grammes par mètre carré) coupée en quatre pèse 1 g environ.

2 La difficulté de cette deuxième activité réside dans la conversion de sous-multiples très peu utilisés dans l'environnement quotidien des enfants. Pendant la correction, l'enseignant est attentif à la difficulté des conversions des décigrammes et des milligrammes en centigrammes. Les relations vues dans l'activité préliminaire sont rappelées. L'utilisation d'un tableau de conversion peut être une aide pour certains enfants en difficulté. Leur rappeler que, comme pour les conversions de mesures de longueur, on écrit un seul chiffre par colonne.

3 Les enfants lisent le problème. L'enseignant fait remarquer que les masses ne sont pas toutes exprimées avec la même unité. La masse des chaussures et la masse de la

trousse de toilette sont exprimées en grammes, celle des livres et des habits, en kilogrammes et grammes. Les élèves cherchent seuls la solution, puis se regroupent pour confronter leurs résultats.
Lors de la mise en commun des réponses, l'enseignant intervient :
– pour rappeler qu'il faut exprimer toutes les mesures avec la même unité avant de calculer ;
– pour corriger les erreurs de conversion.
1 kg 600 g = 1600 g; 3 kg 70 g = 3070 g et non 370 g!

Masse totale des objets : 600 g + 1 600 g + 3070 g + 807 g = 6 077 g ou 6 kg 77 g.
Masse de la valise vide : 3 kg 350 g = 3 350 g.
La masse de la valise pleine: 6 077 g + 3350 g = 9427 g ou 9 kg 427 g.

À l'issue de la séance, l'enseignant pose la question rituelle : « *Qu'avons-nous appris aujourd'hui ?* » Il attend une réponse proche de : ***« Nous avons appris à connaître les unités de masse et les relations qui les lient, puis à effectuer des conversions et des opérations sur les masses. »***

Activités individuelles

S'exercer

Les exercices 2 à 5 proposent des items a et b de niveaux différenciés.

1 Les erreurs commises par les élèves montrent qu'ils ne maîtrisent pas les notions de g et kg. L'enseignant leur demandera de soupeser, puis de peser des objets de leur environnement afin de leur donner des références concrètes.

2 **a** 3 kg = 3000 g; 40 dag = 400 g; 5 hg = 500 g.
b Ce niveau est plus difficile car il comporte des mesures complexes : 1 hg 2 dag = 120 g ; 1 kg 300 g = 1 300 g ; 3 kg 50 g = 3 050 g.

3 **a** 1 g = 1 000 mg ; 5 cg = 50 mg; 15 dg = 1500 mg.
b Ce niveau est plus difficile car il comporte des mesures complexes : 1 g 7 dg = 1 700 mg ; 1 g 2 cg = 1 020 mg ; 5 dg 6 cg = 560 mg.

4 **a** 20 dg = 2 g ; 400 cg = 4 g; 5000 mg = 5 g.
b 200 dg = 20 g ; 5 000 cg = 50 g; 40000 mg = 40 g.

5 **a** 2 000 g = 2 kg ; 80 hg = 8 kg; 90 hg = 9 kg.
b Ce niveau est plus difficile car il comporte des mesures complexes : 6 000 g = 6 kg ; 2 700 g = 2 kg 700 g ; 250 dag = 2 kg 500 g.

Résoudre

6 **Problème guidé.** Après lecture de l'énoncé, les enfants notent que les noms fantaisistes utilisés pour désigner les produits n'interviennent pas dans la complexité du problème. En s'aidant des conseils de Mathix, ils traitent la solution du problème : 5 dg = 50 cg; 420 mg = 42 cg.
La masse totale des ingrédients: 50 cg + 35 cg + 42 cg = 127 cg.

7 3 g = 30 dg. La carte postale est deux fois plus lourde que le kangourou à sa naissance.

8 Un paquet de 500 feuilles pèse: 500 × 5 g = 2500 g ou 2 kg 500 g.

9 7 kg 260 g = 7260 g; 4 kg 630 g = 4 630 g. La différence entre ces deux poids est : 7 260 g – 4 630 g = 2 630 g ou 2 kg 630 g.

Le coin du chercheur
10 × 5 = 50. Cette terrasse comporte 50 dalles.

➤ Prolongement

➢ **Photofiche S24**

Cette photofiche propose quatre exercices progressifs de conversion avec l'aide du tableau de conversion.

Leçon 44 – Mesure des masses

Matériel photocopiable

Tableau de conversion

kg	hg	dag	g	dg	cg	mg

45 Situations de division (2)

Compétence
Trouver la valeur d'une part en cherchant de manière empirique le quotient et le reste.

Calcul mental
Multiples. L'enseignant dit : « 15 est un multiple de ... et de ... »; l'élève écrit 3 et 5 ou 5 et 3.
Items: 15; 8; 10; 18; 6; 9; 12; 20; 16; 14.

Observations préalables
Comme indiqué en leçon 43, cette nouvelle leçon, consacrée à la résolution d'un problème de division, aborde une situation de division partage ou division-partition. Dans ce type de situation, les procédures additives ou soustractives ne sont pas aussi facilement accessibles aux élèves car, comme dans l'exemple qui suit, quand il faut partager 100 bouteilles d'eau entre 7 équipes d'un tournoi, les élèves doivent gérer des nombres de bouteilles d'eau et des nombres d'équipes, or on ne peut ni additionner ni soustraire des grandeurs différentes. Seules les procédures multiplicatives peuvent « fonctionner » pour effectuer des essais : *si je donne 5 bouteilles d'eau à chaque équipe, j'aurai distribué 35 bouteilles, donc n'est pas assez !...* Au bout de quelques essais, la plupart des élèves se découragent. Pour permettre aux élèves d'employer les mêmes procédures «sécurisantes» que dans la division groupement, il faut envisager de procéder à une distribution «un à un». C'est ce qui est développé dans la leçon qui suit.

Activités collectives

➡ Activité préliminaire

Matériel :
Un jeu classique de 32 cartes par groupe de 5 ou 6 élèves.

L'enseignant répartit sa classe en groupes de 5 ou 6 élèves avec comme consigne de se partager un jeu de 32 cartes en parts égales entre tous les joueurs, de telle sorte que chacun ait le plus grand nombre possible de cartes. Il demande aux élèves de se mettre d'accord sur une façon d'organiser le partage avant de confier un jeu de 32 cartes à chaque groupe.
La mise en commun fait apparaître que :
- le partage entre 5 joueurs débouche sur 6 cartes par joueur avec 2 cartes restantes ;
- le partage entre 6 joueurs débouche sur 5 cartes par joueur avec 2 cartes restantes.

La procédure qui a toutes les chances d'avoir été la plus partagée étant celle du partage « un à un ». L'enseignant en représente les différentes étapes sous forme d'un tableau :

Pour 5 joueurs

Nombre de cartes distribuées à chaque joueur	Nombre de cartes distribuées en tout	Nombre de cartes restant à distribuer
1	1 × 5 = 5	32 – 5 = 27
2	2 × 5 = 10	27 – 5 = 22
3	3 × 5 = 15	22 – 5 = 17
4	4 × 5 = 20	17 – 5 = 12
5	5 × 5 = 25	12 – 5 = 7
6	6 × 5 = 30	7 – 5 = 2 **STOP**

Il demande pour quelle raison le partage s'est arrêté à 6cartes. Puis, il efface le contenu des cases de ce tableau et demande à un élève ayant participé à un partage entre 6 joueurs de venir remplir les cases du nouveau tableau, avec l'aide des camarades de son groupe.

À l'issue de ce travail, l'enseignant demande à chaque élève de calculer la part de chacun quand le jeu contient 52 cartes, en distinguant les groupes de 5 élèves des groupes de 6 élèves. Un partage effectif peut tenir lieu de validation.

➡ Activités de recherche

1 Individuellement ou en petits groupes, les élèves observent les calculs de Théo et de Léa puis les complètent. Lors de la mise en commun, l'enseignant fait confronter les différentes réponses.
Les élèves constatent que Théo a utilisé une procédure soustractive : soustractions successives du diviseur. Il part du dividende et enlève la valeur du diviseur tant que c'est possible. L'enseignant peut faire remarquer, si aucun élève ne l'a déjà dit, que cette méthode est longue et fastidieuse.
Les élèves analysent ensuite les calculs de Léa. Ils remarquent qu'elle met en œuvre une procédure multiplicative qui autorise une approche du dividende par des multiples du diviseur. Elle utilise la table de 7 mais comme le dividende est plus grand que 10 × 7, elle est obligée de continuer la table des multiples au-delà de 10 sans dépasser 100.
Les conclusions s'avèrent les mêmes : Chaque équipe recevra 14 bouteilles d'eau, donc 98 bouteilles seront distribuées de façon équitable entre ces 7 équipes et il restera 2 bouteilles.
L'enseignant fait compléter l'égalité : 100 = (14 × 7) + 2 avec 2 < 7.
Les mots dividende, diviseur, quotient et reste sont précisés : 100 est le dividende ; 14 le quotient ; 7 le diviseur et 2 le reste.
C'est l'occasion de signaler que le reste d'une division est toujours inférieur au diviseur.

2 Les élèves rédigent individuellement la solution de ce problème. En cas de blocage, ils peuvent demander l'appui de l'enseignant qui conseille généralement de relire attentivement l'énoncé ou de revenir au modèle de la situation précédente.
Dès que la majorité des enfants a terminé, l'enseignant leur demande de se regrouper par deux ou par quatre, de confronter leurs résultats et de rédiger une réponse collective.

La mise en commun du travail des groupes permet ensuite de discuter chaque solution.
La comparaison des méthodes montre que les diverses solutions aboutissent au même résultat.
145 = (11 × 13) + 2 avec 2 < 13
Chaque équipe recevra 11 bouteilles d'eau et il restera 2 bouteilles.

En fin de séance, l'enseignant pose la question rituelle : *« Qu'avons-nous appris aujourd'hui ? »* Il attend une réponse proche de : ***« Nous avons appris à chercher la valeur d'une part dans une situation de division en effectuant plusieurs soustractions ou plusieurs multiplications. »***

Activités individuelles

S'exercer

1 C'est l'application directe des « Activités de recherche ».
a Les élèves utilisent la méthode de Théo : soustractions successives.
b Les élèves utilisent la méthode de Léa : multiplications successives pour encadrer le dividende entre des multiples du diviseur. Ici, le dividende est dans la table de 12.
L'enseignant peut, s'il le souhaite, exiger des élèves qu'ils écrivent l'égalité suivante : 61 = (5 × 12) + 1. Chaque bracelet aura 5 perles. Il restera 1 perle.

2 Cet exercice permet de consolider la méthode de Léa. Le dividende est en dehors de la table de 4 qu'il faut prolonger au-delà de 10 sans dépasser 80 : 80 = (13 × 6) + 2. Chacun recevra 13 €. Il restera 2 € à Papi.

3 L'observation de l'égalité et notamment du reste doit permettre aux élèves de conclure que le pirate s'est trompé car le reste (7) est plus grand que le diviseur (5).

Résoudre

4 **Problème guidé.** L'enseignant demande aux élèves de suivre les conseils de Mathix : 40 = (13 × 3) + 1. Chacun emportera 13 pots de confiture. Il restera 1 pot à Grand-mère.

5 Les élèves utilisent la méthode de leur choix pour résoudre ce problème : 75 = (15 × 5) + 0. Une étape aura 15 km de longueur.

6 Les élèves utilisent la méthode de leur choix pour répondre aux deux questions de ce problème : 115 = (10 × 11) + 5. Il mettra 10 fleurs par bouquets. Il restera 5 fleurs.

Le coin du chercheur

Il y a 9 bornes hectométriques entre deux bornes kilométriques. Un schéma pourra convaincre les plus sceptiques.

➤ Prolongements

➢ **Photofiche S25**

Cette photofiche de soutien comporte 2 exercices de division résolus par la méthode de Léa. Afin d'alléger la charge de travail des élèves, les tableaux sont préremplis, il ne reste plus qu'à les compléter.

➢ **Photofiche A12**

Elle est similaire à la photofiche de soutien S25 mais les nombres sont plus grands.

➢ **Banque d'exercices p. 84**

35 **Comme le problème guidé.** 43 = (10 × 4) + 3. Chacun aura 10 crabes. Il reste 3 crabes, il faudrait donc 1 crabe supplémentaire pour qu'il n'en reste aucun après le partage.

36 72 = (12 × 6) + 0. La longueur d'un tour de circuit est de 12 km.

37 144 = (9 × 16) + 0. Chaque lot contient 9 yaourts.
2 × 9 < 21 < 3 × 9. Elle doit acheter 3 lots de yaourts.

46 Mobilise tes connaissances (2)

Observations préalables

Toutes les remarques formulées en leçon 25 concernant les compétences et la présentation générale des pages « Mobilise tes connaissances » sont valables pour cette leçon. Nous conseillons donc aux enseignants de s'y reporter

Présentation collective

L'enseignant demande aux élèves d'observer et de lire les documents qui figurent sur les deux pages. Il leur laisse quelques minutes pour ce travail, puis leur donne la parole pour qu'ils puissent apporter des informations supplémentaires, poser des questions ou répondre à celles de leurs camarades. Il n'intervient que si aucun élève ne sait répondre. Il s'assure, en posant quelques questions, que les informations données ont bien été comprises. Il leur indique que la Martinique est aussi un département et région d'Outre-Mer et que cette île est située près de la Guadeloupe. Il montre sa position sur un globe terrestre.

Le travail présenté sur ces deux pages peut être réparti en deux séances.

Travail individuel et en groupes

L'enseignant demande ensuite aux élèves de lire les questions des enfants, de rechercher les données utiles pour y répondre, d'effectuer les calculs nécessaires et de rédiger les réponses.

Il leur signale qu'ils peuvent trouver sur ces deux pages tous les renseignements utiles pour répondre aux questions ; ils ne sont donc pas obligés de consulter d'autres documents.

Après un moment de travail individuel, il leur permet de collaborer avec deux ou trois de leurs camarades pour la rédaction collective des réponses.

Mise en commun

La mise en commun des résultats permet la confrontation des travaux des petits groupes. Si les réponses divergent, l'enseignant demande à chacun de justifier ses résultats. Il n'intervient que si les réponses ne sont pas suffisamment explicites pour tous.

Réponses aux exercices

1 92 milles marins = 92 × 1852 m = 170 384 m = 170 km 384 m. la Martinique est située à environ 170 km de la Guadeloupe.

2 La montagne Pelée est située dans la case (B, 2) du plan. Son altitude est de 1 397 m.

3 Rivière-Salée se trouve dans la case (E, 7) du plan.

4 Le triangle ayant pour sommets Sainte-Anne, Fort-de-France et La Trinité est un triangle rectangle. Le sommet de l'angle droit est Fort-de-France.

5 405 739 – 19 253 = 386 486. En 2013, la Martinique comptait 386 486 habitants.

6 15 × 60 = 900. Le colibri effectue 900 battements d'ailes pour se maintenir sur place pendant 15 s.

7 9 dag = 90 g ; 30 hg = 3 000 g ; 1 kg 800 g = 1 800 g ; 100 dag = 1 000 g.
Fruit à pain ; ananas ; papaye ; goyave ; fruit de la passion.

8 Les mois d'août et de novembre sont les mois les plus pluvieux ; février et mars sont les moins pluvieux. Il est tombé plus de 200 mm de pluie durant les mois d'août, septembre, octobre et novembre.

Je fais le point (2)

Fiche autocorrective pour l'élève

Nombres

- Lire, écrire les grands nombres
- Reconnaître les multiples de 2, 5 ou 10

		A	B	C	Aide
1	Quel est le plus grand nombre parmi : 308 689 ; 310 200 ; 299 900 ?	308 689 *Faux* *308 milliers est plus petit que 310 milliers.*	299 900 *Faux* *2 centaines de mille est plus petit que 3 centaines de mille.*	310 200 *Bravo !*	
2	Range par ordre croissant : 495 999 ; 459 800 ; 508 000.	459 999 508 000 495 999 *Faux* *Tu ne sais pas comparer des nombres.*	508 000 495 999 459 800 *Faux* *Tu confonds ordre croissant et ordre décroissant.*	459 800 495 999 508 000 *Bravo !*	L 26 Ex. 1, 2 et 4
3	123 000 s'intercale entre :	90 000 et 125 000 *Bravo !*	100 000 et 120 000 *Faux* *123 000 est plus grand que 120 000.*	125 000 et 130 000 *Faux* *123 000 est plus petit que 125 000.*	
4	Écris quatre multiples de 3 compris entre 25 et 43.	26 ; 30 ; 36 ; 40 *Faux* *26 et 40 ne sont pas des multiples de 3.*	26 ; 30 ; 33 ; 36 *Faux* *26 n'est pas un multiple de 3.*	27 ; 30 ; 39 ; 42 *Bravo !*	L 28 Ex. 1

Problèmes

- Reconnaître et résoudre des situations de division
- Résoudre une situation additive ou soustractive

		A	B	C	Aide
5	Grand-père partage 108 cerises entre ses petits enfants. Chacun reçoit 25 cerises. Toutes les parts sont égales. Combien de petits enfants ont participé au partage ? Combien de cerises reste-t-il pour Grand-père ?	27 petits enfants, il reste 0 cerise. *Faux* *27 × 25 n'est pas égal à 108 !*	4 petits enfants, il reste 8 cerises. *Bravo !*	3 petits enfants, il reste 33 cerises. *Faux* *Avec 33 cerises, on peut encore faire un groupement de 25 cerises !*	L 43 Ex. 1
6	Avec 128 coquillages, Elsa prépare 8 colliers identiques. Combien de coquillages contient chaque collier ?	16 *Bravo !*	64 *Faux* *C'est 8 colliers et non 2 !*	1 040 *Faux* *Tu fais n'importe quoi !*	L 45 Ex. 2
7	Hier, il faisait 5 °C de plus que ce matin. Ce matin, le thermomètre indique 13 °C. Quelle température indiquait le thermomètre hier matin ?	18 °C *Bravo !*	8 °C *Faux* *Hier, il faisait plus chaud que ce matin !*	7 °C *Faux* *Erreur de calcul.*	L 40 Problème de référence 1

Calculs

- Calculer un produit

		A	B	C	Aide
8	Calcule sans poser l'opération : 8 × 24	192 *Bravo !*	292 *Faux* *8 × 20 = 160 et non 260 !*	212 *Faux* *160 + 32 n'est pas égal à 212 !*	L 27 Ex. 1
9	Pose et effectue : 173 × 7	1111 *Faux* *Erreur de retenue.*	721 *Faux* *2 erreurs de retenue !*	1211 *Bravo !*	L 34 Ex. 1 et 2

Espace et géométrie

- Identifier un axe de symétrie
- Identifier des triangles

		A	B	C	Aide
10	Dans quelle figure, les droites rouges sont-elles des axes de symétrie du rectangle ?	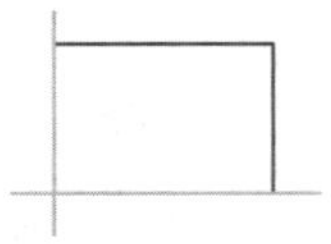 *Tu ne peux pas plier la figure suivant une de ces droites.*	 *Bravo !*	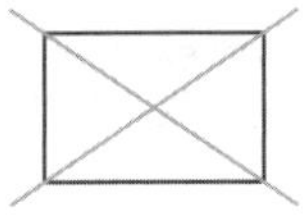 *Faux* *Si tu plies suivant une de ces droites, les deux parties ne se superposent pas.*	L 38 Activité de recherche 4
11	Comment appelle-t-on un triangle qui possède 1 angle droit et 2 côtés de même longueur ?	Triangle équilatéral *Faux* *Un triangle équilatéral a ses 3 côtés de même longueur.*	Demi-rectangle *Faux* *Ce n'est pas le nom d'un triangle.*	Triangle rectangle et isocèle *Bravo !*	L 30 Ex. 2b

Grandeurs et mesures

- Connaître les unités de longueur et leurs relations
- Connaître les unités de masse et leurs relations
- Calculer des durées

		A	B	C	Aide
12	Convertis en m : 5 km 50 m	550 m *Faux* *Il faut trouver plus de 5 000 m.*	5 005 m *Faux* *5 000 + 50 n'est pas égal à 5 005.*	5 050 m *Bravo !*	L 29 Ex. 2
13	Convertis en hm : 3 500 m	350 hm *Faux* *1 hm = 100 m*	35 000 hm *Faux* *Tu confonds hm et dm !*	35 hm *Bravo !*	
14	Convertis en s : 6 min 40 s	400 s *Bravo !*	360 s *Faux* *Tu as oublié d'ajouter les 40 s.*	640 s *Faux* *1 min n'est pas égale à 100 s !*	L 36 Ex. 3
15	Convertis en g : 3 hg 5 dag	35 g *Faux* *Tu dois trouver plus de 3 hg (300 g).*	350 g *Bravo !*	3 500 g *Faux* *Tu confonds hg et kg ; hg et dag !*	L 44 Ex. 2

Évaluation (2)

Nom : .... Prénom : .... Date : ....

Connaissances et compétences		**Évaluation**
Nombres et calculs		
1.	**Comparer, ranger, encadrer des grands nombres entiers**	
a.	Comparer des nombres	
b.	Ranger quatre nombres	
c.	Intercaler un nombre	
d.	Encadrer un nombre	
2.	**Mémoriser des faits numériques et des procédures élémentaires de calcul**	
a.	Calculer une multiplication en ligne	
b.	Encadrer un nombre entre 2 multiples	
3.	**Calcul posé : mettre en œuvre un algorithme de calcul posé pour la multiplication**	
a.	Poser et effectuer une multiplication par un nombre de 1 chiffre	
b.	Poser et effectuer une multiplication par un nombre de 2 chiffres	
4.	**Résoudre des problèmes mettant en jeu les quatre opérations**	
a.	Résoudre une situation soustractive ou additive	
b.	Résoudre une situation de division	

1 **a. Entoure** le plus grand nombre de chaque étiquette.

5 678 134 700 98 780

235 800 345 000 234 900

b. Range ces 4 nombres par ordre décroissant : 78 300 ; 345 000 ; 57 900 ; 453 000.

....

c. Entre quels nombres de cette suite s'intercale 16 789 ?

15 600 ; 16 400 ; 16 600 ; 14 000 .... < 16 789 < ....

d. Encadre 132 357 entre 2 centaines de mille qui se suivent.

.... < 132 357 < ....

2 **a. Calcule** sans poser l'opération : 5 × 17.

5 × 17 = 5 × 10 + 5 × ....

5 × 17 = ... + ...

5 × 17 = ...

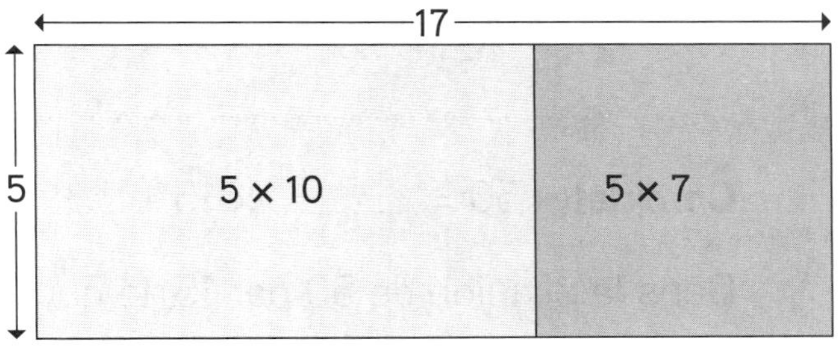

Nom : .... Prénom : .... Date : ....

b. Encadre 17 entre deux multiples de 3 consécutifs.

.... × 3 < 17 < .... × 3 ; .... < 17 < ....

3 **Pose** et **calcule**.

a. 145 × 6

b. 238 × 24

4 **a.** Jules possède 45 billes. Il a 10 billes de plus que Mathéo.
Combien de billes Mathéo possède-t-il ?

....

....

b. Ninon range sa collection de 50 coquillages dans des boîtes pouvant contenir 15 coquillages.

Combien de boîtes complètes aura-t-elle ?

....

....

Combien de coquillages la boîte incomplète contiendra-t-elle ?

....

....

Complète : 50 = ... × 15 + ...

Dans la division de 50 par 15, le quotient est ...., le reste est ....

Nom : .... Prénom : .... Date : ....

Connaissances et compétences — **Évaluation**

	Grandeurs et mesures	Évaluation
5. a. b.	**Utiliser les unités de mesure de longueur et leurs relations** Convertir des longueurs Additionner des longueurs	
6. a. b.	**Utiliser les unités de mesure de masse et leurs relations** Convertir des masses Additionner des masses	
7.	**Utiliser les unités de durée et leurs relations** Convertir des unités de durée	

5 a. Convertis.

2 km = ... m ; 5 dam = ... m ; 8 hm = ... m

3 m = ... cm ; 4 dm = ... cm ; 34 cm = ... mm

b. Calcule en mètres.

3 km 800 m + 7 hm = ...

....

1 km + 5 dam + 3 hm = ...

....

6 a. Convertis.

4 kg = ... g ; 2 dag = ... g ; 8 hg = ... g

3 g = ... cg ; 6 dg = ... cg ; 25 cg = ... mg

b. Calcule en grammes.

2 kg 500 g + 6 hg = ...

....

7 Convertis.

1 min = ... s ; 2 h = ... min ; 5 min = ... s

120 min = ... h ; 90 s = ... min .... s ; 70 min = ... h .... min

Nom : .... Prénom : .... Date : ....

Connaissances et compétences **Évaluation**

	Espace et géométrie	
8.	**Trouver l'axe de symétrie d'une figure** Identifier un axe de symétrie	
9.	**Reconnaître, nommer, comparer, vérifier, décrire des figures simples** Identifier des triangles	
10.	**Se repérer, décrire ou exécuter des déplacements, sur un plan ou sur une carte** Se repérer sur un plan	

8 **Trace** les axes de symétrie de ces figures.

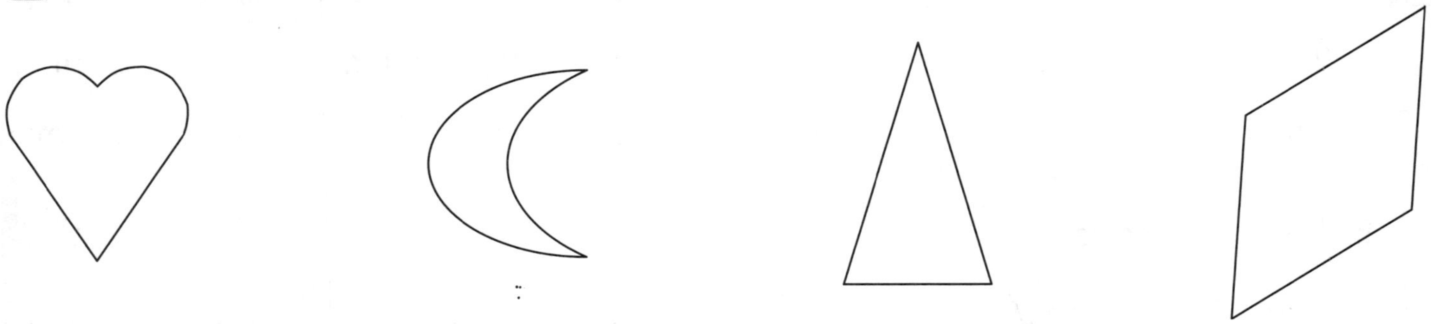

9 **Nomme** chaque triangle.

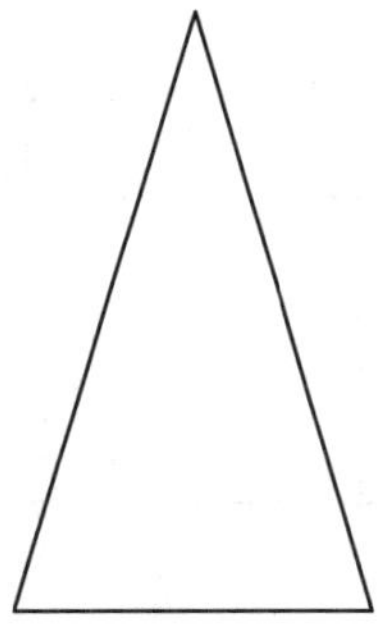

....

....

A

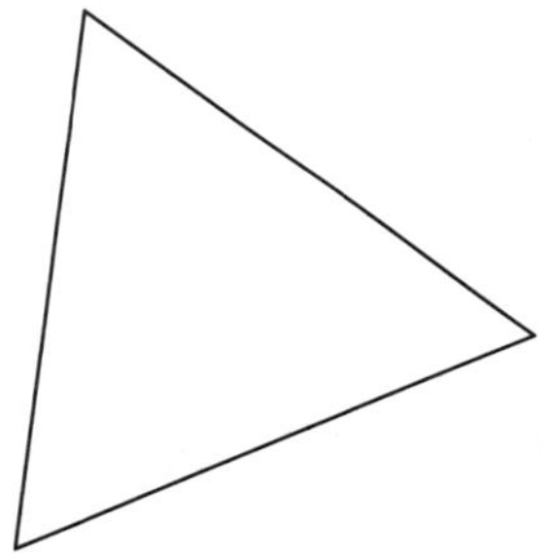

....

....

B

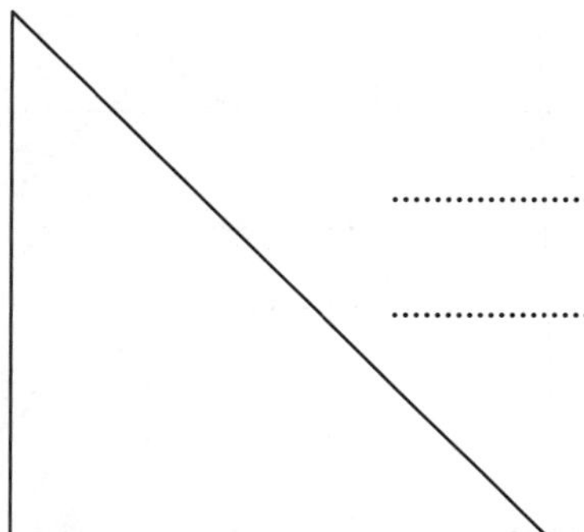

....

....

C

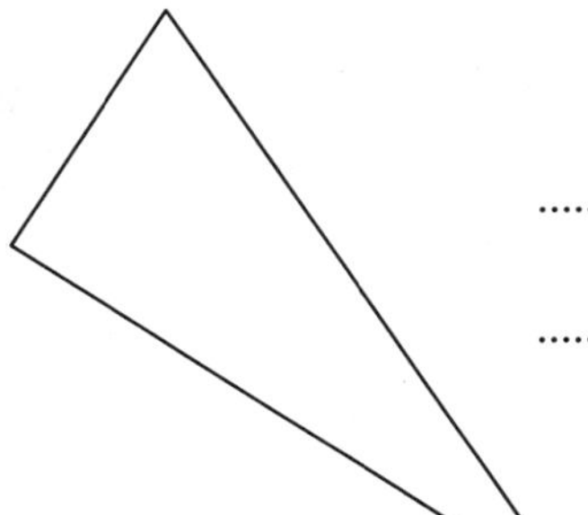

....

....

D

Nom : .... Prénom : .... Date : ....

10 **Observe** ce plan d'Avignon.

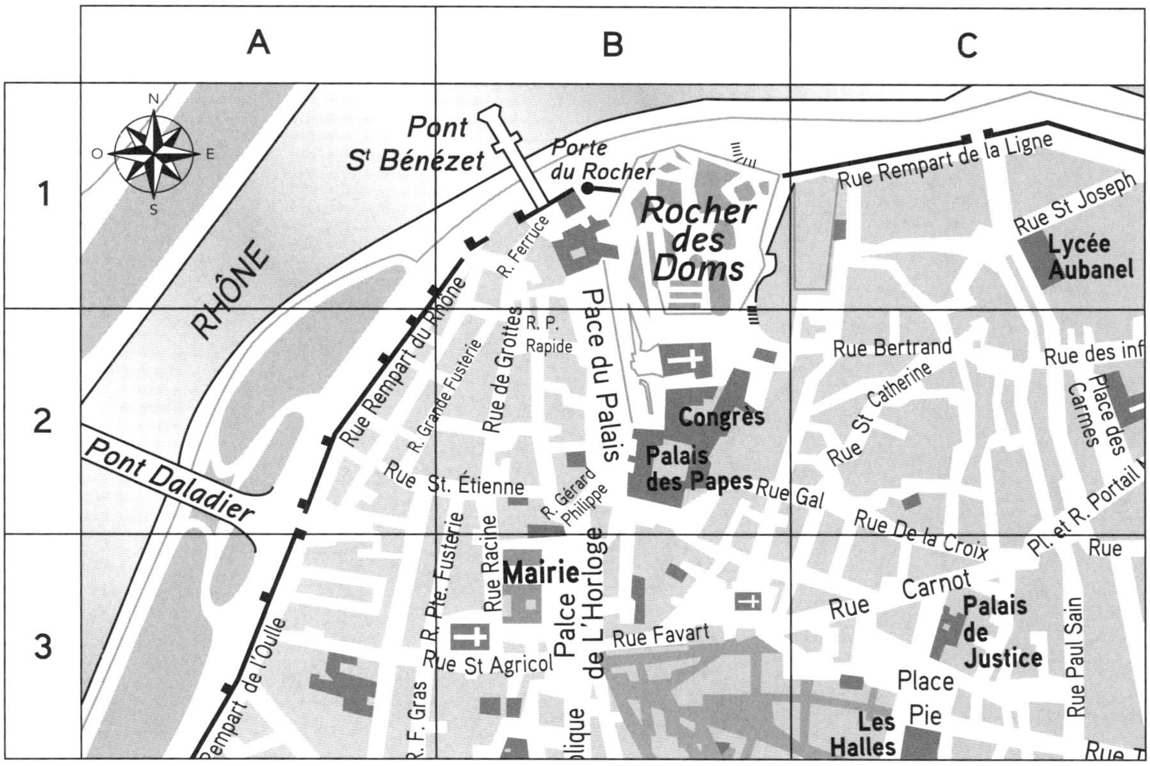

a. Dans quelle case du plan se trouve :

– la mairie ? ....

– le Lycée Aubanel ? ....

b. Quel monument célèbre se trouve en (B, 2) ?

....

c. Julien part de la mairie pour visiter le pont Saint-Bénezet connu sous le nom de « Pont d'Avignon ». **Trace** un chemin qu'il peut emprunter.

Présentation de la période 3

Observations préalables

Toutes les remarques relatives à la présentation de la Période 1 demeurent valables pour cette nouvelle période.

L'enseignant peut s'y reporter utilement pour l'exploitation de cette page.

Les mesures de contenance sont inscrites sur les pots, sur les bouteilles... Les droites parallèles, la comparaison des aires, les graduations d'une droite sont faciles à repérer.

Les fractions sont plus difficiles à trouver mais bien présentes ainsi que les situations multiplicatives et de division.

47 Mesure de contenances

Compétences
Connaître les unités de contenance.
Effectuer des calculs sur les contenances.

Calcul mental
Multiples de 25, de 50. L'enseignant dit « 6 × 50 ». L'élève écrit 300.
Items : 6 × 50 ; 4 × 25 ; 5 × 50 ; 8 × 25 ; 3 × 50 ; 4 × 50 ; 6 × 25 ; 2 × 25 ; 5 × 25 ; 10 × 25.

Observations préalables
Les enfants ont déjà étudié les unités de longueurs (leçon 9 et leçon 29) et les unités de masses (leçon 44) ; ils n'auront aucun mal à établir l'analogie entre ces unités et les unités de contenance.

Activités collectives

Matériel : Par groupe : Un tableau de conversion (voir matériel photocopiable), 2 ou 3 bouteilles ou récipients différents, des verres en matière plastique identiques, des récipients où est inscrite leur contenance : bouteilles 25 cL, 50 cL, 1 L, 1 L et demi, canettes....

➡ Activités préliminaires

Activité 1 : Mesurer une contenance

En classe ou dans un local adapté, l'enseignant regroupe les élèves afin de former quatre ou cinq groupes. Chaque groupe d'élèves est muni de trois ou quatre récipients. L'enseignant donne la consigne : *« Rangez ces récipients en fonction de leur contenance. »* L'enseignant laisse les élèves expérimenter librement, puis invite le groupe qui a eu l'idée d'étalonner les récipients (avec un verre, par exemple) à exposer sa méthode aux autres élèves de la classe. Lors de la confrontation du travail, les élèves constatent que le verre permet d'exprimer les contenances des récipients ; par exemple, le récipient A contient 5 verres, le récipient B, 8 verres, etc. L'unité choisie (le verre) est arbitraire, mais elle permet d'exprimer approximativement les contenances des différents récipients, puis de les comparer.

Activité 2 : Jouer avec des contenances et convertir

Munis de bouteilles de 25 cL, les élèves doivent déterminer, par transvasement, le nombre de bouteilles qu'il faut pour remplir une bouteille de 50 cL, une de 75 cL, une de 1 L et une de 1,50 L. Il faut deux bouteilles de 25 cL pour remplir une bouteille de 50 cL, 3 pour remplir celle de 75 cL, 4 pour remplir celle de 1 L = 100 cL, 6 pour remplir celle de 1,50 L = 100 cL + 50 cL = 150 cL. L'enseignant écrira au tableau l'égalité que les élèves devront retenir : 1 L = 100 cL.
Il justifie ainsi le nom de « centilitre », en faisant le rapprochement avec « centimètre ».

Activité 3 : Observer et interpréter un tableau de conversion

Les élèves observent les différentes unités de contenance dans le tableau de conversion que l'enseignant leur distribue. Ils ont déjà étudié les mesures de longueurs (leçon 42) et les mesures de masse (leçon 44) ; ils n'auront aucun mal à établir l'analogie entre les mesures du système métrique. Ils donnent la signification des abréviations des sous-multiples du litre : dL pour décilitre, cL pour centilitre, mL pour millilitre. L'enseignant leur demande où ils ont vu ces abréviations. Il tient en réserve des bouteilles, des boîtes de jus de fruits et des flacons de médicaments vides au cas où les enfants ne sauraient répondre. Ils peuvent alors écrire les égalités : 1 L = 10 dL ; 1 L = 100 cL ; 1 L = 1 000 mL.
L'enseignant leur demande de ranger les unités de mesure des contenances dans l'ordre décroissant : L, dL, cL, mL.

➡ Activités de recherche

1 Les élèves font l'analogie avec la première activité préliminaire. Tous les verres sont identiques. Avec le flacon A on peut remplir 6 verres : sa contenance est de 6 verres. Avec le flacon B, on peut en remplir 8 : sa contenance est de 8 verres. Le flacon B a donc la plus grande contenance.

2 Les élèves ont réalisé une telle manipulation dans l'activité préliminaire 2. Il faut 2 bouteilles de 50 centilitres pour remplir une bouteille d'un litre. On en déduit donc que 1 L = 100 cL.

3 Par analogie avec les mesures de longueur, l'enseignant demande aux élèves de nommer les sous-multiples du litre comme ils l'ont fait dans l'activité préliminaire 3. En utilisant leur connaissance des préfixes ou du tableau, les élèves vont pouvoir compléter les égalités. Après une phase de travail individuel, la correction est collective.
1 L = 10 dL ; 1 L = 100 cL ; 1 L = 1 000 mL ; 1 dL = 10 cL ; 1 cL = 10 mL.

4 Le problème est lu collectivement. Individuellement les élèves réalisent les conversions. La correction est collective.
Jus de raisin : 200 mL = 20 cL. Eau gazeuse : 4 dL = 40 cL.
Cocktail : 25 cL de jus d'orange, 10 cL de jus de citron, 20 cL de jus de raisin et 4 cL d'eau gazeuse. 25 + 10 + 20 + 40 = 95.
La recette permet de réaliser 95 cL de cocktail, soit 950 mL.
Mélissa ne peut donc pas utiliser le récipient de 800 mL.
(950 mL > 800 mL).

L'enseignant pose ensuite la question rituelle : *« Qu'avons-nous appris aujourd'hui ? »* Il aide la classe à formuler une réponse proche de : ***« Nous avons appris à utiliser les différentes unités de contenance. Nous avons appris à effectuer des calculs sur les contenances. »***

Activités individuelles

S'exercer

1 Arrosoir : 5 L ; gourde : 2 dL ; tasse : 10 cL ; verre : 20 cL ; baignoire : 150 L.

2 Contrairement aux items **a** les items **b** portent sur des mesures complexes.
a 3 L = 3 000 mL ; 40 dL = 4 000 mL ; 5 cL = 50 mL.
b 1 L 2 dL = 1200 mL ; 1 L 3cL = 1030 mL ; 3 dL 5 mL = 305 mL.

3 La différence de niveau entre les items **a** et **b** tient à la taille des nombres.
a 30 dL = 3 L ; 900 cL = 9 L ; 8 000 mL = 8 L.
b 500 dL = 50 L ; 6 000 cL = 60 L ; 80 000 mL = 80 L.

4 **a** 350 cL = 3 L 50 cL ; 4 500 mL= 4 L 50 cL ; 437 dL = 43 L 70 cL.
b 32 dL = 3 L 20 cL ; 507 cL = 5 L 7 cL ; 5 020 mL= 5L 2 cL.

5 Pour comparer des contenances, il faut les exprimer dans la même unité. Convertissons en cL :
1 L = 100 cL ; 5 L = 500 cL ; 10 L = 1 000 cL.
Si nous classons les contenances des pots de peinture dans l'ordre croissant de leur contenance, nous obtenons : 50 cL < 100 cL < 500 cL < 1 000 cL et si nous classons les pots : C < A < B < D donc :
A → 1 L , B → 5 L ; C → 50 cL ; D → 10 L.

6 Pour comparer des contenances, il faut les exprimer dans la même unité.
Convertissons 2 dL et 15 cL en mL : 2 dL = 200 mL et 15 cL = 150 mL.
Si nous rangeons dans l'ordre croissant les contenances de ces flacons, nous obtenons :
100 mL < 15 cL < 2 dL < 250 mL.

Résoudre

7 **Problème guidé.** Il faut convertir 3 cL en mL : 3 cL = 30 mL. Théo doit prendre 30 mL de sirop.
Une cuillère correspond à 15 mL. 30 = 2 × 15 mL. Théo doit donc prendre 2 cuillères de sirop chaque soir.

8 Il est important de convertir toutes les contenances dans la même unité :
1 L = 100 cL ; 1 L et demi, c'est 1 L + 50 cL = 150 cL.
100 = 4 × 25 Il faut 4 canettes de 25 cL pour remplir une bouteille de 1 L.
150 = 6 × 25. Il faut 6 canettes de 25 cL pour remplir une bouteille d'un litre et demi.

Le coin du chercheur
Mehdi est mon frère ou mon cousin.

➤ Prolongements

➢ **Photofiche S26**

Cette photofiche se compose de 4 exercices de conversion de difficulté croissante.

➢ **Banque d'exercices p. 116**

1 La plus grande : 30 L ; la plus petite 37 cL.

2 20 mL = 2 cL ; il faut 6 cuillères pour remplir un pot de 12 cL.

3 1 L = 100 cL = 10 × 10 cL. On peut servir 10 verres.

4 Magum : 2 bouteilles. Jéroboam : 4 bouteilles. Mathusalem : 8 bouteilles. Salmanazar : 12 bouteilles.

Leçon 47 – Mesure de contenances

Matériel photocopiable

L	dL	cL	mL

48 La division : Recherche du quotient et du reste par encadrement

Compétence
Rechercher le quotient et le reste par encadrement du dividende entre deux multiples du diviseur.

Calcul mental
Diviseurs de 100 et de 1 000. L'enseignant demande : « Combien de fois 250 dans 1 000 ? » ; l'élève écrit 4 fois.
Items : Combien de fois :
250 dans 1 000 ? ; 25 dans 100 ? ; 10 dans 100 ? ; 100 dans 1 000 ? ; 20 dans 100 ? ;
200 dans 1 000 ? ; 50 dans 100 ? ; 500 dans 1 000 ? ; 10 dans 1 000 ? ; 20 dans 1 000 ?

Activités collectives

Activités de recherche

1 Les élèves lisent l'énoncé du problème. L'enseignant s'assure qu'ils ont compris la situation en posant cette question : *« Qui peut expliquer la méthode utilisée par Théo pour diviser le nombre de billes de porcelaine ? »*
Les élèves constatent que le nombre 48 n'est pas un multiple de 5. Il est compris entre deux multiples de 5 consécutifs, à savoir 45 et 50.
45 < 48 < 50 9 × 5 < 48 < 10 × 5.
Ils recopient et complètent : 48 = (9 × 5) + 3.
48 divisé par 5, quotient : 9, reste : 3.
Chacun aura 9 billes en porcelaine. Il en restera 3.

2 Les élèves observent le calcul de Léa. Le nombre 72 est plus grand que 50 et il n'est pas un multiple de 5, il faudra l'encadrer entre deux multiples de 5 consécutifs. Léa commence la table à 10 × 5 = 50 et la continue : 11 × 5 = 55, 12 × 5 = 60... jusqu'au premier nombre qui sera plus grand que 72. L'enseignant demande aux élèves de continuer la table : 13 × 5 = 65, 14 × 5 = 70, 15 × 5 = 75. Les élèves peuvent recopier et compléter l'encadrement de 72 : 70 < 72 < 75 ; 14 × 5 < 72 < 15 × 5 ; puis terminer la division :
72 = (14 × 5) + 2.
Chacun aura 14 billes. Il en restera 2.

3 Les élèves observent le calcul de Mélissa. Elle doit partager 118 billes. C'est un grand nombre. 118 est compris entre 20 × 5 = 100 et 30 × 5 = 150. La part de chacun sera comprise entre 20 et 30. Mélissa commence la table à 20 × 5 = 100 et la continue : 21 × 5 = 105, 22 × 5 = 110, les élèves la continuent 23 × 5 = 115, 24 × 5 = 120. 118 est dépassé. Les élèves peuvent encadrer 118 entre deux multiples de 5 consécutifs.
115 < 118 < 120 ; 23 × 5 < 118 < 24 × 5.
Ils peuvent maintenant finir la division : 118 = (23 × 5) + 3.
Chacun aura 23 billes. Il en restera 3.

En fin de séance, l'enseignant pose la question rituelle : *« Qu'avons-nous appris aujourd'hui ? »* Il attend une réponse proche de : ***« Nous avons appris à rechercher le quotient et le reste d'une division par encadrement du dividende entre deux multiples du diviseur. »***

Activités individuelles

S'exercer

1 Les exercices **1** et **2** sont les applications directes des « Activités de recherche ». Pour trouver le quotient et le reste de chaque division, il faut encadrer le dividende entre deux multiples du diviseur. Ce qui distingue les items **a** des items **b**, c'est d'abord la taille des nombres, plus grande dans les items **b**. Ensuite, c'est l'aide forte dont bénéficient les items **a** :
– les tables sont données entières et les nombres à encadrer, présents à la droite des tables ;
– repérage par une flèche entre quels multiples se fera l'encadrement. Cette aide est absente des items **b**.
En item **2** **b**, les élèves devront continuer la table pour pouvoir répondre.

1 **a** 31 divisé par 4 : 28 < 31 < 32.
31 = (7 × 4) + 3 ; quotient : 7, reste : 3.
b 53 divisé par 8 : 48 < 53 < 56.
53 = (6 × 8) + 5 ; quotient : 6, reste : 5.

2 **a** 58 divisé par 4 : 56 < 58 < 60.
58 = (14 × 4) + 2 ; quotient : 14, reste : 2.
b 98 divisé par 8 : 96 < 98 < 104.
98 = (12 × 8) + 2 ; quotient : 12, reste : 2.

3 L'exercice est à effectuer sans aide. La taille des nombres de la division de l'item **b** est plus grande que celle des nombres de l'item **a**.

a • 86 divisé par 4 : 84 < 86 < 88.
86 = (21 × 4) + 2 ; quotient : 21, reste : 2.
• 77 divisé par 3 : < 77 < 78.
77 = (25 × 3) + 2 ; quotient : 25, reste : 2.
b • 123 divisé par 8 :
10 × 4 = 40 ; 20 × 4 = 80 ; 30 × 4 = 120.
120 < 123 < 128
123 = (15 × 8) + 3 ; quotient : 15, reste : 3.
• 146 divisé par 5 :
20 × 5 = 100 ; 30 × 5 = 150
145 < 146 < 150
146 = (29 × 5) + 1 ; quotient : 29, reste : 1.

Résoudre

4 **Problème guidé.**
70 < 73 < 75.
73 = (14 × 5) + 3. 14 pages sont complètes. La page incomplète contient 3 photos.

5 Il faut diviser 50 par 6. 48 < 50 < 54.
50 = (8 × 6) + 2. Il y aura 8 boîtes pleines. La boîte incomplète contiendra 2 volants.

6 Il faut diviser 52 par 4. 52 est un multiple de 4.
52 = 13 × 4. Il y a 13 cartes de chaque couleur.

7 Il faut diviser 31 par 7. 28 < 31 < 35.
31 = (4 × 7) + 3. Dans un mois de 31 jours, il y a 4 semaines entières.

Le coin du chercheur

On compte dix triangles isocèles.

➤ Prolongements

➢ Photofiche S27

Elle propose quatre exercices semblables à l'item a de l'exercice 1 du manuel. Dans les trois premiers, les tables sont données ; elles sont complètes pour faciliter la recherche des encadrements entre deux multiples consécutifs. Dans le dernier, la table n'est pas donnée, mais les élèves peuvent se servir de celle présente dans l'exercice 2.

➢ Photofiche A13

Il faut calculer le quotient et le reste de trois divisions de grands nombres avec un minimum d'aide.

➢ Banque d'exercices p. 116

5 Encadre 54 entre deux multiples de 8 qui se suivent.
48 < 54 < 56.
Écris le quotient et le reste de la division de 54 par 8.
54 = (6 × 8) + 6 ; quotient : 6, reste : 6.

6 Encadre 67 entre deux multiples de 3 qui se suivent.
66 < 67 < 69
Écris le quotient et le reste de la division de 67 par 3.
67 = (22 × 3) +1 ; quotient : 22, reste : 1.

7 • 65 divisé par 7 :
65 = (9 × 7) + 2 ; quotient : 9, reste 2.
• 65 divisé par 5 :
65 = (13 × 5) ; quotient : 13, reste : 0.
• 68 divisé par 7 :
68 = (9 × 7) + 5 ; quotient : 9, reste : 5.
• 68 divisé par 5 :
68 = (13 × 5) + 3 ; quotient : 13, reste : 3.

8 **Comme le problème guidé.**
73 = (12 × 6) + 1.
Noémie aura 12 sachets complets.
Le sachet incomplet contiendra un chouchou.

9 130 = (14 × 9) + 4. Le pâtissier pourra remplir 14 sachets.
Il manque 5 gâteaux pour remplir un sachet de plus.

49 Problèmes : Apprendre à résoudre Comparaisons multiplicatives

Compétence
Trouver la valeur du référé ou du référent dans un problème de comparaison multiplicative.

Calcul mental
Problèmes : L'enseignant dit deux fois l'énoncé : « Han a 18 billes. Sarah a 12 billes de plus que lui. Combien de billes Sarah a-t-elle ? » ; l'élève écrit 30 billes.
Items :
- « Chloé a 20 billes. Léa a 4 billes de moins que Chloé. Combien de billes a Léa ? »
- « Paul a 15 images. Julie en a 8 de plus que Paul. Combien d'images a Julie ? »
- « Marie mesure 130 cm, Théo mesure 4 cm de moins que Marie. Combien mesure Théo ? »

Observations préalables
Cette leçon se penche sur les problèmes de comparaison multiplicative en se limitant à la comparaison associée à l'expression « fois plus que » mais dans lesquels il faut chercher la valeur du référé (sens normal de la comparaison) ou la valeur du référent (qui oblige à inverser le sens de la comparaison). Ces comparaisons ne doivent pas être confondues avec les comparaisons additives ou soustractives (de plus que/de moins que) ayant fait l'objet de la leçon 40. Ces situations de comparaison multiplicative doivent être clarifiées car elles sont au cœur des premiers raisonnements utilisés pour résoudre des situations de proportionnalité.
Les difficultés sont nombreuses sur le chemin des élèves. La première est la compréhension de l'expression « fois plus que » : dire que 6 c'est 2 fois plus que 3 signifie que 6 est égal à 2 fois 3. Ensuite, quand les élèves doivent inverser la comparaison pour trouver la valeur du référé, verbalement une autre difficulté surgit : utiliser l'expression « fois moins que », et au niveau du calcul, se retrouver face à la résolution d'une multiplication à trou qui se traduit par une division. La correspondance entre « fois moins que » et la division n'est pas non plus évidente à établir ! C'est une leçon délicate. Elle est prévue pour être traitée en deux séances successives.

Activité collective

➡ Problème de référence 1

Les élèves lisent silencieusement l'énoncé du problème, puis répondent aux premières questions portant sur sa compréhension : il faut chercher le prix du marqueur. C'est le marqueur qui est l'article le plus cher. La phrase qui traduit l'énoncé est : *« Le prix du marqueur, c'est trois fois le prix du feutre »*. L'enseignant demande aux élèves de dire la phrase de l'énoncé : *« Un marqueur coûte 3 fois plus cher que le feutre »* d'une autre façon. Il attend : *« Un marqueur coûte 3 fois le prix d'un feutre. »* Il précise que l'usage a consacré l'expression « fois plus que » ; les élèves doivent donc apprendre à la traduire dans le texte de l'énoncé pour faire le lien avec la table de multiplication de 3 et pouvoir effectuer leur calcul. L'enseignant insiste aussi sur le risque de confusion avec l'expression « trois de plus que » étudiée en leçon 40 et qui ne se traduit pas du tout de la même façon.
Les élèves achèvent la résolution du problème en calculant 3 × 80 c = 240 c = 2 € 40 c. Puis en rédigeant une phrase réponse : *« Le marqueur coûte 2 € 40 c. »*

Activités individuelles

➡ Problèmes d'application

1 Les élèves lisent l'énoncé du problème d'application 1 qui traite de contenances. L'enseignant s'assure de sa compréhension puis laisse travailler les élèves. Ils précisent qu'il faut chercher la contenance de la bouteille puis calculent 6 × 25 cL = 150 cL ; ils convertissent cette contenance en litres et centilitre : 150 cL = 1 L 50 cL ; puis rédigent une phrase réponse : La bouteille a une contenance de 1 L 50 cL.
L'enseignant souligne la relation entre « six fois plus grande que » et la multiplication par 6, il fait remarquer que, dans ce cas, on dit aussi que la bouteille a une contenance de 1 litre et demi car 50 cL est égal à un demi-litre.

2 L'énoncé du deuxième problème d'application ne comporte aucune aide. Il doit être résolu individuellement par les élèves. Si la relation entre l'expression « 4 fois plus que » et la multiplication par 4 a été comprise, les élèves traduisent l'énoncé par l'opération 4 × 20 images = 80 images. Noémie possède 80 images.

3 Une buse pèse 5 fois plus qu'un faucon Crécerelle, donc les élèves multiplient par 5 la masse du faucon Crécerelle : 5 × 200 g = 1 000 g = 1 kg. Ils rédigent une phrase réponse : *« Une buse pèse environ 1 kg. »*

Activités collectives

➡ Problème de référence 2

Les élèves lisent silencieusement l'énoncé du problème de référence 2. L'enseignant souligne l'importance de bien repérer si le prix de la veste est plus ou moins élevé que le prix du pantalon.
Il demande ensuite à la classe de répondre aux questions de compréhension de l'énoncé : il faut chercher le prix du pantalon, l'article le plus cher est la veste, la phrase qui traduit l'énoncé est : *« Le prix de la veste, c'est 2 fois le prix du pantalon. »*

L'enseignant écrit au tableau : prix de la veste = 2 × prix du pantalon, soit 80 € = 2 × prix du pantalon. L'enseignant fait remarquer que le prix de la veste est égal au double du prix du pantalon, donc le prix du pantalon est égal à la moitié du prix de la veste. On dit que le pantalon vaut deux fois moins cher que la veste. Donc, pour calculer le prix du pantalon, il faut diviser le prix de la veste par 2, c'est-à-dire compléter la multiplication : 80 € = 2 × ..... €. L'enseignant insiste sur la correspondance entre multiplication à trou et division qui va être réinvestie dans la résolution des problèmes d'application. Il demande aux élèves de calculer le prix du pantalon : 80 € = 2 × 40 € puis de rédiger une phrase réponse : « *Le pantalon coûte 40 €* ». L'enseignant insiste sur l'importance de bien analyser les relations décrites par l'énoncé pour ne pas traduire mécaniquement l'expression « 2 fois plus cher que » par une multiplication par 2 du prix de 80 €.

Activités individuelles

➡ Problèmes d'application

1 Les élèves lisent l'énoncé du problème d'application 1. L'enseignant leur demande de répondre aux questions portant sur la compréhension de l'énoncé avant de chercher à résoudre le problème. La question porte à nouveau sur le référent, ce qui oblige à inverser le sens de la comparaison. L'enseignant accompagne la résolution de ce premier problème d'application : il faut chercher le nombre de points de Flora, c'est Pedro qui a le plus de points, il faut multiplier le nombre de points de Flora par 3 pour trouver le nombre de points de Pedro, mais on sait que Pedro a 60 points. L'enseignant écrit au tableau : 60 points = 3 × nombre de points de Flora et se livre à un travail oral d'inversion des termes de la comparaison : Pedro a 3 fois plus de points que Flora, donc Flora a 3 fois moins de points que Pedro. Il peut ainsi établir le lien entre l'expression « 3 fois moins que » et la division par 3 qui en découle pour résoudre la multiplication à trou.
Les élèves achèvent le calcul : Flora possède 20 points. L'enseignant leur conseille de relire l'énoncé en ayant en tête la réponse qu'ils viennent d'obtenir afin de vérifier qu'elle s'accorde bien avec l'énoncé : Pedro a bien 3 fois plus de points que Flora.

2 L'énoncé du deuxième problème d'application ne comporte aucune aide. Ce problème doit être résolu individuellement par les élèves. Il concerne la comparaison entre le poids de Mélissa à l'âge de 4 mois et son poids actuel de 25 kg qui est 5 fois plus important que son poids à l'âge de 4 mois. Pour les élèves prenant en compte la vraisemblance du résultat, l'écart d'âge devrait éviter de répondre que Mélissa pesait 125 kg (5 × 25 kg) à l'âge de 4 mois, mais la division de 25 par 5 ne sera pas perçue par tous les élèves.
Lors de la mise en commun, l'enseignant demande aux élèves d'inverser les termes de la comparaison : aujourd'hui, Mélissa pèse 5 fois plus qu'à l'âge de 4 mois, donc à l'âge de 4 mois, Mélissa pesait 5 fois moins qu'aujourd'hui. On peut ainsi réinvestir la correspondance entre l'expression « 5 fois moins » et la division par 5 qui en découle : 25 kg = 5 × ... kg donc 25 kg = 5 × 5 kg.
À l'âge de 4 mois, Mélissa pesait seulement 5 kg.

3 L'énoncé du troisième problème d'application concerne le nombre de bouquets vendus par un fleuriste : le jour de la fête des mères il a vendu 100 bouquets, c'est 4 fois plus que ce qu'il vend un jour de semaine. Combien de bouquets vend-il un jour de semaine ?
L'enseignant demande aux élèves si le fleuriste vend plus de bouquets un jour de semaine ou le jour de la fête des mères, puis il les laisse résoudre ce dernier problème d'application. Lors de la mise en commun, il demande à un élève de se livrer à l'inversion des termes de la comparaison : le jour de la fête des Mères, le fleuriste a vendu 4 fois plus de bouquets qu'un jour de semaine, donc un jour de semaine, le fleuriste vend 4 fois moins de bouquets que le jour de la fête des mères soit 25 bouquets. Il propose de vérifier que la réponse obtenue est bien conforme à l'énoncé : le fleuriste vend 100 bouquets le jour de la fête des Mères, c'est bien 4 fois plus qu'un jour de semaine où il vend 25 bouquets.
Pour conclure ce travail, l'enseignant rappelle que les expressions « fois plus que » ou « fois moins que » se traduisent par des multiplications, des multiplications à trou ou des divisions et qu'il est conseillé de vérifier que la réponse trouvée correspond bien à l'énoncé pour s'assurer qu'on ne l'a pas interprété à l'envers.

En fin de séance, l'enseignant pose la question rituelle : « *Qu'avons-nous appris aujourd'hui ?* » Il attend une réponse proche de : ***« Nous avons appris à résoudre des problèmes dans lesquels on utilise l'expression "... fois plus que..." qu'il ne faut pas confondre avec l'expression "... de plus que...". »***

➤ Prolongements

➢ Photofiche P14

Cette fiche comporte quatre problèmes dans lesquels il faut chercher la valeur du référé dans un problème de comparaison multiplicative, ce qui ne nécessite pas d'inverser le sens de la comparaison. Le premier énoncé est accompagné d'une aide légère tandis que les trois autres ne comportent pas d'aide particulière.

➢ Photofiche P15

Cette fiche comporte quatre problèmes dans lesquels il faut chercher la valeur du référent dans un problème de comparaison multiplicative, ce qui nécessite d'inverser le sens de la comparaison. Le premier énoncé est accompagné d'une aide tandis que les trois autres ne comportent pas d'aide particulière.

➢ Banque d'exercices p. 116

10 Dans ce problème de comparaison multiplicative, il faut chercher la valeur du référent, ce qui nécessite d'inverser la comparaison : Yvan a ramassé 20 champignons, c'est 2 fois plus qu'hier, combien de champignons a-t-il ramassés hier ? La réponse s'obtient mentalement à condition de respecter l'ordre de la comparaison : « *Hier, Yvan a ramassé 10 champignons.* »

11 Cet énoncé demande à être lu avec attention car la deuxième partie de la phrase : « *Il en a tondu 3 fois plus mardi* » doit être comprise comme : mardi il a tondu 3 fois plus de moutons que lundi et non comme : « *Il en a tondu 3 fois plus que mardi* » qui signifie l'inverse.
La réponse attendue est : « *Mardi, le berger a tondu 45 moutons.* »

50 Graduer une droite

Compétence
Approche de la proportionnalité par construction d'une graduation régulière.

Calcul mental
Additionner un nombre proche de 10. L'enseignant dit : « 63 + 9 » ; l'élève écrit 72.
Items : 63 + 9 ; 72 + 11 ; 84 + 9 ; 56 + 8 ; 45 + 11 ; 79 + 9 ; 34 + 12 ; 28 + 9 ; 66 + 8 ; 81 + 9.

Observations préalables
Il est important de commencer cette leçon par l'observation d'appareils munis de graduations. L'enseignant fait observer les graduations intermédiaires et demande de trouver la valeur de chacune d'elles. Trouver l'intervalle entre deux graduations d'une droite numérique relève de la proportionnalité. Cette compétence sera réutilisée lors de l'étude des graphiques pour lire les données sur les axes. Elle sera utilisée pour toutes les lectures concernant des graduations (thermomètres, cadrans de balances, etc.).

Activités collectives

Matériel :
- Des instruments avec des graduations : thermomètres, balances, verres doseurs, compteurs divers...
- Documents comportant des graphiques très lisibles.

➡ Activité préliminaire

Avant de demander aux élèves de graduer une droite, l'enseignant propose l'observation de cadrans ou d'objets gradués (thermomètres, balances, etc.). Il fait remarquer que l'intervalle entre deux graduations peut avoir une valeur très différente d'un cadran à l'autre. La graduation qui vient après le 10 peut indiquer 11 mais parfois 12, ou 15, ou 20. Pour lire correctement des cadrans ou des droites graduées, il faut donc déterminer la valeur de l'intervalle entre deux graduations.

➡ Activités de recherche

1 L'enseignant propose de lire le problème posé à Théo : *« Comment placer les nombres 0 et 800 sur la droite graduée ? »*
Dans un premier temps, les élèves cherchent individuellement.
Dans un second temps, ils confrontent leurs réponses par groupes de 3 ou 4 élèves pour n'en retenir qu'une par groupe. Écrites au tableau, Les réponses sont comparées, discutées et validées par la classe et l'enseignant.
Entre les nombres 300 et 500 il y a 4 carreaux. Ces 4 carreaux correspondent à une valeur de 200. Un carreau correspond à : 200 ÷ 4 = 50. Le nombre 0 est à 6 carreaux devant le nombre 300 car 6 × 50 = 300. Le nombre 800 est à 6 carreaux du nombre 500 car 800 = 500 + 300.

2 Le travail est semblable à celui de l'activité 1, mais les élèves vont rencontrer une difficulté supplémentaire pour placer le nombre 375. Ils devront déduire que 375 = 350 + 25 et que 25 correspond à un demi-carreau. 375 sera donc placé à un ½ carreau après 350.
L'enseignant s'assure que tous les élèves ont compris. Si nécessaire il propose d'autres exercices pour consolider les acquis précédents.

En fin de séance, l'enseignant pose la question rituelle : *« Qu'avons-nous appris aujourd'hui ? »* Il attend une réponse proche de : ***« Nous avons appris à lire et à graduer une droite. »***

Activités individuelles

S'exercer

Les deux premiers exercices ont des niveaux différenciés.

1 a Les élèves constatent qu'entre 3 et 6 il y a 6 carreaux qui correspondent à un intervalle de 6 – 3 = 3. Deux carreaux correspondent donc à un intervalle de 1.
b Ce niveau est plus difficile car il nécessite de placer le nombre 1 qui n'est pas contigu aux nombres affichés sur la droite.

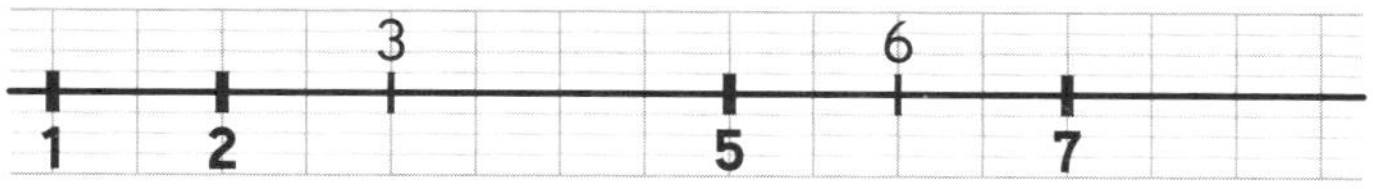

2 a Les élèves constatent qu'entre 510 et 540 il y a 3 carreaux qui correspondent à un intervalle de 540 – 510 = 30. Un carreau correspond donc à un intervalle de 10.
b La difficulté est de placer les nombres 575 et 505 sur des ½ carreaux.

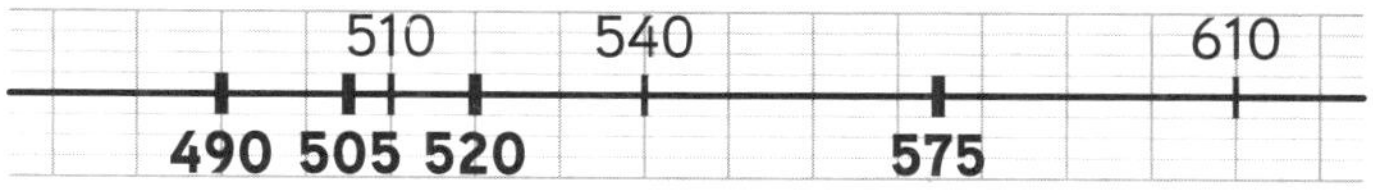

Résoudre

3 Problème guidé. Comme le conseille Mathix, les élèves constatent que 6 carreaux correspondent à un intervalle de 70 – 40 = 30. Un carreau équivaut à : 30 ÷ 6 = 5.
Le jeton d'Olivia qui est 4 carreaux avant celui de Carla est donc sur la graduation 40 + (4 × 5) = 60.
Celui de Yazid est 3 carreaux derrière celui de Carla :
40 – (3 × 5) = 25.

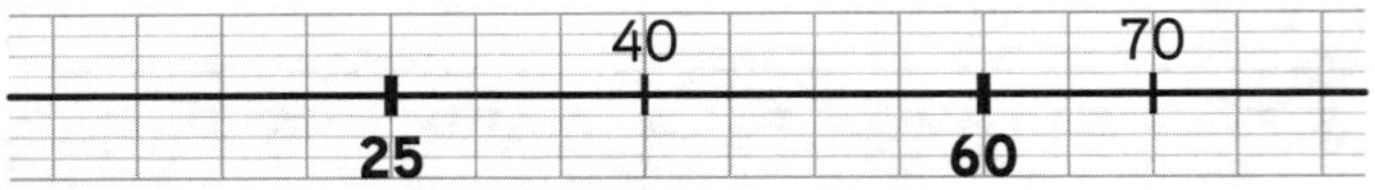

➤ Prolongements

➢ **Photofiche A14**

Cette photofiche de soutien comporte 6 exercices. Dans ces exercices, l'élève doit compléter les graduations d'une droite pour pouvoir y placer d'autres nombres.

➢ **Banque d'exercices p. 116**

12

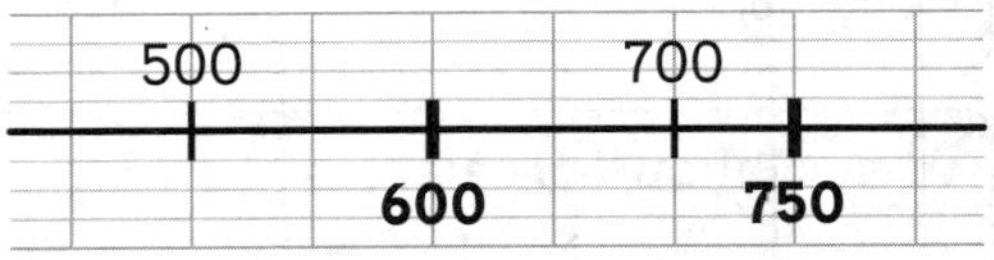

13 Comme le problème guidé.

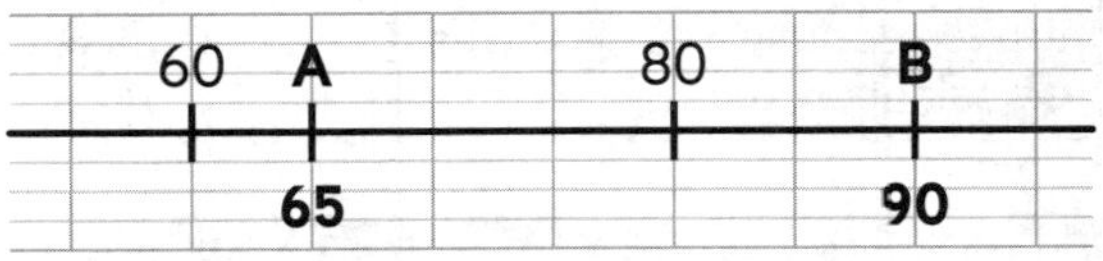

Leçon 50 – Graduer une droite

Matériel photocopiable

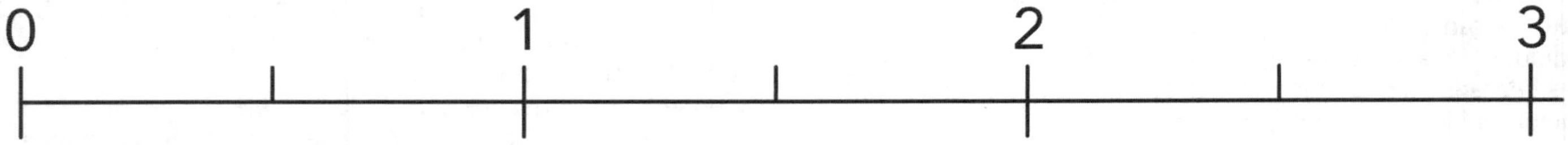

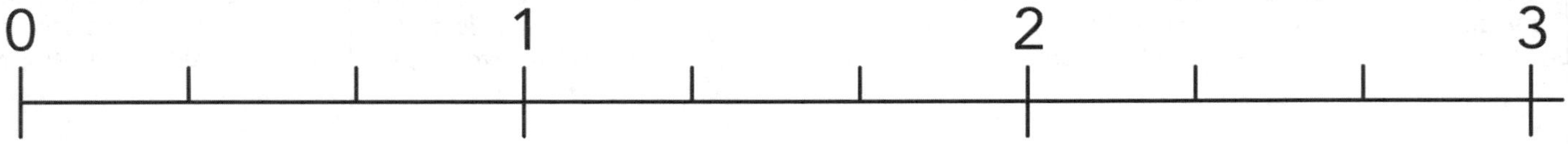

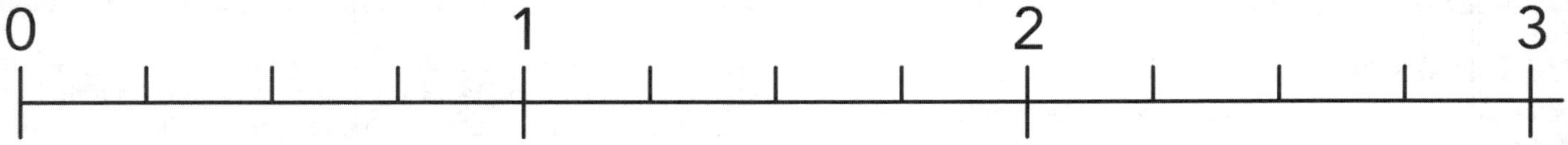

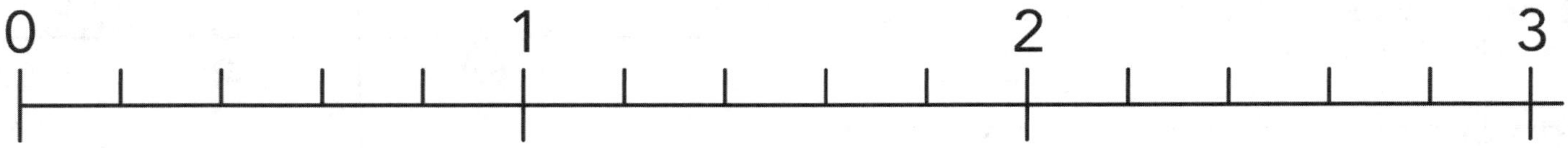

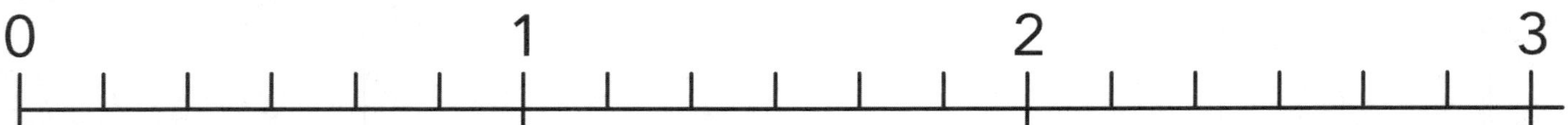

51 Problèmes : Interpréter un graphique en sciences (1)

Compétences
Prélever et traiter des données numériques à partir d'un diagramme en bâtons.

Calcul mental
Ajouter un nombre proche de 100. L'enseignant dit : « 134 + 99 » ; l'élève écrit 233.
Items : 134 + 99 ; 56 + 101 ; 143 + 98 ; 273 + 102 ; 129 + 99 ; 538 + 101 ; 804 + 98 ; 749 + 101 ; 851 + 99 ; 364 + 98.

Observations préalables
Deux leçons traitent de la lecture et de l'interprétation des graphiques. Celle-ci met l'accent sur les diagrammes en bâtons, plus simples à comprendre pour les élèves ; la leçon 59 étudiera plus particulièrement les graphiques cartésiens, dits en courbes. Nous avons fait le choix de la transversalité pour ces deux leçons ; les graphiques sont issus d'un domaine où ils sont très présents : les sciences.
On rappelle que les graphiques en bâtons sont adaptés aux grandeurs discrètes alors que les graphiques cartésiens, en courbes, sont adaptés aux grandeurs continues dont il est possible de déterminer la valeur entre deux points donnés du graphique.

Activités collectives

Activités de recherche

L'enseignant invite les enfants à observer le graphique et à lire la phrase qui le présente. Ils trouvent rapidement pourquoi on le nomme « graphique en bâtons ». Pour s'assurer que chacun a bien compris, il pose quelques questions : *« Que signifient les indications portées sur l'axe horizontal ? Les nombres écrits sur l'axe vertical ? Que représente une graduation verticale ? Pourquoi certaines bandes de couleur verte ou orange sont-elles plus hautes que d'autres ? »* Il demande ensuite aux élèves de répondre aux questions posées. Les deux premières portent sur la lecture du graphique, la troisième sur son interprétation.

1 La superficie de forêts brûlées la plus importante correspond au bâton le plus grand, c'est-à-dire en 2003. La superficie la moins importante correspond au bâton le plus petit, c'est-à-dire en 2008. L'enseignant peut demander aux élèves de lire les valeurs sur l'axe vertical : en 2003, 740 km² de forêts ont brûlé ; en 2008, environ 70 km².

2 Les élèves doivent maintenant trouver les années durant lesquelles la superficie des forêts brulées est comprise entre 200 et 300 km². On peut inclure les bornes de cet intervalle dans les réponses : 2001 (200 km²), 2002 (300 km²), 2005 (220 km²).

3 Après avoir lu le communiqué de Météo France, les élèves doivent déduire que si l'été 2003 a été le plus chaud depuis de nombreuses années, cela a dû avoir des répercussions sur les forêts (sécheresse) et plus précisément sur les incendies qui les ont ravagées. Le graphique confirme cette hypothèse : l'année 2003 est de loin celle où la superficie de forêts brûlées est la plus importante.

En fin de séance, l'enseignant pose la question rituelle : *« Qu'avons-nous appris aujourd'hui ? »* Il attend une réponse proche de : ***« Nous avons appris à lire et à interpréter un graphique en bâtons. »***

Activités individuelles

Résoudre

C'est l'application directe des « Activités de recherche ». L'enseignant peut s'assurer de la bonne compréhension du texte introductif ainsi que du graphique avant de laisser les élèves répondre aux questions. La bulle de Mathix est lue et commentée.

1 C'est aux États-Unis qu'une personne consomme le plus d'eau par jour (380 L) pour ses besoins domestiques (boisson, cuisine, hygiène, entretien…).
C'est en Israël qu'elle en consomme le moins par rapport à ces 6 pays.
C'est au Canada que la consommation d'eau est comprise entre 300 et 350 L.

2 États-Unis (370 L) ; Canada (330 L) ; Italie (250 L) ; Suède (200 L) ; France (150 L) ; Israël (135 L). Après ce rangement, l'enseignant peut demander aux élèves ce qu'ils pensent de la place de la France et élargir les discussions aux gestes citoyens que tout le monde devrait connaître et appliquer.

➤ Prolongement

➢ **Photofiche P16**

Cette photofiche comporte 2 problèmes avec des graphiques en bâtons. Le premier concerne la pluviométrie à Brest, le deuxième le nombre d'immatriculation de voitures hybrides en France.

Activités supplémentaires

Chaque fois qu'il le peut, l'enseignant présente aux enfants des graphiques concernant l'économie, la population, les activités locales, etc. Il est important qu'ils puissent observer des documents relatifs à des activités qui les concernent.
Les manuels scolaires (sciences, géographie, histoire…) permettent d'observer d'autres graphiques et de confirmer le rôle du graphique en général : illustrer visuellement un ensemble d'informations pour en faciliter la comparaison ou en saisir l'évolution.

52 Calcul réfléchi : Diviser par un nombre à un chiffre

Compétence
Décomposer le dividende en multiples du diviseur connus pour trouver le quotient et le reste d'une division.

Calcul mental
Soustraire un nombre proche de 100. L'enseignant dit « 254 – 99 » ; l'élève écrit 245.
Items : 254 – 99 ; 300 – 99 ; 253 – 99 ; 412 – 99 ; 609 – 99 ; 258 – 98 ; 236 – 98 ; 302 – 98 ; 505 – 98 ; 198 – 98.

Observations préalables
Cette leçon fait suite à la leçon 48 dans laquelle les élèves devaient chercher le quotient et le reste de la division par encadrement du dividende entre deux multiples du diviseur se trouvant dans les tables. Ici, le dividende est supérieur aux nombres se trouvant dans les tables et l'encadrement est donc plus difficile. Comme pour la multiplication, les élèves vont devoir décomposer le dividende en multiples connus du diviseur, multiples se trouvant dans les tables.

Activités collectives

Un élève lit à haute voix l'« Activité de recherche ». Léa doit diviser 75 par 6.
L'enseignant demande : *« Pourquoi Léa décompose-t-elle 75 en 60 + 12 + 3 ? » ; « Pourquoi choisit-elle de commencer par 60 ? »*
Il s'agit d'amener les élèves à comprendre que l'on doit décomposer 75 en multiples de 6 connus inférieurs ou égaux à 10 × 6 = 60. De plus il faut commencer le calcul par le plus grand de ces multiples : 60.
L'enseignant recopie l'égalité au tableau et demande à un élève volontaire de venir la compléter. La correction est collective.
75 = 60 + 12 + 3
75 = (10 × 6) + (2 × 6) + 3
75 = (12 × 6) + 3
Quotient : 12, reste : 3. On vérifie que le reste est inférieur au diviseur : 3 < 6.

L'enseignant demande ensuite aux élèves de calculer 84 divisé par 5. Les élèves posent et effectuent les calculs sur leur cahier d'essai. La correction se fait par un élève qui vient la commenter pas à pas au tableau.
84 = 50 + 30 + 4
84 = (10 × 5) + (6 × 5) + 4
84 = (16 × 5) + 4
Quotient : 16, reste : 4. On vérifie que le reste est inférieur au diviseur : 4 < 5

L'enseignant pose ensuite la question rituelle : *« Qu'avons-nous appris aujourd'hui ? »* Il aide la classe à formuler une réponse proche de : ***« Nous avons appris à diviser un nombre par un nombre à un chiffre en décomposant le dividende en multiples connus du diviseur. »***

Activités individuelles

S'exercer

1 La différence de niveau entre les items **a** et **b** tient à la taille des nombres.
a 52 = 40 + 12 ; 60 = 40 + 20 ; 68 = 40 + 28.
b 72 = 40 + 32 ; 96 = 40 + 40 + 16 ; 108 = 40 + 40 + 28.

2 **a** • 48 = 40 + 8
48 = (10 × 4) + (2 × 4)
Quotient : 12 ; reste : 0.
• 52 = 40 + 12
52 = (10 × 4) + (3 × 4)
Quotient : 13 ; reste : 0.
• 68 = 40 + 28
68 = (10 × 4) + (7 × 4)
Quotient : 17 ; reste : 0.
b • 72 = 40 + 32
72 = (10 × 4) + (8 × 4)
Quotient : 18 ; reste : 0.
• 96 = 40 + 40 + 16
96 = (10 × 4) + (10 × 4) + (4 × 4)
96 = (24 × 4)
Quotient : 24 ; reste : 0.
• 108 = 40 + 40 + 28
108 = (10 × 4) + (10 × 4) + (7 × 4) 72 = (18 × 4)
108 = (27 × 4)
Quotient : 27 ; reste : 0.

3 **a** • 49 = 45 + 4
49 = (9 × 5) + 4
Quotient : 9 ; reste : 4 (4 < 5).
• 57 = 56 + 1
57 = (8 × 7) + 1
Quotient : 8 ; reste : 1 (1 < 7).
• 61 = 30 + 30 + 1
61 = (10 × 3) + (10 × 3) + 1
Quotient : 20 ; reste : 1 (1 < 3).
b • 84 = 30 + 30 + 24
84 = (10 × 3) + (10 × 3)+ (8 × 3)
84 = (28 × 3)
Quotient : 28 ; reste : 0.
• 73 = 50 + 20 + 3
73 = (10 × 5) + (4 × 5) + 3
73 = (14 × 5) + 3
Quotient : 14 ; reste : 3 (3 < 5).
• 108 = 80 + 24 + 4
108 = (10 × 8) + (3 × 8) + 4
108 = (13 × 8) + 4
Quotient : 13 ; reste : 4 (4 < 8).

Résoudre

4 Il faut décomposer 79 en multiples de 6 inférieurs ou égaux à 10 × 6 = 60.
79 = 60 + 18 + 1
79 = (10 × 6) + (3 × 6) + 1
79 = (13 × 6) + 1
Quotient : 13 ; reste : 1 (1 < 6).
Valentin va obtenir 13 boîtes complètes.
Remarque : le reste, 1, signifie qu'il va rester 1 dinosaure.

5 Il faut décomposer 196 en multiples de 7 inférieurs ou égaux à 10 × 7 = 70.
196 = 70 + 70 + 56
196 = (10 × 7) + (10 × 7) + (8 × 7)
196 = (28 × 7)
Quotient : 28 ; reste : 0.
Chacun va payer 28 €.

6 Il faut décomposer 150 en multiples de 8 inférieurs ou égaux à 10 × 8 = 80.
150 = 80 + 64 + 6
150 = (10 × 8) + (8 × 8) + 6
150 = (18 × 8) + 6
Quotient : 18 ; reste : 6 (6 < 8).
L'entraîneuse de handball peut acheter 18 ballons.
Remarque : le reste, 6, signifie qu'il va lui rester 6 €.

➤ Prolongements

➢ Photofiche S28

Elle propose 4 exercices progressifs où l'élève est conduit pas à pas.

➢ Banque d'exercices p. 116

14 • 58 = 50 + 5 + 3
58 = (10 × 5) + (1 × 5) + 3
58 = (11 × 5) + 3
Quotient : 11 ; reste 3 (3 < 5).
• 72 = 50 + 20 + 2
72 = (10 × 5) + (4 × 5) + 2
72 = (14 × 5) + 2
Quotient : 14, reste : 2 (2 < 5).
• 103 = 50 + 50 + 3
103 = (10 × 5) + (10 × 5) + 3
103 = (20 × 5) + 3
Quotient : 20, reste : 3 (3 < 5).

15 **Comme le problème guidé.** Il faut décomposer 87 en multiples de 7.
87 = 70 + 14 + 3
87 = (10 × 7) + (2 × 7) + 3
87 = (12 × 7) + 3
Quotient : 12 ; reste : 3 (3 < 7).
12 boîtes seront complètes.
La boîte incomplète contiendra 3 coquillages.

53 La division posée (1)

Compétence
Connaître une technique de la division posée.

Calcul mental
Soustraire un nombre proche d'un multiple de 10. L'enseignant dit : « 165 – 39 » ; l'élève écrit 126.
On fera remarquer que soustraire 39, c'est soustraire 40 puis ajouter 1.
Items : 165 – 39 ; 56 – 19 ; 142 – 29 ; 97 – 59 ; 63 – 19 ; 174 – 49 ; 182 – 79 ; 154 – 39 ; 75 – 29 ; 130 – 39.

Activités collectives

Activité préliminaire

Matériel :
- 2 séries de pions : des pions verts valant 10 points, des pions jaunes valant 1 point.

L'enseignant étale sur la table une série de 13 pions verts (valant 10 points) et de 9 pions jaunes (valant 1 point). Il dessine cette série au tableau et demande à la classe de calculer le nombre total de points. Quand les élèves ont trouvé 139, il demande à cinq élèves de venir au bureau ; l'un est le banquier : il doit partager ces points entre les quatre autres élèves de façon équitable et maximale. L'enseignant demande à l'élève qui joue le rôle du banquier de préciser comment il pense s'organiser pour effectuer ce partage. Il attend qu'il propose de commencer par les pions verts valant 10 points. L'élève distribue un premier pion vert de 10 points à chacun, l'enseignant traduit cette première étape de la distribution dans un tableau :
Points à partager : 139 – 40 = 99. Part de chacun : 10.

Puis l'élève distribue un second pion vert de 10 points. L'enseignant ajoute la ligne :
99 – 40 = 59. Part de chacun : 10 + 10.
Puis encore un autre, l'enseignant écrit :
59 – 40 = 19. Part de chacun : 10 + 10 + 10.

L'élève se trouve face à 1 seul pion vert valant 10 points, qu'il ne peut partager en l'état. L'enseignant lui propose de l'échanger contre 10 pions jaunes de 1 point pour pouvoir continuer son partage. Il lui reste alors 10 + 9 = 19 pions jaunes à partager. Il sollicite la classe pour savoir s'il est possible d'accélérer le partage des 19 pions jaunes restants. Le banquier prend en compte les propositions et distribue 4 pions jaunes à chaque élève : (4 × 4 = 16). L'enseignant écrit :
19 – 16 = 3. Part de chacun : 10 + 10 + 10 + 4.
Il demande si le partage est terminé. *« Oui car il ne reste plus assez de pions jaunes pour en distribuer un à chacun. »* Les quatre autres élèves calculent la valeur de la part qu'ils ont reçue :
10 + 10 + 10 + 4 = 34.
La classe constate que les 139 points ont été partagés en 4 parts égales de 34 points chacune et qu'il reste 3 points qui n'ont pas pu être partagés.
L'égalité en ligne est écrite au tableau et vérifiée :
139 = (34 × 4) + 3.
L'enseignant dispose ensuite ces quatre valeurs dans une potence de division posée. Les calculs sont expliqués pas à pas au tableau.

		1	3	9	4
10 × 4 →	–		4	0	10 + 10 + 10 + 4 = 34
	=		9	9	
10 × 4 →	–		4	0	
	=		5	9	
10 × 4 →	–		4	0	
	=		1	9	
4 × 4 →	–		1	6	
	=			3	

Il conclut en confirmant que les élèves viennent d'effectuer la division de 139 par 4. Il rappelle que 4 est le diviseur, 34 le quotient et 3 le reste.

Activités de recherche

L'enseignant propose à la classe de lire la présentation du calcul que doivent effectuer Théo el Léa. Les élèves reconnaissent la technique employée dans l'« Activité préliminaire. ». Sur les conseils de Léa, ils utilisent la table de 5 pour terminer la division :

dividende →		1	2	6	5 ← diviseur
10 × 5 →	–		5	0	10 + 10 + 10 = 25
	=		7	6	↑
10 × 5 →	–		5	0	quotient
	=		2	6	
5 × 5 →	–		2	5	
	=		0	1	← reste

Le quotient est égal à 25 et le reste à 1. On vérifie que le reste est inférieur au diviseur.
L'enseignant peut proposer une vérification en faisant calculer 25 × 5 + 1 qui doit être égal à 126.
L'enseignant affirme que cette technique peut être utilisée chaque fois que le dividende n'est pas dans la table du diviseur car il est supérieur à 10 fois le diviseur.

Il pose alors la question rituelle : *« Qu'avons-nous appris aujourd'hui ? »* Il attend une réponse proche de : ***« Nous avons appris à effectuer une division quand le dividende n'est pas dans la table du diviseur. »***

Activités individuelles

S'exercer

1 Les deux premiers exercices ont des niveaux différenciés. Le niveau **b** est plus difficile par les nombres choisis au diviseur (nombres supérieurs à 5).

a

	1	1	3	5
−		5	0	10 + 10 + 2 = 22
=		6	3	
	−	5	0	
	=	1	3	
	−	1	0	
	=		3	

b

	2	3	2	7
−		7	0	10 + 10 + 10 + 3 = 33
=	1	6	2	
−		7	0	
=		9	2	
	−	7	0	
	=	2	2	
	−	2	1	
	=		1	

2 **a** 169 divisé par 6, quotient 28, reste 1 ; 200 divisé par 5 → quotient 40, reste 0.
b 203 divisé par 6, quotient 33, reste 5 ; 441 divisé par 9 → quotient 49, reste 0.

Résoudre

3 **Problème guidé.** Il faut diviser le nombre de dragées (96) par le nombre de bols (4). Chaque bol contient 24 dragées.

Le coin du chercheur

3 × 13 = 39.
Ces nombres sont 13 − 1 = 12 ; 13 ; 13 + 1 = 14.

➤ Prolongements

➢ Photofiche S29

Elle propose 3 exercices progressifs. Chacun comporte 2 divisions déjà posées.

➢ Banque d'exercices p. 117

16 **Comme le problème guidé.** 120 divisé par 5 → quotient 24, reste 0. Chacun reçoit 24 €.

54 Les droites parallèles

Compétences
Approche de la notion de distance entre deux droites parallèles.
Identifier des droites parallèles.

Calcul mental
Tables de multiplication avec un facteur inférieur à 5. L'enseignant dit « 3 × 7 » ; l'élève écrit 21.
Items : 3 × 7 ; 4 × 6 ; 3 × 9 ; 2 × 7 ; 3 × 6 ; 3 × 8 ; 2 × 9 ; 2 × 6 ; 4 × 9 ; 4 × 7.

Observations préalables
Cette leçon présente les droites parallèles comme des droites qui ne se rapprochent jamais l'une de l'autre, c'est-à-dire des droites dont l'écartement, qui se mesure en traçant une perpendiculaire à l'une des droites, reste constant. Cette définition permet de définir les droites parallèles de façon assez perceptive et indépendante de celle des droites perpendiculaires avec lesquelles les élèves établissent souvent une confusion. Même si le recours au tracé d'une perpendiculaire est nécessaire pour évaluer l'écart, cette perpendiculaire n'intervient pas directement dans la définition des droites parallèles, contrairement à l'énoncé stipulant que si deux droites sont perpendiculaires à une même droite, elles sont parallèles entre elles (théorème des doubles perpendiculaires). Si on trace deux segments perpendiculaires à l'une des deux droites parallèles, il apparaît un rectangle qui pourra devenir la figure de référence du contrôle du parallélisme.

Activités collectives

Matériel :
- Une vingtaine de piquets de 60 cm de hauteur environ.
- Deux bobines de corde.
- Un terrain de sport avec un sol en terre permettant de planter les piquets.

➡ Activité préliminaire

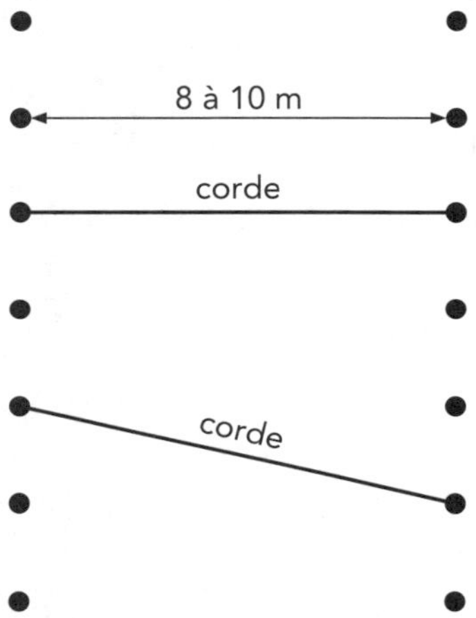

Sur le terrain de sport, hors de la présence des élèves, l'enseignant prépare l'activité en plantant deux rangées parallèles de piquets formées chacune d'une dizaine de piquets régulièrement espacés de 1 m entre eux et distantes l'une de l'autre de 8 à 10 m. Il tend deux cordes comme le montre le schéma ci-contre.
Il se rend avec la classe devant cette installation et propose aux élèves de défiler entre les deux cordes tendues. Il interroge ensuite la classe pour savoir si ces deux cordes sont parallèles. Les élèves formulent leurs réponses et leurs justifications, l'enseignant perçoit ainsi la signification qu'ils donnent spontanément à la notion de droites parallèles.
Quand l'accord se fait autour du fait que ces deux droites ne sont pas parallèles, l'enseignant demande l'aide des élèves pour dérouler vers la gauche une première bobine de corde qui prolonge le premier segment puis une deuxième bobine de corde qui prolonge le deuxième segment. Les élèves constatent que les deux cordes se rapprochent jusqu'à se croiser 20 m plus loin.
L'enseignant propose ensuite à deux élèves de s'entendre pour modifier l'accrochage de la deuxième corde afin de la rendre parallèle à la première. Les prolongements sont modifiés en conséquence, les élèves constatent que l'écartement se régularise et que les cordes ne se rencontrent plus.
L'enseignant accroche une troisième corde à un premier piquet assez éloigné et demande à un groupe d'élèves de choisir le deuxième point de fixation pour que la troisième corde soit parallèle aux deux premières. La classe valide ou non ces propositions en comparant les écarts entre les cordes et en procédant éventuellement au prolongement de la troisième corde.

➡ Activités de recherche

1 Les élèves découvrent les illustrations de la leçon et lisent les bulles de Léa et de Théo.
L'enseignant confirme la bulle de Théo et propose aux élèves de reproduire les deux droites orange sur leur cahier pour les prolonger et constater qu'elles ne se rapprochent pas, comme les lignes du quadrillage qui les supportent. Les élèves répondent ensuite à la question portant sur les droites rouges qui ne sont pas parallèles comme le montre la différence entre leurs deux écarts : l'un est de 3 carreaux, l'autre de 4 carreaux. Ils reproduisent les droites rouges sur leur cahier et les prolongent pour constater qu'elles se coupent. Ils répondent à la question portant sur les deux droites bleues. Les élèves les reproduisent sur leur cahier et les prolongent. Elles sont parallèles car leur écart reste égal à 6 carreaux.

2 Les élèves doivent tracer sur leur cahier une nouvelle droite orange parallèle aux deux premières droites orange et une nouvelle droite bleue parallèle aux deux premières droites bleues. Cet exercice ne doit pas poser de problème puisque ces droites suivent les lignes directrices du quadrillage. C'est l'occasion pour l'enseignant de préciser que, sur un quadrillage, on peut observer deux familles de droites parallèles entre elles : les lignes horizontales et les lignes verticales.

3 Les élèves découvrent comment Mélissa teste le parallélisme des deux droites vertes sur papier uni. Ils comparent à l'aide de leur compas, ou d'une bande de papier, les longueurs des deux segments noirs, concluent à leur égalité et en déduisent le parallélisme des deux droites vertes. La justification attendue peut être formulée de plusieurs façons équivalentes, soit en précisant qu'elles ont toujours le même écartement, soit en précisant qu'elles ne se rapprochent jamais comme l'exprime Léa. L'essentiel reprend ces deux formulations équivalentes.

En fin de séance, l'enseignant pose la question rituelle : *« Qu'avons-nous appris aujourd'hui ? »* Il attend une réponse proche de : ***« Nous avons appris à reconnaître et à tracer des droites parallèles. »***

Activités individuelles

S'exercer

1 Les élèves doivent indiquer sur quelles photos ils voient des droites parallèles. La photo A devrait recueillir l'assentiment général, de même que les photos C et D sur lesquelles les droites principales ne sont pas parallèles (en dehors des bords d'allées ou de routes). En revanche, la photo B soulève le problème de la perspective. L'enseignant précise que lorsqu'on photographie deux droites parallèles qui s'éloignent, elles donnent l'impression de se rapprocher, sans aller pour autant jusqu'à théoriser la notion de point de fuite.

2 a **Figure 1 :** les droites parallèles sont orange et verte.
Figure 2 : les droites parallèles sont la droite violette et la droite bleue.
b **Figure 3 :** les droites parallèles sont la droite bleue et la droite verte.
Figure 4 : les droites parallèles sont orange et verte.

3 Les élèves doivent indiquer pour chaque figure si les droites sont ou non parallèles.
a Les deux droites jaunes sont parallèles car leur écart ne varie pas.
b Les deux droites vertes ne sont pas parallèles car leur écart n'est pas constant.

4 Les élèves doivent reproduire une droite donnée et tracer une autre droite parallèle à cette première droite.
La droite rouge suit une ligne horizontale d'un quadrillage, les élèves ne devraient avoir aucune peine à tracer une deuxième droite parallèle à la première. Le contrôle de leur écart peut se faire en dénombrant les carreaux.
La droite verte est tracée sur une ligne verticale d'un quadrillage, les élèves ne devraient, là encore, avoir aucune peine à tracer une deuxième droite parallèle à la première.

Résoudre

5 **Problème guidé.** Les élèves reproduisent la figure sur le quadrillage de leur cahier, puis repassent de la même couleur les côtés portés par des droites parallèles. Mathix leur conseille de prolonger les côtés pour faire apparaître plus facilement le parallélisme. Seules deux droites verticales et trois droites horizontales forment deux familles de côtés parallèles : celles qui sont portées par les lignes principales du quadrillage.

Le coin du chercheur

Les élèves doivent écrire le sixième terme d'une suite qui double la valeur d'un terme au suivant (suite géométrique de raison 2 et de premier terme 2) :
2, 4, 8, 16, 32, **64**.

➤ Prolongements

➢ Photofiche S30

Cette fiche comporte trois exercices de reconnaissance de droites parallèles. Le premier sur un faisceau de droites, le second sur les côtés de quadrilatères, le troisième à partir de deux paires de droites sur lesquelles deux écarts peuvent être comparés.

➢ Photofiche A15

Cette fiche comporte deux exercices de tracé de parallèles : le premier sur quadrillage avec des droites de référence suivant une des deux directions du quadrillage, le second sur papier uni précisant la valeur de l'écart que doivent respecter ces parallèles. Le respect des écarts est facilité par le tracé en pointillés de deux perpendiculaires à la droite de référence.

➢ Banque d'exercices p. 117

17 C'est la droite verte qui permet de mesurer l'écartement entre les deux droites rouges parallèles.

18 Les élèves doivent construire un rectangle de 6 carreaux de long et 4 carreaux de large, puis tracer tout autour de ce rectangle une allée de deux carreaux de large. Ils repassent ensuite de la même couleur les côtés parallèles : il y en a 4 horizontaux et 4 verticaux.

19 **Comme le problème guidé.** Les élèves reproduisent les deux figures sur leur cahier. La « flèche » comporte deux familles de côtés parallèles : trois sont verticaux, deux sont horizontaux. Le polygone de la deuxième figure comporte aussi deux familles de côtés parallèles : deux sont horizontaux, deux sont verticaux. Les côtés parallèles doivent être repassés de la même couleur.

55 La calculatrice

Compétence
Utiliser la calculatrice.

Calcul mental
Tables de multiplication (deux facteurs supérieurs à 5).
L'enseignant dit : « 8 × 7 » ; l'élève écrit 56.
Items : 8 × 7 ; 6 × 6 ; 7 × 7 ; 6 × 9 ; 9 × 8 ; 7 × 6 ; 9 × 6 ; 9 × 9 ; 8 × 8 ; 7 × 9.

Observations préalables
Le calcul instrumenté est largement répandu dans la vie courante. Il est donc essentiel que l'école soit en prise avec cette réalité de notre temps.
Cette utilisation n'est pas contradictoire avec les techniques opératoires traditionnelles. Au contraire, c'est une occasion de faire fonctionner le calcul mental, le calcul approché.
Si les calculatrices ne font pas partie du matériel de la classe, on demandera aux élèves d'apporter des calculatrices « basiques » quatre opérations, qui suffisent pour le travail à l'école.
Les élèves ont déjà utilisé la calculatrice à plusieurs reprises dans les classes antérieures. L'enseignant appréciera lui-même s'il est nécessaire de revenir sur l'utilisation (touches ON/C, OFF ou CE suivant les modèles) et les fonctions de base de la calculatrice (touches +, –, ÷, =).

Activités collectives

➡ Activités de recherche

1 Cette première partie concerne l'utilisation basique de la calculatrice. Toutefois, elle mérite réflexion quant à l'ordre suivi pour compléter la facture et la nécessité de l'utilisation systématique ou non de la calculatrice. On laissera donc les élèves travailler en petits groupes, chaque groupe venant ensuite exposer sa démarche au tableau. Chaque élève reçoit une photocopie du tableau à remplir. Les deux premières lignes nécessitent d'effectuer une multiplication, les deux suivantes une division et la dernière une addition.

Article	Quantité	Prix unitaire en €	Prix total en €
Échelle	12	169	2 028
Pot de peinture	10	38	380
Pinceau	35	10	350
Rouleau de tapisserie	45	15	675
Prix total à payer			3 433

2 Les élèves sont encore répartis en groupes. L'enseignant demande à chaque groupe de réfléchir, d'émettre une hypothèse plausible (en privilégiant l'ordre de grandeur) et de vérifier ensuite leur hypothèse par l'utilisation de la calculatrice. La correction est collect ve.
1 296 **–** 369 = 927
587 **+** 4 582 = 5 169
2 700 **÷** 36 = 75
785 **×** 15 = 11 775

3 Cet exercice mérite une profonde réflexion de la part des élèves : une calculatrice ne sait pas effectuer une addition ou une multiplication à trou ! Répartis en groupes, les élèves cherchent à résoudre le problème. La correction est collective. En conclusion, les élèves retiennent qu'une addition à trou se résout par une soustraction et qu'une multiplication à trou se résout par une division
783 – 125 = 658. Donc 125 + 658 = 783.
10 428 – 6 759 = 3 669. Donc 6 759 + 3 669 = 10 428.
3 007 ÷ 97 = 31. Donc 97 × 31 = 3 007.
3900 ÷ 325 = 12. Donc 325 × 12 = 3 900.

Activités individuelles

S'exercer

1 Cet exercice reprend la première partie des *Activités de recherche*. L'enseignant distribue à chaque élève une photocopie du tableau à remplir.

Article	Quantité	Prix unitaire en €	Prix total en €
Ballon	12	19	228
Lot de dossards	25	13	325
Raquette	32	20	640
Boîte de volants	30	5	150
Prix total à payer			1 343

2 Demander aux élèves de choisir un résultat en estimant un ordre de grandeur puis de vérifier en utilisant la calculatrice.
- 2 996 × 59 = 176 764 ; 91 800 ÷ 9 = 10 200.
- 78 152 – 48 916 = 29 236 ; 15 450 ÷ 15 = 1 030.

Résoudre

3 C'est un problème de comparaison multiplicative (leçon 49). Il faut diviser 1 230 par 3. La distance parcourue en Écosse est de 410 km.

➤ Prolongements

➢ Photofiche S31

Elle comporte 4 exercices. Dans le premier exercice l'élève doit compléter une facture, dans le deuxième des opérations classiques, et dans les deux derniers exercices on demande de trouver la touche à utiliser.

➢ Banque d'exercices p. 117

20 716 × 543 = 388 788 ; 1 624 ÷ 29 = 56 ;
456 783 + 45 678 + 740 = 503 201
467 894 – 267 560 = 200 334

21 555 ; 1 110 ; 1 665 ; 2 220 ; 2 775 ; 3 330 ; 3 885 ; 4 440 ; 4 995 ; 5 550.

22 Prix des baskets : 1 035 € ; prix d'un short : 25 € ; quantité de maillots : 32 ; Prix total à payer : 2 710 €.

23 **Comme le problème guidé.** Hier, elle a ramassé 32 coquillages.

Leçon 55 – La calculatrice

Matériel photocopiable

Article	Quantité	Prix unitaire en €	Prix total en €
Échelle	12	169	...
Pot de peinture	10	38	...
Pinceau	35	...	350
Rouleau de papier peint	...	15	675
Prix total à payer			...

Article	Quantité	Prix unitaire en €	Prix total en €
Ballon	12	19	...
Lot de dossards	25	13	...
Raquette	32	...	640
Boite de volants	...	5	150
Prix total à payer			...

56 Tuic n° 3 : Tracer des droites perpendiculaires et des droites parallèles

Compétences
Utiliser un logiciel de géométrie dynamique pour tracer des droites perpendiculaires et des droites parallèles.

Calcul mental
Compléter une multiplication à trou. L'enseignant dit : *« Combien de fois 3 dans 18 ? »* ; l'élève écrit 6.
Items : 3 dans 18 ; 4 dans 24 ; 6 dans 30 ; 7 dans 56 ; 5 dans 45 ; 8 dans 72 ; 9 dans 63 ; 4 dans 36 ; 7 dans 42 ; 6 dans 48.

Observations préalables
Les programmes insistent, à juste titre, sur l'intérêt qu'apporte l'outil informatique dans la plupart des situations d'enseignement et, notamment, à l'apprentissage de l'espace et de la géométrie (logiciels de géométrie dynamique et logiciels de dessin). Nous proposons aux enseignants des ateliers informatiques qui permettent aux élèves d'approfondir les notions étudiées sous une forme différente. Libérés des difficultés liées aux tracés avec les instruments, ils peuvent ainsi :
- tracer des droites perpendiculaires ou des droites parallèles ;
- organiser des données dans un tableau ;
- tracer des triangles, des graphiques, le symétrique d'une figure.

Ces activités ont été conçues pour que les élèves puissent les pratiquer seuls en suivant pas à pas les consignes, soit à l'école, soit à la maison sur l'ordinateur familial.
Le logiciel utilisé pour cet atelier est un logiciel libre (open source) donc gratuit. Il est intéressant tant pour sa fiabilité que pour sa souplesse d'adaptation.
« Déclic32 », logiciel de géométrie dynamique.
Pour télécharger le logiciel « Déclic32 », saisir l'adresse http://emmanuel.ostenne.free.fr/ dans la barre d'adresse de votre navigateur Internet, puis appuyer sur « Entrée ».
Sur le site d'Emmanuel Ostenne, cliquer sur le logo « Déclic », puis sur « Téléchargement ». Cliquer ensuite sur le lien de la dernière version complète du logiciel « Déclic32 » selon votre
système d'exploitation (Windows, Linux). Une première fenêtre apparaît, cliquer sur « Enregistrer ». (Suivant le navigateur Internet utilisé, une seconde fenêtre peut apparaître ;
choisir alors le dossier dans lequel sera téléchargé le logiciel, puis cliquer sur « Enregistrer »).
Pour installer le logiciel, ouvrir le dossier dans lequel le logiciel a été précédemment téléchargé. Double-cliquer sur « Setup » et suivre les instructions de l'installation.
Bien sûr, ces activités sont tout à fait transposables à d'autres logiciels, mais cela demande une bonne connaissance de l'outil informatique et des logiciels utilisés.

Durant le temps scolaire, deux modes d'exploitation sont possibles :
1. Soit la classe dispose d'un ou deux ordinateurs que les élèves, dès lors qu'ils ont terminé leurs travaux en cours, peuvent utiliser à tour de rôle librement ou avec un contrat de travail.
2. Soit le matériel informatique est regroupé dans une salle. L'enseignant programme alors, au cours de son créneau horaire de réservation de la salle informatique, une séance sur le maniement d'un logiciel de géométrie dynamique, par exemple.

Activités individuelles

S'exercer

1 Pendant cette phase d'observation, les élèves se familiarisent avec les boutons qui seront utilisés ensuite. Le bouton « Supprimer » permet de corriger des erreurs éventuelles. Ceux qui maîtrisent rapidement ce nouvel outil initient leurs camarades.

2 En suivant pas à pas les consignes, les élèves ne devraient pas rencontrer de difficultés particulières, même s'ils ne sont pas habitués au maniement de l'outil informatique. À ce moment de l'activité, l'enseignant peut intervenir afin de leur montrer qu'ils peuvent déplacer, sur l'écran, la feuille sur laquelle est tracée la droite. Avec la souris, clic gauche maintenu (le pointeur de la souris change d'aspect), ils déplacent les objets tracés : la droite est une ligne infinie.

3 et **4** Dans ces deux dernières activités, les élèves tracent des droites perpendiculaires et des droites parallèles.
La réponse aux questions :
« Que peut-on dire de l'écartement entre deux droites rouges ?
Vont-elles se croiser ?
De quel type de droites s'agit- il ? »
est : *« L'écartement entre ces droites reste constant. Elles ne vont pas se croiser. Ces droites sont parallèles entre elles. »*
L'avantage d'un logiciel de géométrie dynamique réside dans le fait que, si un point d'une droite est déplacé (au moyen de la souris, clic gauche maintenu), les autres droites tracées (parallèles ou perpendiculaires) conservent leurs propriétés.

57 Comparer des aires

Compétences
Classer et ranger des figures selon leur aire par superposition, découpage et recollement. Construire une surface qui a la même aire qu'une surface donnée.

Calcul mental
Compléter une multiplication à trou. L'enseignant demande : « Combien de fois 8 dans 64 ? » ; l'élève écrit 8.
Items : 8 dans 64 ; 7 dans 49 ; 5 dans 45 ; 6 dans 42 ; 8 dans 72 ; 9 dans 81 ; 6 dans 54 ; 8 dans 48 ; 7 dans 63 ; 9 dans 36.

Observations préalables
Deux surfaces ont la même aire si on peut passer de l'une à l'autre par découpage et recollement des morceaux. La construction du concept d'aire se fait par imprégnation.
Il faut multiplier les occasions :
– de passage d'une figure à une autre par découpage et recollement, en ne manquant pas de s'interroger sur ce qui est commun aux deux figures ;
– de recherche avec les puzzles (le Tangram est un très bon outil) ;
– de construction de figures à très long bord mais de faible étendue (dentelle de papier, rubans étroits, etc.).
La démarche que nous allons employer va permettre aux élèves de comparer les aires de deux figures par découpage et superposition.

Activités collectives

Matériel :
- Tangram (matériel à photocopier ci-dessous).
- Une paire de ciseaux par élève ou pour deux élèves.
- Les instruments du dessin géométrique.
- Du papier-calque.

Activités de recherche

1 L'enseignant distribue les tangrams photocopiés, outils qu'ils manipulent régulièrement depuis l'école maternelle. Les élèves, par groupes, lisent et cherchent à répondre aux consignes du premier exercice. Comme le conseille Mathix, ils découpent les pièces du tangram. Pour comparer l'aire des différentes pièces, ils vont devoir, plier et superposer ces différentes pièces pour trouver lesquelles ont l'aire la plus grande, lesquelles ont l'aire la plus petite. Un rapporteur de chaque groupe vient noter au tableau le résultat des recherches de son groupe.
Lors de la correction l'enseignant demandera de procéder avec méthode.
On cherche d'abord les pièces qui ont la même aire. Il n'y a aucune difficulté pour les pièces 6 et 7 qui sont directement superposables. Il en est de même pour les pièces 1 et 4. Pour prouver que les pièces 3, 5 et 2 ont la même aire, c'est plus délicat : on aura recours au pliage ou au découpage puis au recollement.
Pour ranger ces aires par ordre croissant ou décroissant, il suffit donc d'utiliser un représentant de chaque groupe de figures. De visu on constate que ce sont les figures 6 et 7 qui ont la plus grande aire et que les figures 1 et 4 ont la plus petite aire.

2 Ce deuxième exercice, de forme ludique, conduit les élèves par groupe de 3 à reproduire les figures données à l'aide des pièces du tangram. Lorsque ce travail est réalisé, les élèves répondent aux questions. La mise en commun des justifications et les débats qui s'ensuivent mettent en évidence que ces 3 figures toutes constituées par toutes les pièces d'un même tangram, ont la même aire.

3 Les élèves lisent la consigne puis l'exécutent. Le découpage le plus probable de la figure orange est le suivant.

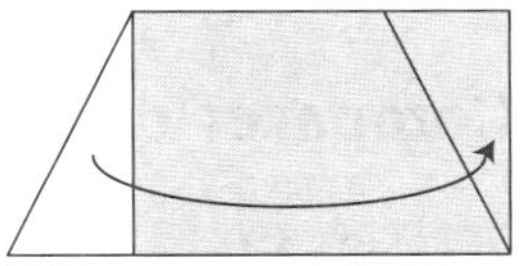

L'assemblage permet de retrouver le rectangle vert. Pour le vérifier les élèves pavent le rectangle vert à l'aide des morceaux qu'ils ont découpés dans le trapèze orange. Les deux figures verte et orange se superposent par recollement : elles ont donc la même aire.

À l'issue de la séance, l'enseignant pose la question rituelle : *« Qu'avons-nous appris aujourd'hui ? »* Il attend une réponse proche de : ***« Nous avons appris à classer et ranger des figures selon leur aire par superposition, découpage et recollement et à construire une surface qui a la même aire qu'une surface donnée. »***

Activités individuelles

S'exercer

1 C'est un exercice à niveaux différenciés. Le niveau **b** est plus difficile car il fait intervenir des disques.

a Ces deux figures ont la même aire. Les élèves peuvent le justifier par découpage. L'aire de chacune est égale à celle d'un carré de 4 carreaux de côté.

b Ces deux figures ont la même aire. Les élèves peuvent le justifier par découpage. L'aire de chacune est égale à celle d'un rectangle de 4 carreaux de largeur et de 5 carreaux de longueur.

2 L'enseignant propose aux élèves en difficulté de décalquer les figures, les découper et les superposer, pour démontrer l'égalité des aires des parties jaune et bleue du rectangle. La réponse apparaît directement si on trace le segment FE. Dans le rectangle ABEF il apparaît que les parties bleue et jaune sont superposables et ont la même aire.

3 Le quadrillage constitue une aide pour la comparaison des mesures d'aire de ces figures.
Aire figure E < Aire figure A < Aire figure D < Aire figure B < Aire figure C.
La comparaison des aires des figures B et D est délicate. Lors de la mise en commun des réponses, l'enseignant conseille aux indécis d'utiliser le papier-calque pour superposer la figure D à la figure B.

4 Une fois la figure tracée, pour vérifier son exactitude, le rectangle est coupé en deux suivant la diagonale. Les deux triangles rectangles obtenus sont superposables. L'aire du rectangle est bien le double de celle du triangle.

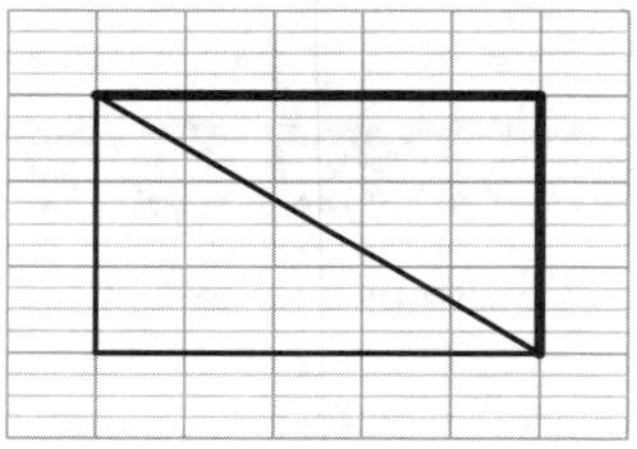

Résoudre

5 **Problème guidé.** Les élèves suivent les directives de Mathix. Ils reproduisent le dessin en se servant du quadrillage de leur cahier. Un découpage permet de reconstituer le carré jaune avec les quatre triangles rouges. Les aires des parties jaunes et rouges sont égales.

> **Le coin du chercheur**
> On a retiré 11 petits cubes.

➤ Prolongements

➢ **Photofiches S32 et A16**

La photofiche S32 propose trois exercices pour :
1. Ranger des figures par aire croissante. Trouver l'aire la plus grande et l'aire la plus petite.
2. Trouver l'aire la plus grande et la plus petite. Ranger des figures par aire croissante.
3. Trouver les figures qui ont la même aire.
La photofiche A16 propose trois exercices pour comparer l'aire de figures par superposition, découpage, calque et recollement.

➢ **Banque d'exercices p. 117**

24 Par découpage et recollement de la figure orange on obtient le rectangle mauve : ces deux figures ont donc la même aire.

25 **Comme le problème guidé.** Si on découpe les parties bleue et rose on constate que la partie bleue a une aire plus grande que la partie rose. Ces deux parties n'ont pas la même aire.

26 Par symétrie on constate que les parties verte et rouge sont superposables : elles ont la même aire. La partie jaune a une aire plus petite que l'aire de la partie verte et plus petite que l'aire de la partie rouge. L'aire de la partie jaune est même la moitié des aires des parties rouge et verte.

Leçon 57 – Comparer des aires

Matériel photocopiable

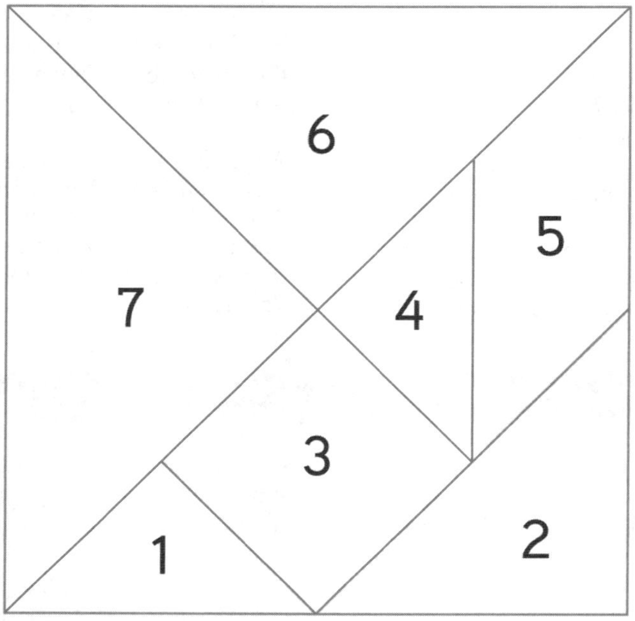

58 Unités de numération et unités de mesure

Compétence
Faire le lien entre unités de numération et unités de mesure.

Calcul mental
Continuer une suite de nombres. L'enseignant écrit : 36 ; 56 ; 76 ; l'élève écrit le nombre suivant : 96.
Items : (36 ; 56 ; 76) ; (20 ; 45 ; 70) ; (13 ; 23 ; 33) ; (36 ; 50 ; 64) ; (15 ; 30 ; 45) ; (12 ; 24 ; 36) ; (14 ; 26 ; 38) ; (15 ; 45 ; 75) ; (26 ; 45 ; 64) ; (17 ; 35 ; 53).

Observations préalables
Les programmes de 2015 recommandent de mettre en parallèle les unités de numération et les unités de mesure des différentes grandeurs connues des élèves qui utilisent le système décimal. Ils préconisent aussi de procéder à des conversions d'unités de numération comme on procède à des conversions d'unités de longueur : 2 km = 20 hm ; 2 milliers = 20 centaines. Ces différents exercices ont pour but de montrer l'homogénéité du système décimal et de favoriser le passage des unités de numération à des unités de mesure ou inversement.

Activités collectives

Activités de recherche

Les élèves découvrent le tableau des unités de numération qui leur est devenu familier. Dans les entrées colorées des colonnes de ce tableau, figurent les unités de numération et, en dessous, les symboles des unités de mesure de longueur : km, hm, dam, m. L'enseignant demande à la classe de préciser la signification de ces symboles et de justifier leur position dans les colonnes du tableau.
Il encourage la classe à faire émerger les relations entre ces différentes unités :
• l'unité de mesure des longueurs est le mètre, elle est donc placée au-dessous de l'unité de numération ;
• 1 dam = 10 m comme 1 dizaine = 10 unités, il est donc logique de retrouver les dam au-dessous des dizaines ;
• 1 hm = 100 m et 1 centaine = 100 unités, il est donc logique de retrouver les hm au-dessous des centaines ;
• 1 km = 1 000 m et 1 millier = 1000 unités ; il est donc logique de retrouver le km au-dessous des unités de mille. C'est comme si on avait superposé deux tableaux.
Dans le tableau de numération des entiers, quand on passe d'une colonne à la colonne qui se trouve immédiatement à sa gauche, on passe d'une unité à une autre unité 10 fois plus grande, on retrouve la même structure dans le tableau de conversion des unités de mesure de longueur. Les unités de longueur ne sont pas les seules à fonctionner ainsi, les unités de mesure de masse, ou de mesure de contenance fonctionnent de la même façon, comme les exercices vont le confirmer.
L'enseignant demande à la classe de compléter les conversions d'unités de numération se trouvant sur la gauche du tableau : 12 000 unités, c'est 1 200 dizaines, 120 centaines ou 12 unités de mille. Il demande à la classe de préciser comment les traits rouges placés sur les différentes lignes du tableau facilitent ces conversions.
Puis il laisse la classe compléter les conversions entre unités de mesure de longueur se trouvant sur la droite du tableau : 12 000 m, c'est 1 200 dam, 120 hm ou 12 km.
L'enseignant insiste sur les analogies entre les unités de numération et les unités de mesure de longueur qui permettent notamment d'appliquer les mêmes techniques de conversion.

En fin de séance, l'enseignant pose la question rituelle : *« Qu'avons-nous appris aujourd'hui ? »* Il attend une réponse proche de : ***« Nous avons appris que le tableau de numération des entiers et le tableau des unités de mesure de longueur, de masse, ou de contenance fonctionnaient de la même façon. »***

Activités individuelles

S'exercer

Les élèves doivent effectuer de nouvelles conversions en mettant en parallèle unités de numération et unités de longueur ou de masse. Pour l'exercice 1, ils peuvent s'aider du tableau des activités de recherche ; pour les exercices 2 et 3, une photocopie du tableau de conversion est fournie ci-après.

1 Dans l'item a, il faut convertir des unités en dizaines ou centaines puis des m en dam et hm. Dans l'item b, les conversions sont plus difficiles : il faut convertir des centaines en milliers et des dizaines en centaines, puis des hm en km et des dam en hm.

a • 3 000 unités = 300 dizaines
3 000 m = 300 dam
• 200 unités = 2 centaines
200 m = 2 hm
b • 40 centaines = 4 milliers
40 hm = 4 km
• 500 dizaines = 50 centaines
500 dam = 50 hm

2 Les différences entre les items a et b sont de même nature que dans l'exercice précédent, les unités de mesure de masse remplacent les unités de mesure de longueur.
a • 500 unités = 5 centaines — 500 g = 5 hg
• 300 unités = 30 dizaines — 300 g = 30 dag

b • 60 centaines = 6 unités de mille
60 hg = 6 kg
• 100 dizaines = 10 centaines
100 dag = 10 hg

3 Les élèves doivent compléter un tableau comportant les unités de numération sur la première ligne, les unités de longueur sur la deuxième ligne, à partir de l'abréviation m placée dans la colonne des unités, les unités de masse sur la troisième ligne, à partir de l'abréviation kg placée dans la colonne des unités de mille.

	Unités de mille	Centaines	Dizaines	Unités
Unités de longueur →	km	hm	dam	m
Unités de masse →	kg	hg	dag	g

➤ Prolongements

➢ **Banque d'exercices p. 117**

27 Les élèves doivent compléter les égalités en précisant l'unité du membre de droite :
300 unités = 3 centaines
200 dizaines = 2 unités de mille
50 centaines = 5 unités de mille
600 unités = 60 dizaines
300 m = 3 hm
200 dam = 2 km
50 hg = 5 kg
600 g = 60 dag

Leçon 58 – Unités de numération et unités de mesure

Matériel photocopiable

Tableau de l'exercice 2

Unités → de numération	Centaine de mille	Dizaine de mille	Unité de mille	Centaine	Dizaine	Unité	← Unités de masse
			kg	hg	dag	g	

Tableau de l'exercice 3

	Unité de mille	Centaine	Dizaine	Unité
Unités de longueur →	...	...	...	m
Unités de masse →	kg	...	...	...

59 Problèmes : Interpréter un graphique en sciences (2)

Compétences
Prélever et traiter des données numériques à partir de graphiques cartésiens.

Calcul mental
Continuer une suite de nombres. L'enseignant dit : « 20 ; 35 ; 50 » ; l'élève écrit le nombre suivant : 65.
Items : (20, 35, 50) ; (62, 65, 68) ; (54, 59, 64) ; (85, 87, 89) ; (38, 48, 58) ; (50, 70, 90) ; (25, 40, 55) ; (83, 86, 89) ; (88, 93, 98) ; (28, 32, 36).

Observations préalables
C'est la deuxième leçon qui traite de la lecture et de l'interprétation des graphiques. Après la leçon sur les diagrammes en bâtons (Leçon 51), celle-ci étudie les graphiques cartésiens, dits en courbes. Nous avons fait le choix de la transversalité pour ces deux leçons ; les graphiques sont issus d'un domaine où ils sont très présents : les sciences.

Activités collectives

➡ Activités de recherche

L'enseignant invite les élèves à observer le graphique et à lire la phrase qui le présente. Ils trouvent rapidement pourquoi on le nomme « graphique en courbes ». Pour s'assurer que chacun a bien compris, il pose quelques questions : *« Que signifient les indications portées sur l'axe horizontal ? Les nombres écrits sur l'axe vertical ? Que représente une graduation verticale ? Pourquoi a-t-on relié les points ? »* Il attire également l'attention des élèves sur les remarques de Mathix.
Enfin, il demande aux élèves de répondre aux questions posées. La première porte sur l'allure générale du graphique et plus particulièrement ses variations, les suivantes portent sur sa lecture et son interprétation.

1 Les élèves doivent connaître les saisons et leur répartition sur les mois de l'année. Ces dates sont liées aux équinoxes et aux solstices :
– le printemps commence le jour de l'équinoxe de printemps (vers le 21 mars) et se termine le jour du solstice d'été (vers le 22 juin) ;
– l'automne commence le jour de l'équinoxe d'automne (vers le 23 septembre) et se termine le jour du solstice d'hiver (vers le 21 décembre).
Remarque sur les abscisses du graphique : par souci de commodité, les relevés ont été effectués le 20e jour de chaque mois. Il existe donc quelques approximations dans les dates des saisons, mais qui n'entache pas le phénomène observé.
Du mois de janvier au mois de juin, période qui englobe le printemps, la courbe est croissante (elle « monte » sur le graphique). Cela signifie que la durée du jour augmente sur les 6 premiers mois de l'année.
Du mois de juin au mois de décembre, période qui englobe l'automne, la courbe est décroissante (elle « descend » sur le graphique). Cela signifie que la durée du jour diminue sur les 6 derniers mois de l'année.

2 Les élèves peuvent poser leur règle parallèlement à l'axe horizontal, au niveau de 12 heures. Ils trouveront deux dates où la durée du jour est égale à 12 heures, donc à celle de la nuit : le 20 mars et le 20 septembre. L'enseignant peut apporter quelques informations sur ces dates qui correspondent aux équinoxes de printemps et d'automne. L'enseignant pourra expliquer l'étymologie du mot « équinoxe » pour faciliter la mémorisation de son sens : du latin *aequinoctium*, composé de *aequus* (« égal ») et *nox* (« nuit »).

3 Les élèves trouvent facilement le point le plus élevé de la courbe (le maximum) qui correspond à la durée du jour la plus grande. C'est le 20 juin, solstice d'été.
Le point le plus bas de la courbe (minimum) correspond à la durée du jour la plus petite. C'est le 20 décembre, solstice d'hiver.
À Orléans, le jour dure 16 heures au solstice d'été, 8 heures et demie au solstice d'hiver (presque moitié moins).

En fin de séance, l'enseignant pose la question rituelle : *« Qu'avons-nous appris aujourd'hui ? »* Il attend une réponse proche de : ***« Nous avons appris à lire et à interpréter un graphique en courbes. »***

Activités individuelles

Résoudre

C'est l'application directe des « Activités de recherche ». L'enseignant peut s'assurer de la bonne compréhension du texte introductif ainsi que du graphique avant de laisser les élèves répondre aux questions. La bulle de Mathix est lue et commentée : les élèves peuvent même prendre leur pouls sur une durée de trente secondes par exemple afin d'estimer leur propre rythme cardiaque. Il faudra multiplier par 2 le nombre de battements perçus pour obtenir un nombre de pulsation par minute. Attention, chez les enfants le rythme cardiaque est plus élevé que chez l'adulte : environ 90 pulsations par minute chez un enfant de 10 ans.

1 La durée de la course est symbolisée sur le graphique par la longueur de la double flèche violette. La course commence à la fin de la 1re minute et se termine à la 9e minute de l'expérience. Elle dure donc 8 minutes.

2 Avant la course (lors de la première minute), la personne est au repos. Son rythme cardiaque est constant : on enregistre 60 battements de cœur par minute.
Les élèves peuvent comparer ce résultat à leur propre rythme et en déduire que c'est un adulte qui s'est prêté à cette expérience.

3 Lors de la course, la courbe est croissante jusqu'à un maximum (155 battements de cœur par minute) obtenu dès la 6e minute de course.

4 Après la course, la personne est au repos mais le cœur a besoin de temps pour retrouver son rythme normal. Lors de cette expérience, il a fallu attendre 3 minutes (de la 9e à la 12e minute de l'expérience).

➤ Prolongement

➢ Photofiche P17

Cette photofiche comporte un seul problème basé sur la lecture et l'interprétation du graphique du nombre des naissances en France depuis 1900.

➡ Activités supplémentaires

Chaque fois qu'il le peut, l'enseignant présente aux élèves des graphiques concernant l'économie, la population, les activités locales, etc. Il est important qu'ils puissent observer des documents relatifs à des activités qui les concernent.
Les manuels scolaires (sciences, géographie, histoire...) permettent d'observer d'autres graphiques et de confirmer le rôle du graphique en général : illustrer visuellement un ensemble d'informations pour en faciliter la comparaison ou en saisir l'évolution.

60 Mesurer des aires

Compétences
Mesurer ou estimer l'aire d'une surface à l'aide d'une unité de référence.

Calcul mental
Quotient entier d'un nombre de 2 chiffres par 10. L'enseignant dit : « Quotient de 83 par 10 ? » ; l'élève écrit 8.
Items : 83 par 10 ; 20 par 10 ; 56 par 10 ; 89 par 10 ; 97 par 10 ; 36 par 10 ; 78 par 10 ; 60 par 10 ; 67 par 10 ; 10 par 10.

Observations préliminaires
Avant d'apprendre à calculer l'aire d'un polygone, on apprend à mesurer l'aire d'une surface en effectuant un pavage à l'aide d'une surface de référence (l'unité d'aire) ou en utilisant un réseau quadrillé. Il existe cependant plusieurs façons de procéder au comptage des unités de référence du pavage : comptage au fur et à mesure du report de l'unité pas à pas ou utilisation des carreaux d'un quadrillage, des mailles d'un réseau régulier ou d'une grille. Il est souhaitable que les élèves soient confrontés à ces techniques en leur proposant de nombreuses activités de report d'une unité donnée et la possibilité de recommencer avec une unité différente. Ainsi, progressivement, à travers ces manipulations, ils intégreront la notion d'aire et celle de sa mesure et seront ainsi préparés au calcul de l'aire de rectangles.

Activités collectives

Activités de recherche

1 Les élèves travaillent avec le Tangram. Ils lisent la consigne. L'enseignant vérifie qu'ils ont bien compris que l'unité d'aire est l'aire du triangle rose et qu'elle est notée u. Les élèves travaillent par groupes de deux et utilisent la pièce « unité » u découpée sur la photocopie du Tangram (cf. fin de leçon) pour paver les autres pièces. Ainsi, avant de donner l'aire de chaque pièce, ils observent que certaines d'entre elles ont des aires égales.
La pièce 4 mesure 1 u. Les pièces 2, 3, 5 mesurent 2 u chacune. Les pièces 7 et 6 mesurent 4 u chacune.
Pour répondre à la question *« Quelle est l'aire du Tangram entier ? »*, certains groupes reprennent la mesure de chaque pièce dont ils effectuent la somme. D'autres s'appuient sur la mesure de l'aire de la pièce 7 (ou 6) et constatent qu'en prenant cette pièce pour unité, ils doivent la reporter quatre fois pour paver le Tangram.
Comme l'aire de la pièce 7 est égale à 4 u, l'aire totale du Tangram est 16 u (4 × 4 = 16). Pour une ultime vérification, l'enseignant peut proposer de tracer dans chaque pièce les contours de l'unité u.

2 Les mesures des aires des figures A et B se font par report mental de l'unité par l'intermédiaire du quadrillage qui a permis d'associer l'unité u à un carreau et l'unité v à deux carreaux. Les élèves lisent la consigne : il faut mesurer les aires des figures avec l'unité u puis comparer ces aires. Ils mesurent les aires des figures avec l'unité bleue u : aire de la figure A : 12 u ; aire de la figure B : 10 u. L'enseignant demande à un élève de venir expliquer sa méthode pour déterminer les aires des figures A et B. La comparaison des aires est immédiate : 12 u > 10 u, l'aire de A est plus grande que l'aire de B. Les élèves mesurent ensuite les aires des figures avec l'unité orange v : aire de A : 6 v ; aire de B : 5 v. Ils constatent que les mesures d'aires exprimées avec l'unité u sont différentes de celles obtenues avec l'unité v. Cependant, quand on compare les aires exprimées soit avec u, soit avec v, dans les deux cas, l'aire de A est toujours supérieure à celle de B. L'enseignant fait remarquer que les nombres qui expriment les mesures avec l'unité u sont plus grands que ceux qui expriment les mesures avec l'unité v. Il demande pourquoi.

Les élèves établissent le lien entre les aires de u et de v et les mesures effectuées à l'aide de ces unités. La mesure d'une aire dépend donc de l'unité choisie pour la mesurer.

En fin de séance, l'enseignant pose la question rituelle : *« Qu'avons-nous appris aujourd'hui ? »* Il attend une réponse proche de : ***« Nous avons appris à mesurer l'aire d'une figure avec une unité de référence. »***

Activités individuelles

S'exercer

1 Dans cet exercice, on retrouve le Tangram de l'« Activité de recherche ». L'item **a** comporte moins de pièces que l'item **b**.
Aire du triangle n° 2 : 2 triangles orange ; aire du carré vert n° 3 : 2 triangles orange ; aire du triangle jaune n° 7 et du triangle bleu n° 6 : 4 triangles orange chacune ; aire du parallélogramme rose n° 5 : 2 triangles orange.

2 La difficulté de l'exercice réside dans le comptage des demis-triangles. Dans l'item **a**, dans lequel on demande d'exprimer la mesure en prenant pour unité l'aire du carré bleu, il faut penser à réunir 2 triangles pour avoir la valeur d'un carré bleu unité. Dans l'item **b**, dans lequel on doit exprimer la mesure en triangles, il faut penser qu'un carreau vaut 2 triangles unités.
a Aire de A : 18 v ; Aire de B : 19 v.
Aire de A < Aire de B.
b Aire de A : 36 u ; Aire de B : 38 u.
Aire de A < Aire de B.

Résoudre

3 **Problème guidé.** Ce problème fait intervenir la notion d'aire, traitée en leçon 57, en même temps que la mesure d'aire.

Mathix demande aux élèves de déplacer la pointe du haut de la figure pour la mettre en bas et d'avoir un carré (ce qui évitera de compter les demi-carreaux). Aire de A : 16 u. La mesure d'aire de la figure B fait intervenir la symétrie. Aire de B : 14 u.
Aire de A $>$ Aire de B.

4 Aire de A : 12 u. Le rectangle à construire doit avoir une aire double de celle de la figure A : 24 u. Ce rectangle peut avoir des dimensions différentes et donc différentes formes, mais il aura toujours la même aire.
Dimensions possibles pour le rectangle : 6 × 4 ; 8 × 3 ; 2 × 12 ; 1 × 24.

Le coin du chercheur

Il a fallu 29 jours au nénuphar pour recouvrir la moitié de l'étang.

➤ Prolongements

➢ Photofiche S33

Elle propose trois exercices de mesures d'aires avec des unités de mesure variées.

➢ Photofiche S34

Elle propose trois exercices dans lesquels, il faut mesurer des aires de figures de formes différentes afin de comparer l'aire de ces figures ou de ranger celles-ci par ordre croissant de leur aire.

➢ Photofiche A17

Cette photofiche comporte trois exercices. Dans le premier exercice, on mesure l'aire d'un carré avec comme unité de référence le demi-carreau. Dans le deuxième, on mesure l'aire de quatre figures avec deux unités de référence différentes : on compare les aires et les mesures exprimées par des unités différentes. Dans le troisième, on mesure l'aire d'un disque à l'aide de l'unité carreau.

➢ Banque d'exercices p. 118

28 Côté du carré à construire d'aire 16 u = 4 côtés de carreaux.

29 Les triangles rouges rabattus dans le carré jaune le recouvrent entièrement.
La partie rouge a donc la même aire que la partie jaune.
Aire du carré jaune 16 u ; aire de la partie rouge 16 u.

30 Mesures de Théo : Aire de A : 12 u. / Aire de B : 8 u. / Aire de C : 10 u.
Aire de B $<$ Aire de C $<$ Aire de A.
Mesures de Léa : Aire de A : 6 v. / Aire de B : 4 v. / Aire de C : 5 v.
Aire de B $<$ Aire de C $<$ Aire de A.
On obtient le même rangement qu'avec l'unité u.

31 **Comme le problème guidé.** Aire du carré rose : 16 carreaux.
Aire de la figure verte : 12 carreaux.
La figure rose a la plus grande aire.

Leçon 60 – Mesurer des aires

Matériel photocopiable

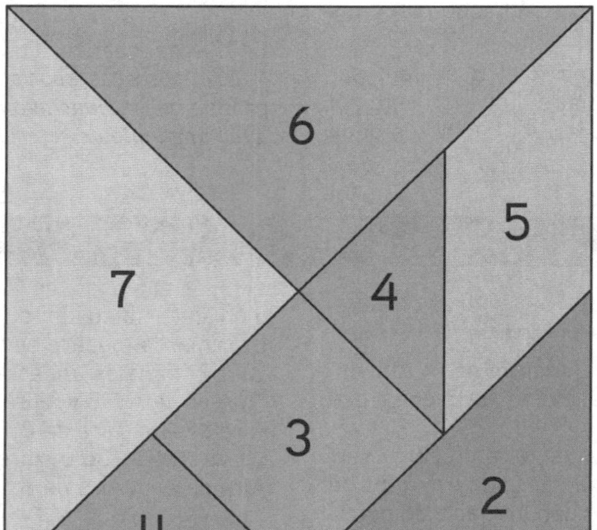

61 Les fractions simples (1)

Compétences
Utiliser des fractions pour coder des mesures d'aires. Comparer une fraction à 1. Reconnaître deux fractions équivalentes.

Calcul mental
Quotient entier d'un nombre de 3 chiffres par 100. L'enseignant dit : « Quotient de 568 par 100 » ; l'élève écrit 5.
Items : Quotient de 568 par 100 ; 656 par 100 ; 980 par 100 ; 800 par 100 ; 453 par 100 ; 154 par 100 ; 706 par 100 ; 349 par 100 ; 500 par 100 ; 100 par 100.

Observations préliminaires
Les deux nouvelles notions les plus importantes introduites au cycle 3 sont les fractions et les nombres décimaux. Historiquement, les fractions furent inventées vers 3000 avant J.-C. à Sumer et les nombres décimaux vers 2 500 ans avant J.-C. en Égypte mais avec une autre forme d'écriture. Ces derniers ne furent introduits en Europe qu'au XVIe siècle. Il est normal que les enfants éprouvent des difficultés à concevoir ces notions qu'il faut aborder avec beaucoup de prudence et de patience.
Pour éviter une introduction formelle des nombres décimaux, nous avons choisi d'introduire les fractions avant les nombres décimaux, ceux-ci n'étant qu'une écriture simplifiée des fractions décimales.
La leçon 61 traite les fractions à partir des mesures d'aire pour les fractions inférieures à 1, la leçon 63 les traite à partir des mesures de longueur pour celles supérieures à 1.
La leçon 66 s'appuie sur la droite numérique pour présenter des écritures du type $2 + \frac{3}{4}$ dont la maîtrise facilitera le passage des fractions décimales aux nombres décimaux. Les leçons 72 et 75 sont essentiellement destinées à donner du sens aux nombres décimaux envisagés comme fractions décimales ou somme de fractions décimales qui seront introduits en leçon 76 après une bonne pratique des fractions dans les leçons 65 (Fractions et mesures dans la vie courante), 68 (Fractions en musique) et 73 (Fractions décimales et mesures).

Activités collectives

Activité préliminaire

Matériel : Une feuille carrée par élève.

Pliage et mesures d'aire
Chaque élève dispose d'une feuille carrée. L'enseignant leur demande de trouver trois façons différentes de plier les feuilles afin d'obtenir quatre parties superposables. Sans doute, trouveront-ils les trois dispositions suivantes :

Les élèves colorient l'une des cases de chaque carré. L'enseignant fait remarquer qu'ils ont partagé chaque carré en quatre parties superposables, donc de même aire, bien que de formes différentes. Ils ont colorié une partie de chaque carré ou un quart du carré.
On dit que l'aire de la partie coloriée mesure $\frac{1}{4}$ de celle du carré. Ce nouveau nombre est une fraction. 4 est le dénominateur : il indique le type de partage de l'unité (ici en quatre parts égales) ; 1 est le numérateur : il précise le nombre de parties coloriées (ici une partie). L'enseignant demande ensuite d'écrire la fraction de la partie non coloriée du carré. Lors de la mise en commun, les élèves remarquent que cette partie non coloriée représente trois fois $\frac{1}{4}$: sa mesure s'écrit $\frac{3}{4}$ (trois quarts).

Activités de recherche

1 Les élèves observent les parts de pizzas mangées par les enfants. Théo a pris une part d'une pizza coupée en quatre. Ils retrouvent la situation de l'activité préliminaire : la pizza a remplacé la feuille carrée. Théo a mangé une part sur les quatre parts de la pizza, il a mangé un quart de pizza. L'enseignant écrit la fraction au tableau $\frac{1}{4}$, il en commente l'écriture : c'est une fraction, c'est un nouveau nombre. Chacun des deux nombres qui la composent a une signification différente : 4 indique le nombre total de parts de pizza, 1 indique le nombre de part pris par Théo. Les élèves écrivent alors les fractions de pizza mangées par Léa et Mélissa : $\frac{3}{4}$ pour Léa et $\frac{2}{4}$ pour Mélissa, les filles ont bon appétit !

2 Les élèves observent les parts de pizzas mangées par les enfants, écrivent les fractions et les comparent à l'unité. Aki a mangé 4 parts, la fraction s'écrit $\frac{4}{4}$, elle a mangé toute la pizza, on peut écrire $\frac{4}{4} = 1$. Hugo a mangé les 4 parts de la pizza partagée en 4 et encore une part de la deuxième pizza partagée elle aussi en 4, il a donc mangé $\frac{5}{4}$ de pizza, c'est-à-dire une pizza entière et encore une part ... et il sera malade !

3 Si le carré **c** est partagé en 4 comme dans l'« Activité préliminaire », le carré **a** l'est en 6, le **b** en 5, le **d** en 3, le **e** en 2 et le **f** en 10. Les élèves écrivent l'aire de la partie colorée sous forme de fraction. Aire de la partie colorée de **a** : $\frac{2}{6}$; aire de la partie colorée de **b** : $\frac{3}{5}$; aire de la partie colorée de **c** : $\frac{2}{4}$; aire de la partie colorée de **d** : $\frac{1}{3}$; aire de la partie colorée **e** : $\frac{1}{2}$; aire de la partie colorée de **f** : $\frac{6}{10}$.

Pour trouver les figures colorées qui ont la même aire, il faut rassembler les parties colorées de **a** pour voir qu'elle est égale à la partie colorée de **d**, que la partie colorée de **c** est égale à la partie colorée de **e** et que la partie colorée de **f** est égale à celle de **b**.
Les élèves écrivent les égalités : $\frac{2}{6} = \frac{1}{3}$; $\frac{3}{5} = \frac{6}{10}$; $\frac{2}{4} = \frac{1}{2}$.

En fin de séance, l'enseignant pose la question rituelle : « *Qu'avons-nous appris aujourd'hui ?* » Il attend une réponse proche de : ***« Nous avons appris à écrire des fractions pour coder des mesures d'aires. »***

Activités individuelles

S'exercer

1 Les élèves écrivent en chiffres des fractions écrites en lettres.
Les mots : quart, tiers, demi, sixième, dixième ont été rencontrés dans la leçon.

2 **a** C'est le drapeau hongrois qui a $\frac{1}{3}$ du drapeau en vert.

C'est le drapeau de l'île Maurice qui a $\frac{1}{4}$ du drapeau en bleu.

b C'est le drapeau du Pérou qui a $\frac{2}{3}$ du drapeau en rouge.

C'est le drapeau de la Colombie qui a $\frac{1}{2}$ du drapeau en jaune.

3 **a** 12 est un multiple de 2, de 3, de 4 et de 6. Chaque carreau représente 1/12 de l'aire du rectangle. Le quadrillage constitue une aide pour colorier des fractions de chaque rectangle de 12 carreaux. Le découpage en bandes de 1 carreau de large parallèles à la longueur du rectangle fait apparaître des tiers, le découpage en bandes de 1 carreau de large parallèles à la largeur du rectangle fait apparaître des quarts.

b Les élèves constatent que $\frac{2}{6} = \frac{1}{3}$.

4 L'exercice vérifie la troisième partie de l'« Activité de recherche ».

Fraction coloriée de **a** : $\frac{3}{6}$ ou $\frac{1}{2}$; fraction coloriée de **b** : $\frac{2}{5}$;

fraction coloriée de **c** : $\frac{4}{8}$ ou $\frac{1}{2}$; fraction coloriée de **d** : $\frac{6}{10}$;

fraction coloriée de **e** : $\frac{3}{4}$; fraction coloriée de **f** : $\frac{4}{4}$ ou 1.

Résoudre

5 **Problème guidé.** Lucie possède $\frac{1}{2}$ tablette ; Morgane possède $\frac{3}{4}$ de tablette ; Nadia possède $\frac{2}{3}$ de tablette.

6 Loïc a mangé $\frac{4}{8}$ de la pizza ou $\frac{1}{2}$ pizza.

Le coin du chercheur

12 cm + 12 cm = 24 cm.
La queue du chat mesure 24 cm.

➤ Prolongements

➢ Photocopie S35

Dans le premier exercice, on utilise les fractions $\frac{1}{2}$, $\frac{1}{4}$, $\frac{3}{4}$, $\frac{5}{4}$ pour coder des mesures d'aires. Dans le deuxième, on doit écrire la fraction correspondant à l'aire choisie.

➢ Photocopie S36

Dans le premier exercice, il faut reconnaître des fractions équivalentes grâce au dessin et compléter les égalités. Dans le deuxième, il faut reconnaître et écrire des fractions inférieures, égales ou supérieures à l'unité.

➢ Banque d'exercices p. 118

32 $\frac{1}{4}$; $\frac{3}{4}$; $\frac{2}{3}$; $\frac{1}{5}$; $\frac{3}{10}$.

33 **Comme le problème guidé.** Fractions correspondant aux parties coloriées : $\frac{1}{3}$; $\frac{2}{4}$; $\frac{2}{4}$; $\frac{2}{12}$ ou $\frac{1}{6}$.
Fractions correspondant aux parties non coloriées : $\frac{2}{3}$; $\frac{2}{4}$; $\frac{2}{4}$; $\frac{10}{12}$ ou $\frac{5}{6}$.

34 $\frac{1}{4}$ d'un carré de 4 carreaux de côté, ce sont 4 carreaux ; $\frac{1}{8}$, ce sont 2 carreaux ; $\frac{1}{2}$, ce sont 8 carreaux.

62 Problèmes : Apprendre à résoudre Schématiser un énoncé

Compétence
S'aider d'un schéma pour distinguer les significations des expressions : «... de plus que.. » et « ...fois plus que... » ; «... de moins que.. » et « ...fois moins que... ».

Calcul mental
Problèmes : L'enseignant dit deux fois l'énoncé : *« Victor a 8 billes. Jeanne en a 3 fois plus que lui. Combien de billes Jeanne a-t-elle ? »* ; l'élève écrit 24 billes.
Items :
- « Chloé a 20 billes. Léa a 4 fois moins de billes que Chloé. Combien de billes a Léa ? »
- « Paul a 10 images. Julie a 3 fois plus d'images que Paul. Combien d'images a Julie ? »
- « Marie mesure 130 cm, son petit frère de 4 mois est deux fois moins grand qu'elle. Combien mesure son petit frère ? »

Observations préalables
Cette leçon mêle les problèmes de comparaison multiplicative avec les problèmes de comparaison additive. Son but est de montrer que la réalisation d'un schéma permet clairement de les distinguer, malgré leur similitude phonétique. Cette leçon est construite sur le même format que les autres leçons intitulées « Apprendre à résoudre », elle est prévue pour être traitée en deux séances successives.

Activité collective

➡ Problème de référence 1

Les élèves lisent silencieusement l'énoncé du problème, puis reproduisent et complètent les schémas qui représentent les cueillettes de Léa et de Lucie comparativement à celle de Théo qui a ramassé 30 framboises. Léa en a ramassé 3 de plus et Lucie 3 fois plus.

L'enseignant demande aux élèves de préciser le sens de chacune des expressions « 3 de plus que... » et « 3 fois plus que... ». Il souligne que cette différence se perçoit clairement sur les schémas utilisant les longueurs de segments pour représenter la cueillette de chacun. Les élèves achèvent la résolution du problème en écrivant et en effectuant les opérations $30 + 3 = 33$ et $3 \times 30 = 90$, puis en rédigeant séparément deux phrases réponses.

Activités individuelles

➡ Problèmes d'application

1 Les élèves lisent l'énoncé du problème d'application 1 qui traite de collections d'images de super-héros : Hamed a 25 images, Samuel en a 2 de plus, Sydney en a 2 fois plus. Pour trouver l'effectif de chaque collection, les élèves doivent compléter un schéma comparable à celui du problème de référence 1, puis achever la résolution du problème en écrivant et en calculant les opérations $25 + 2 = 27$ et $2 \times 25 = 50$, puis en rédigeant une phrase réponse : *« Samuel a 27 images et Sydney a 50 images. »*
Lors de la correction collective, l'enseignant insiste à nouveau sur la distinction entre les deux types de comparaison. Les schémas confirment la différence entre les opérations et les valeurs obtenues.

2 L'énoncé du deuxième problème d'application ne comporte aucune aide. Il doit être résolu individuellement par les élèves. Il traite de collections de cartes postales : Aki a 25 cartes postales, Anaïs en a 4 de plus et Flora en a 4 fois plus. Pour trouver l'effectif de la collection de chacune (29 et 100), l'enseignant propose aux élèves de réaliser par eux-mêmes un schéma comparable à ceux qui ont été utilisés dans les deux problèmes précédents. Après un temps de recherche, l'enseignant propose une mise en commun au cours de laquelle il réalise ces schémas au tableau en soulignant que ces schémas peuvent aider les élèves à ne pas confondre la signification des deux expressions « de plus que... » et « fois plus que... ».

Activité collective

➡ Problème de référence 2

Les élèves lisent silencieusement l'énoncé du problème de référence 2. Il reprend le contexte du problème de référence 1, mais cette fois Théo a ramassé 50 framboises, Léa en a ramassé 5 de moins et Lucie 5 fois moins.
Les élèves doivent à nouveau compléter un schéma fondé sur les longueurs de segments, en précisant ici le prénom de l'enfant dont la cueillette correspond à chaque segment. Le premier segment représente la cueillette de Théo, le nombre 50 est indiqué, le second correspond à la cueillette de Léa qui n'a ramassé que 5 framboises de moins que Théo, le dernier correspond à la cueillette de Lucie qui a ramassé 5 fois moins de framboises que Théo. Pour aider les élèves ayant du mal à traduire l'expression « 5 fois moins que... », l'enseignant propose, comme le dit Mathix, d'inverser les termes de la comparaison : Lucie a ramassé 5 fois moins de framboises que Théo signifie que Théo a ramassé 5 fois plus de framboises que Lucie. Quand on compare les longueurs des segments représentant la part de Théo et celle de Lucie, on voit apparaître cette relation : le segment de Théo est 5 fois plus

long que celui de Lucie. Donc quand apparaît l'expression « 5 fois moins que... » il faut partager le nombre initial en 5 parts égales. Les valeurs mises en jeu ici, permettent de compléter le schéma sans avoir recours à la calculatrice : 50 = 5 dizaines, donc la part de Lucie est égale à une dizaine. Quand les nombres ne se prêtent pas au calcul mental, le symbole ÷ de la calculatrice peut être utilisé pour écrire l'opération qui permet de trouver le résultat d'une telle division, car il s'agit de la division rationnelle et non de la division euclidienne avec reste.

Les élèves achèvent la résolution du problème en écrivant et en calculant les opérations associées à chaque cueillette, puis en rédigeant deux phrases réponses : Léa a ramassé 45 framboises et Lucie a ramassé 10 framboises.

Activités individuelles

➡ Problèmes d'application

1 Les élèves lisent l'énoncé du problème d'application 1 : au jeu de fléchettes, Emilie a marqué 40 points, Sarah a marqué 2 points de moins et Julia 2 fois moins de points. L'enseignant leur demande de compléter le schéma en précisant le prénom de chaque enfant, puis il laisse les élèves résoudre individuellement le problème. Un temps de concertation entre voisins est proposé avant la mise en commun. L'enseignant associe à l'expression « 2 fois moins que... » la notion de moitié que certains élèves auront spontanément employée et il confirme que l'opération associée est la division par 2 du nombre 40. Pour calculer le score de Sarah les élèves doivent avoir écrit 40 – 2 = 38 ; pour calculer le score de Julia les élèves doivent avoir écrit 40 ÷ 2 = 20 ; puis avoir rédigé une phrase réponse : *« Sarah a marqué 38 points, Julia a marqué 20 points. »*

2 L'énoncé du deuxième problème d'application ne comporte aucune aide. Il doit être résolu de façon autonome par les élèves. Il traite du prix de pantalons de ski. Denise a payé son pantalon 180 €, Charlotte a acheté le même mais l'a payé 3 € de moins, Martine en a acheté un autre qu'elle a payé 3 fois moins cher. L'enseignant propose aux élèves de réaliser par eux-mêmes un schéma comparable à ceux qui ont été utilisés dans les deux problèmes précédents. Après un temps de recherche suffisant, il propose aux élèves de confronter leurs réponses par proximité avant de lancer la classe dans une mise en commun qu'il appuie sur un schéma. Charlotte a payé son pantalon 177 € (180 – 3), Martine a payé le sien 60 € (180 ÷ 3). Il souligne que dans chacun de ces problèmes, il était possible de trouver les réponses mentalement sans faire de schémas et sans écrire les opérations, mais lorsque les valeurs seront plus grandes, la réalisation d'un schéma et l'écriture des calculs seront indispensables.

En fin de séance, l'enseignant pose la question rituelle : *« Qu'avons-nous appris aujourd'hui ? »* Il attend une réponse proche de : ***« Nous avons appris à résoudre des problèmes dans lesquels on utilise les expressions "de plus que..." et "... fois plus que..." ou bien "de moins que..." et "fois moins que ..." en utilisant des schémas. »***

➤ Prolongements

➢ **Photofiche P18**

Cette fiche contient deux énoncés de problèmes mêlant des comparaisons additives (... de plus que...) et multiplicatives (... fois plus que...).
Leur résolution est accompagnée d'une aide comparable à celle rencontrée dans le problème de référence 1.

➢ **Photofiche P19**

Cette fiche contient deux énoncés de problèmes mêlant des comparaisons additives (... de moins que...) et multiplicatives (... fois moins que...).
Leur résolution est accompagnée d'une aide comparable à celle rencontrée dans le problème de référence 2.

63 Les fractions simples (2)

Compétences
Utiliser des fractions pour coder des longueurs. Comparer une fraction à 1. Reconnaître deux fractions équivalentes.

Calcul mental
Quotient entier d'un nombre de 2 chiffres par un nombre de 1 chiffre. L'enseignant dit: « Quotient entier de 23 par 5 ? » ; l'élève écrit : 4.
Items : Quotient de : 23 par 5 ; 25 par 5 ; 26 par 8 ; 31 par 6 ; 38 par 7 ; 42 par 7 ; 48 par 8 ; 50 par 9 ; 65 par 9 ; 74 par 8.

Activités collectives

Activité de recherche

Matériel : Photocopie Bandes (*cf.* Matériel en fin de leçon).

1 L'enseignant distribue à chaque élève une photocopie de la bande unité u et des bandes A, B, C (cf. matériel en fin de leçon). Les élèves les découpent. Ils répondent aux questions de la première activité. Ils comparent la bande u et la bande B, ils s'aperçoivent qu'ils doivent reporter deux fois la bande B sur la bande u ou qu'ils doivent plier la bande u en deux parties pour qu'une des parties corresponde à la bande B. La bande B est donc $\frac{1}{2}$ de la bande u.

Les élèves procèdent de la même façon pour mesurer la bande C. Elle mesure $\frac{1}{4}$ de la bande u : les élèves ont plié en quatre la bande u ou ils ont reporté quatre fois la bande C sur l'unité u. Ils mesurent ensuite la bande A en utilisant la bande C. Ils constatent qu'il faut reporter trois fois la bande C. La longueur de la bande A peut donc s'écrire :
$\frac{1}{4}$ u + $\frac{1}{4}$ u + $\frac{1}{4}$ u = $\frac{3}{4}$ u.

2 Les élèves utilisent les bandes B et C de la feuille du matériel. Ils les reportent sur les bandes F et G et répondent aux questions.
La bande B est reportée deux fois sur la bande F, la bande F a pour longueur : $\frac{1}{2}$ u + $\frac{1}{2}$ u = $\frac{2}{2}$ u, La bande C est reportée quatre fois sur la bande F, la bande F a pour longueur : $\frac{1}{4}$ u + $\frac{1}{4}$ u + $\frac{1}{4}$ u + $\frac{1}{4}$ u = $\frac{4}{4}$ u. Les élèves constatent que : $\frac{2}{2}$ u = $\frac{4}{4}$ u = 1 u.
La bande F mesure donc 1 u, la longueur de la bande F est égale à l'unité. Les élèves peuvent le vérifier en la comparant à la bande unité de l'« Activité 1 ». La bande G mesure $\frac{6}{4}$ u et $\frac{3}{2}$ u. La bande G est plus grande que l'unité. Les élèves peuvent le vérifier en la comparant à la bande unité de l'« Activité 1 ». Les élèves comparent les fractions en utilisant les signes $<$; $>$; = :
$\frac{4}{4} = 1$; $\frac{3}{2} > 1$; $\frac{6}{4} > 1$; $\frac{1}{2} < 1$; $\frac{2}{2} = \frac{4}{4}$; $\frac{3}{2} = \frac{6}{4}$. Ils justifient leur réponse.

3 Pour tracer le segment bleu, les élèves se servent de la bande C qu'ils reportent dix fois.
Pour tracer le segment vert, les élèves se servent de la bande B qu'ils reportent cinq fois.
Ils comparent la longueur des deux segments en utilisant une bande de papier : les deux segments ont la même longueur. Les élèves peuvent écrire : $\frac{10}{4} = \frac{5}{2}$.

En fin de séance, l'enseignant pose la question rituelle : *« Qu'avons-nous appris aujourd'hui ? »* Il attend une réponse proche de : ***« Nous avons appris à utiliser des fractions pour coder des longueurs, à comparer des fractions et à reconnaître des fractions équivalentes. »***

Activités individuelles

S'exercer

1 Dans l'item **a**, les fractions sont toutes de numérateur 1. Dans l'item **b**, les élèves doivent écrire 4 fractions égales à l'unité.
a Longueur de la bande jaune : $\frac{1}{2}$ u ; Longueur de la bande verte : $\frac{1}{3}$ u ; Longueur de la bande rose : $\frac{1}{4}$ u ;
Longueur de la bande orange : $\frac{1}{5}$ u.
b Quatre fractions égales à 1 u : $\frac{2}{2}$ u = 1 u ; $\frac{3}{3}$ u = 1 u ; $\frac{4}{4}$ u = 1 u ; $\frac{5}{5}$ u = 1 u.

2 Les fractions de l'item **a** sont toutes inférieures à 1, de même dénominateur, et avec de petits numérateurs. Dans l'item **b**, la deuxième fraction est supérieure à 1. Les élèves ne doivent pas oublier la consigne : la longueur doit être exprimée par une fraction de u. Ils doivent écrire $\frac{6}{5}$ u.
a $\frac{2}{5}$ u ; $\frac{3}{5}$ u. **b** $\frac{4}{5}$ u ; $\frac{6}{5}$ u.

3 Un segment bleu de 4 carreaux est l'unité.
a Le segment vert de longueur $\frac{2}{4}$ u doit mesurer 2 carreaux ; le segment rouge de longueur $\frac{1}{2}$ u doit aussi mesurer 2 carreaux. Les deux segments ont même longueur : $\frac{2}{4}$ u = $\frac{1}{2}$ u.
b Longueur du segment orange : $\frac{6}{4}$ u = 6 carreaux.
Longueur du segment noir : $\frac{4}{2}$ u = 8 carreaux.
Les deux segments n'ont pas la même longueur, le segment noir est plus long que le segment orange : $\frac{4}{2}$ u $>$ $\frac{6}{4}$ u.
Ce n'est pas la fraction qui comporte les plus grands nombres dans son écriture qui est la plus grande.

Résoudre

4 **Problème guidé.** Le chef pirate donne $\frac{1}{6}$ du lingot à chacun de ses deux matelots, il donne donc $\frac{2}{6}$ du lingot d'or. Il en garde $\frac{4}{6}$ pour lui. C'est $\frac{1}{6}$ de plus que la moitié qui est égale à $\frac{3}{6}$. Il va donc posséder plus de la moitié du lingot d'or. Suivant les conseils de Mathix, la correction se fait avec le soutien d'une bande graduée en sixièmes.

5 Avec la poutre représentée par une bande de 12 carreaux, la fraction représentant le troisième morceau devrait être facilement trouvée : $\frac{3}{12}$ ou $\frac{1}{4}$.

> ***Le coin du chercheur***
> Après quatre mensonges, le nez de Pinocchio mesure 48 cm.

➤ Prolongements

➢ **Photofiche S37**

Elle propose deux exercices dans lesquels on utilise des fractions pour coder des longueurs. Dans le premier, il faut faire correspondre les fractions : $\frac{3}{6}$; $\frac{8}{6}$; $\frac{5}{6}$; $\frac{7}{6}$; $\frac{4}{6}$; $\frac{9}{6}$ aux longueurs coloriées, dans le deuxième, il faut colorier les longueurs représentées par les fractions : $\frac{2}{4}$; $\frac{1}{2}$; $\frac{6}{4}$; $\frac{4}{4}$; $\frac{3}{2}$. Il faut ensuite reconnaître parmi ces fractions celles qui sont inférieures ou supérieures à 1, et celle qui est égale à 1. Puis reconnaître celles qui sont égales, puis compléter les égalités.

➢ **Photofiche A18**

Dans le premier exercice, il faut écrire les numérateurs de deux fractions équivalentes de dénominateurs différents en s'appuyant sur des bandes colorées fractionnées. Dans le deuxième, il faut écrire les numérateurs de fractions pour que celles-ci soient égales à 1. Dans le troisième, il faut comparer des fractions à l'unité en utilisant les signes $<$ ou $>$.

➢ **Banque d'exercices p. 118**

35 Longueur de la bande orange : $\frac{3}{5}$ u ; longueur de la bande verte : $\frac{4}{5}$ u ; longueur de la bande jaune : $\frac{1}{5}$ u.

36 Longueur de la bande jaune : $\frac{4}{5}$ u ; longueur de la bande orange : $\frac{6}{5}$ u ; longueur de la bande verte : $\frac{9}{5}$ u.

37 **Comme le problème guidé.** L'unité est une bande de 10 carreaux. La bande bleue (2 carreaux) et la bande jaune (4 carreaux) représentent $\frac{1}{5}$ u + $\frac{2}{5}$ u = $\frac{3}{5}$ u. Il reste 4 carreaux. La fraction non coloriée représente $\frac{2}{5}$ u.

Leçon 63 – Les fractions simples (2)

Matériel photocopiable

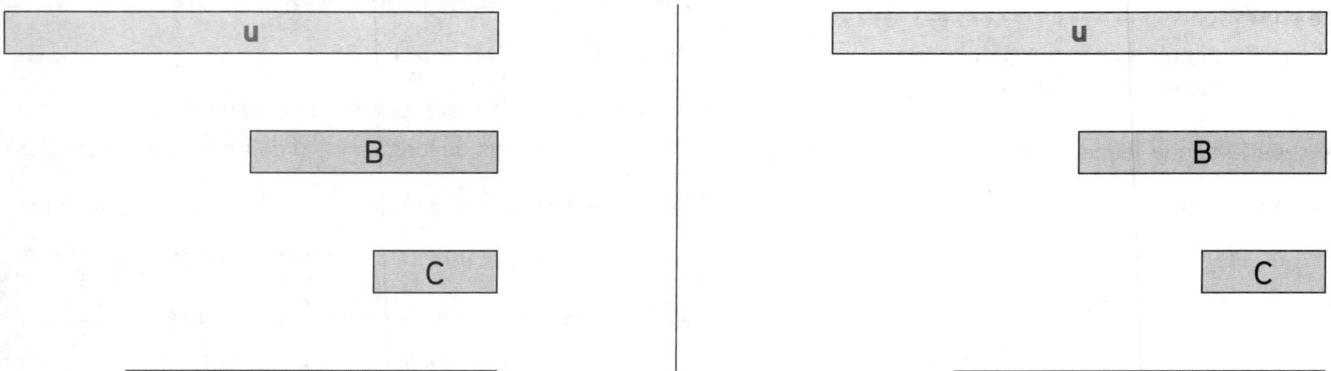

64 Mobilise tes connaissances (3)

Observations préalables
Toutes les remarques formulées en leçon 25 concernant les compétences et la présentation générale des pages « Mobilise tes connaissances » sont valables pour cette leçon. Nous conseillons donc aux enseignants de s'y reporter.

Présentation collective

L'enseignant demande aux élèves d'observer et de lire les documents qui figurent sur les deux pages. Il leur laisse quelques minutes pour ce travail, puis leur donne la parole pour qu'ils puissent apporter des informations supplémentaires, poser des questions ou répondre à celles de leurs camarades. Il n'intervient que si aucun élève ne sait répondre. Il s'assure, en posant quelques questions, que les informations données ont bien été comprises. Il leur indique que La Réunion est un Département et Région d'Outre-Mer et que cette île est située dans l'Océan Indien. Il montre sa position sur un globe terrestre.
Le travail présenté sur ces deux pages peut être réparti en deux séances.

Travail individuel et en groupe

L'enseignant demande ensuite aux élèves de lire les questions des enfants figurant sur le document, de rechercher les données utiles pour y répondre, d'effectuer les calculs nécessaires et de rédiger les réponses. Il leur signale qu'ils peuvent trouver sur ces deux pages tous les renseignements utiles pour répondre aux questions ; ils ne sont donc pas obligés de consulter d'autres documents.
Après un moment de travail individuel, il leur permet de collaborer avec deux ou trois de leurs camarades pour la rédaction collective des réponses.

Mise en commun

La mise en commun des résultats permet la confrontation des travaux des petits groupes. Si les réponses divergent, l'enseignant demande à chacun de justifier ses résultats. Il n'intervient que si les réponses ne sont pas suffisamment explicites pour tous.

Réponses aux exercices

1 2 × 1 535 = 3 070 et 3 070 m > 2 631 m. Le Piton des Neiges culmine à 3 070 m.

2 C'est un problème à deux étapes.
On calcule d'abord la somme des distances connues :
5 249 + 220 = 5 469.
On calcule ensuite la distance demandée :
10 541 – 5 469 = 5 072.
La distance entre Dubaï et l'île Maurice est de 5 072 km.

3 La partie rouge représente le quart du drapeau.

4 La première question est une simple lecture de graphique.
400 000 touristes ont visités la Réunion en 1998.
La deuxième question est plus délicate car elle demande une interprétation du graphique.
La chute brutale du tourisme a eu lieu en 2006, date de l'épidémie de chikungunya. Le virus du chikungunya, transmis à l'homme par des piqûres du moustique tigre, provoque chez les patients des douleurs articulaires aiguës.

5 Le rectangle comporte 12 carreaux. Il faut colorier 3 carreaux (1 quart de 12 carreaux).

6 On convertit toutes les mesures en cL.
4 dL = 40 cL ; 1 dL = 10 cL ;
40 cL + 40 cL + 10 cL + 5 cL = 95 cL ;
1 L = 100 cL ; 95 cL < 100 cL.
Cette recette permet d'obtenir un peu moins de 1 L de cocktail.
6 × 15 = 90 cL. On peut donc remplir 6 coupes et il restera 5 cL de cocktail.

Je fais le point (3)

Fiche autocorrective pour l'élève

Nombres et calculs

- Reconnaître et utiliser les fractions
- Diviser par un nombre d'un chiffre

		A	B	C	Aide
1	À quelle fraction du drapeau la partie coloriée en jaune correspond-elle ? 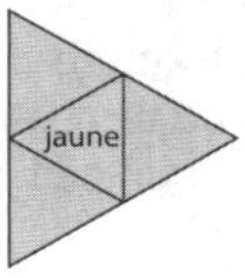	$\frac{1}{3}$ *Faux* *Le grand triangle est partagé en 4 et non en 3.*	$\frac{1}{6}$ *Faux* *Tu réponds au hasard !*	$\frac{1}{4}$ *Bravo !*	
2	Dans quelle figure l'aire coloriée est-elle égale à $\frac{1}{2}$ de celle du carré ? 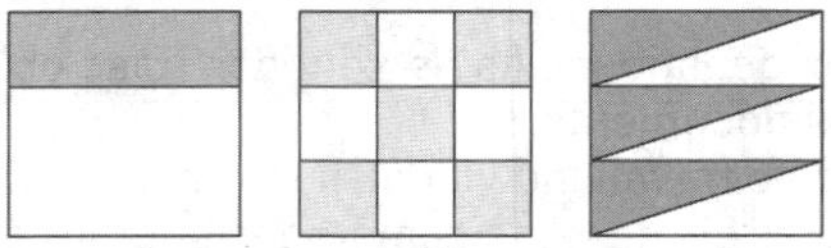 A B C	Figure A *Faux* *C'est $\frac{1}{3}$.*	Figure B *Faux* *Il y a plus de carrés jaunes que de carrés blancs.*	Figure C *Bravo !*	L 61 Ex. 2
3	La longueur de la bande rouge est égale à : 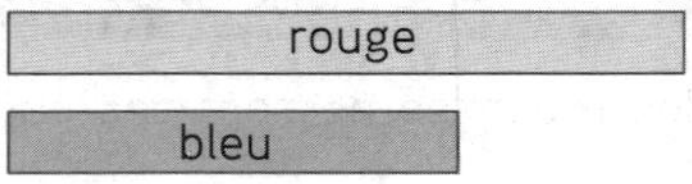	$\frac{2}{3}$ *Faux* *C'est la bande bleue qui vaut $\frac{2}{3}$ de la bande rouge !*	$\frac{3}{2}$ *Bravo !*	$\frac{3}{4}$ *Faux* *La bande rouge est plus longue que la bande bleue.*	L 63 Ex. 2
4	42 divisé par 5	Quotient : 8 Reste : 2 *Bravo !*	Quotient : 8 Reste : 5 *Faux* *Le reste doit être plus petit que 5.*	Quotient : 2 Reste : 8 *Faux* *Tu confonds quotient et reste.*	L 48 Ex. 1 et 2
5	65 divisé par 6	Quotient : 5 Reste : 10 *Faux* *Tu confonds quotient et reste.*	Quotient : 10 Reste : 5 *Bravo !*	Quotient : 9 Reste : 11 *Faux* *Le reste doit être plus petit que 6.*	

Espace et géométrie

- Identifier des droites parallèles

		A	B	C	Aide
6	La droite parallèle à la droite noire est… 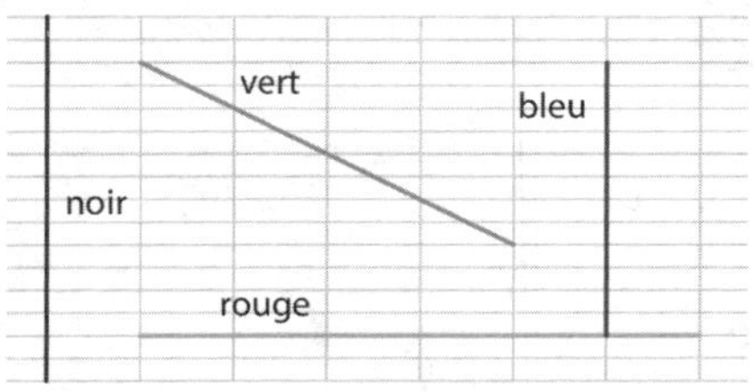	La droite rouge *Faux* *Tu confonds parallèle et perpendiculaire.*	La droite bleue *Bravo !*	La droite verte *Faux* *Tu réponds n'importe quoi !*	L 54 Ex. 2

Grandeurs et mesures

- Utiliser les unités de contenance
- Comparer des contenances
- Comparer, ranger et mesurer des aires

		A	B	C	Aide
7	1 L est égal à …	10 cL *Faux* *Tu confonds cL et dL.*	100 dL *Faux* *Tu confonds dL et cL.*	1 000 mL *Bravo !*	
8	2 dL est égal à …	20 L *Faux* *Tu confonds daL et dL.*	20 mL *Faux* *Tu confonds mL et cL.*	20 cL *Bravo !*	
9	1 L 5 cL est égal à…	105 cL *Bravo !*	15 cL *Faux* *Tu confonds cL et dL.*	150 cL *Faux* *Tu confonds dL et cL.*	L 47 Ex. 2, 3 et 6
10	Range dans l'ordre croissant : 75 cL ; 1 L ; 500 mL.	500 mL < 1 L < 75 cL *Faux* *75 cL < 1 L.*	1 L < 75 cL < 500 mL *Faux*	500 mL < 75 cL < 1 L *Bravo !*	
11	Compare l'aire du carré bleu à celle du polygone rouge. 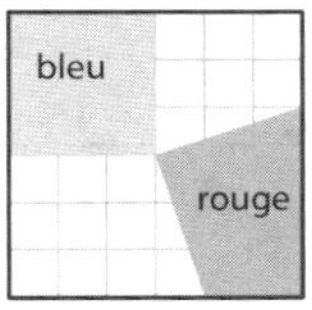	Elles sont égales. *Bravo !*	L'aire rouge est plus grande que l'aire bleue. *Faux* *En la découpant, tu obtiens un quart du grand carré.*	L'aire rouge est plus petite que l'aire bleue. *Faux* *En la découpant, tu obtiens un quart du grand carré.*	L 57 Ex. 1
12	Quelle est l'aire de la figure verte ? 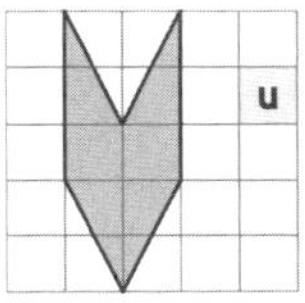	8 u *Faux* *Les deux pointes du haut mesurent seulement 2 u, comme la pointe du bas.*	15 u *Faux* *Tu réponds au hasard.*	6 u *Bravo !*	L 60 Ex. 2

Problèmes

- Résoudre un problème de comparaison multiplicative
- Résoudre une situation de proportionnalité

		A	B	C	Aide
13	Lilian possède 12 billes. Noé possède 3 fois plus de billes que Lilian. Combien de billes Noé possède-t-il ?	4 billes *Faux* *Noé possède plus de billes que Lilian.*	15 billes *Faux* *Tu confonds « 3 fois plus » avec « 3 de plus ».*	36 billes *Bravo !*	L 49 Problèmes de référence 1 et 2
14	Magali possède 15 images. Elle possède 3 fois plus d'images que Samia. Combien d'images Samia possède-t-elle ?	5 images *Bravo !*	12 images *Faux* *Tu confonds « 3 fois plus » avec « 3 de plus ».*	45 images *Faux* *Samia possède moins d'images que Magali.*	
15	Un carreau représente un écart de : 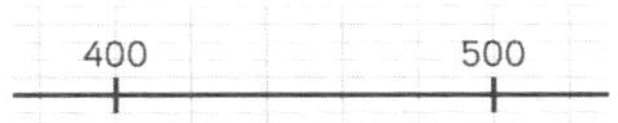	1 *Faux* *Il faudrait 100 graduations entre 400 et 500.*	10 *Faux* *Il faudrait 10 graduations entre 400 et 500.*	20 *Bravo !*	L 50 Ex. 2

Évaluation (3)

Nom : .... Prénom : .... Date : ....

Connaissances et compétences | **Évaluation**

Nombres et calculs		
1. a. b. c.	**Comprendre et utiliser la notion de fractions simples** Lire, écrire des fractions Utiliser des fractions simples pour mesurer une aire Utiliser des fractions simples pour mesurer une longueur	
2. a. b.	**Établir des égalités entre des fractions simples** Reconnaître deux fractions équivalentes Comparer une fraction à 1	
3.	**Mémoriser des faits numériques et des procédures élémentaires de calcul** Effectuer une division en recherchant le quotient et le reste par encadrement	
4. a. b. c.	**Résoudre des problèmes mettant en jeu les quatre opérations** Résoudre un problème de comparaison multiplicative Résoudre un problème de comparaison additive Résoudre un problème de comparaison soustractive	
5. a. b.	**Exploiter et communiquer des résultats de mesures à partir d'un graphique** Interpréter un diagramme en bâtons Interpréter un graphique cartésien	

1 **a. Écris** en chiffres.

un tiers .... trois quarts .... cinq sixièmes ....

b. L'unité d'aire est l'aire du carré.
À quelle fraction du carré correspond l'aire de la partie grisée ?

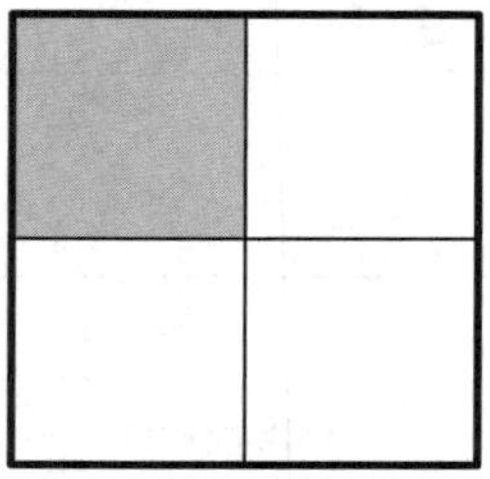
....

....

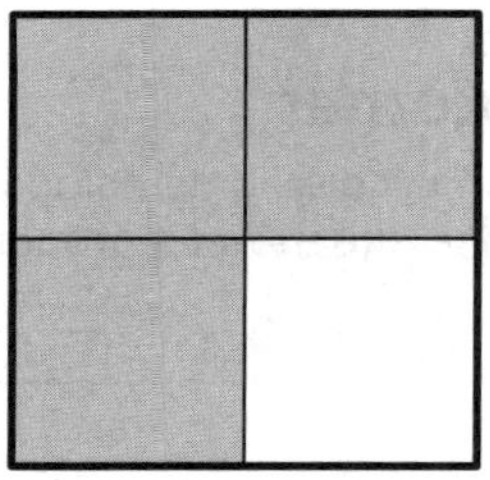
....

c. Écris la longueur de chaque bande sous la forme d'une fraction de u.

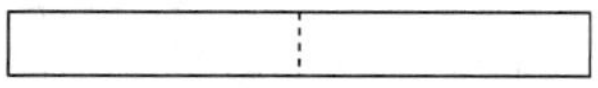
...... **u**

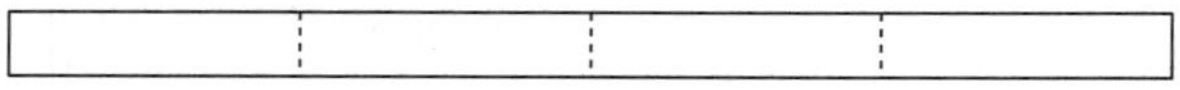
...... **u**

Nom : .... Prénom : .... Date : ....

2 **a. Complète** avec les signes = ou ≠.

$\frac{1}{2}$ .... $\frac{2}{4}$ $\frac{1}{4}$ .... $\frac{2}{3}$ $\frac{4}{4}$ .... $\frac{3}{3}$

b. Complète avec les signes = , < ou >.

$\frac{3}{4}$ .... 1 $\frac{5}{4}$ .... 1 $\frac{4}{5}$ 1

3 Martin veut diviser 62 par 5. **Complète**.

62 = 10 × 5 + ...

62 = 10 × 5 + ... × 5 + ...

62 = ... × 5 + ...

Le quotient de 62 divisé par 5 est .... Le reste est égal à ....

4 **a.** Morgane et Louis jouent aux cartes. Morgane a 90 points. Elle a 3 fois plus de points que Louis. Combien de points Louis a-t-il ?

....

....

b. Julia mesure 140 cm. Elle mesure 3 cm de plus que son amie Lucie. Combien Lucie mesure-t-elle ?

....

....

c. Valentin a ramassé 20 champignons. Éric en a ramassé 3 de moins que Valentin. Combien de champignons Éric a-t-il ramassés ?

....

....

Nom : .... Prénom : .... Date : ....

5 **a.** Voici les hauteurs de pluie au Havre relevées au cours de l'année.

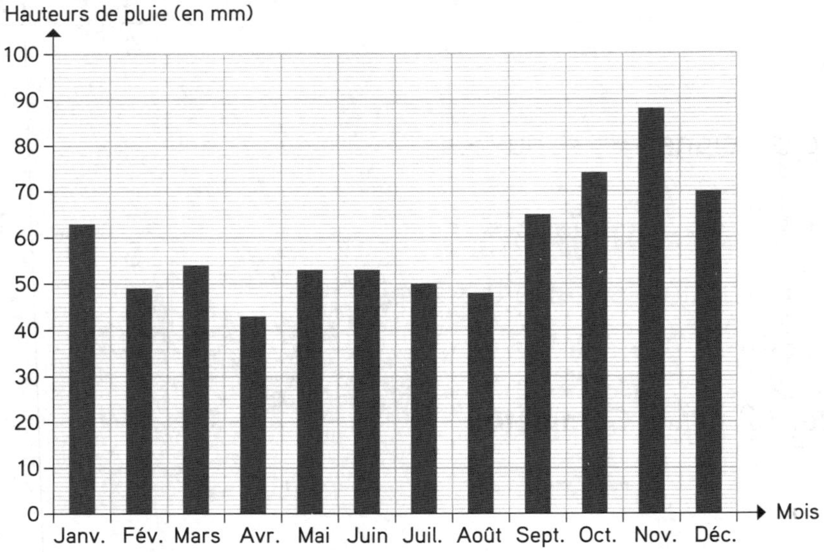

Quelle grandeur est portée sur l'axe vertical? ....

Quel est le mois le plus pluvieux? ....

Quel est le mois le moins pluvieux? ....

Quels sont les mois où la hauteur de pluie est supérieure à 60 mm?

....

b. Observe ce graphique qui montre l'évolution de la population de 5 départements du sud de la France.

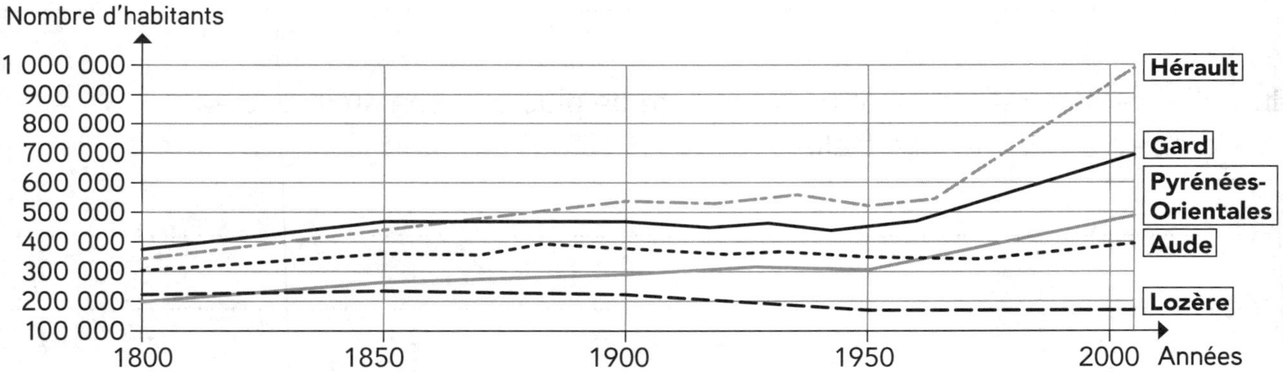

Quel est le département dont la population a diminué? ....

Quel est le département dont la population a le plus augmenté? ....

Quelle était la population du Gard vers 1950? ....

Quelle était la population de l'Hérault vers 2000? ....

Nom : .... Prénom : .... Date : ....

Connaissances et compétences — **Évaluation**

Espace et géométrie		
6.	**Effectuer des tracés correspondant à des relations de perpendicularité ou de parallélisme de droites et de segments** Tracer une perpendiculaire et une parallèle à une droite donnée	

6 Trace :

– en vert une droite perpendiculaire à la droite noire ;
– en bleu une droite parallèle à la droite noire.

Connaissances et compétences — **Évaluation**

Grandeurs et mesures		
7. a. b.	**Utiliser les unités de mesure de contenance** Convertir des unités de contenance Ranger des contenances	
8.	**Comparer, classer et ranger des surfaces selon leur aire sans avoir recours à la mesure** Ranger des aires	
9.	**Déterminer la mesure de l'aire d'une surface à partir d'un pavage simple** Mesurer l'aire d'une figure	

7 a. Complète.

1 L = ... cL   1 L = ... mL   1 dL 5 cL = ... mL

b. Convertis ces contenances en cL puis **range**-les par ordre croissant : 45 cL ; 5 dL ; 50 mL ; 1 L.

....

....

Nom : .... Prénom : .... Date : ....

8 **Range** les aires de ces figures par ordre croissant.

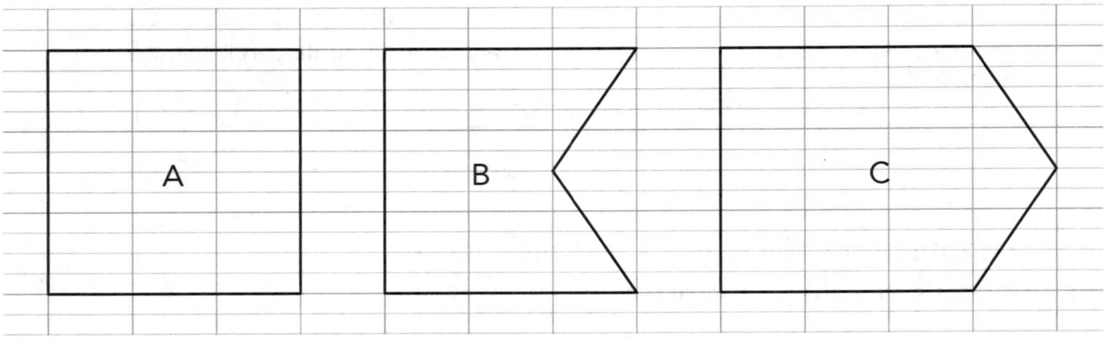

....

9 **Mesure** l'aire de ce triangle.

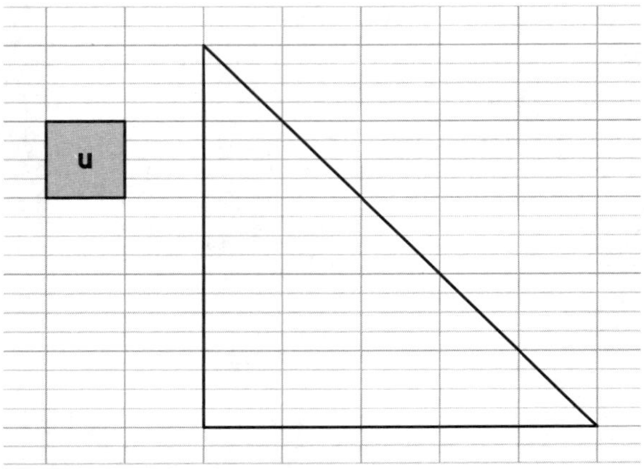

L'aire du triangle mesure ....

Présentation de la période 4

Observations préalables

Toutes les remarques relatives à la présentation de la Période 1 demeurent valables pour cette nouvelle période.
L'enseignant peut s'y reporter utilement pour l'exploitation de la page.
Sur le dessin, les nombres décimaux apparaissent dans les prix, la proportionnalité dans les tarifs « Par nuit », les fractions sur les contenances des bouteilles. La sculpture, les pâtés de sable, le plan du camping, sont un point de départ pour la reconnaissance des solides et des figures géométriques. Les horaires d'ouverture permettent de calculer une durée…

65 Fractions et mesures dans la vie courante

Compétence
Utiliser les fractions simples pour exprimer les mesures de la vie courante.

Calcul mental
Somme de deux nombres de 2 chiffres. L'enseignant dit : « 52 + 21 » ; l'élève écrit : 73.
Items : 52 + 21 ; 45 + 24 ; 32 + 24 ; 55 + 12 ; 43 + 25 ; 51 + 38 ; 42 + 34 ; 54 + 23 ; 35 + 35 ; 67 + 23.

Activités collectives

➡ Activité préliminaire

L'enseignant demande aux élèves de tracer une droite horizontale sur leur cahier et de délimiter un segment de 12 carreaux représentant une durée d'une heure. Il leur demande de graduer cette droite en quarts d'heure. Il pose la question : *« Comment graduer ce segment en quarts d'heure ? »* La réponse est débattue : graduer en quarts signifie faire quatre parties de même taille. Les élèves partagent la droite en quatre quarts d'heure, il y a trois carreaux entre deux graduations. Chaque graduation marquée en fraction : $\frac{1}{4}, \frac{2}{4}, \frac{3}{4}, \frac{4}{4}$, est écrite au-dessus de la droite. L'enseignant demande d'écrire des graduations en minutes sous la droite graduée et sous chaque graduation écrite en fraction. Les correspondances sont effectuées : $\frac{4}{4}$ h = 1 h = 60 min ; $\frac{2}{4}$ h = $\frac{1}{2}$ h = 30 min ; $\frac{1}{4}$ h = 15 min ; $\frac{3}{4}$ h = 45 min.

➡ Activités de recherche

1 Si la construction de la droite graduée a été réalisée dans l'« Activité préliminaire », les élèves reconnaîtront celle-ci dans l'« Activité de recherche ». Les élèves lisent le texte qui introduit la première activité. Ils lisent la bulle de Théo, puis celle de Léa. Ils débattent librement pour savoir si Léa a raison. Pour trancher le débat, l'enseignant propose de dessiner une droite graduée représentant 1 h. Cette droite est tracée au tableau et les élèves la reproduisent sur leur cahier d'essai. Elle est partagée en quatre quarts d'heure. La partie supérieure de la droite est réservée à l'écriture des fractions d'heure : $\frac{1}{4}$ h ; $\frac{2}{4}$ h ou $\frac{1}{2}$ h ; $\frac{3}{4}$ h ; 1 h. La partie inférieure est réservée à l'écriture des minutes correspondant aux fractions d'heure.

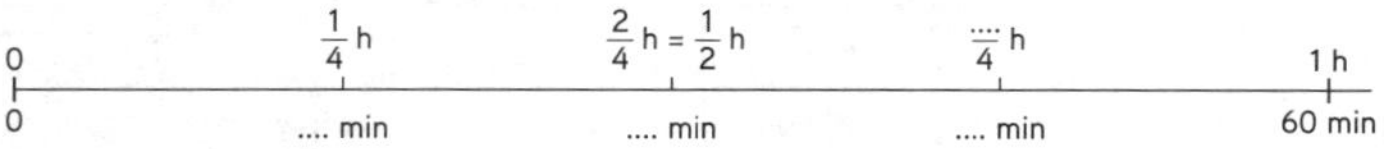

Les élèves convertissent les fractions d'heure en minutes.
1 h = 60 min ; $\frac{1}{2}$ h, c'est la moitié de 60 min, donc $\frac{1}{2}$ h = 30 min ;
$\frac{1}{4}$ h = 15 min car 60 = 4 × 15 ; $\frac{3}{4}$ h, c'est 3 × 15 min, donc $\frac{3}{4}$ h = 45 min.

Un élève relit la bulle de Théo : il faut 15 minutes pour préparer le gâteau et $\frac{1}{2}$ h pour le cuire. Les élèves font le calcul :
15 min + 30 min = 45 min = $\frac{3}{4}$ h. C'est moins qu'une heure, c'est $\frac{1}{4}$ h de moins qu'une heure. Léa n'a pas raison.

2 Les élèves lisent la liste des ingrédients du cocktail de fruits. Ils remarquent que les quantités sont exprimées en fraction de L. Ils lisent la première consigne de l'activité. Il faut l'exprimer les fractions de litre en cL. On sait que 1 L = 100 cL.

$\frac{1}{4}$ L de jus d'ananas = 25 cL de jus d'ananas car
4 × 25 cL = 100 cL ;

$\frac{1}{2}$ L de jus de goyave = 50 cL de jus de goyave car
$\frac{1}{2}$ L est lamoitié de 100 cL ;

$\frac{1}{10}$ L de jus de mangue = 10 cL de jus de mangue car
10 × 10 cL = 100 cL.

Les élèves lisent la liste des ingrédients pour préparer le moelleux au chocolat et les consignes de l'activité. Il faut, pour chaque ingrédient, associer sa masse exprimée en grammes à sa masse exprimée en fraction de kilogramme. Les masses exprimées en fraction de kg sont données dans le texte de l'activité et les élèves peuvent utiliser « L'essentiel ». Cependant, dans « L'essentiel », les correspondances entre masses en grammes et masses en fractions de kilogramme nécessaires pour répondre entièrement à la consigne ne sont pas toutes données. L'enseignant demande aux élèves de justifier leur réponse.

100 g de farine = $\frac{1}{10}$ kg de farine car 10 × 100 g = 1 000 g = 1 kg ;

125 g de beurre = $\frac{1}{8}$ kg de beurre car 8 × 125 g = 1 000 g = 1 kg ;

200 g de sucre = $\frac{1}{5}$ kg de sucre car 5 × 200 g = 1 000 g = 1 kg ;

250 g de chocolat noir = $\frac{1}{4}$ kg de chocolat noir car
4 × 250 g = 1 000 g = 1 kg.

En fin de séance, l'enseignant pose la question rituelle : *« Qu'avons-nous appris aujourd'hui ? »* Il attend une réponse proche de : ***« Nous avons appris à utiliser les fractions simples pour exprimer des mesures de la vie courante. »***

Activités individuelles

S'exercer

1 L'item **a** traite des fractions $\frac{1}{2}$ naturellement associées à la notion de moitié, tandis que l'item **b** traite des fractions $\frac{1}{4}$.

a $\frac{1}{2}$ m, c'est la moitié d'un mètre, donc la moitié de 100 cm : $\frac{1}{2}$ m = 50 cm ; $\frac{1}{2}$ L, c'est la moitié d'un litre, donc la moitié de 100 cL : $\frac{1}{2}$ L = 50 cL ; $\frac{1}{2}$ km, c'est la moitié d'un kilomètre donc la moitié de 1 000 m : $\frac{1}{2}$ km = 500 m ; $\frac{1}{2}$ kg, c'est la moitié d'un kilogramme, donc la moitié de 1 000 g : $\frac{1}{2}$ kg = 500 g.

b $\frac{1}{4}$ m, c'est le quart de 100 cm, donc $\frac{1}{4}$ m = 25 cm car 100 cm = 4 × 25 cm ; $\frac{1}{4}$ L, c'est le quart de 100 cL, donc $\frac{1}{4}$ L = 25 cL car 100 cL = 4 × 25 cL ; $\frac{1}{4}$ km, c'est un quart de 1 000 m donc $\frac{1}{4}$ km = 250 m car 1 000 m = 4 × 250 m ; $\frac{1}{4}$ kg, c'est un quart de 1 000 g, donc $\frac{1}{4}$ kg = 250 g car 1 000 g = 4 × 250 g.

2 Les fractions à convertir en minutes de l'item **a** ont été étudiées dans la première partie de l'« Activité de recherche ». En revanche, celles de l'item **b** sont toutes de nouvelles fractions.

a $\frac{1}{2}$ h, c'est la moitié de 60 min, donc $\frac{1}{2}$ h = 30 min car 60 min = 2 × 30 min ; $\frac{1}{4}$ h, c'est le quart de 60 min, donc $\frac{1}{4}$ h = 15 min car 60 min = 4 × 15 min ; $\frac{3}{4}$ h, trois quarts d'heure c'est 3 × 15 min = 75 min ; $\frac{3}{4}$ h = 75 min.

b $\frac{1}{3}$ h = 20 min car 60 min = 3 × 20 min ; $\frac{1}{6}$ h = 10 min car 60 min = 6 × 10 min ; $\frac{1}{10}$ h = 6 min car 60 min = 10 × 6 min.

3 $\frac{1}{4}$ km = 250 m ; $\frac{1}{4}$ km < 300 m. Le parking de la mairie est plus proche de l'endroit où se trouve le lecteur du panneau de signalisation que le parking de la Poste.

4 En insistant sur les fractions souvent utilisées dans la vie courante, cet exercice vise leur mémorisation.

$\frac{1}{4}$ L = 25 cL ; $\frac{3}{4}$ L = 75 cL ; $\frac{1}{2}$ L = 50 cL.

Résoudre

5 **Problème guidé.** Le quart de 40, c'est 10 car 40 = 4 × 10. Il reste 10 L dans le réservoir.
40 L – 10 L = 30 L. Cathy doit ajouter 30 L pour remplir le réservoir.

6 L'escargot d'Esteban qui a parcouru $\frac{2}{10}$ du chemin est celui qui en a parcouru le moins, l'escargot d'Esteban est donc l'escargot orange. L'escargot d'Éva, à qui il reste $\frac{5}{10}$ à parcourir, a donc parcouru la moitié du chemin car $\frac{5}{10}+\frac{5}{10}=\frac{10}{10}$, c'est l'escargot rouge. L'escargot de Ludo qui a parcouru les $\frac{3}{4}$ du chemin, c'est-à-dire à qui il ne reste plus qu'un quart du chemin à parcourir, est l'escargot vert.
La correction utilise la droite graduée représentant le chemin qui sera graduée en quarts et en dixièmes.

7 Il reste $\frac{1}{3}$ d'heure, soit 20 minutes à Rémi pour terminer l'épreuve.

Le coin du chercheur
C'est la partie I qui est commune aux quatre disques.

➤ Prolongements

➢ **Banque d'exercices p. 152**

1 $\frac{3}{4}$ h = 75 min ; $\frac{3}{4}$ kg = 750 g ; $\frac{3}{4}$ L = 75 cL ;
30 min = $\frac{1}{2}$ h ; 50 cL = $\frac{1}{2}$ L ; 500 g = $\frac{1}{2}$ kg.

2 **Comme le problème guidé.** $\frac{3}{4}$ L = 75 cL. Yasmina a bu 75 cL.
100 cL – 75 cL = 25 cL. Il reste 25 cL dans la gourde de Yasmina.
Autre solution : Yasmina a bu $\frac{3}{4}$ L, il reste donc encore $\frac{1}{4}$ L d'eau dans la gourde.
$\frac{1}{4}$ L = 25 cL. Il reste 25 cL dans la gourde de Yasmina.

3 Samuel court 1 h et $\frac{1}{4}$ h tous les jours. 1 h = 60 min ;
$\frac{1}{4}$ h = 15 min (60 min = 4 × 15 min).
60 min + 15 min = 75 min. Samuel court 75 min par jour.

➢ **Photofiche S38**

Elle propose cinq exercices dont quatre exercices de conversion. Le premier porte sur les mesures de longueur, le deuxième sur les mesures de contenance, le troisième sur les mesures de masse, le quatrième sur les mesures de durée. Le dernier est un exercice de comparaison entre fractions et nombres entiers.

➢ **Photofiche A19**

Elle propose quatre exercices utilisant les fractions simples dans les mesures de longueur, de contenance, de durée et de masse. Il faut convertir les fractions en nombres entiers pour pouvoir répondre aux questions.

66 Les fractions simples (3)

Compétences
Placer des fractions simples sur une droite graduée. Extraire la partie entière d'une fraction.

Calcul mental
Ajouter un nombre à un nombre de 3 chiffres. L'enseignant dit : « 250 + 21 » ; l'élève écrit 271.
Items : 250 + 21 ; 145 + 32 ; 169 + 30 ; 346 + 22 ; 457 + 31 ; 140 + 38 ; 230 +16 ; 452 + 30 ; 375 + 25 ; 410 + 47.

Activités collectives

Matériel : Droite graduée (*cf.* fin de leçon).

➡ Activité de recherche

1 Les élèves ouvrent leur manuel, lisent la consigne et observent individuellement le dessin qui traduit la situation.
Ils reproduisent la droite graduée sur leur cahier ou utilisent celle que l'enseignant distribue. Afin de s'assurer que tous ont compris l'enseignant demande :
– *« Combien de bonds Joe fait-il entre les piquets 0 et 1 ? En combien de parties a-t-on partagé la distance entre deux piquets ? »*
– *« À quelle fraction d'unité correspond chacun des bonds de Joe ? »*
L'activité précédente conduit sans difficulté à la réponse : longueur d'un bond = $\frac{1}{4}$ u.
Les élèves placent la fraction sur la droite graduée.
Le travail demandé est un réinvestissement de l'activité « graduer une droite ». Les enfants peuvent répondre sans difficulté.
Après deux bonds, le kangourou se trouve à la graduation $\frac{2}{4}$ ou $\frac{1}{2}$ (2 fois un quart).
Après trois bonds, il se trouve à la graduation $\frac{3}{4}$ (3 fois un quart). Après quatre bonds, il se trouve à la graduation $\frac{4}{4}$ ou 1 (4 fois un quart).
Après cinq bonds, à la graduation $\frac{5}{4}$ et après huit bonds à la graduation $\frac{8}{4}$ ou 2.
L'observation de la droite graduée permet de repérer rapidement les fractions égales à un entier. Les élèves complètent les égalités : $\frac{4}{4} = 1$; $\frac{8}{4} = 2$.
Lors de la correction, l'enseignant fait prolonger la graduation de la droite tracée au tableau et demande de trouver d'autres fractions égales à un entier. Par exemple : $\frac{12}{4} = 3$; $\frac{16}{4} = 4$; etc.
Les élèves remarqueront qu'il y a des fractions inférieures à 1, des fractions égales à 1 et des fractions supérieures à 1. Il est intéressant de leur faire remarquer que lorsque le numérateur est inférieur au dénominateur, la fraction est inférieure à 1, que lorsque le numérateur est supérieur au dénominateur, la fraction est supérieure à 1 et que lorsque le numérateur est un multiple du dénominateur, la fraction est égale à un entier, ici lorsque le numérateur est un multiple de 4. Une bonne maîtrise des tables de multiplication est indispensable pour rechercher des fractions égales à un nombre entier.

2 Les élèves vont apprendre à extraire la partie entière d'une fraction. Ils lisent la deuxième partie de l'« Activité de recherche ». Ils observent et commentent l'égalité : $\frac{5}{4} = \frac{4}{4} + \frac{1}{4} = 1 + \frac{1}{4}$ avant d'écrire les graduations correspondant à 6 bonds, 7 bonds, 9 bonds, 10 bonds, respectivement : $\frac{6}{4} = \frac{4}{4} + \frac{2}{4} = 1 + \frac{2}{4}$; $\frac{7}{4} = \frac{4}{4} + \frac{3}{4} = 1 + \frac{3}{4}$; $\frac{9}{4} = \frac{4}{4} + \frac{4}{4} + \frac{1}{4} = 2 + \frac{1}{4}$; $\frac{10}{4} = \frac{4}{4} + \frac{4}{4} + \frac{2}{4} = 2 + \frac{2}{4}$.
L'utilisation de la droite graduée pour effectuer la correction s'impose.

3 Les élèves doivent maintenant répondre à deux questions et à une consigne sans l'aide de la droite graduée comme le souligne Mathix. S'ils ont mémorisé que le kangourou effectue 4 bonds entre 2 piquets, il sera facile de répondre qu'il en effectuera 12 pour se trouver sur la graduation 3 et 16 pour se trouver sur la graduation 4.
Après 13 bonds, il arrivera sur la graduation $\frac{13}{4}$ qui s'écrit aussi : $3 + \frac{1}{4}$.

En fin de séance, l'enseignant pose la question rituelle : *« Qu'avons-nous appris aujourd'hui ? »* Il attend une réponse proche de : ***« Nous avons appris à placer des fractions sur une droite graduée et à trouver la partie entière d'une fraction. »***

Activités individuelles

S'exercer

1 Das l'item **a**, les élèves doivent transférer aux fractions de dénominateur 5 ce qu'ils ont appris avec les fractions de dénominateur 4.
L'item **b** propose de placer sur la droite graduée des fractions dont les numérateurs sont des nombres plus importants.

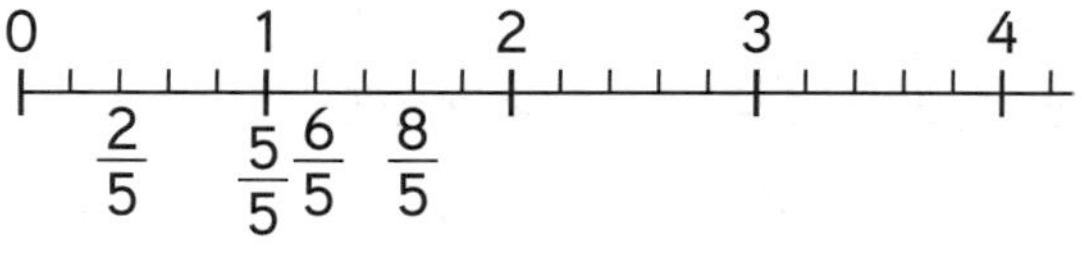

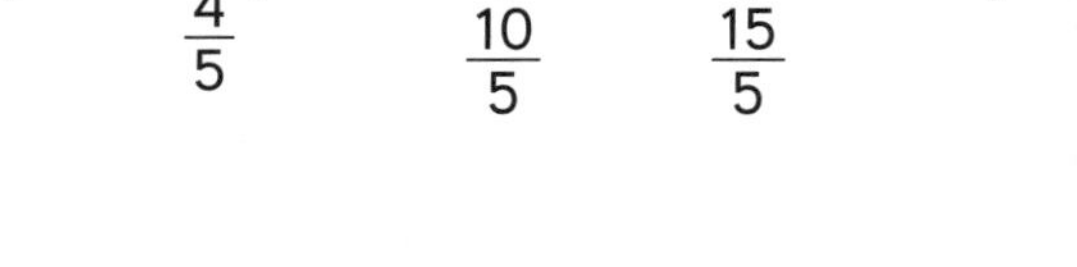

2 Il faut reconnaître parmi toutes les fractions de l'exercice **1**, qui sont toutes de même dénominateur, celles inférieures à 1 et celles supérieures à 1 dans l'item **a** et, dans l'item **b** celle qui est égale à 1, celle qui est égale à 2 et celle qui est égale à 3.

a Fractions inférieures à 1 : $\frac{2}{5}$; $\frac{4}{5}$.

Fractions supérieures à 1 : $\frac{6}{5}$; $\frac{8}{5}$; $\frac{10}{5}$; $\frac{14}{5}$; $\frac{15}{5}$.

b $\frac{5}{5} = 1$; $\frac{10}{5} = 2$; $\frac{15}{5} = 3$.

3 **a** Les fractions ont des dénominateurs différents, il faut chercher celles qui sont supérieures à 1. Il suffit de comparer le numérateur et le dénominateur de chaque fraction.

Fractions supérieures à 1 : $\frac{5}{4}$; $\frac{7}{3}$; $\frac{8}{4}$ et $\frac{10}{5}$.

b C'est un exercice ouvert : il faut écrire 5 fractions supérieures à 1. La correction vérifie que les numérateurs de chaque fraction sont supérieurs à leurs dénominateurs.

4 Il faut trouver les fractions égales à un nombre entier. Les dénominateurs étant chaque fois différents, l'identification de leurs multiples demande un effort.

a $\frac{4}{2}$; $\frac{6}{3}$; $\frac{4}{4}$; $\frac{10}{5}$. **b** $\frac{10}{10}$; $\frac{6}{2}$; $\frac{12}{3}$.

5 Sur une droite graduée en tiers, il propose de repérer des graduations écrites sous la forme d'une partie entière et d'une fraction inférieure à 1. Les élèves découvrent que la partie entière permet de situer rapidement l'entier précédant la fraction.

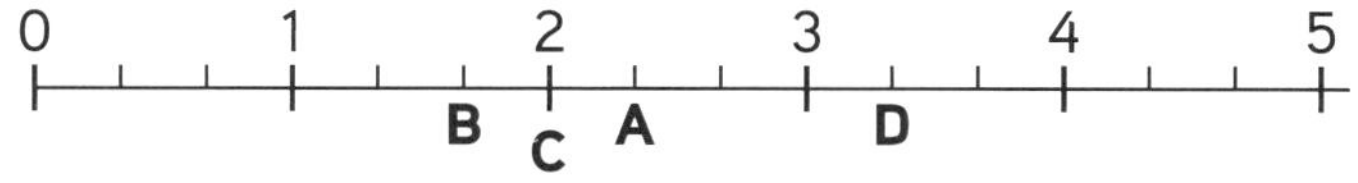

6 Il faut décomposer des fractions, toutes de dénominateur 3, en une partie entière et une fraction inférieure à l'unité, comme le montre l'exemple. Pour réussir facilement cet exercice, il faut connaître les multiples de 3, ce que la correction mettra en évidence. Si nécessaire, elle utilisera la droite graduée.

$\frac{4}{3} = \frac{3}{3} + \frac{1}{3} = 1 + \frac{1}{3}$; $\frac{5}{3} = \frac{3}{3} + \frac{2}{3} = 1 + \frac{2}{3}$; $\frac{8}{3} = \frac{6}{3} + \frac{2}{3} = 2 + \frac{2}{3}$;

$\frac{10}{3} = \frac{9}{3} + \frac{1}{3} = 3 + \frac{1}{3}$; $\frac{14}{3} = \frac{12}{3} + \frac{2}{3} = 4 + \frac{2}{3}$.

Résoudre

7 **Problème guidé.** Les graduations verticales du verre doseur permettent de trouver facilement la réponse.

$\frac{5}{3}\text{ L} = \frac{3}{3}\text{ L} + \frac{2}{3}\text{ L} = 1\text{ L} + \frac{2}{3}\text{ L}$.

Le coin du chercheur

Gaétan est 2e.

➤ Prolongements

➢ Photofiche S39

Elle propose trois exercices. Dans le premier, il faut placer des quarts sur une droite graduée en quarts. Dans le deuxième, il faut placer des cinquièmes sur une droite graduée en cinquièmes. Dans le troisième, il faut placer des tiers sur une droite graduée en tiers puis se servir de cette dernière pour extraire la partie entière de fractions supérieures à 1.

➢ Photofiche A20

Elle propose quatre exercices. Le premier demande de placer des fractions supérieures à 1 sur une droite numérique. Le deuxième d'entourer les fractions égales à un nombre entier. Le troisième de décomposer quatre fractions supérieures à un nombre entier, l'exemple est donné. Le quatrième est un petit problème sur le calcul de quantités.

➢ Banque d'exercices p. 152

4 La difficulté de cet exercice est d'alterner, sur une droite graduée en quarts, les quarts de u avec les moitiés de u en pensant que chaque moitié est égale à 2 quarts. Jeudi soir, la fourmi se trouve sur la graduation 3.

5 $\frac{5}{4} = \frac{4}{4} + \frac{1}{4} = 1 + \frac{1}{4}$; $\frac{9}{4} = \frac{8}{4} + \frac{1}{4} = 2 + \frac{1}{4}$; $\frac{11}{4} = \frac{8}{4} + \frac{3}{4} = 2 + \frac{3}{4}$; $\frac{13}{4} = \frac{12}{4} + \frac{1}{4} = 3 + \frac{1}{4}$; $\frac{17}{4} = \frac{16}{4} + \frac{1}{4} = 4 + \frac{1}{4}$.

6 Il faut observer la graduation pour découvrir que chaque carreau correspond à un huitième de l'unité :

A : $\frac{1}{8}$; B : $\frac{4}{8} = \frac{1}{2}$; C : $\frac{7}{8}$; D : $\frac{10}{8}$.

7 Le segment bleu mesure 10 carreaux ; le segment noir mesure 13 carreaux.

8 Le segment **a** mesure $1\text{ u} + \frac{1}{3}\text{ u}$; le segment **b** mesure $1\text{ u} + \frac{2}{3}\text{ u}$; le segment **c** mesure $2\text{ u} + \frac{1}{3}\text{ u}$.

Leçon 66 – Les fractions simples (3)

Matériel photocopiable

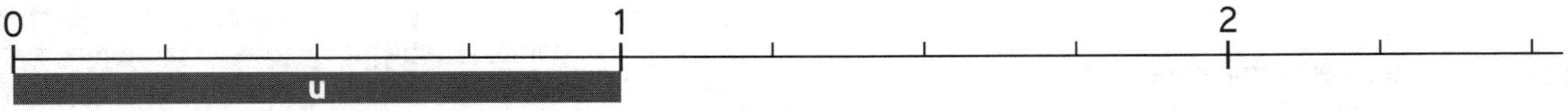

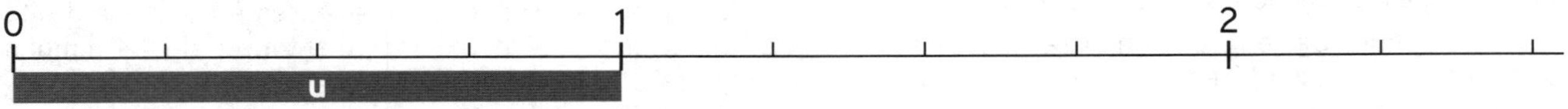

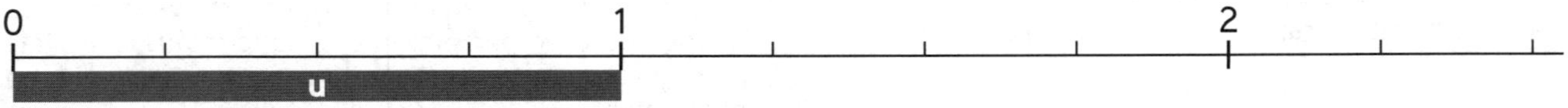

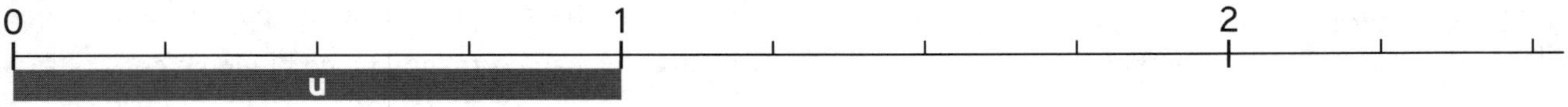

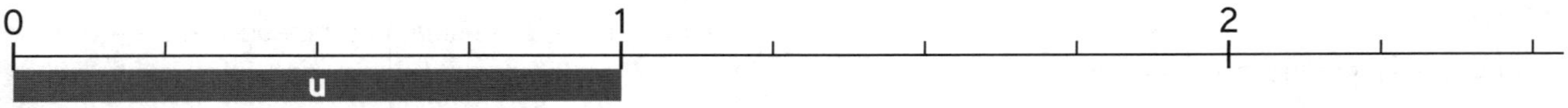

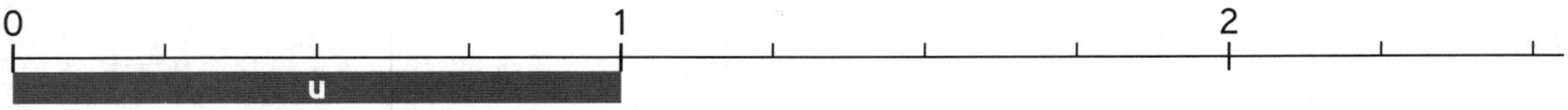

67 La division posée (2)

Compétence
Connaître la technique usuelle de la division posée avec 1 chiffre au diviseur

Calcul mental
Retrancher un nombre de 2 chiffres. L'enseignant dit : « 43 – 31 » ; l'élève écrit 12.
Items : 43 – 31 ; 26 – 15 ; 56 – 11 ; 37 – 25 ; 45 – 15 ; 38 – 15 ; 56 – 36 ; 28 – 17 ; 53 – 42 ; 32 – 21.

Observations préalables
À ce moment de l'année, il est normal que les enfants d'une même classe utilisent des procédures différentes pour résoudre des situations de division. La maîtrise de la technique de la division posée requiert du temps pour se mettre en place. Il convient donc de respecter le rythme de chaque enfant tout en lui fournissant les outils nécessaires à une progression régulière.
En leçon 53, l'élève a appris à effectuer une division en retranchant successivement au dividende des multiples de 10 du diviseur.
Dans cette leçon, il apprend la technique usuelle de la division par un nombre de 1 chiffre. Toutefois, les soustractions intermédiaires sont apparentes pour faciliter les calculs.

Activités collectives

➡ Activités de recherche

Les élèves observent d'abord le calcul de Théo. L'enseignant pose l'opération au tableau.
Les élèves observent et démontent pas à pas l'algorithme de cette division, avec l'aide de l'enseignant qui utilise des craies de couleur.
Le début de l'algorithme est effectué collectivement, puis les élèves terminent individuellement les calculs sur leur cahier d'essai, si l'enseignant les en juge capables.
Il rappelle qu'on commence une division en prenant les chiffres de gauche du nombre à diviser.
La correction est collective et peut prendre la forme suivante :
« Pour diviser 937 par 4 :
- *En 9, combien de fois 4 ? Ou en 9 centaines, combien de fois 4 centaines ?*
Il y va 2 fois : 2 × 4 = 8. ***On écrit 2 au quotient.***
On écrit 8 sous 9 et on effectue la soustraction : 9 – 8 = 1.
On vérifie que le reste (1) est inférieur au diviseur (4).
- *Ensuite, on abaisse le chiffre 3.*
En 13, combien de fois 4 ? Ou en 13 dizaines, combien de fois 4 dizaines ?
Il y va 3 fois : 3 × 4 = 12. ***On écrit 3 au quotient.***
On écrit 12 sous 13 et on effectue la soustraction : 13 – 12 = 1.
On vérifie que le reste (1) est inférieur au diviseur (4).
- *Ensuite on abaisse le chiffre 7.*
En 17 combien de fois 4 ?
Il y va 4 fois : 4 × 4 = 16. ***On écrit 4 au quotient.***
On écrit 16 sous 17 et on effectue la soustraction : 17 – 16 = 1
On vérifie que le reste (1) est inférieur au diviseur (4). »

Le quotient de la division de 937 par 4 est 234 et le reste 1.
On procède ensuite à une vérification : 234 × 4 + 1 = 937.

Les élèves observent ensuite le calcul de Léa. L'enseignant demande en quoi ce calcul diffère de celui de Théo ?
Léa prend d'abord 2 chiffres car 2 est plus petit que 3.
Les élèves observent et démontent pas à pas l'algorithme de cette division, avec l'aide de l'enseignant qui utilise des craies de couleur.
Le début de l'algorithme est effectué collectivement et s'appuie sur la bulle de Léa. Les élèves terminent individuellement les calculs sur leur cahier d'essai. La correction est collective. Elle est conduite comme précédemment.
Le quotient de la division de 261 par 3 est 87 et le reste est 0.
On procède ensuite à une vérification : 87 × 3 + 0 = 261.

À l'issue de la séance, l'enseignant pose la question rituelle : *« Qu'avons-nous appris aujourd'hui ? »* Il attend une réponse proche de : ***« Nous avons appris à effectuer la division posée avec un nombre à un chiffre au diviseur. »***

Activités individuelles

S'exercer

Les deux premiers exercices peuvent être abordés de façon différenciée. Le niveau **a** correspond au calcul de Théo et le niveau **b** à celui de Léa.
Le contenu de L'essentiel doit être considéré comme une aide consultable à tout moment de la séance d'exercices.
L'écriture de ces divisions doit se faire correctement : un chiffre par carreau pour que les colonnes des centaines, des dizaines, des unités soient bien visibles lorsqu'on abaissera les chiffres du nombre à diviser.

L'enseignant demandera de procéder systématiquement à une vérification des calculs comme il a été fait dans les activités de recherche.

1 Les divisions sont posées.
a 243 divisé par 2 → quotient 121, reste 1.
b 325 divisé par 5 → quotient 65, reste 0.

2 L'élève doit poser les divisions.
a 421 divisé par 3 → quotient 140, reste 1.
562 divisé par 5 → quotient 112, reste 2.
b 234 divisé par 3 → quotient 78, reste 0.
340 divisé par 6 → quotient 56, reste 4.

Résoudre

3 64 + 56 = 120. 120 divisé par 8 ➔ quotient 15, reste 0. Chaque invité aura 15 dragées.

➤ Prolongements

➣ **Photofiche S40**

Cette photofiche propose 3 exercices où l'élève doit effectuer ou poser et effectuer des divisions de difficulté progressive.

➣ **Banque d'exercices p. 152**

9 543 divisé par 4 ➔ quotient 135, reste 3 ;
243 divisé par 7 ➔ quotient 34, reste 5 ;
874 divisé par 9 ➔ quotient 97, reste 1.

10 58 + 66 = 124 ; 124 divisé par 4 ➔ quotient 31, reste 0. Chaque panier comporte 31 figues.

11 1 568 divisé par 4 ➔ quotient 392, reste 0. Chacun paie 392 €.

68 Problèmes : Les fractions en musique

Compétence
Réinvestir les fractions en musique.

Calcul mental
Retrancher un nombre de 2 chiffres. L'enseignant dit : « 68 – 32 » ; l'élève écrit 36.
Items : 68 – 32 ; 25 – 12 ; 37 – 15 ; 28 – 14 ; 46 – 22 ; 39 – 27 ; 56- 34 ; 64 – 21 ; 52 – 21 ; 46 – 23.

Observations préalables

« La musique est une pratique cachée de l'arithmétique, l'esprit n'ayant pas conscience qu'il compte », a écrit le philosophe et mathématicien Leibniz.
Cette leçon met en relation deux disciplines *a priori* très distinctes : musique et mathématiques.
En musique, tout est codé : par exemple, la durée des notes. L'unité est le « temps », caractérisé par la valeur d'une noire.
Ce temps est découpé en fractions simples comme on le ferait pour un gâteau. Ainsi, une croche vaut $\frac{1}{2}$ temps, une double croche $\frac{1}{4}$ de temps, une triple croche $\frac{1}{8}$ de temps. En revanche, une blanche vaut 2 temps et une ronde vaut 4 temps.
Une partition de musique est découpée en mesures, séparées par des traits verticaux sur la portée. Ainsi, une mesure à 4 temps comportera, par exemple, une ronde, ou deux blanches, ou trois noires et deux croches, etc. Le musicien ajoute donc constamment des fractions lorsqu'il joue !
Cette leçon peut être traitée en complète autonomie par les élèves.
Il est aussi possible de travailler en groupes, chaque groupe comportant un élève musicien qui aidera ses camarades.

Activités collectives

➡ Activité préliminaire

Si la classe comporte des élèves musiciens, il peut être judicieux de leur proposer d'apporter leur instrument. Ce sera l'occasion de mettre en valeur ces élèves et leur activité musicale.
Après avoir joué un ou plusieurs morceaux de musique, les musiciens montrent les partitions qu'ils viennent de jouer. Elles susciteront l'intérêt des élèves non musiciens qui se demanderont alors comment sont codés les sons, comment lire la musique... Une discussion s'engagera entre les musiciens et ceux qui ne le sont pas.

➡ Activités de recherche

La première partie de cette activité revient à placer des fractions simples et des nombres entiers sur une droite graduée.

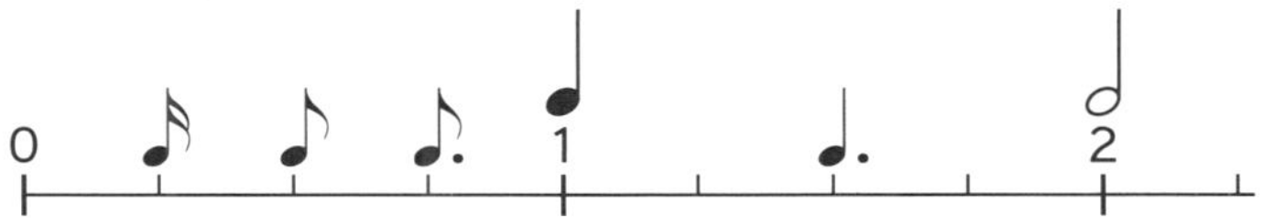

La deuxième partie revient à ajouter des fractions simples ou à extraire la partie entière d'une fraction.

$\frac{1}{4} + \frac{1}{4} = \frac{1}{2}$ $\frac{3}{4} + \frac{1}{4} = 1$ $1 + 1 = 2$ $1 + \frac{1}{2} = \frac{3}{2}$

Activités individuelles

Résoudre

1 **a** $\frac{1}{2} + \frac{1}{2} = 1$; A un temps.

$\frac{1}{4} + \frac{1}{4} = \frac{1}{2}$; B un demi-temps.

b $\frac{1}{2} + \frac{1}{4} = \frac{3}{4}$; C trois quarts de temps.

$1 + \frac{1}{2} = \frac{3}{2}$; D trois demi-temps ou un temps et demi.

2 La reproduction de la partition est longue et difficile. Nous proposons ces partitions dans le matériel photocopiable (ci-après).

Leçon 68 – Problèmes : Les fractions en musique

Matériel photocopiable

Marche nuptiale de F. Mendelssohn.

Marche turque de W. A. Mozart.

Marche nuptiale de F. Mendelssohn.

Marche turque de W. A. Mozart.

69 Calculer une durée ou déterminer un instant

Compétences
Calculer une durée. Déterminer un instant à partir de la connaissance d'un instant et d'une durée.

Calcul mental
Dictée de fractions simples. L'enseignant dit : « un tiers » ; l'élève écrit $\frac{1}{3}$.
Items : un tiers ; un quart ; trois quarts ; deux tiers ; un demi ; trois demis ; deux quarts ; deux cinquièmes ; quatre tiers ; cinq quart.

Observations préalables
Cette leçon est difficile et peut être conduite en 3 séances. Chaque séance correspond à une activité des activités de recherche :
- Détermination d'une durée connaissant les dates de départ et d'arrivée.
- Détermination d'une date d'arrivée connaissant la date de départ et la durée.
- Détermination d'une date de départ connaissant la date d'arrivée et la durée.

Activités collectives

Matériel : Les schémas correspondant à chacune des 3 parties des activités de recherche (voir matériel photocopiable ci-après).

➡ Activités de recherche

1 Les élèves lisent la bulle de Théo et la question : il faut trouver la durée du voyage. L'enseignant laisse un temps suffisant pour la réflexion et demande à un élève de venir exposer sa démarche. La classe valide ou non. L'enseignant demande si quelqu'un a trouvé une autre solution.
La correction est collective. L'enseignant reproduit le schéma au tableau en utilisant des craies de couleur et distribue une photocopie de ce schéma (voir matériel photocopiable ci-après).
Les heures sont entières pour ne pas compliquer les calculs. La difficulté est le passage par minuit. Un élève vient au tableau compléter le schéma.
Le voyage dure 5 h le dimanche et 7 h le lundi, soit 12 h en tout.
Les élèves peuvent coller leur schéma sur leur cahier puis rédigent une phrase réponse.

2 Les élèves lisent la bulle de Léa et la question : il faut trouver quand Léa est revenue de colonie. L'enseignant laisse un temps suffisant pour la réflexion et demande à un élève de venir exposer sa démarche. La classe valide ou non. L'enseignant demande si quelqu'un a trouvé une autre solution.
La correction est collective. L'enseignant reproduit le schéma au tableau en utilisant des craies de couleur et distribue une photocopie de ce schéma (voir matériel photocopiable ci-après).
Les jours sont entiers pour ne pas compliquer les calculs.
La difficulté est double :
- la conversion de 3 semaines en jours ;
- le changement de mois. Il faut savoir que le mois de Juillet comporte 31 jours.
Un élève vient au tableau compléter le schéma.
Du 15 juillet au matin au 31 juillet au soir, il y a 17 jours. Il faut ajouter 4 jours pour arriver à 21 jours (3 semaines).
Léa arrive donc de colonie le 4 août.
Les élèves peuvent coller leur schéma sur leur cahier puis rédigent une phrase réponse.

3 Les élèves lisent la bulle de Mélissa et la question : il faut trouver la date de départ de Mélissa au bord de la mer. L'enseignant laisse un temps suffisant pour la réflexion et demande à un élève de venir exposer sa démarche. La classe valide ou non. L'enseignant demande si quelqu'un a trouvé une autre solution.
La correction est collective. L'enseignant reproduit le schéma au tableau en utilisant des craies de couleur et distribue une photocopie de ce schéma (voir matériel photocopiable ci-après).
Les jours sont entiers pour ne pas compliquer les calculs. La difficulté est double :
- le comptage à rebours ;
- le changement de mois. Il faut savoir que le mois de juillet comporte 31 jours.
Un élève vient au tableau compléter le schéma.
Mélissa est partie le 17 juillet.

À l'issue de la séance, l'enseignant pose la question rituelle : *« Qu'avons-nous appris aujourd'hui ? »* Il attend une réponse proche de : ***« Nous avons appris à calculer une durée ou à déterminer une date de départ ou une date d'arrivée. »***

Activités individuelles

Les 3 premiers exercices ont des niveaux différenciés. Le niveau **a** plus simple ne traite pas de changement de jour ou de mois.
Le contenu de L'essentiel doit être considéré comme une aide consultable à tout moment de la séance d'exercices.

S'exercer

1 Cet exercice porte sur le calcul de durées.
a 21 h – 9 h = 12 h. La durée du voyage est de 12 h.
b Le voyage dure 2 h + 5 h = 7 h.

2 Cet exercice porte sur la détermination de l'instant final.
a L'émission se termine à 21 h + 2 h = 23 h.
b 1 621 + 73 = 1694. Jean de La Fontaine est mort en 1694.

3 Cet exercice porte sur la détermination de l'instant initial.

a Le stage de voile a commencé le 5 août (le 5 août et le 25 août doivent être comptés).

b Le stage de kitesurf a commencé le 29 juillet (le 29 juillet et le 4 août doivent être comptés).

Résoudre

4 Jade arrive en Corse à 7 h du matin.

5 1 270 – 1 214 = 56. Louis IX a vécu 56 ans.

6 24 jours séparent ces deux dates.

7 4 ans et 19 jours séparent ces deux J.O.

> ***Le coin du chercheur***
>
> Les pommes placées sur la balance ont la même masse. La plus lourde est donc celle posée à côté de la balance : elle contient la pièce en or.

➤ Prolongements

➢ Photofiche S41

Cette photofiche de soutien comporte 3 exercices de calculs de durées. Les schémas à compléter sont une aide forte.

➢ Photofiche A21

Cette photofiche d'approfondissement comporte 3 exercices où l'on demande de calculer un instant (date de départ ou d'arrivée) connaissant une durée. Le premier porte sur des heures et minutes, le second sur des heures, et le troisième sur des jours et semaines. L'élève s'appuie sur des schémas donnés.

➢ Banque d'exercices p. 152

12 De 10 h à minuit, il y a 24 h – 10 h = 14 h et de minuit à 7 h, il y a 7 h. La croisière dure donc 14 h + 7 h = 21 h.

13 Autocar 1 : durée du voyage : 21 h – 17 h = 4 h.
Autocar 2 : 8 h + 3 h = 12 h. Heure d'arrivée 12 h.
Autocar 3 : 14 h – 2 h = 12 h. Heure de départ 12 h.

Leçon 69 – Calculer une durée ou déterminer un instant

Matériel photocopiable

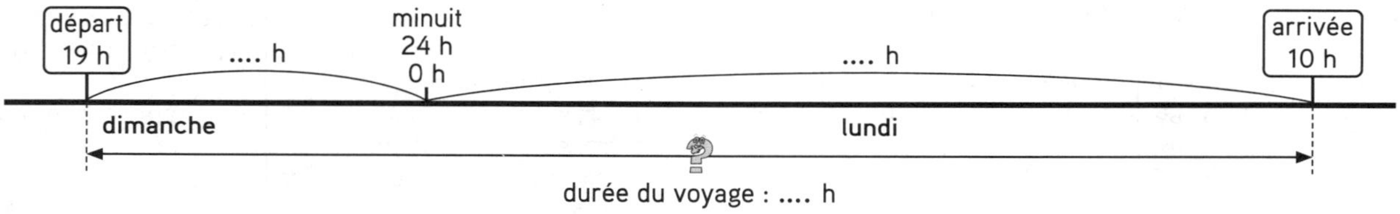

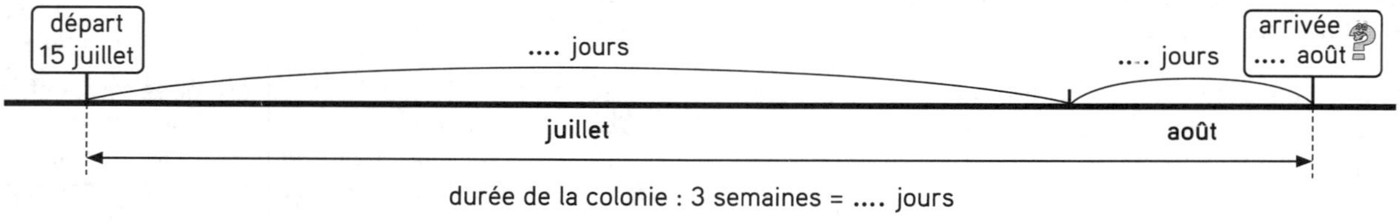

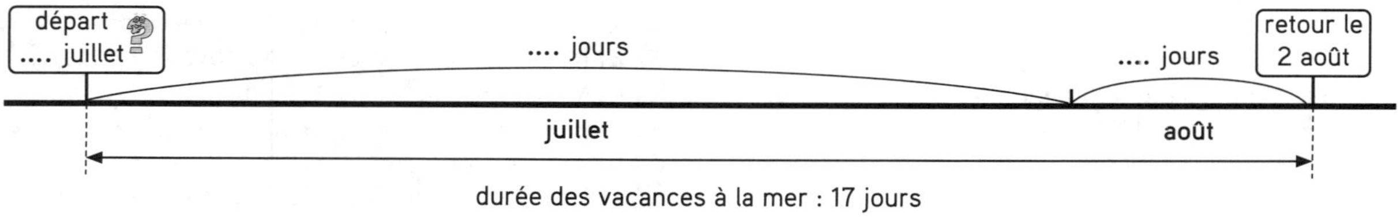

70 Les quadrilatères particuliers

Compétence
Connaître les principales propriétés du rectangle, du losange et du carré.

Calcul mental
Dictée de fractions simples. L'enseignant dit : « deux tiers » ; l'élève écrit $\frac{2}{3}$.
Items : $\frac{2}{3}$; $\frac{1}{6}$; $\frac{3}{4}$; $\frac{5}{2}$; $\frac{1}{4}$; $\frac{1}{3}$; $\frac{2}{7}$; $\frac{3}{10}$; $\frac{7}{3}$; $\frac{5}{6}$.

Observations préalables
Avec cette leçon, nous ne demandons plus aux élèves de reconnaître de manière perceptive des figures simples comme le carré, le rectangle, le losange mais de vérifier la nature de ces figures d'après leurs propriétés géométriques, en utilisant les instruments de la géométrie : équerre, compas et règle graduée.
Ils apprennent ainsi que ce sont les propriétés particulières de chacune de ces figures qui les définissent. Le parallélisme des côtés d'un losange n'est pas au programme du CM1.

Activités collectives

Matériel :
- Matériel de géométrie : équerre, compas et règle graduée.
- Matériel photocopiable en fin de leçon.

Activité préliminaire

L'enseignant dessine au tableau un losange proche du carré. Il pose la question : *« Cette figure est-elle un carré ? Comment le vérifier ? Vous pouvez consulter l'Essentiel de la leçon. »* La vérification se fait au tableau avec l'équerre de la classe, le compas ou la règle graduée. Cette activité permet d'avoir recours aux maniements des outils utilisés en géométrie. Les élèves constatent que la figure dessinée au tableau ressemble à un carré, on vérifie que ses côtés sont isométriques avec le compas ou la règle graduée, mais qu'elle n'en est pas un car, grâce à l'équerre, on vérifie que ses angles ne sont pas des angles droits. L'enseignant en profite pour expliquer qu'on ne peut plus se contenter d'affirmer qu'une figure est un losange *« parce que ça se voit »*. Au cycle 3, on doit prouver ces affirmations par des mesures (l'angle droit avec l'équerre, la longueur des côtés avec le compas ou la règle graduée).

Activités de recherche

1 Les élèves observent les 3 quadrilatères. L'enseignant leur demande de quels instruments ils ont besoin pour trouver les propriétés de chacune des 3 figures. Cette activité ne doit pas poser de difficulté car elle est semblable à celle qui a été conduite dans la leçon 30 sur les triangles. Les élèves reproduisent le tableau à double entrée du manuel (ou l'enseignant en distribue une photocopie, voir matériel photocopiable) et le complètent. Le carré a quatre angles droits et quatre côtés de la même longueur. Le losange n'a pas d'angles droits, ses quatre cotés sont de la même longueur. Le rectangle à quatre angles droits, ses côtés opposés sont de même longueur mais non l'ensemble de ses quatre cotés.

2 Les élèves doivent reproduire sur leur cahier la figure présentée dans leur manuel. Ils réalisent cette reproduction en s'aidant du quadrillage. Une discussion préalable permet de préciser qu'il est plus facile de commencer cette reproduction par la figure verte, puis dans l'ordre par les figures bleue et orange pour finir par la mauve qui n'a pas tous ses sommets sur le quadrillage. Une fois la figure reproduite, à l'aide de l'équerre, du compas ou de la règle graduée, les élèves vont retrouver le nom des diverses figures d'après leurs propriétés.
– La figure verte qui n'a pas d'angle droit et dont les 4 côtés sont isométriques est un losange.
– La figure bleue qui a ses quatre angles droits et ses quatre côtés même longueur est un carré.
– La figure orange qui n'a pas d'angle droit et dont les 4 côtés sont isométriques est un losange.
– La figure mauve qui a quatre angles droits, ses côtés opposés sont de même longueur mais non l'ensemble de ses quatre cotés, est un rectangle.

À la fin de la séance, l'enseignant pose la question rituelle : *« Qu'avons-nous appris aujourd'hui ? »* Il attend une réponse proche de : ***« Nous avons appris à vérifier la nature des figures géométriques : carré, rectangle et losange, à l'aide des instruments de la géométrie. »***

Activités individuelles

S'exercer

Les deux premiers exercices ont des niveaux différenciés.

1 Les élèves doivent trouver la figure qui n'est pas un losange.
Les figures B et D ne sont pas des losanges.

2 Pour les élèves, un carré « posé » sur un sommet est un losange. Cet exercice a pour but de leur montrer que la nature des figures est définie par leurs propriétés et non par leur position sur la feuille.
Dans le niveau **a**, les figures sont « posées » sur un côté, alors que dans le niveau **b**, les figures sont « posées » sur un sommet, mais toutes ne sont pas des losanges.
La figure E est un carré. La figure F est un losange. La figure G est un rectangle. La figure H est un losange. La figure K est un carré. La figure M est un rectangle.

Résoudre

3 **Problème guidé.** Après lecture de l'énoncé, les élèves répondent aux questions. Comme ils l'ont fait précédemment ils vérifient à l'aide des instruments de géométrie (l'équerre, le compas ou la règle graduée) que ce quadrilatère a 4 côtés de la même longueur mais aucun angle droit. Yannis s'est trompé, c'est un losange et non un carré.

4 Pour répondre à cet exercice, l'enseignant distribue les figures du puzzle (voir matériel photocopiable). Les élèves les découpent et cherchent à assembler ces pièces pour construire un carré (A et C) ou (A et G) ou (B et F) ; un losange (C, E et D) ou (C, E, F et G) ; un rectangle (F et E) ou (A, C, E et F) ou (B, D et G) ; ou bien toutes les pièces pour le grand rectangle.

Le coin du chercheur

On place B sur le cercle, puis de B on trace un arc de cercle de même rayon que le cercle déjà tracé. L'intersection de cet arc avec le cercle donne le point C (2 possibilités). On a donc :
AC = AB = BC. Le triangle obtenu est équilatéral.

➤ Prolongements

Photofiche S42

Cette photofiche propose 3 exercices. L'élève doit identifier un rectangle, un losange ou un carré d'après leurs propriétés géométriques.

Leçon 70 – Les quadrilatères particuliers

Matériel photocopiable

	4 angles droits	4 côtés de même longueur
Carré		
Rectangle		
Losange		

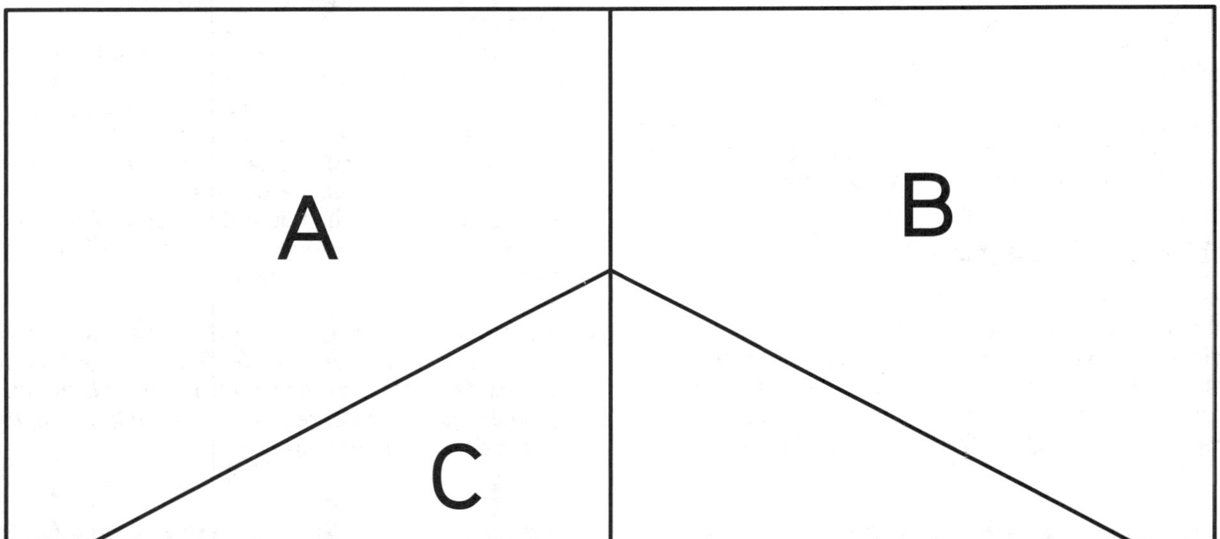

71 Problèmes : Apprendre à résoudre Problèmes à étapes

Compétences

Trouver les questions intermédiaires implicites et y répondre pour résoudre un problème numérique à étapes.

Calcul mental

Problèmes : L'enseignant dit deux fois l'énoncé : *« Laura a 30 billes. José en a 2 fois moins qu'elle. Combien de billes José a-t-il ? »* ; l'élève écrit 15 billes.

Items :

– « Chloé a 10 billes. Léa a 4 fois plus de billes que Chloé. Combien de billes a Léa ? »

– « Paul a 12 images. Julie a 3 fois moins d'images que Paul. Combien d'images a Julie ? »

– « Maxime habite à 800 m de l'école, Jules habite 4 fois plus près de l'école que Maxime. À quelle distance de l'école habite Jules ? ».

Observations préalables

Les élèves ont pris l'habitude de répondre à la question de l'énoncé par une seule opération, avec cette leçon, ils vont apprendre qu'il est parfois nécessaire d'effectuer deux opérations pour répondre à l'unique question du problème.
Dans chaque problème proposé dans cette leçon, les élèves ne peuvent répondre de façon immédiate à la question posée. Ils doivent donc se poser une question supplémentaire qui, une fois résolue, permettra de répondre à la question de l'énoncé.
Dans certains problèmes, comme celui du bus, plusieurs possibilités s'offrent aux élèves, la plupart d'entre eux auront tendance à suivre la chronologie des actions décrites. Dans cette leçon, nous ne privilégions pas une démarche particulière car l'objectif principal de la leçon est d'amener les élèves à prendre conscience de la nécessité de se poser une question intermédiaire, de la formuler et d'y répondre pour pouvoir ensuite résoudre la question de l'énoncé.

Activités collectives

Problème de référence 1

Les élèves lisent l'énoncé du problème, l'enseignant s'assure qu'ils ont bien compris la situation décrite, puis leur demande de répondre oralement aux questions portant sur la compréhension de l'énoncé : *Que faut-il chercher ? Peut-on répondre avec une seule opération ?* Il est important que la classe s'accorde sur la réponse à cette question, même si pour certains élèves, la réponse à la question posée peut paraître rapidement accessible.
L'enseignant encourage la classe à observer le schéma qui illustre l'énoncé, sur lequel le 1er arrêt et le 2e arrêt sont bien distincts, puis à répondre oralement aux deux questions concernant les points d'interrogation : le point d'interrogation jaune représente le nombre d'élèves se trouvant dans le bus quand il repart après son 1er arrêt, le point d'interrogation bleu représente le nombre d'élèves se trouvant dans le bus quand il repart après son 2e arrêt.
Pour répondre à la question de l'énoncé, il faut d'abord répondre à une question qui ne figure pas dans l'énoncé. L'enseignant demande aux élèves de formuler cette question. Il attend : *Combien d'élèves reste-t-il dans le bus après le premier arrêt ?* Les élèves répondent à cette question qui est formulée dans le manuel en écrivant et en effectuant l'opération 48 – 17 = 31, puis rédigent la phrase réponse : Il reste 31 élèves dans le bus après le premier arrêt. Quand ce résultat est acquis, la classe répond à la deuxième question en écrivant et en effectuant l'opération : 31 – 9 = 22, puis en rédigeant la phrase réponse : *Il reste 22 élèves dans le bus quand il repart après son 2e arrêt.*
Mathix propose de trouver autrement la réponse à cette deuxième question, mais en procédant toujours en deux étapes. Il fait évidemment allusion à la démarche consistant à calculer le nombre total d'élèves descendus du bus au cours des deux arrêts : 17 + 9 = 26. Comme 26 élèves sont descendus il reste 22 élèves dans le bus après son deuxième arrêt (48 – 26 = 22). Cette deuxième solution ne doit pas être présentée comme supérieure à la première, elle indique simplement qu'il y a souvent plusieurs chemins pour résoudre un problème.
L'enseignant conclut en soulignant qu'il arrive qu'on soit obligé d'inventer soi-même une question ne figurant pas dans l'énoncé pour pouvoir répondre à la question de l'énoncé. On parle alors de question intermédiaire implicite.

Activités individuelles

Problèmes d'application

1 Les élèves lisent l'énoncé. Les deux étapes de la résolution sont clairement indiquées.
Étape 1 : les élèves doivent calculer combien de pots restent à Chloé après qu'elle en a donné à Malo (48 – 16 = 32).
Étape 2 : ils doivent calculer combien de pots restent à Chloé après qu'elle en a donné à Anna (32 – 14 = 18). Les élèves peuvent donc résoudre individuellement ce problème. Lors de la correction, l'enseignant leur fait remarquer qu'ils devront se rappeler de l'aide apportée par l'étape 1 quand ils se trouveront face à un problème de ce type. L'enseignant fait remarquer qu'il existe encore une autre façon de résoudre ce problème : Chloé a distribué 30 pots de confiture en tout (16 + 14 = 30), il lui en reste donc 18 (48 – 30 = 18). Cette autre solution peut faire l'objet d'une nouvelle phase de recherche pour les élèves ayant rapidement répondu aux deux premières étapes.

2 Le deuxième problème d'application ne comporte aucune aide : Chang a acheté 3 pots de 25 L de peinture. Il en utilise 65 L pour peindre son appartement. Combien de litres de peinture lui reste-t-il ? L'enseignant s'assure de la compréhension de la situation, puis les élèves résolvent individuellement le problème. Après un temps de recherche, l'enseignant propose une mise en commun. Il souligne la nécessité de calculer combien de litres de peinture a achetés Chang (3 × 25 L = 75 L) afin de pouvoir calculer combien il lui en reste (75 L – 65 L = 10 L).

Activités collectives

Problème de référence 2

Les élèves lisent l'énoncé du problème de référence 2. Cet énoncé est un énoncé complexe comportant plusieurs informations qui doivent être reliées entre elles pour parvenir à répondre à la question qu'il pose. L'enseignant en reprend la lecture à voix haute. Il demande aux élèves de répondre oralement aux deux questions : *Que faut-il chercher ? Peux-tu répondre avec une seule opération ?*

Quand la classe s'est accordée pour convenir qu'on ne peut pas répondre avec une seule opération à la question posée, l'enseignant demande de compléter le schéma représentant la situation décrite par l'énoncé. Pour aider les élèves il reprend posément la lecture de l'énoncé en l'enrichissant de questions : *à quelle distance de chez Théo habite Mehdi ? à quelle distance de chez Medhi habite Léa ?* Quand les élèves ont réussi à indiquer les distances manquantes sur le schéma, il leur demande de répondre aux deux questions portant sur les deux points d'interrogation qu'il comporte. Le point d'interrogation jaune représente la distance séparant la maison de Théo de celle de Léa, le point d'interrogation bleu représente la distance entre la maison de Léa et l'école.

Les deux étapes de la résolution qui sont proposées, ont pour but d'apporter les réponses à chacune de ces deux questions. Les élèves répondent à la première question en écrivant et en calculant l'opération : 200 m + 300 m = 500 m, puis en rédigeant une phrase réponse : *« La maison de Théo se trouve à 500 m de la maison de Léa. »*

Ils répondent ensuite à la deuxième question qui est la question du problème : 900 m – 500 m = 400 m. Léa habite à 400 m de l'école.

L'enseignant conclut ce travail en soulignant qu'une étape supplémentaire a été nécessaire pour parvenir à répondre à la question posée par l'énoncé.

Activités individuelles

Problèmes d'application

1 Les élèves lisent l'énoncé. L'enseignant s'assure de la compréhension de la situation. Puis il laisse les élèves résoudre individuellement le problème. Les étapes de la résolution sont structurées par les questions du fichier. Le livre et le jeu coûtent ensemble 18 € + 29 € = 47 € ; le prix du magazine est égal à 53 € – 47 € = 6 €.

Un temps de concertation entre voisins peut être proposé avant la mise en commun.

L'enseignant confirme les résultats des calculs et souligne la nécessité de calculer la somme du prix du livre et du jeu pour pouvoir calculer le prix du magazine.

2 L'énoncé du deuxième problème d'application ne comporte aucune aide. Il traite des masses (ou du poids) de plusieurs morceaux de viande dont la masse totale est de 2 kg 500 g. Les masses du bœuf et du poulet sont données, il faut trouver la masse du morceau de veau. L'enseignant propose aux élèves de réaliser un schéma comparable à ceux des deux problèmes précédents. Après un temps de recherche, les élèves confrontent leurs réponses par proximité. La mise en commun s'appuie sur un schéma. Le bœuf et le poulet pèsent ensemble 1 kg 800 g ; pour trouver le poids du morceau de veau, il faut calculer : 2 kg 500 g – 1 kg 800 g. Pour rendre cette opération facilement réalisable, il faut convertir les deux masses en grammes : 2 kg 500 g = 2 500 g ; 1 kg 800 g = 1 800 g ; 2 500 g – 1 800 g = 700 g. Le client a commandé 700 g de veau.

L'enseignant souligne que dans ce problème la difficulté technique des conversions est venue s'ajouter à la difficulté de répondre à une question intermédiaire, ce qui a rendu sa résolution délicate.

En fin de séance, l'enseignant pose la question rituelle : *« Qu'avons-nous appris aujourd'hui ? »* Il attend une réponse proche de : ***« Nous avons appris à résoudre des problèmes dans lesquels il faut répondre à une question intermédiaire qui n'est pas écrite dans l'énoncé, pour pouvoir répondre à la question de l'énoncé. »***

➤ Prolongements

➢ Photofiche P20

Cette fiche contient deux énoncés de problèmes à étapes. Le premier ressemble au problème de référence 1 de la leçon. Un questionnement aide à résoudre le problème. La résolution du deuxième est décomposée en deux étapes qui restent à définir par l'élève.

➢ Photofiche P21

Cette fiche contient aussi deux énoncés de problèmes à étapes. Le premier demande le nombre de pièces de 2 € contenues dans une tirelire. Sa résolution est accompagnée par un questionnement complémentaire.

Le second décompose la recette globale d'un cirque entre la recette réalisée par les spectateurs enfants et celle réalisée par les adultes. Sa résolution est décomposée en deux étapes qui restent à définir par les élèves.

72 Les fractions décimales (1)

Compétences
Lire, écrire une fraction décimale.
Connaître les équivalences entre dixièmes et centièmes.

Calcul mental
Tables de multiplication. L'enseignant dit : « 6 × 9 » ; l'élève écrit 54.
Items : 6 × 9 ; 7 × 8 ; 6 × 7 ; 5 × 9 ; 7 × 6 ; 4 × 8 ; 3 × 9 ; 7 × 7 ; 3 × 9 ; 6 × 8.

Observations préalables
Les fractions décimales ont la particularité d'avoir un dénominateur égal à une puissance de dix, ce qui les rend compatible avec notre système de numération. C'est ce qui a permis d'en proposer une écriture non fractionnaire plus connue sous le nom de nombre décimal. Les nombres décimaux ne sont rien d'autre qu'une écriture à virgule des fractions décimales s'appuyant sur les règles de la numération de position, toutes leurs propriétés s'expliquent et se justifient par leur nature fractionnaire que dissimule l'écriture à virgule. Une bonne connaissance des fractions décimales est donc essentielle à une bonne maîtrise des nombres décimaux.
Une fraction cécimale est un nombre décimal qui peut aussi s'écrire sous forme d'un nombre à virgule. L'écriture à virgule est ainsi une autre écriture des fractions décimales : un dixième s'écrit $\frac{1}{10}$ ou 0,1, un centième s'écrit $\frac{1}{100}$ ou 0,01.
Cette leçon est très importante. Elle est prévue pour deux séances :
– la première est consacrée aux dixièmes : activité 1 des « Activités de recherche » exercices 1 et 2 ;
– la seconde est consacrée aux centièmes : activité 2 des « Activités de recherche » exercices 3, 4, 5 et 6. Cependant, selon le rythme d'avancement de sa classe, l'enseignant pourra y consacrer une troisième séance afin de consolider les acquis.

Activités collectives

Matériel : Droites graduées en $\frac{1}{10}$ et 100e, tableaux de 100 cases (voir matériel photocopiable).

➡ Activités de recherche

1 Les élèves reproduisent la droite graduée, ou utilisent celle de la photocopie donnée par l'enseignant, pour placer les fractions proposées dans le manuel. L'enseignant fait compter le nombre de graduations entre 0 et 1 puis entre 1 et 2 etc. Les élèves découvrent qu'il y a chaque fois 10 intervalles. Chaque graduation correspond donc à un dixième. L'enseignant reproduit la droite au tableau et demande à quelques élèves d'y placer les fractions qui correspondent aux lettres A, B, C, D, E et F : *« Quelle fraction de dénominateur 10 est égale à 1 ? à 2 ? à 3 ? à 4 ? »* Ce sont respectivement les fractions : $\frac{10}{10}$; $\frac{20}{10}$; $\frac{30}{10}$; $\frac{40}{10}$... On peut vérifier les réponses en prolongeant la droite graduée au tableau et en plaçant ces fractions sur cette droite.
« Quelles fractions de dénominateur 10 sont inférieures à 1 ? »
Les fractions inférieures à 1 sont $\frac{2}{10}$; $\frac{5}{10}$. Sur la droite, elles sont situées entre 0 et 1. Les fractions supérieures à l'unité sont $\frac{12}{10}$; $\frac{13}{10}$; etc.
La synthèse des remarques conduit à dire que pour savoir si une fraction est inférieure, égale ou supérieure à l'unité (sans les placer sur une droite graduée), il suffit de comparer le numérateur et le dénominateur :
– si le numérateur est inférieur au dénominateur, la fraction est inférieure à 1 ;
– si le numérateur est supérieur au dénominateur, la fraction est supérieure à 1 ;
– si le numérateur est égal au dénominateur, la fraction est égale à 1 ;
– si le numérateur est égal à un multiple du dénominateur, la fraction est égale à un entier.
L'enseignant fera remarquer que ces propriétés ne sont pas spécifiques aux fractions décimales. Elles ont déjà été vues pour les fractions simples.
À partir de ces constations ou en s'aidant de la droite numérique on en déduit que : $0 < \frac{2}{10} < 1$; $1 < \frac{12}{10} < 2$; $2 < \frac{25}{10} < 3$.

2 Les enfants observent la droite graduée, ils cherchent à répondre à la question, l'enseignant s'assure que celle-ci est bien comprise.
Entre deux unités, on compte 100 intervalles. Chaque graduation correspond à un centième.
Les élèves écrivent les fractions qui correspondent aux lettres G, H, I, J, et K.
G ➔ $\frac{5}{100}$; H ➔ $\frac{27}{100}$; I ➔ $\frac{60}{100}$; J ➔ $\frac{80}{100}$; K ➔ $\frac{120}{100}$.
Après la correction collective, les élèves écrivent les fractions qui correspondent aux lettres L ➔ $\frac{6}{10}$; M ➔ $\frac{8}{10}$ et N ➔ $\frac{12}{10}$.
La droite graduée sera utilisée pour vérifier les réponses. L'enseignant attire l'attention des élèves sur la graduation qui est désignée à la fois par $\frac{1}{10}$ et $\frac{10}{100}$. Les élèves en déduisent que les fractions $\frac{1}{10}$ et $\frac{1}{100}$ qui indiquent le même nombre sont égales : $\frac{1}{10} = \frac{10}{100}$. L'enseignant demande ensuite d'écrire les fractions qui correspondent aux lettres L et I, M et J, N et K.
Ils complètent les égalités : $\frac{6}{10} = \frac{60}{100}$; $\frac{8}{10} = \frac{80}{100}$; $\frac{12}{10} = \frac{120}{100}$.

Les élèves traitent enfin la dernière partie des « Activités de recherche » : écrire en dixièmes puis en centièmes les nombres entiers 1, 2 et 3. Le nombre entier 1 est égal à $\frac{100}{100}$. Le nombre 2 est égal à $\frac{200}{100}$. De même 3 = $\frac{300}{100}$.

En fin de séance, l'enseignant pose la question rituelle : « *Qu'avons-nous appris aujourd'hui ?* » Il attend une réponse proche de : ***« Nous avons appris à lire, écrire une fraction décimale et à trouver les équivalences entre dixièmes et centièmes. »***

Activités individuelles

S'exercer

Les exercices ont des niveaux différenciés.

1 Dans le niveau **b**, plus difficile, les fractions sont supérieures à 1.

a Point rouge → $\frac{2}{10}$; point bleu → $\frac{7}{10}$.

b Point vert → $\frac{13}{10}$; point orange → $\frac{22}{10}$. En cas d'erreurs, l'enseignant utilise la droite photocopiée pour proposer d'autres activités semblables.

2 Dans le niveau **b**, plus difficile, les fractions sont supérieures à 1.

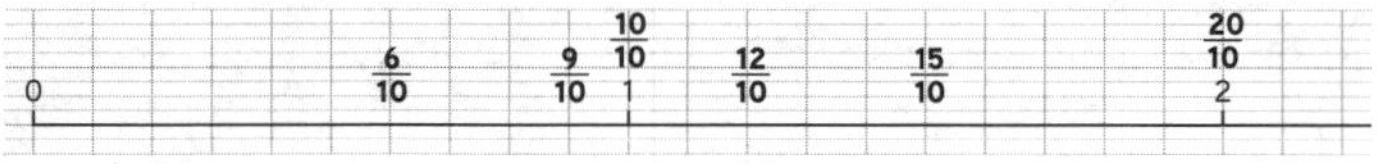

En cas d'erreurs, l'enseignant utilise la droite photocopiée pour proposer d'autres activités semblables.

3 **a** Vrai ; Vrai. **b** Faux ; Vrai.

4 **a** $\frac{1}{10} = \frac{10}{100}$; $\frac{5}{10} = \frac{50}{100}$; $\frac{8}{10} = \frac{80}{100}$; $\frac{25}{10} = \frac{250}{100}$.

b $1 = \frac{100}{100}$; $2 = \frac{200}{100}$; $1 = \frac{10}{10}$; $10 = \frac{1\,000}{100}$.

Résoudre

5 **Problème guidé.** Gris clair → rouge ($\frac{9}{100}$) ; gris moyen → bleu ($\frac{21}{100}$) ; gris foncé → vert ($\frac{6}{10}$).

La partie colorée correspond à $\frac{90}{100}$ ou à $\frac{9}{10}$ de l'aire du carré.

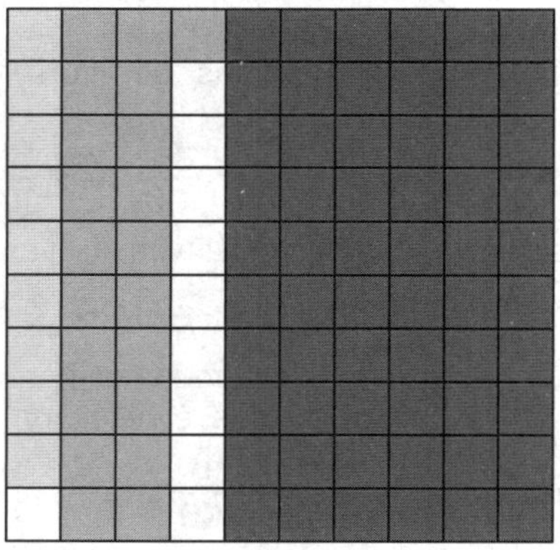

6 On rappelle aux élèves qui ne l'auraient pas remarqué que le centime correspond au centième d'euro.

$\frac{17}{100}$ = 17 centimes ; $\frac{6}{100}$ = 6 centimes ; $\frac{25}{100}$ = 25 centimes ; $\frac{87}{100}$ = 87 centimes.

Le coin du chercheur

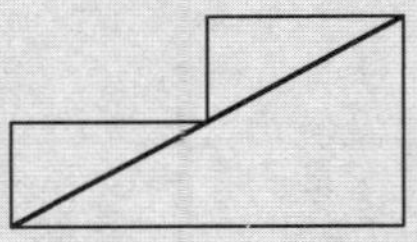

➤ Prolongements

➢ Photofiche S43

Cette photofiche de soutien comporte 4 exercices. On doit placer ou relier des fractions décimales sur une droite graduée.

➢ Banque d'exercices p. 153

17

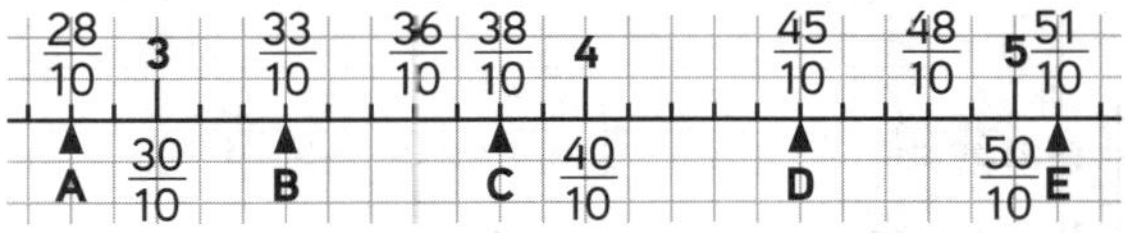

18 Gris clair → bleu ($\frac{3}{10}$) ; gris moyen → rouge ($\frac{20}{100}$) ; gris foncé → vert ($\frac{4}{10}$).

La partie de l'aire du carré non coloriée est : $\frac{1}{10}$ ou $\frac{10}{100}$.

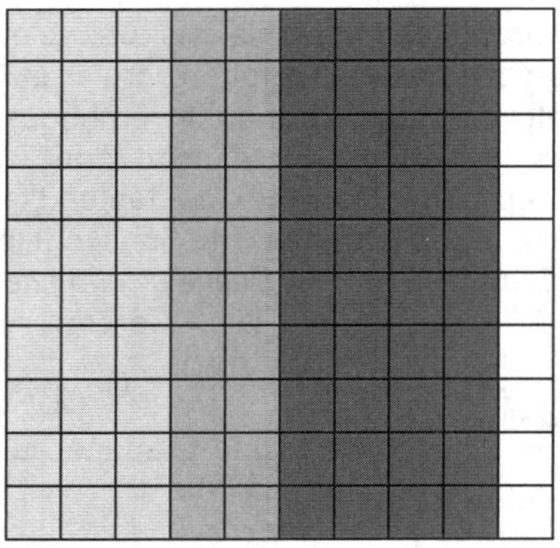

Leçon 72 – Les fractions décimales (1)

Matériel photocopiable des Activités de recherche

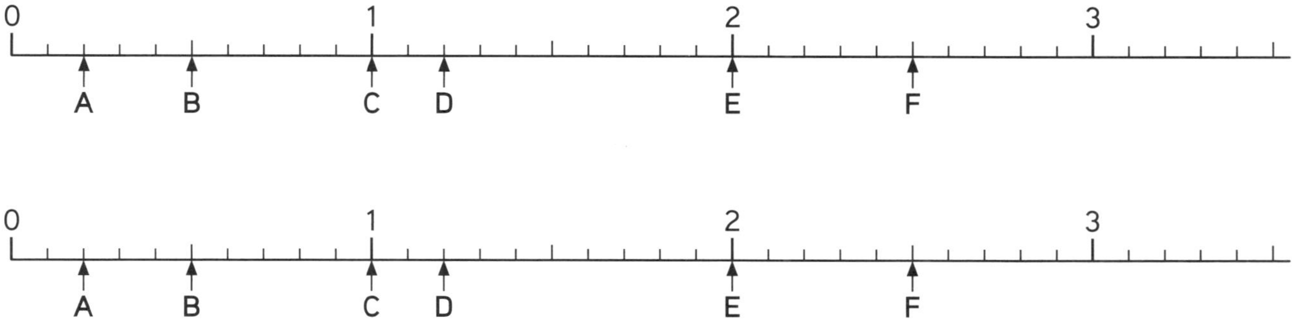

Matériel photocopiable de l'Exercice 2 p. 133

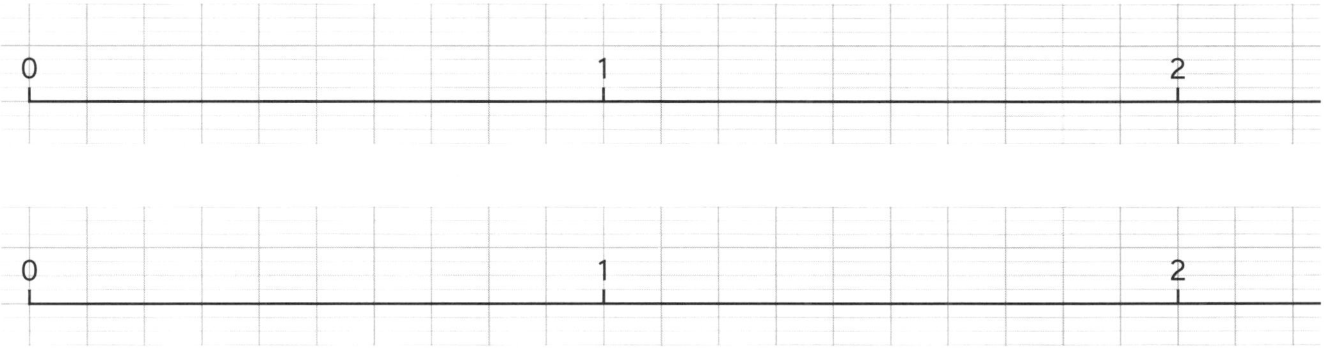

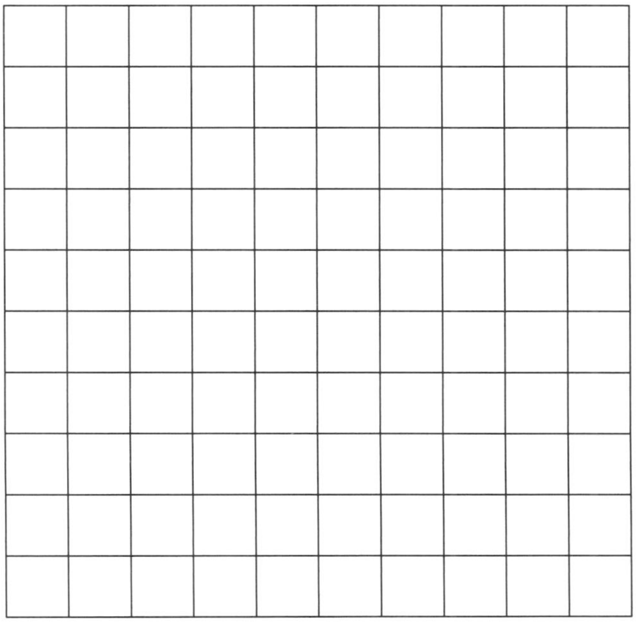

73 Fractions décimales et mesures

Compétence
Utiliser les fractions décimales dans le système métrique.

Calcul mental
Continuer une suite de nombres. L'enseignant écrit : 125 ; 235 ; 345; l'élève écrit : 455; 565; 675.
Items: 125, 235, 345; 250, 275, 300; 313, 317, 321; 150, 175, 200; 250, 500, 750.

Activités collectives

Activité préliminaire

L'enseignant dessine le tableau des unités de mesure sur le tableau de la classe. Les élèves le commentent, l'enseignant attire l'attention des élèves sur les préfixes des unités de mesure qui sont les mêmes pour toutes grandeurs du système métrique. Il précise que ces préfixes proviennent du latin pour déci, centi, milli et du grec pour deca, hecto, kilo. Les préfixes déci, centi, milli sont connus des élèves qui les ont côtoyés depuis le CE1 et le CE2. Les élèves en cherchent la signification. L'enseignant les aide en leur rappelant qu'un mètre c'est 10 décimètre, 100 cm, 1 000 mm. Ce qui signifie qu'un décimètre est 10 fois plus petit qu'un mètre, c'est le dixième du mètre, qu'un centimètre est 100 fois plus petit qu'un mètre, c'est le centième d'un mètre, et qu'un millimètre est 1 000 fois plus petit qu'un mètre, c'est le millième du mètre. Si le préfixe kilo est lui aussi connu depuis le CE1, il n'en est pas de même pour les préfixes déca et hecto qu'ils découvrent au CM1. Ils peuvent cependant en déduire le sens en s'appuyant sur la structure du tableau. Les mesures à droite du tableau sont 10, 100, 1 000 fois plus petites que l'unité; les mesures à gauche du tableau sont 10, 100, 1 000 fois plus grandes que l'unité. Deca signifie donc 10 fois plus grand, hecto 100 fois plus grand et kilo 1 000 fois plus grand.

Activités de recherche

1 Les élèves ouvrent leur manuel. Ils lisent le texte explicatif introduisant l'activité. Ils retrouvent le tableau des unités de mesure. Ils le commentent. Ils donnent la signification des nombres écrits dans les cases: 1, 10, 100, 1 000, $\frac{1}{10}$, $\frac{1}{100}$, $\frac{1}{1\,000}$.
Ils s'approprient les conversions en mètres de l'ensemble des unités de mesure de longueur. Puis ils convertissent les unités de contenance et de masse à l'aide des fractions décimales: 1 dL = $\frac{1}{10}$ L; 1 cL = $\frac{1}{100}$ L; 1 dg = $\frac{1}{10}$ g; 1 cg = $\frac{1}{100}$ g.

2 L'activité 2 propose des conversions « descendantes » réclamant l'utilisation des fractions décimales. 1 dam = 10 m donc 1 m est 10 fois plus petit qu'un dam : 1 m = $\frac{1}{10}$ dam.
1 hL = 100 L, donc 1 L = $\frac{1}{100}$ hL. Le troisième item est un clin d'œil à l'utilisation de la monnaie qui, laissant le kilo euro aux financiers, n'utilise couramment que les centimes de l'unité euro: 1 € = 100 c, donc 1 c = $\frac{1}{100}$ €.
En fin de séance, l'enseignant pose la question rituelle : *« Qu'avons-nous appris aujourd'hui ? »* Il attend une réponse proche de : ***« Nous avons appris à utiliser des fractions décimales dans les conversions des unités de mesure du système décimal. »***

Activités individuelles

S'exercer

1 Cet exercice demande d'utiliser les fractions décimales. L'item **a** propose de convertir des nombres à 1 seul chiffre.

a 3 dg = $\frac{3}{10}$ g ; 3 dm = $\frac{3}{10}$ m
4 cg = $\frac{4}{100}$ g; 5 cm = $\frac{5}{100}$ m

b 16 dL = $\frac{16}{10}$ L; 12 cm = $\frac{12}{100}$ m
14 cL = $\frac{14}{100}$ L; 15 cg = $\frac{15}{100}$ g

2 Passer par un nombre entier est une aide avant de convertir en utilisant les fractions décimales.

a 1 dag = 10 g ; 1g = $\frac{1}{10}$ dag.

b 1 daL = 10 L ; 1 L = $\frac{1}{10}$ L.

Résoudre

3 **Problème guidé.** $\frac{7}{10}$ m = 7 dm = 70 cm. Le choucas a une envergure de 70 cm.

➤ Prolongements

➢ **Banque d'exercices p. 153**

19 3 cm = $\frac{3}{100}$ m; 5 dm = $\frac{5}{10}$ m; 8 mm = $\frac{8}{100}$ m.

20 Masse du monarque: $\frac{5}{10}$ g = 5 dg = 50 cg.

21 Contenance de la canette de soda:
$\frac{25}{100}$ L = 25 cL = 250 mL.

74 Tuic n° 4 : Utiliser un tableur pour compter de 1 000 en 1 000 ; de 10 000 en 10 000…

Compétence
Utiliser un tableur pour réinvestir la numération.

Calcul mental
Écrire le suivant d'une suite numérique. L'enseignant écrit : 3 258 – 3 758 – 4 258 ; l'élève écrit 4 758.
Items : 3 258 – 3 758 – 4 258 ; 2 437 – 2 637 – 2 837 ; 746 – 1 246 – 1 746 ; 6 712 – 6 812 – 6 912 ; 191 – 591 – 991 ; 628 – 1 228 – 1 828 ; 7 028 – 8 028 – 9 028 ; 3 508 – 4 008 – 4 508 ; 3 431 – 3 631 – 3 831 ; 5 200 – 5 500 – 5 800.

Observations préalables
Les programmes, avec la mise en œuvre du socle commun de connaissances, de compétences et de culture, insistent, à juste titre, sur l'intérêt qu'apportent les outils informatiques dans la plupart des situations d'enseignement.
Au milieu de chaque période, nous proposons donc aux enseignants un atelier informatique intitulé TUIC (Technologies Usuelles de l'Information et de la Communication), qui permet aux élèves d'approfondir les notions étudiées. Outre l'allègement de la charge de travail qu'ils permettent pour traiter des données, les logiciels offrent l'occasion d'une approche expérimentale des mathématiques. Dans cet esprit, le logiciel permet de varier les points de vue sur un même concept ; mais les activités réalisées à l'aide de cet outil ne remplacent pas celles qui sont situées dans l'espace réel ou sur le plan matérialisé par la feuille de papier.

Activités individuelles

Matériel : Ces activités ont été conçues pour que les enfants puissent les pratiquer seuls en suivant pas à pas les consignes, soit à l'école, soit à la maison sur l'ordinateur familial. Le logiciel utilisé pour cet atelier est un logiciel libre (*open source*). Il est téléchargeable gratuitement à l'adresse suivante : http://www.openoffice.org/fr/ (pour de plus amples explications, se référer au chapitre Annexe 4 Tuic, page 258 de cet ouvrage). Il est intéressant pour sa fiabilité et sa souplesse d'adaptation. Bien sûr, ces activités peuvent être adaptées et réalisées avec tout autre tableur (Microsoft Excel…).

Activité 1

Le logiciel de traitement de texte OpenOffice Calc est généralement contenu dans le dossier OpenOffice.org ; le logiciel est ouvert par un double-clic à l'aide du bouton gauche de la souris.
L'atelier commence directement par la saisie de nombres dans les cellules A1, A2 et A3. Les élèves continuent la suite de nombres jusqu'à la cellule A10 en comptant de 1 000 en 1 000 puis ils vérifient leur travail en incrémentant automatiquement les nombres saisis dans la colonne B. Il convient de se reporter à la leçon 37 pour le détail de cette manipulation.

Activités 2 à 4

Si l'activité 1 rappelait celles du Tuic n° 2, les trois activités suivantes sont d'une approche différente bien que reposant sur le réinvestissement de la numération et s'appuyant sur la technique d'incrémentation automatique.
Les élèves doivent effectuer une double vérification :
– vérifier les résultats obtenus par Léa, Mélissa et Théo en écrivant la suite de nombres proposés ;
– utiliser le tableur pour vérifier leur propre travail.
Ils en concluront que Mélissa a raison. En revanche, Léa et Théo ont tort :
– quand on ajoute 5 fois 10 000 à partir de 146 875, on obtient 196 875 et non 206 875 ;
– quand on retranche 5 fois 10 000 à partir de 427 000, on obtient 377 000 et non 207 000.
À l'issue de l'activité, l'enseignant peut demander aux élèves d'imprimer l'ensemble des suites de nombres. Si les enfants n'ont pas le temps de les terminer, ils enregistrent leur document.

75 Les fractions décimales (2)

Compétences
Décomposer une fraction décimale en dixièmes, centièmes. Extraire la partie entière d'une fraction décimale.

Calcul mental
Écrire le nombre entier égal à la fraction. L'enseignant dit : « trois tiers » ; l'élève écrit 1.

Items : $\frac{3}{3}$; $\frac{4}{2}$; $\frac{4}{4}$; $\frac{6}{3}$; $\frac{5}{5}$; $\frac{10}{5}$; $\frac{12}{4}$; $\frac{9}{3}$; $\frac{15}{5}$; $\frac{20}{10}$.

Activités collectives

Matériel : Droites graduées en $\frac{1}{10}$ et $\frac{1}{100}$.

➡ Activités de recherche

1 Les élèves observent la droite graduée qui figure dans la première partie des « Activités de recherche ». Ils doivent trouver les fractions qui correspondent aux lettres placées sur la droite graduée. Pour les aider, Mathix leur demande de trouver la fraction qui correspond à une petite graduation. L'observation de la droite graduée permet aux enfants de découvrir la valeur d'une graduation : un dixième. Ils doivent pouvoir en déduire que la lettre A correspond à $\frac{13}{10}$ et la lettre B à $\frac{27}{10}$. Si les enfants éprouvent encore des difficultés à répondre à ces questions, il est nécessaire de reprendre le travail de la leçon 72 avant de poursuivre. Les fractions $\frac{13}{10}$ et $\frac{27}{10}$ sont supérieures à l'unité, il est donc possible d'en extraire un nombre entier et une fraction inférieure à l'unité.

La première décomposition est présentée au tableau et commentée pas à pas avec le support de la droite graduée.
$\frac{13}{10} = \frac{10}{10} + \frac{3}{10} = 1 + \frac{3}{10}$. La fraction $\frac{13}{10}$ est comprise entre : $1 < \frac{13}{10} < 2$.

Les élèves effectuent seuls la deuxième décomposition que l'un d'entre eux vient ensuite expliquer au tableau :
$\frac{27}{10} = \frac{20}{10} + \frac{7}{10} = 2 + \frac{7}{10}$. $\frac{27}{10}$ est comprise entre : $2 < \frac{27}{10} < 3$.

De la même manière, les élèves décomposent les fractions qui correspondent aux lettres C et D.
C ➔ $\frac{16}{10} = \frac{10}{10} + \frac{6}{10} = 1 + \frac{6}{10}$. D ➔ $\frac{32}{10} = \frac{30}{10} + \frac{2}{10} = 3 + \frac{2}{10}$.

Pour s'assurer que tous les élèves ont bien compris cette décomposition, l'enseignant en propose quelques autres : $\frac{18}{10}$; $\frac{48}{10}$; $\frac{52}{10}$; $\frac{35}{10}$, etc.

2 Les élèves observent la droite graduée, ils cherchent à répondre à la première question. Sur cette droite graduée, il y a 100 petites graduations pour 1 unité. Chaque graduation correspond donc à $\frac{1}{100}$. Ils observent ensuite comment décomposer la fraction $\frac{115}{100}$ qui correspond à la lettre E. Il s'agit de décomposer cette fraction en unités, dixièmes et centièmes. Pour vérifier si cette décomposition est comprise, l'enseignant demande de décomposer les fractions qui correspondent aux lettres F et G : F ➔ $\frac{123}{100}$; G ➔ $\frac{53}{100}$.

Les fractions sont décomposées individuellement et corrigées collectivement au tableau.
F ➔ $\frac{123}{100} = \frac{100}{100} + \frac{20}{100} + \frac{3}{100} = 1 + \frac{2}{10} + \frac{3}{100}$.
G ➔ $\frac{53}{100} = \frac{50}{100} + \frac{3}{100} = \frac{5}{10} + \frac{3}{100}$.

Si les erreurs sont fréquentes, afin de consolider les acquis, l'enseignant propose encore la décomposition de quelques fractions, par exemple : $\frac{420}{100}$; $\frac{186}{100}$; $\frac{1\,007}{100}$.

Quelques exemples connus des enfants peuvent alors être utilisés : 235 centimes = $\frac{235}{100}$ d'euros = 2 euros + $\frac{35}{100}$ d'euro = 2 euros 35 centimes ; 640 centimètres = $\frac{640}{100}$ de mètres = 6 m + $\frac{40}{100}$ m = 6 m 40 cm.

En fin de séance, l'enseignant pose la question rituelle : *« Qu'avons-nous appris aujourd'hui ? »* Il attend une réponse proche de : ***« Nous avons appris à décomposer une fraction décimale en dixièmes, centièmes et à extraire la partie entière d'une fraction décimale. »***

Activités individuelles

S'exercer

Les deux premiers exercices ont des niveaux différenciés.

1 **a** $\frac{15}{10} = 1 + \frac{5}{10}$; $\frac{26}{10} = 2 + \frac{6}{10}$; $\frac{35}{10} = 3 + \frac{5}{10}$; $\frac{75}{10} = 7 + \frac{5}{10}$.

b $\frac{47}{10} = 4 + \frac{7}{10}$; $\frac{56}{10} = 5 + \frac{6}{10}$; $\frac{95}{10} = 9 + \frac{5}{10}$; $\frac{82}{10} = 8 + \frac{2}{10}$.

2 Les fractions proposées en **b** sont plus complexes, elles ont des numérateurs qui peuvent dépasser 1 000.

a $\frac{154}{100} = \frac{100}{100} + \frac{54}{100} = 1 + \frac{54}{100}$
$\frac{362}{100} = \frac{300}{100} + \frac{62}{100} = 3 + \frac{62}{100}$
$\frac{783}{100} = \frac{700}{100} + \frac{83}{100} = 7 + \frac{83}{100}$

b $\frac{108}{100} = \frac{100}{100} + \frac{8}{100} = 1 + \frac{8}{100}$
$\frac{1\,000}{100} = 10$
$\frac{1\,439}{100} = \frac{1\,400}{100} + \frac{39}{100} = 14 + \frac{39}{100}$

3 L'enseignant fait observer que cette droite graduée ne part pas de 0, ce n'est donc qu'un « morceau » d'une droite graduée. En observant la droite graduée, on remarque que la portion de droite entre les fractions $\frac{28}{10}$ et $\frac{29}{10}$ correspond à $\frac{1}{10}$.

Ce $\frac{1}{10}$ est partagé en 10 petites graduations, chacune est donc le dixième d'un dixième, c'est-à-dire un centième.

M → $\frac{295}{100}$; P → $\frac{305}{100} = 3 + \frac{5}{100}$; R → $\frac{310}{100} = 3 + \frac{1}{10}$;
S → $\frac{324}{100} = 3 + \frac{2}{10} + \frac{4}{100}$.

Résoudre

4 Problème guidé.

Grenouillette → 1 m + $\frac{3}{100}$ m = 1 m 3 cm = 103 cm.

Grenouillon → $\frac{85}{100}$ m = 85 cm.

Grenouillard → 1 m + $\frac{2}{10}$ m + $\frac{5}{100}$ m = 1 m 2 dm 5 cm = 125 cm.

85 cm < 103 cm < 125 cm. Grenouillard a sauté le plus loin ; Grenouillon a sauté le moins loin.

Le coin du chercheur

1 × 2 = 2 ; 2 × 3 = 6 ; 6 × 4 = 24 ; 24 × 5 = 120 ;
120 × 6 = 720.
Le nombre qui suit est le nombre 720.

Prolongements

Photofiche S44

Cette photofiche de soutien comporte 4 exercices. Dans les deux premiers, on doit trouver les fractions équivalentes entre dixièmes et centièmes. Dans les deux derniers, il faut extraire la partie entière d'une fraction décimale.

Banque d'exercices p. 153

22 $\frac{57}{10} = \frac{50}{10} + \frac{7}{10}$; $\frac{145}{100} = \frac{100}{100} + \frac{40}{100} + \frac{5}{100}$; $\frac{94}{10} = \frac{90}{10} + \frac{4}{10}$;
$\frac{805}{100} = \frac{800}{100} + \frac{5}{100}$.

23 Comme le problème guidé.

50 centimes = $\mathbf{\frac{50}{100}}$ €.

Un euro 50 centimes, c'est **1 € et $\mathbf{\frac{50}{100}}$** €.

1 € et $\frac{50}{100}$ € = $\frac{100}{100}$ € + $\frac{50}{100}$ € = $\mathbf{\frac{150}{100}}$ €. $\frac{150}{100}$ € = $\mathbf{\frac{15}{10}}$ €.

76 Les nombres décimaux

Compétence
Passer de l'écriture fractionnaire à l'écriture décimale et réciproquement.

Calcul mental
Écrire le nombre entier égal à la fraction. L'enseignant dit : « $\frac{10}{5}$ » ; l'élève écrit : 2.
Items : $\frac{10}{5}$; $\frac{6}{2}$; $\frac{30}{10}$; $\frac{12}{4}$; $\frac{6}{3}$; $\frac{400}{100}$; $\frac{20}{5}$; $\frac{12}{3}$; $\frac{50}{10}$; $\frac{40}{10}$.

Observations préalables
Un nombre décimal n'est qu'une autre écriture d'une fraction décimale. C'est grâce à la compatibilité des fractions décimales avec notre système de numération des entiers que le tableau de numération des entiers a pu s'ouvrir aux fractions décimales et permettre l'écriture de ces fractions dans ce tableau sans avoir recours à leur dénominateur. Toutefois, le tableau n'ayant plus la colonne des unités comme colonne butoir, il a fallu inventer un subterfuge pour pouvoir resituer à sa juste place chacun des chiffres de l'écriture de la fraction décimale quand on l'écrit en dehors du tableau, c'est ce qu'a permis la virgule décimale. Nous proposons de faire redécouvrir ces étapes aux élèves dans l'activité préliminaire proposée ci-dessous avant de les engager dans la leçon.

Activités collectives

Activité préliminaire

L'enseignant dessine le tableau des unités de numération des entiers au tableau. Il demande aux élèves de rappeler les relations qui s'établissent entre les unités de deux colonnes voisines. De la droite vers la gauche, on passe d'une colonne à la voisine en prenant une unité dix fois plus grande ; de la gauche vers la droite : on passe d'une colonne à la voisine en prenant une unité dix fois plus petite. Il présente alors une idée, qu'a eue le belge Simon Stevin en 1585, et qui a révolutionné l'écriture des fractions décimales : prolonger vers la droite le tableau de numération des entiers aux fractions décimales.

Centaines	Dizaines	Unités	$\frac{1}{10}$	$\frac{1}{100}$

Ce prolongement préserve la relation entre colonnes voisines puisqu'on passe des unités entières aux dixièmes qui sont dix fois plus petits, puis aux centièmes qui sont aussi dix fois plus petits que les dixièmes.

L'enseignant écrit la fraction $\frac{4}{10}$ dans ce tableau en plaçant le chiffre 4 dans la colonne des dixièmes, puis il écrit la fraction $\frac{5}{100}$ dans ce tableau en plaçant le chiffre 5 dans la colonne des centièmes et demande aux élèves comment écrire ces deux nombres en dehors du tableau sans revenir à l'écriture fractionnaire. Les élèves voient qu'écrire 4 et 5 ne convient pas. L'enseignant indique alors qu'en 1612 une nouvelle invention est venue parfaire l'idée de Simon Stevin, celle de la virgule décimale qui marque le « mur de l'unité » et permet d'écrire $\frac{4}{10}$ sous la forme 0,4 et $\frac{5}{100}$ sous la forme 0,05. La virgule décimale indique que le premier zéro est le zéro des unités, ce qui permet de repérer le nombre de colonnes au-delà de l'unité et de respecter la place de chaque chiffre dans le tableau.
Plusieurs fractions décimales inférieures à 1 sont ainsi écrites dans le tableau, puis hors du tableau : $\frac{3}{10} = 0{,}3$; $\frac{7}{10} = 0{,}7$; $\frac{9}{100} = 0{,}09$; $\frac{1}{100} = 0{,}01$; $\frac{15}{100} = 0{,}15$; $\frac{38}{100} = 0{,}38$.
Le franchissement de l'unité est abordé :
$\frac{23}{10} = 2 + \frac{3}{10} = 2 + 0{,}3 = 2{,}3$; $\frac{345}{100} = 3 + \frac{45}{100} = 3 + 0{,}45 = 3{,}45$;
$\frac{108}{100} = 1 + \frac{8}{100} = 1 + 0{,}08 = 1{,}08$ ...

L'enseignant indique que cette nouvelle écriture à virgule des fractions décimales est souvent appelée « nombre décimal », elle va être étudiée dans la leçon qui suit.

Activités de recherche

1 Les élèves ouvrent leur manuel. Ils découvrent une droite graduée en dixièmes sur laquelle figurent deux types d'écriture pour les fractions décimales : l'écriture à virgule au dessus de la droite, l'écriture fractionnaire au-dessous de la droite.
Les élèves retrouvent les écritures et le vocabulaire introduits dans l'activité préliminaire. L'enseignant souligne que la façon dont se lisent les écritures décimales à virgule rappelle la décomposition des fractions décimales dont ils sont issus, il insiste sur la distinction entre partie entière (qui est un nombre entier) et partie décimale (qui est une fraction décimale) d'un nombre décimal.
Il demande aux élèves d'écrire sur leur cahier la fraction décimale et son écriture à virgule du nombre correspondant aux points A ($\frac{7}{10} = 0{,}7$), B ($\frac{15}{10} = 1{,}5$) et C ($\frac{32}{10} = 3{,}2$).
Puis de donner une écriture à virgule des fractions décimales $\frac{12}{10}$ (1,2), $\frac{3}{10}$ (0,3), $\frac{35}{10}$ (3,5), $\frac{102}{10}$ (10,2) et des nombres décimaux « une unité deux dixièmes » (1,2), « quatre dixièmes » (0,4), « dix unités un dixième » (10,1).

En cas de doute, le recours au tableau de numération de l'activité préliminaire peut être un moyen de vérification de la cohérence de ces nouvelles écritures.

2 Les élèves découvrent une droite graduée en centièmes sur laquelle figurent à nouveau deux types d'écriture pour les fractions décimales : l'écriture à virgule au-dessus de la droite, l'écriture fractionnaire au-dessous de la droite. Ils retrouvent l'écriture de $\frac{108}{100}$ introduite dans l'activité préliminaire : $\frac{108}{100} = 1 + \frac{8}{100} = 1 + 0,08 = 1,08$ et sa nouvelle prononciation « une unité huit centièmes ». L'enseignant leur demande d'écrire sur leur cahier le nombre décimal égal à $\frac{132}{100}$ (1,32), $\frac{305}{100}$ (3,05), $\frac{4}{100}$ (0,04), $\frac{92}{100}$ (0,92).

3 L'enseignant demande aux élèves de donner une écriture à virgule des nombres décimaux « une unité sept centièmes » (1,07), « quatre dixièmes » (0,4), « cinq unités douze centièmes » (5,12), « trente-huit centièmes » (0,38).

4 Les élèves recopient les nombres décimaux 34,6 ; 0,45 ; 124,01 ; 9,99 ; 10,1, ils entourent leur partie entière et soulignent leur partie décimale. L'enseignant prolonge cette distinction en faisant écrire chaque nombre sous la forme de la somme entre sa partie entière et sa partie décimale : 34,6 = 34 + 0,6 ; 0,45 = 0 + 0,45 ; 124,01 = 124 + 0,01 ; 9,99 = 9 + 0,99 ; 10,1 = 10 + 0,1.

5 Les élèves achèvent ce jeu d'écriture en écrivant la fraction décimale correspondant à chaque nombre décimal : $3,4 = 3 + \frac{4}{10} = \frac{34}{10}$; $5,76 = 5 + \frac{76}{100} = \frac{576}{100}$; $6,05 = 6 + 0,05 = \frac{605}{100}$

En fin de séance, l'enseignant pose la question rituelle : « *Qu'avons-nous appris aujourd'hui ?* » Il attend une réponse proche de : ***« Nous avons appris à écrire des fractions décimales sous la forme de nombre à virgule appelés nombres décimaux. »***

Activités individuelles

S'exercer

1 Correction par l'enseignant.

2 Les élèves doivent écrire le nombre décimal correspondant à chacune de ces lettres : A ➔ 0,6 ; B ➔ 1,5 ; C ➔ 2,3 ; D ➔ 2,5.

3 **a** $\frac{76}{10} = 7,6$; $\frac{8}{10} = 0,8$; $\frac{204}{10} = 20,4$; $\frac{173}{10} = 17,3$.

b $\frac{45}{100} = 0,45$; $\frac{284}{100} = 2,84$; $\frac{1\,352}{100} = 13,52$.

4 **a** « Trois unités deux dixièmes » = 3,2 ; « deux unités quatre-vingt-deux centièmes » = 2,82.
b « Huit unités cinq centièmes » = 8,05 ; « huit dixièmes » = 0,8.

5 **a** 0,4 = « quatre dixièmes » ; 1,3 = « une unité trois dixièmes » ; 10,2 = « dix unités deux dixièmes ».
b 0,08 = « huit centièmes » ; 0,79 = « soixante-dix-neuf centièmes » ; 2,37 = « deux unités trente-sept centièmes » ; 3,02 = « trois unités deux centièmes ».

6 Les élèves doivent écrire la fraction décimale correspondant à chaque décimal.
$2,6 = \frac{26}{10}$; $13,4 = \frac{134}{10}$; $0,58 = \frac{58}{100}$; $12,9 = \frac{129}{10}$; $1,98 = \frac{198}{100}$.

Résoudre

7 **Problème guidé.** Mathix conseille de chercher d'abord quels sont les nombres entiers qui correspondent aux graduations rouges en s'appuyant sur les parties entières des nombres donnés.
La mise en correspondance des repères de la graduation et des nombres décimaux permet de comprendre que la droite est graduée en dixièmes et que les traits rouges de la graduation repèrent les nombres entiers 6, 7 et 8.
La mise en correspondance des lettres et des nombres s'en déduit : A ➔ 6,4 ; B ➔ 6,9 ; C ➔ 7,2 ; D ➔ 8,2.

8 Il s'agit de 8,26.

Le coin du chercheur
6 × 14 = 84 dalles.

➤ Prolongements

➢ **Photofiche S45**

Dans cette fiche qui comporte trois exercices, les élèves transforment des fractions décimales en écriture décimale. Dans le premier exercice, ils prennent appui sur un tableau de numération et sur la décomposition de la fraction décimale en la somme d'un entier et d'une fraction décimale inférieure à 1, dans le second et le troisième exercice, ils prennent appui sur une droite graduée.

➢ **Photofiche S46**

Elle reprend la structure de la S45 mais avec, cette fois, des fractions décimales en centièmes et des écritures décimales avec deux chiffres après la virgule.

➢ **Banque d'exercices p. 153-154**

24 A ➔ 7,8 ; B ➔ 8,3 ; C ➔ 9,1 ; D ➔ 9,5 ; E ➔ 10,4.

25 **Comme le problème guidé.** Les élèves doivent associer à chacune des quatre lettres A, B, C et D placée sur une droite graduée de façon muette, un des quatre nombres décimaux proposés. Ils s'appuient sur ces nombres pour en déduire les valeurs de la graduation.
A ➔ 5,2 ; B ➔ 5,5 ; C ➔ 6,7 ; D ➔ 7,1.

26 Les élèves doivent écrire un nombre décimal égal à chaque fraction décimale.

a $\frac{8}{10} = 0,8$; $\frac{15}{10} = 1,5$; $\frac{143}{10} = 14,3$; $\frac{1\,245}{10} = 124,5$.

b $\frac{75}{100} = 0,75$; $\frac{109}{100} = 1,09$; $\frac{6}{100} = 0,06$; $\frac{320}{100} = 3,20 = 3,2$.

27 Les élèves doivent écrire une fraction décimale égale à chaque nombre décimal.
$1,25 = \frac{125}{100}$; $0,04 = \frac{4}{100}$; $10,5 = \frac{105}{10}$; $1,05 = \frac{105}{100}$; $0,15 = \frac{15}{100}$.

28 Les élèves doivent décomposer chaque fraction décimale de façon canonique :
$\frac{148}{10} = 14 + \frac{8}{10}$; $\frac{504}{100} = 5 + \frac{4}{100}$; $\frac{21}{100} = \frac{2}{10} + \frac{1}{100}$.

29 Les élèves doivent donner le résultat de chaque somme sous la forme d'une fraction décimale en **a** et d'un nombre décimal en **b** :

a $1 + \frac{8}{10} + \frac{3}{100} = \frac{183}{100}$; $14 + \frac{3}{10} = \frac{143}{10}$; $20 + \frac{3}{100} = \frac{2\,003}{100}$.

b $1 + \frac{8}{10} + \frac{3}{100} = 1,83$; $14 + \frac{3}{10} = 14,3$; $20 + \frac{3}{100} = 20,03$.

77 Problèmes : Apprendre à résoudre Extraire des données

Compétence
Trouver les données nécessaires, dans un texte ou dans un tableau, pour répondre à une question.

Calcul mental
Problème : *Louise a des billes. Son frère lui donne 13 billes. Maintenant elle a 19 billes. Combien de billes avait-elle au début ?* L'élève répond : 19 – 13 = 6 billes.
Items :
– Louise a des billes. Son frère lui donne 13 billes. Maintenant elle a 19 billes. Combien de billes avait-elle au début ?
– Nicolas a des timbres. Son ami lui donne 10 timbres. Il a maintenant 25 timbres. Combien de timbres avait-il au début ?
– Ce matin Ninon a ramassé des crevettes. Elle en donne 5 à son amie Nathalie. Elle a maintenant 15 crevettes. Combien de crevettes avait-elle ce matin ?
– Valentin a de l'argent dans sa tirelire. Il prête 20 € à sa sœur. Il lui reste 30 €. Quelle somme contenait sa tirelire ?

Observations préalables
Résoudre un problème demande des compétences dans la maîtrise de la langue orale et écrite. Après avoir lu le problème, l'élève doit être capable de se représenter mentalement la situation afin de pouvoir rechercher les informations dans l'énoncé et de répondre à la question.
Or, savoir distinguer les informations utiles et inutiles pour une question donnée est très difficile pour de jeunes enfants. Ils ont souvent tendance à vouloir utiliser toutes les informations données : il est important qu'ils soient capables de rompre avec le contrat didactique selon lequel toute information donnée doit être nécessaire à la résolution du problème. Cette leçon sera conduite en deux séquences.

Activité collective

➡ Problème de référence 1

Les élèves ouvrent leur manuel à la page 140. L'enseignant leur laisse le temps de lire et d'observer le problème de référence 1. Au bout de quelques minutes, il leur demande ce qu'ils ont retenu. En réalité ce problème de référence est constitué de deux énoncés indépendants. L'enseignant demande alors de se concentrer sur la résolution du premier énoncé, concernant la famille de Simon. Il pose alors quelques questions : *« Que faut-il chercher ? Pourquoi l'âge des enfants a une importance ? Pourquoi le mois de la visite est-il important ? Où trouve-t-on les informations qui vont permettre de répondre à la question ? »*
Les élèves constatent que les données utiles se trouvent à la fois dans l'énoncé et dans les affiches : par exemple pour savoir combien va payer un enfant, il faut savoir son âge et le mois de la visite.
L'enseignant fait travailler les élèves par groupes de 4 ou 5 en leur demandant de s'aider de la partie « Comprendre l'énoncé ». Après quelques minutes, les groupes viennent au tableau exposer leur recherche.
La correction est collective. Les élèves répondent à la question sur leur cahier après avoir écrit et effectué les calculs.
• **Énoncé 1 :** 10 € + 10 € + 8 € + 8 € = 36 € (mois d'août et les deux enfants paient). La famille de Simon va payer 36 €.
• **Énoncé 2 :** On procède de la même façon pour l'énoncé 2, concernant la famille de Lila. 8 € + 8 € + 6 € = 22 € (mois de novembre, un enfant gratuit). La famille de Lila va payer 22 €.

Activité individuelle

➡ Problème d'application

Les données utiles se trouvent à la fois dans le texte de l'énoncé et dans l'affiche des tarifs. Les élèves cherchent seuls. Certains élèves vont oublier de compter l'enseignant dans le nombre d'adultes qui sont en réalité 3. De plus avec 28 élèves on ne peut former que 2 groupes de 12 au minimum. Donc 2 adultes ne vont pas payer leur place. Finalement le montant total à payer sera de : 28 × 4 € + 6 € = 118 €. La correction est immédiate.

Activité collective

➡ Problème de référence 2

Les élèves ouvrent leur manuel à la page 141. L'enseignant leur laisse le temps de lire et d'observer le problème de référence 2. Au bout de quelques minutes, l'enseignant demande ce qu'ils ont retenu puis pose quelques questions : *« Que faut-il chercher ? Comment utiliser ce tableau ? Peut-on répondre à toutes ces questions en une seule fois ? Quelles colonnes du tableau va-t-on utiliser pour répondre à la première question ? Que signifie $\frac{1}{2}$ t ? »* Les élèves constatent que les données utiles se trouvent à la fois dans l'énoncé et dans le tableau.

L'enseignant fait travailler les élèves par groupes de 4 ou 5 en leur demandant de s'aider de la partie « Comprendre l'énoncé ». Après quelques minutes, les groupes viennent au tableau présenter leur recherche.
Pour connaitre quelles espèces de tortues mesurent plus de 95 cm, il faut utiliser les informations de la première colonne (Nom de l'espèce) et de la deuxième colonne (Taille).
Pour savoir quelles espèces de tortues pèsent moins de 100 kg, les élèves doivent utiliser les informations de la première colonne (Nom de l'espèce) et de la troisième colonne (Poids).
Enfin, pour connaître dans quelles espèces de tortues le nombre de femelles adultes est compris entre 20 000 et 100 000, les élèves devront utiliser les informations de la première colonne (Nom de l'espèce) et de la quatrième colonne (Nombre de femelles adultes). La correction est collective.
Les élèves répondent aux questions sur leur cahier après avoir écrit et effectué les calculs.
Les tortues à dos plat, les tortues vertes et les tortues luth mesurent plus de 95 cm.
Les quatre premières espèces de tortues pèsent moins de 100 kg.
Pour les tortues caouannes et les tortues luth, le nombre de femelles adultes est compris entre 20 000 et 100 000.

Activité individuelle

Problème d'application

Ce problème est plus dans le domaine immédiat de l'enfant. Les données utiles se trouvent à la fois dans le texte de l'énoncé et dans le tableau. Les élèves cherchent seuls et répondent aux questions du manuel. La correction est immédiate : 25 + 22 + 19 + 18 = 84. 84 filles déclarent savoir nager sur 106 filles interrogées.
23 + 22 + 20 + 21 = 86. 86 garçons déclarent savoir nager sur 100 garçons interrogés.

➤ Prolongements

➢ **Photofiche A22**

Dans cette photofiche d'approfondissement, l'élève doit extraire des données d'un tableau indiquant la hauteur d'eau de pluie (précipitations) mesurée en millimètres, tombée au cours de trois années successives dans trois régions de France ainsi que sur l'ensemble de la France métropolitaine.

➢ **Photofiche P22**

Cette photofiche présente un ensemble d'objets avec leur prix et demande quels objets ou ensembles d'objets peuvent être achetés avec 100 €.

➢ **Photofiche P23**

Cette photofiche est plus délicate que la précédente. Elle comporte trois problèmes à énoncés complexes.

78 Construire un carré, un rectangle, un losange

Compétences
Tracer un carré, un rectangle et un losange sur papier uni.

Calcul mental
Écrire le nombre entier égal à la fraction décimale (dixième). L'enseignant dit : « $\frac{20}{10}$ » ; l'élève écrit 2.
Items : $\frac{20}{10}$; $\frac{10}{10}$; $\frac{30}{10}$; $\frac{50}{10}$; $\frac{90}{10}$; $\frac{100}{10}$; $\frac{80}{10}$; $\frac{300}{100}$; $\frac{40}{10}$; $\frac{70}{10}$.

Observations préalables
Les élèves connaissent depuis longtemps le carré et le rectangle, ils savent les tracer sur papier quadrillé, mais sont souvent démunis pour les tracer sur papier uni car chacune de leur propriété doit être prise en compte par l'utilisation d'un instrument de géométrie. Les propriétés qui étaient jusqu'alors de simples connaissances deviennent des contraintes nécessaires et utiles pour la construction des figures sur papier uni. La construction du losange est fondée sur la longueur de ses côtés et sur l'utilisation du compas pour définir un point comme intersection de deux cercles.

Activités collectives

Matériel : Par élève, une feuille quadrillée ; une demi-feuille unie (activités préliminaires) ; une feuille unie (activités de recherche).

Activités préliminaires

1 L'enseignant distribue à chaque élève une feuille de papier quadrillé sur laquelle il demande de tracer un carré de 8 carreaux de côté et un rectangle de 10 carreaux de longueur et 6 carreaux de largeur. Il s'assure que chaque élève a réussi à réaliser ces tracés, puis demande quels ont été les instruments de géométrie nécessaires pour les effectuer. Les élèves répondent à juste titre « une règle ».

2 L'enseignant récupère la feuille quadrillée et distribue une demi-feuille blanche de papier uni à chaque élève sur laquelle il demande de tracer un carré de 6 cm de côté. Il laisse les élèves travailler. En circulant dans les rangs, il repère les difficultés rencontrées par les élèves : beaucoup de « carrés » ne se ferment pas, ont des côtés trop courts ou des côtés trop longs… L'enseignant interrompt les constructions, il récupère les feuilles et interroge la classe pour savoir quels sont les instruments nécessaires à la réalisation de cette construction. La règle reste nécessaire, mais l'équerre devient indispensable car les lignes du quadrillage ne sont plus là pour s'assurer des angles droits, le compas est aussi une aide utile pour reporter la longueur des côtés sans avoir à les mesurer. L'utilisation de tous ces instruments rend la construction plus délicate, c'est pourquoi elle mérite d'être étudiée de plus près, c'est l'objet de la leçon qui suit.

Activités de recherche

1 Théo doit tracer un carré bleu de 6 cm de côté sur papier uni. C'est le problème que viennent de rencontrer les élèves dans l'activité préliminaire. Ils répondent aux deux questions : *Quelles sont les propriétés géométriques d'un carré ?* Un carré possède quatre angles droits et quatre côtés de même longueur. *De quels instruments Théo a-t-il besoin pour tracer son carré bleu ?* Une règle, une équerre, un compas.
L'enseignant demande comment on doit utiliser ces instruments pour réussir la construction du carré, les élèves font leurs propositions que la classe valide ou non. Lors de la mise en commun, l'enseignant conseille de tracer un premier côté en mesurant sa longueur à l'aide de la règle, puis de tracer à l'aide de l'équerre les deux côtés formant un angle droit avec ce premier côté, leur longueur peut être reportée au compas à partir de celle du premier côté. L'enseignant réalise cette construction au tableau. Il s'arrête quand les deux côtés sont tracés. Les élèves découvrent qu'en joignant les extrémités des deux côtés qui viennent d'être tracés, on obtient un quatrième côté ayant la même longueur que les trois autres et formant deux nouveaux angles droits. Ces dernières propriétés semblent « offertes en cadeau » et permettent d'avoir un carré avec quatre angles droits et quatre côtés de même longueur.
Les élèves réalisent ce carré bleu sur une nouvelle feuille unie que l'enseignant leur a distribuée. Ils apportent tout le soin nécessaire à la réalisation de cette construction et à la vérification des propriétés « offertes en cadeau ».
L'enseignant leur demande de marquer les milieux de chacun des côtés de leur carré en utilisant leur règle graduée, chaque milieu se trouve à 3 cm d'un sommet du carré, puis de joindre ces milieux entre eux en vert comme sur le dessin du manuel. Ils obtiennent un nouveau quadrilatère dont ils doivent déterminer la nature géométrique à l'aide des instruments de géométrie : il a quatre côtés de même longueur comme le montre le compas, il a quatre angles droits comme le montre l'équerre, c'est donc un nouveau carré.

2 Léa doit tracer un rectangle noir de 8 cm de long et 4 cm de large. Les élèves répondent aux deux questions : *Quelles sont les propriétés géométriques d'un rectangle ?* Un rectangle possède quatre angles droits et des côtés opposés de même longueur. *De quels instruments Léa a-t-elle besoin pour tracer son rectangle noir ?* Une règle, une équerre.
L'enseignant demande comment utiliser ces instruments pour réussir la construction du rectangle, les élèves font leurs propositions. Lors de la mise en commun, l'enseignant conseille de tracer une première longueur du rectangle en mesurant sa longueur à l'aide de la règle, puis de tracer à l'aide de l'équerre les deux largeurs formant un angle droit avec cette première longueur, leur longueur est mesurée à la règle. L'enseignant réalise cette construction au tableau. Les élèves sont surpris de constater qu'en joignant les extrémités des deux largeurs on obtient un quatrième côté ayant la même longueur que le côté opposé et formant deux nouveaux angles droits. Ces dernières propriétés semblent « offertes en cadeau » et permettent d'avoir un rectangle avec quatre angles droits et des côtés opposés de même longueur.

Les élèves réalisent ce rectangle noir sur la feuille unie contenant déjà le dessin du carré. Ils apportent tout le soin nécessaire à la réalisation de cette construction et à la vérification des propriétés « offertes en cadeau ».
L'enseignant leur demande de marquer le milieu de chaque côté de leur rectangle en utilisant leur règle graduée ; le milieu de chacue longueur se trouve à 4 cm d'une de ses extrémités, le milieu de chaque largeur se trouve à 2 cm d'une de ses extrémités.
L'enseignant demande de joindre ces quatre milieux en orange comme sur le dessin du manuel. Ils obtiennent un nouveau quadrilatère dont ils doivent déterminer la nature géométrique à l'aide des instruments de géométrie : il a quatre côtés de même longueur comme le montre le compas, mais il ne possède aucun angle droit : c'est un losange.

3 Mélissa doit tracer un losange de 4 cm de côté. *Quelles sont les propriétés géométriques du losange ?* Un losange possède quatre côtés de même longueur.
Les élèves observent comment procède Mélissa et découvrent qu'elle utilise son compas pour terminer son losange. L'enseignant demande aux élèves de procéder comme Mélissa. Il les interroge sur la longueur des côtés qui viennent « fermer » le quadrilatère : elle est égale à 4 cm. Cette propriété vient confirmer qu'on a bien construit un losange.

En fin de séance, l'enseignant pose la question rituelle : *« Qu'avons-nous appris aujourd'hui ? »* Il attend une réponse proche de : ***« Nous avons appris à construire des carrés, des rectangles et des losanges sur papier uni. »***

Activités individuelles

S'exercer

1 Dans cet exercice, les élèves réinvestissent les techniques de construction d'un carré sur papier uni dans l'item **a** et d'un rectangle dans l'item **b**, la construction du carré étant plus simple que celle du rectangle.
a Les élèves tracent un carré de 5 cm de côté sur papier uni.
b Les élèves tracent un rectangle de 5 cm de largeur et 7 cm de longueur sur papier uni.

2 Les élèves doivent reproduire un segment sur quadrillage en respectant le décalage horizontal de 5 carreaux et le décalage vertical de 2 carreaux. Les constructions qu'ils doivent réaliser devront être traitées comme sur du papier uni car les lignes du quadrillage ne garantissent plus les angles droits de façon immédiate.
a Ce segment est le côté d'un carré qu'ils doivent terminer.
b Ce segment est la largeur d'un rectangle, sa longueur est égale à deux fois sa largeur. Ils doivent terminer le rectangle.

3 Les élèves doivent tracer un rectangle de 6 cm de largeur et 12 cm de longueur sur papier uni, puis tracer un losange dont les sommets sont les milieux des côtés de ce rectangle.

4 La construction d'un losange est amorcée dans le manuel, les élèves doivent reproduire cette amorce et terminer la figure. Mathix leur conseille d'utiliser un compas pour reporter les longueurs.

Résoudre

5 **Problème guidé.**
Les élèves doivent tracer sur papier uni un rectangle de 3 cm de largeur et 5 cm de longueur, puis ils doivent partager ce rectangle en deux figures : un carré et un rectangle. Mathix leur indique que la longueur du côté du carré est égale à la largeur du rectangle et leur conseille de commencer par faire un dessin à main levée au crayon afin d'avoir une idée plus précise de la figure à réaliser.

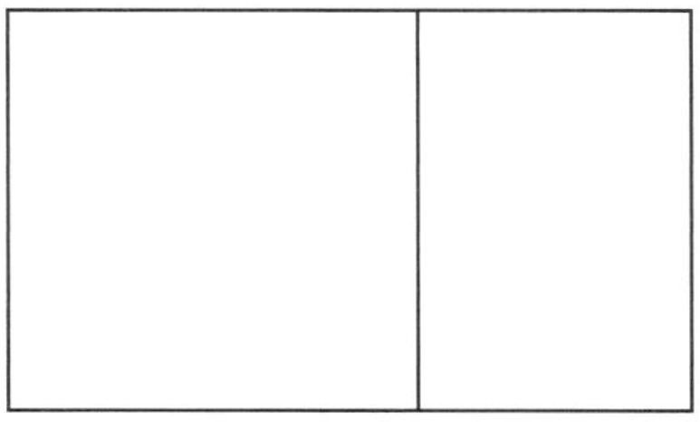

Les élèves répondent ensuite aux deux questions concernant les dimensions de ces deux figures : Le carré a 3 cm de côté et le petit rectangle a 2 cm de largeur et 3 cm de longueur.

6 La reproduction du losange sur papier quadrillé doit être faite avec soin. La construction des milieux de ses quatre côtés peut être faite à la règle, mais le quadrillage offre des opportunités qui permettent de placer rapidement ces milieux. En joignant ces quatre milieux pour former un quadrilatère convexe, on obtient un rectangle.

Le coin du chercheur
Li a utilisé 40 cubes (2 + 6 + 12 + 20 = 40).

➤ Prolongements

➢ Photofiche A23

Cette fiche comporte deux constructions à réaliser : une construction de rectangle et une construction de carré toutes deux sur papier uni. Pour chacune d'elles, l'élève doit indiquer, au préalable, quels sont les instruments dont il a besoin. La direction de deux côtés consécutifs du carré est contrainte par deux droites tracées en pointillés.

➢ Banque d'exercices p. 154

30 **Comme le problème guidé.** Les élèves doivent reproduire une figure formée d'un rectangle orange ayant 10 cm de long et 5 cm de large. À partir des milieux de ses côtés, on a tracé un quadrilatère bleu ; à partir des milieux du quadrilatère bleu, on a tracé un quadrilatère vert. Les élèves doivent donner le nom des quadrilatères bleu et vert. Il s'agit respectivement d'un losange et d'un rectangle.

79 Approche de la proportionnalité

Compétences
Percevoir la différence entre des situations de proportionnalité et d'autres qui n'en sont pas.
Utiliser la linéarité dans une situation de proportionnalité.

Calcul mental
Tables de multiplication. L'enseignant dit « 3 x 8 » ; l'élève écrit 24.
Items : 3 × 8 ; 4 × 6 ; 5 × 7 ; 3 × 9 ; 7 × 9 ; 4 × 7 ; 6 × 7 ; 9 × 8 ; 8 × 7 ; 6 × 8.

Observations préalables
La proportionnalité s'établit entre deux grandeurs mesurables quand chaque mesure de l'une correspond à une mesure de l'autre numériquement égale au produit de la mesure de la première grandeur par un nombre constant appelé coefficient de proportionnalité. Il est bien évident qu'une telle définition, qui cache celle d'application linéaire, n'est pas accessible aux élèves de CM1. L'approche qui en est faite dans cette leçon repose sur les propriétés de linéarité additive ou multiplicative. Cette dernière se traduisant par des formulations du genre : *« si la valeur de la grandeur A est multipliée par 2, alors la valeur correspondante de la grandeur B est aussi multipliée par 2 »*. Les élèves diront plutôt : *« si A est 2 fois plus grand, alors B est aussi 2 fois plus grand »* ; les lettres A et B étant remplacées par le nom des grandeurs mises en jeu. Le but de cette leçon est de favoriser les raisonnements de ce type qui seront mis en correspondance avec des situations de proportionnalité.

Activités collectives

Matériel : Un sachet de billes de terre toutes semblables ; une balance de ménage à affichage digital.

➡ Activité préliminaire

L'enseignant place 6 billes dans le plateau d'une balance de ménage et lit la masse en grammes affichée par la balance : 82 grammes. Il écrit au tableau : 6 billes → 82 g. Il place ensuite 12 billes dans ce même plateau et cache l'écran de la balance, il demande à la classe de prévoir et d'écrire la masse qu'affiche la balance. La validation se fait par lecture de l'écran : les 12 billes pèsent 164 grammes. L'enseignant demande aux élèves ayant trouvé la bonne réponse d'expliquer comment ils y sont parvenus. Le raisonnement le plus probable est de dire : *12 billes, c'est 2 fois plus que 6 billes, donc 12 billes pèsent 2 fois plus que 82 g.*
L'enseignant écrit au-dessous de la première correspondance : 12 billes → 164 g.
Il place 3 billes dans le plateau et demande à nouveau à la classe de prévoir l'affichage de la balance. La balance affiche 41 grammes. Les élèves qui ont trouvé la réponse expliquent leur raisonnement : *3 billes, c'est la moitié de 6 billes, donc 3 billes pèsent la moitié de 82 grammes.* L'enseignant écrit : 3 billes → 41 g.
L'enseignant place ensuite 9 billes dans le plateau et demande à la classe de prévoir l'affichage de la balance. La balance affiche 123 grammes. Les élèves qui ont trouvé la réponse expliquent leur raisonnement : *9 billes, c'est 6 billes plus 3 billes donc 9 billes pèsent 82 grammes + 41 grammes = 123 grammes.*
L'enseignant écrit : 9 billes → 123 g.
On dit que le nombre de billes est proportionnel à la masse affichée par la balance. D'autres valeurs sont proposées à la sagacité des élèves jusqu'à ce que tous les élèves découvrent la masse affichée par la balance : 15 billes ; 24 billes ; 30 billes ; 60 billes...

➡ Activités de recherche

1 Les élèves ouvrent leur manuel. Ils lisent le texte introduisant l'activité : *L'animalerie Aquabulle propose 4 guppys pour 6 €. Combien Théo peut-il acheter de guppys avec 18 € ?* Le manuel initie le raisonnement que les élèves doivent recopier et compléter : 18 € c'est 3 fois 6 €, donc Théo peut acheter 3 fois 4 guppys : 3 × 4 guppys = 12 guppys.
La question suivante demande combien dépensera Léa pour acheter 20 guppys. Les élèves doivent recopier et compléter le raisonnement : 20 guppys, c'est 5 fois 4 guppys ; 20 guppys coûtent donc 5 fois plus cher que 4 guppys ; Léa dépensera donc : 5 × 6 € = 30 €.
La question suivante demande combien dépensera Louis pour acheter 24 guppys. Les élèves recopient et complètent le raisonnement : 4 guppys coûtent 6 €, les 20 guppys de Léa coûtent 30 €, 24 c'est 20 + 4, donc 24 guppys coûtent 30 € + 6 € = 36 €.
D'autres questions sont proposées, les élèves répondent sur leur ardoise ou leur cahier d'essai sans rédiger totalement le raisonnement : *Combien de guppys Louna peut-elle acheter avec 60 € ?* Réponse : 40 guppys (2 × 20 guppys). *Combien devrait-elle dépenser pour acheter 48 guppys ?* Réponse : 72 € (60 € + 6 € + 6 €).
Les élèves recopient et complètent le tableau qui récapitule les différents résultats obtenus et va permettre de mieux percevoir les relations entre les deux séries de nombres.

Nombre de guppys	4	**12**	20	24	**40**	48
Prix en euros	6	**18**	30	36	**60**	72

12 = **3** × 4   20 = **5** × 4   24 = 20 **+** 4
18 = **3** × 6   30 = **5** × 6   36 = 30 **+** 6
40 = **2** × 20   48 = 40 **+** 4 **+** 4
60 = **2** × 30   72 = 60 **+** 6 **+** 6

Le nombre de guppys est proportionnel à leur prix en euros.

2 L'activité 2 demande s'il est possible d'appliquer le même raisonnement à l'âge et à la taille de Louis. Il a 5 ans et mesure 1 m. Quand il aura 10 ans, il aura 2 fois 5 ans, mais peut-on dire que sa taille sera 2 fois 1 m ? Non, ce n'est pas vraisemblable ! Quand il aura 15 ans, il aura 3 fois 5 ans, mais peut-on penser que sa taille sera 3 fois 1 m ? Non, ce n'est pas possible ! La taille de Louis n'est pas proportionnelle à son âge.

En fin de séance, l'enseignant pose la question rituelle : « *Qu'avons-nous appris aujourd'hui ?* » Il attend une réponse proche de : ***« Nous avons appris à calculer des nombres proportionnels en les multipliant par le même nombre ou en les additionnant et à différencier les situations de proportionnalité de celles qui n'en sont pas. »***

S'exercer

1 **a** Un panneau affiche 1 € les 2 citrons. Combien coûtent :
• 4 citrons ? Les élèves écrivent le raisonnement : 4 citrons, c'est 2 fois 2 citrons ; 4 citrons coûtent 2 fois 1 € = 2 € ;
• 8 citrons ? 8 citrons, c'est 4 fois 2 citrons ; 8 citrons coûtent 4 fois 1 € = 4 € ;
• 12 citrons ? 12 citrons, c'est 3 fois 4 citrons ; 12 citrons coûtent 3 fois 2 € = 6 €.
b Un panneau affiche 3 € les 4 melons. Combien de melons peut-on avoir :
• avec 6 € ? 6 €, c'est 2 fois 3 €, donc avec 6 € on peut acheter 2 fois 4 melons = 8 melons ;
• avec 9 € ? 9 €, c'est 3 fois 3 €, donc avec 9 € on peut acheter 3 fois 4 melons = 12 melons ;
• avec 15 € ? 15 €, c'est 5 fois 3 €, donc avec 15 € on peut acheter 5 fois 4 melons = 20 melons.

2 Il faut un paquet de 500 g de pâtes pour 5 personnes. Quelle quantité de pâtes faut-il :
a • Pour 10 personnes ? 10 personnes, c'est 2 fois 5 personnes, pour 10 personnes, il faut 2 × 500 g = 1 000 g = 1 kg de pâtes.
• Pour 20 personnes ? 20 personnes, c'est 2 fois 10 personnes. Pour 20 personnes il faut 2 × 1 kg = 2 kg.
b • Pour 1 personne ? 1 personne, c'est 5 fois moins qu'une personne. Pour une personne, il faut 500 g ÷ 5 = 100 g de pâtes.
• Pour 4 personnes ? 4 personnes c'est 4 fois 1 personne. Pour 4 personnes, il faut 4 × 100 g = 400 g de pâtes.

3 Une voiture consomme 6 L d'essence pour parcourir 100 km.
a Quelle quantité d'essence lui faut-il pour parcourir 200 km ? 12 L. 50 km ? 3 L. 250 km ? 15 L.
b Combien de kilomètres parcourt-elle avec 30 L d'essence ? 500 km. Avec 15 L ? 250 km. Avec 45 L ? 750 km.

4 Un magasin de photos affiche 2 € les 5 photos.
a Combien coûte le tirage de 10 photos ? 4 €. Les 20 photos ? 8 €. Les 25 photos ? 10 €.
b Combien de photos peut-on faire développer avec 6 € ? 15 photos. Avec 12 € ? 30 photos. Avec 14 € ? 35 photos.

5 Nadia a 5 ans. Elle pèse 21 kg. Peut-on prévoir son poids à 10 ans ? Non. À 15 ans ? Non.
Pourquoi ? Parce que le poids n'est pas proportionnel à l'âge, il ne double pas avec l'âge.

Résoudre

6 **Problème guidé.** On sait que 357 grains de riz pèsent 10 g. Combien de grains de riz contient 1 kg de riz ?
Mathix rappelle que 1 000 g, c'est 100 fois 10 g. Les élèves rédigent le raisonnement et la réponse : 1 kg = 1 000 g, 1 kg de riz contient 100 fois plus de grains de riz que 10 g de riz ; 1 kg de riz contient donc 35 700 grains de riz.

7 24 livres = 3 fois 8 livres, donc 24 livres pèsent 3 fois 4 kg, c'est-à-dire 12 kg.

Le coin du chercheur

Trouver deux nombres qui se suivent et dont la somme est 173. Réponse : 86 et 87 car 86 + 87 = 173.

➤ Prolongements

➢ Photofiche S47

Cette fiche contient quatre problèmes de proportionnalité, la résolution des trois premiers problèmes est accompagnée de raisonnements à compléter, le dernier problème simple ne comporte aucune aide.

➢ Banque d'exercices p. 154

31 **Comme le problème guidé.** 3 clous pèsent 10 g, 1 kg de clous, c'est 100 fois 10 g, c'est donc 100 fois 3 clous, 1 kg de clous, c'est 300 clous.

32 2 croissants coûtent 1,50 €, donc 8 croissants coûtent : 4 × 1,50 € = 6 €.

33 3 sachets de dattes pèsent 380 g. Mariam en achète 9 sachets. 9 sachets = 3 × 3 sachets, elle a donc acheté : 3 × 380 g = 1140 g de dattes.

34 Un flacon de shampoing de 50 cL coûte 3 €. 1 L, c'est 100 cL, donc 2 × 50 cL.
1 L coûte donc : 2 × 3 € soit 6 €.

35 On donne les ingrédients nécessaires pour une mousse au chocolat pour 4 personnes, quelle quantité de chaque ingrédient faut-il pour 2 personnes ? pour 6 personnes ?

	4 personnes	2 personnes	6 personnes
Chocolat pâtissier	200 g	100 g	300 g
Blancs d'œufs	6	3	9
Crème liquide	20 cL	10 cL	30 cL
Sucre en poudre	80 g	40 g	120 g

36 Sur 100 km, une voiture dégage 9 kg de dioxyde de carbone. En une semaine, David parcourt 800 km avec sa voiture. Il dégage donc 8 fois plus de dioxyde de carbone que sur 100 km, soit : 8 × 9 kg = 72 kg de dioxyde de carbone.

80 Les solides

Compétences
Identifier des solides par classement et comparaison. Utiliser les mots : face, arête, sommet, pour décrire des polyèdres.

Calcul mental
Dictée de grands nombres inférieurs à 1 000 000. L'enseignant dit : « 450 347 ». L'élève écrit 450 347.
Items : 450 347 ; 459 495 ; 650 609 ; 599 700 ; 904 300 ; 703 020 ; 305 300 ; 549 771 ; 990 090 ; 860 476.

Observations préalables
La reconnaissance des solides, de leurs propriétés et de leurs représentations sur le plan nécessite leur manipulation répétée et réfléchie. Le jeu de Kim et le jeu du portrait sous diverses formes sont des outils pédagogiques particulièrement appropriés à ces apprentissages. Ils peuvent se situer très en amont de la leçon, dans des contextes ludiques sans rapport immédiat avec les objectifs poursuivis en classe de mathématiques. Ils peuvent aussi servir d'introduction à la leçon.

Activités collectives

Matériel : Le plus grand nombre possible de solides : cube, pavé droit, pyramide, cône, cylindre, boule..., mais aussi, anneau (tore), bobine, œuf de couturière, etc.

➡ Activités préliminaires

Activité 1 : Jeu du portrait
Les solides sont exposés sur une table ou sur le sol. Les enfants les observent, les manipulent, les retournent. L'enseignant leur demande tour à tour de décrire, qui le cube, qui le tore jusqu'à épuisement des solides. Il énonce alors la règle suivante : *« Un solide dont toutes les faces sont des polygones s'appelle un polyèdre. »* Il demande de classer les solides dont les élèves disposent, en polyèdres et non polyèdres. Il laisse les élèves discuter des critères de classement (les faces des polyèdres doivent être des triangles, des carrés, des rectangles etc. Les non polyèdres ont des faces courbes...) Il demande le nom de chaque solide et le donne quand les élèves l'ignorent. Les noms sont écrits au tableau en deux colonnes : polyèdres et non polyèdres. On précise la signification des mots « face », « arête » et « sommet ».

Activité 2
Les solides sont dissimulés à la vue des enfants. L'un d'eux en choisit un sans le montrer à ses camarades qui doivent découvrir de quel solide il s'agit. Pour y parvenir, ils posent des questions auxquelles il n'est répondu que par oui ou par non. L'enseignant écrit les questions au tableau ainsi que les réponses. Après découverte du solide, la classe discute de la validité des questions posées :
– *« Lesquelles sont inutiles ? »* (redondantes ou contradictoires avec des réponses déjà obtenues) ;
– *« Quelles sont les meilleures stratégies pour découvrir rapidement le solide ? »*
L'activité est reprise deux ou trois fois.

Activité 3
Les solides sont posés sur une table à la vue de tous. Un élève sort de la classe tandis que ses camarades choisissent l'un des solides. L'élève revient en classe. Il doit découvrir le solide en posant des questions auxquelles la classe ne répond que par oui ou par non. Les questions et leurs réponses sont encore écrites au tableau en vue de la discussion qui sera menée lorsque le solide aura été découvert.

➡ Activités de recherche

1 Les élèves individuellement ou en petits groupes traitent l'activité de recherche. Cette activité réinvestit ce qui a été vu précédemment. La correction collective permet de préciser les notions encore mal acquises. Le classement des solides est le suivant :
– Les polyèdres : A, C, D, E, G, H.
– Les non polyèdres : B, F, I, J et K.

2 Dans cette deuxième partie on rappelle ce qu'est une face, un sommet, une arête. Des méthodes de comptage peuvent être proposées. La difficulté vient des faces, sommets et arêtes cachés. L'enseignant peut dessiner les « squelettes » de ces solides au tableau pour faire apparaître les parties cachées.
A ➔ 5 sommets, 5 faces, 8 arêtes.
B ➔ 12 sommets, 8 faces, 18 arêtes.

En fin de séance, l'enseignant pose la question rituelle : *« Qu'avons-nous appris aujourd'hui ? »* Il attend une réponse proche de : ***« Nous avons appris à identifier et classer des solides, à utiliser les mots : face, arête, sommet pour décrire des polyèdres. »***

Activités individuelles

S'exercer

1 **a** A ➔ parallélépipède rectangle ;
B ➔ parallélépipède rectangle ;
C ➔ cône.

b D ➔ cylindre ;
E ➔ boule ;
F ➔ pyramide.

2 **a** 4 faces ; 4 sommets ; 6 arêtes.
b 6 faces ; 6 sommets ; 10 arêtes.
3 Le solide inconnu est un parallélépipède rectangle.
4 **Horizontalement :** face, boule, pyramide, sommet.
Verticalement : cube, cylindre.

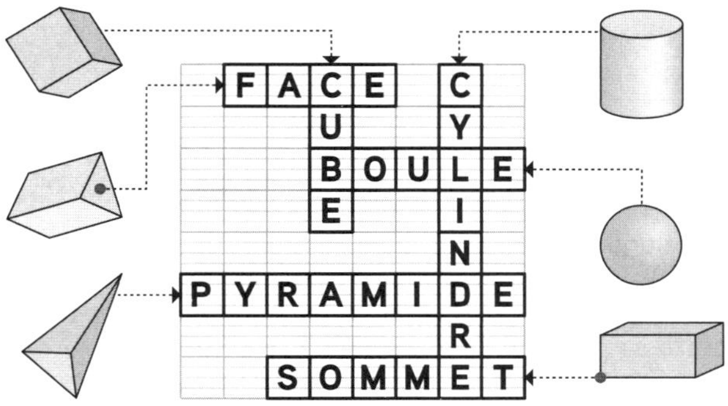

Résoudre

5 **Problème guidé.** La pyramide bleue (tétraèdre) possède 4 faces et 6 arêtes. La longueur du ruban adhésif sera : 6 × 12 cm = 72 cm.

6 Cette figure est le patron d'un polyèdre : le parallélépipède rectangle.

Le coin du chercheur

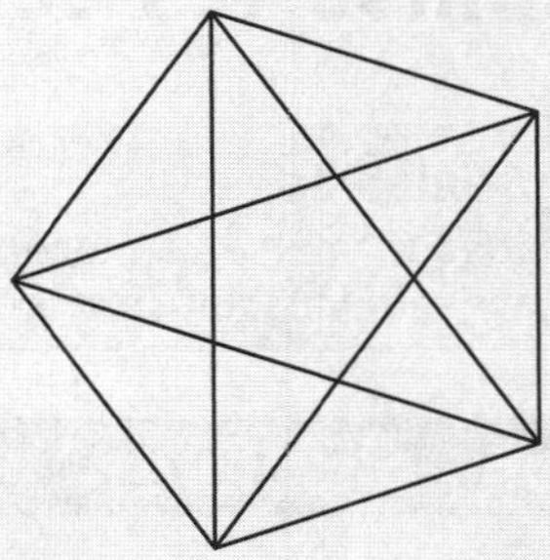

➤ Prolongements

➢ Photofiche S48

Cette fiche se compose de 2 exercices.

1 Il faut noter dans un tableau le nombre de faces, de sommets et d'arêtes d'un pavé et d'une pyramide à base carrée.

2 C'est un exercice qui utilise le nombre d'arêtes d'un pavé droit.

➢ Banque d'exercice p. 154

37 Le solide découvert par Mélissa est le solide (a) : le cône.

38 **Comme le problème guidé.** Le paquet de Sarah est un pavé droit qui a 4 arêtes de 20 cm, 4 arêtes de 10 cm et 4 arêtes de 15 cm. (4 × 20 cm) + (4 × 10 cm) + (4 × 15 cm) = 80 cm + 40 cm + 60 cm = 180 cm. La longueur totale de ruban adhésif utilisée est de 180 cm.

81 Mobilise tes connaissances (4)

Observations préalables
Toutes les remarques formulées en leçon 25 concernant les compétences et la présentation générale des pages « Mobilise tes connaissances » sont valables pour cette leçon. Nous conseillons donc aux enseignants de s'y reporter.

Présentation collective

L'enseignant demande aux élèves d'observer et de lire les documents qui figurent sur les deux pages. Il leur laisse quelques minutes pour ce travail, puis leur donne la parole pour qu'ils puissent apporter des informations supplémentaires, poser des questions ou répondre à celles de leurs camarades. Il n'intervient que si aucun élève ne sait répondre. Il s'assure, en posant quelques questions, que les informations données ont bien été comprises. Il leur indique que La Guyane est un Département et Région d'Outre-Mer situé en Amérique du Sud, au niveau de l'équateur terrestre. Il montre sa position sur un globe terrestre.
Le travail présenté sur ces ceux pages peut être réparti en deux séances.

Travail individuel et en groupes

L'enseignant demande ensuite aux élèves de lire les questions des enfants figurant sur le document, de rechercher les données utiles pour y répondre, d'effectuer les calculs nécessaires et de rédiger les réponses.
Il leur signale qu'ils peuvent trouver sur ces deux pages tous les renseignements utiles pour répondre aux questions ; ils ne sont donc pas obligés de consulter d'autres documents. Après un moment de travail individuel, il leur permet de collaborer avec deux ou trois de leurs camarades pour la rédaction collective des réponses.

Mise en commun

La mise en commun des résultats permet la confrontation des travaux des petits groupes. Si les réponses divergent, l'enseignant demande à chacun de justifier ses résultats. Il n'intervient que si les réponses ne sont pas suffisamment explicites pour tous.

Réponses aux exercices

1 Un sixième s'écrit en chiffres $\frac{1}{6}$. Il faut colorier 9 colonnes ou 9 lignes de ce carré de 10 carreaux de côté, soient 90 carreaux.

2 L'avion arrive à Cayenne à 20 h, heure de Paris (ou à 15 h, heure de Cayenne car il y a un décalage horaire de – 5 h).

3 1 000 ÷ 8 = 125. Une femelle tortue luth pond environ 125 œufs par nid.

4 Le tracé doit être réalisé avec soin à l'aide d'une équerre, d'une règle graduée et d'un crayon bien taillé. La diagonale doit être tracée à la règle.

5 Léa a utilisé 3 cônes et 3 cylindres. On peut ajouter 1 pavé droit (pour le socle de la maquette).

6 La production d'or a été supérieure à 3 tonnes en 2000, 2001, 2002, 2003 et 2006.

7 Pour 6 personnes, il faut diviser par 2 les quantités indiquées dans la recette : 1 kg de pâte d'awara et 3 kg de légumes. Pour 24 personnes, il faut multiplier par 2 les quantités indiquées dans la recette : 4 kg de pâte d'awara et 12 kg de légumes.

Je fais le point (4)

Fiche autocorrective

Nombres et calculs

- Diviser par un nombre de un chiffre
- Reconnaître et utiliser les fractions

		A	B	C	Aide
1	Calcule le quotient et le reste de 305 divisé par 6.	quotient = 49 reste = 11 *Faux* *Le reste doit être plus petit que le diviseur 6.*	quotient = 5 reste = 5 *Faux* *$6 \times 10 < 305 < 6 \times 100$* *Le quotient est compris entre 10 et 100.*	quotient = 50 reste = 5 *Bravo !*	L 67 Ex. 2
2	$\frac{1}{2}$ L, c'est :	10 cL *Faux* *Ceci est égal à $\frac{1}{10}$ L.*	100 cL *Faux* *Ceci est égal à 1 L.*	50 cL *Bravo !*	L 65 Ex. 1
3	Recopie les fractions égales à un nombre entier. $\frac{6}{4}$; $\frac{9}{3}$; $\frac{10}{3}$; $\frac{4}{4}$; $\frac{13}{4}$	$\frac{9}{3}$; $\frac{4}{4}$ *Bravo !*	$\frac{6}{4}$; $\frac{13}{4}$ *Faux*	$\frac{10}{3}$; $\frac{13}{4}$ *Faux*	L 66 Ex. 4 et 5
4	La lettre A indique la graduation $\frac{1}{3}$ et la lettre B la graduation $1 + \frac{1}{3}$. Qu'indique la lettre C ? 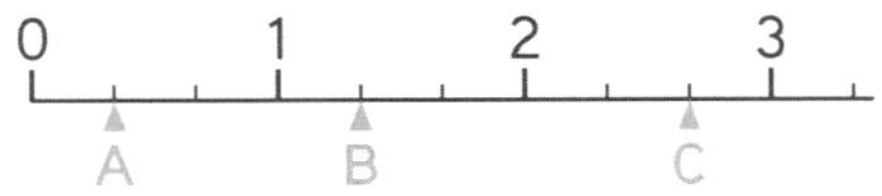	$1 + \frac{2}{3}$ *Faux* *$1 + \frac{2}{3}$ est plus petit que 2.*	$2 + \frac{2}{3}$ *Bravo !*	$\frac{9}{3}$ *Faux* *$\frac{9}{3}$ est égal à 3.*	
5	Quelle est la fraction égale à 4 ?	$\frac{40}{100}$ *Faux* *$\frac{40}{100}$ est égal à $\frac{4}{10}$.*	$\frac{400}{100}$ *Bravo !*	$\frac{4}{10}$ *Faux* *$\frac{4}{10}$ est plus petit que 1.*	L 72 Ex. 4
6	Quelle est la fraction égale à $\frac{5}{10}$?	$\frac{5}{100}$ *Faux* *$\frac{5}{100}$ est plus petit que $\frac{5}{10}$.*	$\frac{50}{10}$ *Faux* *$\frac{50}{10}$ est égal à 5.*	$\frac{50}{100}$ *Bravo !*	
7	Quelle somme est égale à $\frac{325}{100}$?	$3 + \frac{25}{100}$ *Bravo !*	$3 + \frac{25}{10}$ *Faux* *Ceci est égal à $\frac{55}{10}$.*	$32 + \frac{25}{100}$ *Faux* *Ceci est égal à $\frac{3\,225}{100}$.*	L 75 Ex. 2
8	À quel nombre décimal correspond la fraction $\frac{489}{10}$?	4,89 *Faux* *Ceci est égal à $\frac{489}{100}$.*	48,9 *Bravo !*	0,489 *Faux* *Ceci est égal à $\frac{489}{1\,000}$.*	L 76 Ex. 3

Problèmes

• Résoudre une situation de proportionnalité

		A	B	C	Aide
9	3 cahiers coûtent 5 €. Eloïse en achète 9. Combien paie-t-elle ?	15 € *Bravo !*	10 € *Faux* *Cela correspond à l'achat de 6 cahiers.*	30 € *Faux* *Cela correspond à l'achat de 18 cahiers.*	L 79 Ex. 2

Espace et géométrie

• Identifier un axe de symétrie
• Identifier des triangles

			A	B	C	Aide
10	Trouve la couleur du carré.	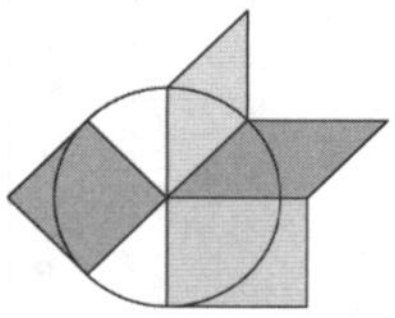	Orange *Faux* *C'est un losange.*	Bleu *Bravo !*	Vert *Faux* *C'est un parallélogramme.*	L 70 Ex. 2
11	Trouve la couleur du losange.		Rouge *Faux* *C'est un rectangle.*	Orange *Bravo !*	Bleu *Faux* *C'est un carré.*	
12	Mes 6 faces sont des rectangles. Je suis...		Un cube *Faux* *Toutes les faces d'un cube sont des carrés.*	Un pavé droit *Bravo !*	Une pyramide *Faux* *Une pyramide a des faces triangulaires.*	L 80 Ex. 1
13	Mes 4 faces sont des triangles. Je suis...		Un cône *Faux* *Sa base est un disque.*	Une pyramide *Bravo !*	Un cylindre *Faux* *Ses bases sont des disques.*	
14	Mes 6 faces sont des carrés. Je suis...		Un pavé *Faux* *Un pavé a des faces rectangulaires.*	Un hexagone *Faux* *Ce n'est pas un solide.*	Un cube *Bravo !*	

Grandeurs et mesures

- Calculer une durée
- Fractions décimales et mesures

		A	B	C	Aide
15	Combien d'heures a duré ce voyage ? 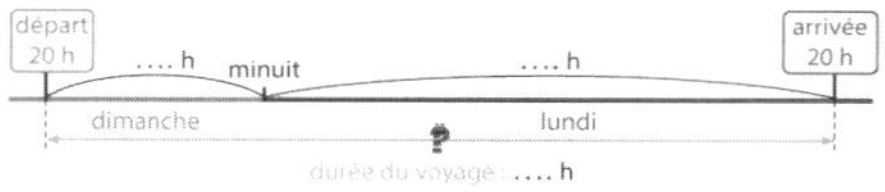 	16 h *Faux* *Il faut ajouter les heures de dimanche et de lundi.*	24 h *Bravo !*	20 h *Faux* *Tu as oublié les heures de dimanche.*	
16	Quelle est la date de retour après ce séjour de 2 semaines ? 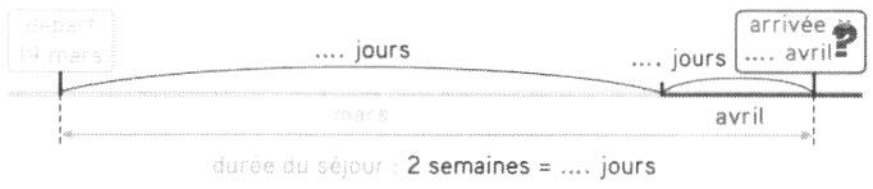 	3 avril *Faux* *Ne compte pas le jour de départ.*	2 avril *Bravo !*	5 avril *Faux* *Tu confonds le mois de février (28 jours) et le mois de mars (31 jours).*	L 69 Ex. 1, 2 et 3
17	Quelle est la date de départ de ces vacances ?  	28 janvier *Faux* *Ne compte pas le jour d'arrivée.*	27 janvier *Bravo !*	10 janvier *Faux*	
18	1 L est égal à...	10 cL *Faux* *1 L, c'est 100 cL.*	100 dL *Faux* *1 L, c'est 10 dL.*	1 000 mL *Bravo !*	
19	1 km est égal à...	100 m *Faux* *1 km, c'est 1 000 m.*	10 hm *Bravo !*	1 000 dam *Faux* *1 km, c'est 100 dam.*	L 73 Ex. 1 et 2
20	1 dg est égal à...	$\frac{1}{100}$ g *Faux* *C'est 1 cg.*	$\frac{1}{10}$ g *Bravo !*	$\frac{1}{5}$ g *Faux*	

Évaluation (4)

Nom : .... Prénom : .... Date : ....

Connaissances et compétences **Évaluation**

Nombres et calculs		
1. a. b.	**Repérer et placer des fractions sur une demi-droite graduée adaptée** Placer des fractions sur une droite graduée Extraire la partie entière d'une fraction	
2.	**Associer diverses désignations d'un nombre décimal (fractions décimales, écritures à virgule et décompositions)**	
3.	**Calcul posé : mettre en œuvre un algorithme de calcul posé pour la division**	
4.	**Résoudre des problèmes mettant en jeu les quatre opérations**	
5.	**Organisation et gestion de données : prélever des données numériques à partir de supports variés**	
6.	**Proportionnalité : reconnaitre et résoudre des problèmes relevant de la proportionnalité en utilisant une procédure adaptée**	

1 **a. Place** les fractions suivantes sur la droite graduée : $\frac{5}{4}$; $\frac{1}{4}$; $\frac{10}{4}$; $\frac{15}{4}$.

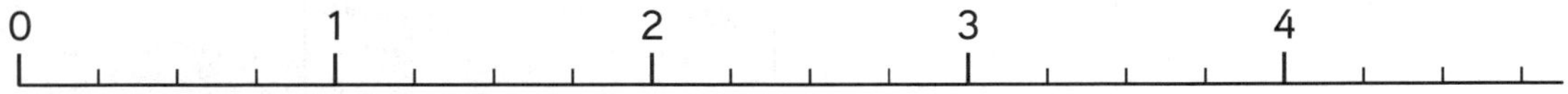

b. Décompose les fractions comme dans l'exemple : $\frac{5}{4} = \frac{4}{4} + \frac{1}{4} = 1 + \frac{1}{4}$.

$\frac{9}{4}$ = ... $\frac{7}{4}$ = ...

$\frac{1}{4}$ = ... $\frac{13}{4}$ = ...

2 **Complète** le tableau selon l'exemple.

$\frac{325}{100}$	$3 + \frac{2}{10} + \frac{5}{100}$	3,25
$\frac{643}{100}$	....	....
$\frac{802}{100}$	....	....
$\frac{27}{10}$	....	....
$\frac{41}{10}$	....	....

Nom : .... Prénom : .... Date : ....

3 **Calcule** les divisions suivantes et **complète** les égalités.

729	4

830	7

729 = (4 × ....) + ...

830 = (7 × ....) + ...

4 **Résous** le problème.

À Nice, 300 personnes prennent place dans un avion. Lorsqu'il arrive à Paris, 100 passagers descendent et 60 montent. **Combien de passagers cet avion transporte-t-il lorsqu'il repart vers Berlin ?**

Étape 1 : Calcule le nombre de personnes qui restent dans l'avion à Paris, puis rédige une phrase réponse.

....

....

....

Étape 2 : Calcule le nombre de personnes qui sont dans l'avion lorsqu'il repart, puis rédige une phrase réponse.

....

....

....

5 **Résous** le problème.

Yazid, 12 ans, et sa sœur Samira, 8 ans, voudraient visiter le zoo de Beauval avec leurs parents les 20 et 21 juillet.
Ils décident d'acheter les billets en ligne par Internet.

Combien la famille de Yazid va-t-elle payer ?

....

....

....

Tarifs individuels		
Billet 1 jour	**Billet 2 jours**	**ZooPass 1 an**
11 ans et + **29 €**	11 ans et + **44 €**	11 ans et + **58 €**
3-10 ans **23 €**	3-10 ans **35 €**	3-10 ans **46 €**
– de 3 ans **Gratuit**	– de 3 ans **Gratuit**	– de 3 ans **Gratuit**
Économisez **– 1 €** par billet en achetant en ligne	Économisez **– 1 €** par billet en achetant en ligne	Économisez **– 2 €** par ZooPass en achetant en ligne

Nom : .... Prénom : .... Date : ....

6 **Résous** le problème.

Au supermarché, le lot de 6 bouteilles de lait bio est vendu 10 €.
Chloé achète seulement 3 bouteilles, Arsène en achète 12.
Combien chacun paiera-t-il ?

....

....

....

Connaissances et compétences		**Évaluation**
Espace et géométrie		
7.	Reconnaître, nommer, comparer, vérifier, décrire des figures simples	
8.	Reproduire, représenter, construire des figures simples	
9.	Reconnaître, nommer, comparer, vérifier, décrire des solides simples	

7 **Écris** le nom des quadrilatères.

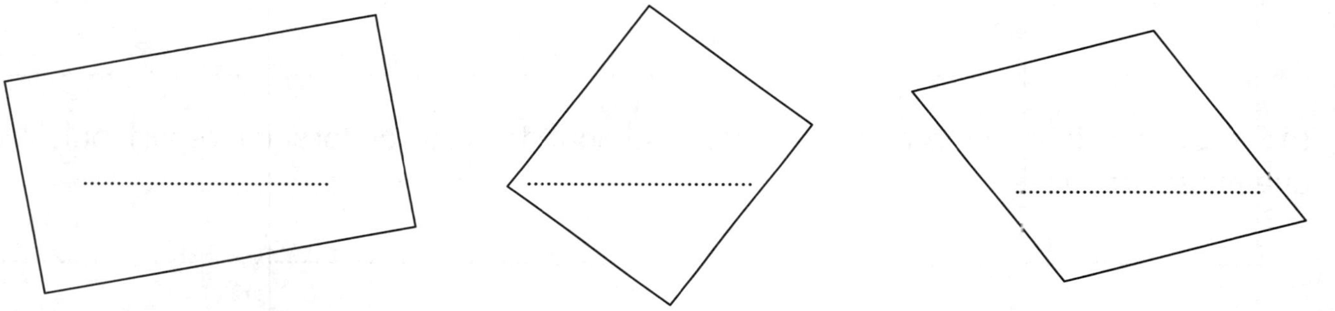

8 **Termine** la construction de ce carré.

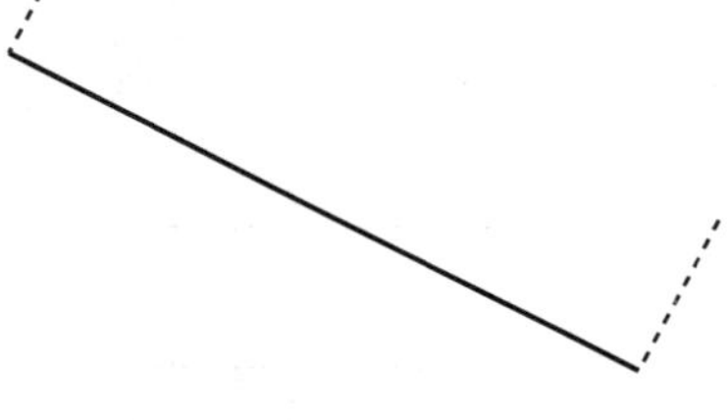

Nom : .... Prénom : .... Date : ....

9 **Colorie** une face de ce solide. **Entoure** deux sommets. **Repasse** trois arêtes en bleu.

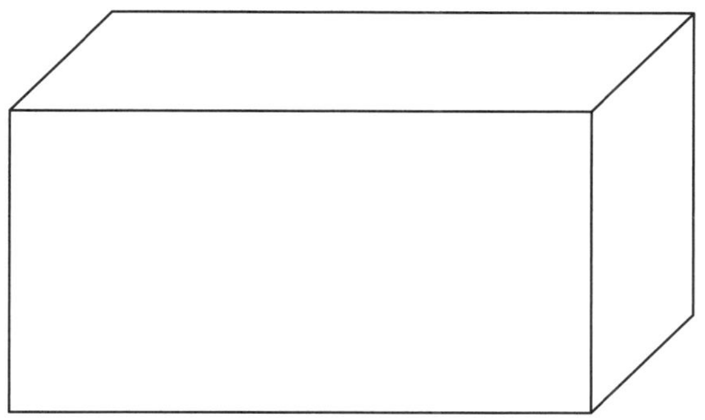

Quel est le nom de ce solide ? ....

Devinette. Moi, j'ai six faces carrées, je suis un ....

Connaissances et compétences		Évaluation
Grandeurs et mesures		
10.	Utiliser les fractions simples pour exprimer les mesures de la vie courante	
11.	Calculer la durée écoulée entre deux instants donnés Déterminer un instant à partir de la connaissance d'un instant et d'une durée	

10 **Complète.**

$\frac{1}{2}$ km = ... m $\frac{1}{4}$ h = ... min $\frac{1}{4}$ L = ... cL $\frac{3}{4}$ kg = ... g

11 **Résous** le problème.

Charlemagne est né le 2 avril 742. Il fut roi des Francs et fut couronné empereur d'Occident le 25 décembre 800. Il est mort à Aix-la-Chapelle (en Allemagne), le 28 janvier 814.

Combien d'années Charlemagne a-t-il vécu ?

Complète le schéma.

Réponds à la question.

....

....

Présentation de la période 5

Observations préalables

Toutes les remarques relatives à la présentation de la Période 1 demeurent valables pour cette nouvelle période.
L'enseignant peut s'y reporter utilement pour l'exploitation de la page.
La scène se déroule dans un musée. Sur le dessin, les nombres décimaux apparaissent dans les prix, la proportionnalité dans la boutique. Un employé trace le graphique de la fréquentation du musée. Les tableaux et les sculptures sont un point de départ pour la reconnaissance des figures géométriques et des solides. Le plan du musée permet d'envisager des déplacements...

Tracer un cercle

Tracer un graphique

Additionner, soustraire des nombres décimaux

Identifier et comparer des angles

Décrire et exécuter des déplacements

Mathix

Calculer la moitié d'un nombre impair

82 Le cercle

Compétences
Identifier un cercle, un disque. Utiliser les mots : centre, rayon, diamètre, pour le décrire. Construire des cercles.

Calcul mental
Écrire le nombre entier égal à la fraction décimale (centièmes). L'enseignant dit : « $\frac{200}{100}$ » ; l'élève écrit 2.

Items : $\frac{200}{100}$; $\frac{300}{100}$; $\frac{100}{100}$; $\frac{800}{100}$; $\frac{400}{100}$; $\frac{1\,500}{100}$; $\frac{2\,000}{100}$; $\frac{1\,000}{100}$; $\frac{3\,600}{100}$; $\frac{5\,900}{100}$.

Observations préliminaires
Au CM1, les élèves sont déjà familiarisés avec le compas. Ils l'ont utilisé pour comparer ou reporter des longueurs. Ils ont déjà tracé des cercles. Cependant, beaucoup sont encore maladroits. Maintenir un écartement constant des branches du compas sans déplacer la pointe du compas du centre du cercle demande de l'entraînement. Il devra se faire avant la leçon. Les élèves doivent progressivement comprendre que tous les points se trouvant sur un cercle sont à la même distance du centre du cercle. Cette propriété qui finira par devenir la définition du cercle en cycle 4, n'est encore qu'une découverte pour les élèves de CM1.
La confusion entre le cercle (courbe fermée) et le disque (morceau de plan délimité par le cercle) doit être surmontée.

Activités collectives

Matériel : Un compas primitif constitué par un piquet, une ficelle et une craie ; un mètre ruban de 5 m ; des craies ; une pelote de ficelle.

Activités préliminaires

La classe est réunie dans la cour, ou sous le préau. L'enseignant trace un point sur le sol et demande à 10 élèves de se placer chacun à 2 m autour de ce point ; en utilisant le mètre ruban, ils marquent leur emplacement par une croix. L'enseignant montre un compas primitif, composé d'un piquet et d'une ficelle au bout de laquelle est attachée une craie. Il fait tenir le piquet placé sur le point tracé sur le sol qu'il nomme A et il trace le cercle de rayon 2 m. Les 10 élèves constatent que les croix marquant leur emplacement sont toutes sur le bord de la figure tracée. L'enseignant demande à 5 élèves de venir se placer n'importe où sur le trait tracé et se place lui-même sur le point A, au centre de la figure. Il leur pose la question : *« Êtes-vous tous à la même distance du point A ? »* Les élèves répondent et justifient leur réponse. Cette distance est égale au rayon du cercle.
L'enseignant précise que le mot rayon désigne aussi un segment qui joint un point du cercle, au centre de ce cercle.
– Pour faire la différence entre rayon et diamètre, il demande à deux élèves de tendre une ficelle entre deux points opposés du cercle, la ficelle passant par le centre A.
L'enseignant introduit le mot diamètre et fait calculer le diamètre de ce cercle : la mesure du diamètre est égale à deux fois celle du rayon, le diamètre mesure 4 m.
– Pour faire la différence entre cercle et disque, il demande à un élève de se déplacer sur le cercle et à un autre de se déplacer sur le disque. Le cercle est une ligne, le disque est une surface.

Activités de recherche

1 Sur le manuel, les élèves retrouvent le vocabulaire employé dans l'« Activité préliminaire ». Ils associent la lettre **c** au cercle, la lettre **a** au rayon, la lettre **b** au diamètre, la lettre **d** au centre et la lettre **e** au disque.

2 Ils réalisent la deuxième partie de l'activité de recherche qui s'apparente à celle de l'« Activité préliminaire ». Les élèves constatent que les 8 points placés à 5 cm autour du point A sont situés sur le cercle de centre A et de rayon 5 cm.

3 L'observation et l'étude du cercle tracé dans la première activité est une aide pour répondre aux questions de cette troisième activité.
Les extrémités du diamètre sont situées à égale distance du centre. Le centre est donc situé au milieu du diamètre, donc à 4 cm des extrémités du diamètre. La mesure de la distance du centre du cercle à l'extrémité du diamètre est la mesure du rayon du cercle : 4 cm. Ou la mesure du rayon étant la moitié de celle du diamètre, le rayon mesure 4 cm.

4 Avec cette activité, les élèves vont parfaire leur habileté de traçage du cercle : ils doivent tracer une rosace constituée de six cercles. La remarque de Mathix est importante, la priorité de traçage est le cercle central rouge. Comme les cercles ont tous le même rayon, la recherche des centres des cercles est le problème principal. Pour le résoudre, il suffit de piquer la pointe sèche du compas n'importe où sur le cercle rouge et de tracer un nouveau cercle. Les deux points d'intersection de ce nouveau cercle avec le cercle rouge indiquent la position des centres de deux nouveaux cercles. Il suffit ensuite de tracer de nouveaux cercles à partir de ces centres et de continuer ainsi jusqu'à tracer tous les cercles de la figure qui se referme sur elle-même.

En fin de séance, l'enseignant pose la question rituelle : *« Qu'avons-nous appris aujourd'hui ? »* Il attend une réponse proche de : ***« Nous avons appris à tracer des cercles, à utiliser les mots : centre, rayon, diamètre et à différencier cercle et disque. »***

Activités individuelles

S'exercer

1 Dans cet exercice d'entraînement au traçage du cercle, les élèves doivent observer attentivement les modèles pour trouver la mesure des rayons.

a Les centres des trois cercles sont alignés. Chaque cercle a un rayon de 3 carreaux. Les centres des cercles vert et jaune se trouvent sur le cercle rouge.

b Les centres des trois cercles ne sont pas alignés, ils forment les sommets d'un triangle équilatéral. Une étude de la figure est nécessaire avant de tracer les cercles. Le cercle rouge sera tracé en dernier car son centre est à l'intersection des deux autres cercles.

2 Cet exercice vérifie la connaissance du vocabulaire.
Cercle 1 : AB est mon rayon : je suis le cercle bleu de centre B passant par A.
Cercles 2 et 3 : nous avons le même centre : nous sommes les cercles noir et rouge.
Cercle 4 : je passe par les centres des trois autres cercles (B, le centre du cercle bleu et A, le centre des deux cercles concentriques) : je suis le cercle vert.

3 6 cm – 2 cm = 4 cm. Longueur du rayon du cercle bleu : 4 cm. Le disque limité par le cercle bleu est colorié.

Résoudre

4 **Problème guidé.** Il demande l'analyse de la figure à reproduire et réclame la connaissance des notions de diamètre et de centre. Le centre du cercle rouge se situe à égale distance des deux extrémités du diamètre, c'est-à-dire à 6 cm d'une extrémité. Le diamètre du cercle vert est le rayon du cercle rouge, son centre se situe à 3 cm des extrémités du diamètre.

5 Cette reproduction demande l'analyse de la figure pour trouver l'ordre de construction. Tracer les droites perpendiculaires puis le cercle rouge dont les intersections avec les droites sont les centres des quatre cercles verts qui ont les rayons de même mesure que celui du cercle rouge.

Le coin du chercheur

Je suis la fraction $\frac{250}{100}$.

➤ Prolongements

➢ Photofiche S49

Cette photofiche de soutien comporte 2 exercices. Dans le premier, on mesure le rayon, puis le diamètre d'un cercle avant de le reproduire. Dans le deuxième, on place des points à l'intérieur ou à l'extérieur du cercle, afin de prendre conscience que le cercle est l'ensemble des points à égale distance d'un point nommé centre.

➢ Photofiche A24

Cette photofiche d'approfondissement comporte 2 exercices de reproductions de figures complexes contenant des cercles ou des arcs de cercle.

➢ Banque d'exercices p. 190

1

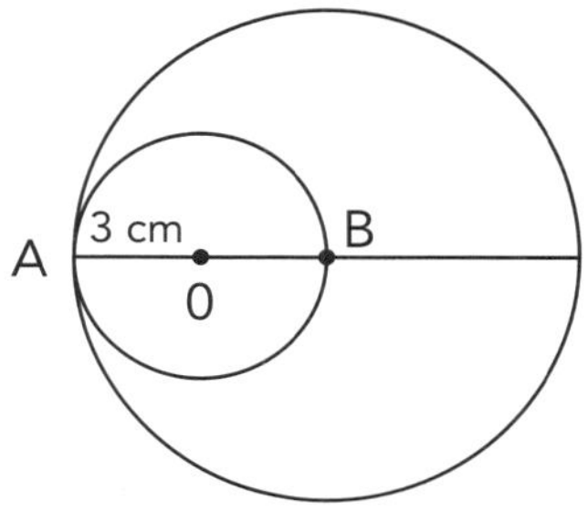

2 La première figure est un hexagone (6 côtés) ; la deuxième est une étoile.

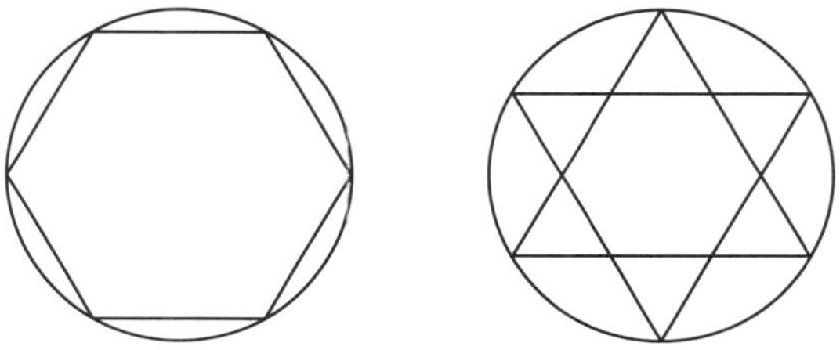

83 Comparer, intercaler des nombres décimaux

Compétences
Comparer, ranger, encadrer et intercaler des nombres décimaux. Utiliser la droite graduée comme support.

Calcul mental
Tables de multiplication. L'enseignant dit : « 5 × 9 ». L'élève écrit 45.
Items : 5 × 9 ; 6 × 4 ; 7 × 8 ; 8 × 6 ; 4 × 7 ; 9 × 5 ; 7 × 5 ; 3 × 8 ; 9 × 8 ; 7 × 9.

Observations préalables
Cette leçon a pour objectif de permettre aux élèves de comprendre comment comparer des nombres décimaux. Cette comparaison privilégie, à juste titre, le rôle que joue la partie entière d'un nombre décimal. En effet, la première règle que les élèves doivent découvrir est que deux nombres décimaux ayant des parties entières différentes se rangent dans le même ordre que leurs parties entières : 6,5 est forcément inférieur à 7,10. Le positionnement sur une droite graduée est une aide non négligeable pour établir cette première règle.
Lorsque les parties entières sont identiques, les nombres décimaux se trouvent compris entre les mêmes entiers, c'est alors que les parties décimales entrent en jeu dans la comparaison. Leur conversion en fraction décimale permet de comprendre qu'elles ne se comparent pas comme deux entiers et d'établir les nouvelles règles de comparaison.

Activités collectives

➡ Activités de recherche

1 Dans cette première partie, les élèves apprennent à comparer et ordonner les nombres décimaux. Ils observent d'abord les méthodes proposées par les personnages du manuel et les commentent collectivement.
L'enseignant les invite à établir le classement de cette course : ils rangent les nombres dans l'ordre croissant en utilisant la méthode de leur choix. Les notions vues en leçon 76 avec les droites graduées en dixièmes et centièmes sont reprises si nécessaire. Pour établir la comparaison entre les nombres, l'enseignant peut demander à un élève de préciser la notion d'ordre croissant : du nombre le plus petit vers le nombre le plus grand.
Les erreurs sont courantes car certains enfants utilisent encore le nombre de chiffres pour comparer deux nombres décimaux. Il leur est difficile de reconnaître que 6,24 est inférieur à 6,5 alors qu'ils savent que 624 est supérieur à 65. Il est donc nécessaire de sérier les difficultés et de proposer à ces élèves la méthode qu'ils comprennent le mieux avant d'aller vers celle qui permet de comparer plus rapidement.
Pour comparer des nombres décimaux, on peut :
– avoir recours à une droite graduée ;
– écrire les nombres décimaux sous la forme de fractions décimales de même dénominateur, puis comparer les numérateurs ;
– comparer d'abord les parties entières, puis les parties décimales en commençant par les dixièmes, puis les centièmes...
Léon et Sylvain sont ex æquo 7,1 = 7,10 ;
6,5 < 7,1 ➔ Arnaud est plus rapide que Sylvain ;
6,21 < 6,5 ➔ Lucie arrive avant Arnaud ;
6,24 < 7 ➔ Elsa arrive avant Amel.
La première est Lucie, la deuxième Elsa, le troisième Arnaud, le quatrième Amel, les derniers ex æquo sont Sylvain et Léon.
6,21 < 6,24 < 6,5 < 7 < 7,1 = 7,10.

2 Dans cette deuxième partie, les élèves vont prendre conscience que l'on peut toujours intercaler un nombre décimal entre deux nombres décimaux, ce qui n'était pas le cas pour les nombres entiers naturels. Ils observent collectivement le schéma composé de droites graduées (zooms) et le commentent. L'enseignant intervient pour demander d'expliquer le schéma présenté et aider à la reformulation. *« Si on partage une unité en dix parties égales, on obtient des dixièmes. Si on partage un dixième en dix parties égales, on obtient des centièmes et ainsi de suite... »*
Sur leurs cahiers d'essai, les élèves recopient et complètent les encadrements avec les nombres de leur choix. Pendant ce temps, l'enseignant reproduit le schéma au tableau afin de faciliter la correction des réponses qui s'avèrent nombreuses puisqu'on peut intercaler une infinité de nombres décimaux entre deux autres nombres.
Pour aider les élèves en difficulté, l'enseignant rappelle que 6,3 = 6,30 et que 6,4 = 6,40. Donc pour écrire un nombre compris entre 6,3 et 6,4, il suffit d'écrire un nombre compris entre 6,30 et 6,40, à savoir : 6,31 ou 6,32 ou 6,33...

3 Cette activité est consacrée à l'encadrement d'un nombre décimal entre deux nombres entiers. Si la partie entière donne directement la valeur de la borne inférieure de l'encadrement, les élèves éprouvent souvent des difficultés pour trouver la borne supérieure. La droite graduée est l'outil mathématique le plus approprié pour les aider.
1 < 1,6 < 2 ; 3 < 3,9 < 4 ; 27 < 27,6 < 28 ; 0 < 0,6 < 1 ; 0 < 0,38 < 1 ; 9 < 9,15 < 10.

En fin de séance, l'enseignant pose la question rituelle *« Qu'avons-nous appris aujourd'hui ? »* Il attend une réponse proche de : ***« Nous avons appris à comparer, ranger, encadrer et intercaler des nombres décimaux. »***

Activités individuelles

S'exercer

Les 5 premiers exercices comportent des niveaux différenciés. Les niveaux **b** sont plus difficiles car les nombres de chiffres de la partie décimale sont plus importants ou différents d'un nombre à l'autre.

1 Cet exercice d'application porte sur la comparaison des nombres décimaux et l'utilisation des signes : <, =, >. L'enseignant veille à la bonne compréhension de ces signes avant de lancer les élèves dans l'activité. Il renvoie les élèves en difficulté au Mémo ou à l'utilisation de droites graduées sur le cahier d'essai.
a 6,2 < 6,9 ; 15,7 > 14,1 ; 12,9 > 12,1.
b 0,50 = 0,5 ; 0,25 < 0,5 ; 6,04 < 6,40.

2 Cet exercice d'application porte sur l'ordre des nombres décimaux. L'enseignant demande à un élève de rappeler la notion d'ordre croissant et d'ordre décroissant.
a Ordre croissant : 4,9 < 8,6 < 10,9 < 12 < 13,1.
b Ordre décroissant : 3,3 > 3,03 > 3 > 0,33 > 0,3.

3 Cet exercice permet de vérifier si les élèves savent encadrer un nombre décimal entre deux entiers :
a 8 < 8,3 < 9 ; 2 < 2,7 < 3 ; 17 < 17,9 < 18 ; 9 < 9,4 < 10.
b 6 < 6,35 < 7 ; 0 < 0,91 < 1 ; 18 < 18,89 < 19 ; 20 < 20,05 < 21.

4 et **5** Il existe une infinité de réponses. À corriger par l'enseignant.

6 Avant de commencer ce problème, l'enseignant découpe quatre étiquettes et écrit sur chacune d'elles l'un des chiffres donnés, ainsi que la virgule : [9] [0] [4] [,].
Un élève volontaire vient former un nombre au tableau avec ces étiquettes, puis un nouvel élève vient proposer un autre nombre en changeant l'ordre des étiquettes, et ainsi de suite. Les élèves créent des nombres qu'ils notent sur leur cahier et qu'ils rangent ensuite dans l'ordre croissant. La consigne précise d'écrire seulement six nombres, mais les élèves qui terminent rapidement peuvent rechercher tous les nombres qu'il est possible d'écrire avec ces étiquettes.
0,49 < 0,94 < 4,09 < 9,04 < 40,9 < 49,0 < 90,4 < 94,0

Résoudre

7 Des nageuses ont réalisé des performances qu'il faut ranger dans l'ordre croissant pour établir le podium de cette compétition. Attention : pour la course, le vainqueur est celui qui réalise le plus petit temps.
a Performances dans l'ordre croissant :
53,5 < 53,94 < 54 < 54,34 < 54,49 < 55,24.
b Médaille d'or : Bonnet Charlotte.
Médaille d'argent : Hache Cloé.
Médaille de bronze : Fabre Margaux.

Le coin du chercheur
On utilise le mot quinze (15, 75, 95) trois fois pour la première centaine et trente fois pour les 10 autres.

➤ Prolongements

➢ Photofiche S50

Cette photofiche de soutien comporte 2 exercices.

1 Dans ce premier exercice on compare, on utilise les signes < ou >, et on intercale des nombres décimaux au dixième

2 Dans ce deuxième exercice on compare, on utilise les signes < ou >, et on intercale des nombres décimaux au dixième et au centième.

➢ Banque d'exercices p. 190

3 **a** Plus grands que 3 : 27,15 ; 4,07 ; 3,48.
b 1,8 et 0,9 sont plus petits que 2.
c 1,8 et 2,45 sont compris entre 1 et 3.
4 À corriger par l'enseignant.

5 **a** Ordre croissant : 8,16 < 8,2 < 10 < 24,19 < 24,7.
b Ordre décroissant : 20,3 > 20,14 > 5,5 > 5,05 > 3,7.

6 12 < 12,7 < 13 ; 26 < 26,09 < 27 ; 22 < 22,37 < 23 ; 0 < 0,75 < 1 ; 26 < 26,90 < 27.

7 Médaille d'or : Hervé Nolwenn (32,86 s) ; médaille d'argent : Gamblin Célia (33,4 s) ; médaille de bronze : Grenouillat Alexia (33,92 s).

Leçon 83 – Comparer, intercaler des nombres décimaux

Matériel photocopiable

Classe des milliers			Classe des unités		
Centaine de mille	Dizaine de mille	Unité de mille	Centaine	Dizaine	Unité

84 Calcul réfléchi : Additionner des nombres décimaux simples

Compétence
Calculer la somme de nombres décimaux par un calcul en ligne.

Calcul mental
Compléter une équivalence. L'enseignant écrit : $\frac{20}{100} = \frac{...}{10}$; l'élève écrit $\frac{2}{10}$.

Items : $\frac{20}{100} = \frac{...}{10}$; $\frac{50}{100} = \frac{...}{10}$; $\frac{300}{100} = \frac{...}{10}$; $\frac{150}{100} = \frac{...}{10}$; $\frac{100}{100} = \frac{...}{10}$; $\frac{110}{100} = \frac{...}{10}$; $\frac{80}{100} = \frac{...}{10}$; $\frac{250}{100} = \frac{...}{10}$; $\frac{200}{100} = \frac{...}{10}$; $\frac{1\,000}{100} = \frac{...}{10}$.

Activités collectives

Matériel : Droite graduée (*cf.* matériel photocopiable en fin de leçon).

Activités de recherche

1 Les élèves lisent le calcul à effectuer : 0,8 + 0,4, puis observent la technique proposée par Théo. Ils commentent la droite graduée. Ajouter 0,4 c'est faire 4 petits bonds de 0,1 en avançant sur la droite graduée.
Quand on ajoute 0,4 à 0,8 on dépasse l'unité de deux dixièmes : 0,8 + 0,4 = 1,2.
Les élèves observent ensuite la technique proposée par Léa. Elle choisit de calculer 0,8 + 0,4 en écrivant les nombres décimaux en dixièmes : 0,8 + 0,4, c'est 8 dixièmes + 4 dixièmes.
8 dixièmes + 4 dixièmes = 12 dixièmes ;
12 dixièmes = 10 dixièmes + 2 dixièmes = 1 unité et 2 dixièmes.
0,8 + 0,4 = 1,2

2 L'enseignant trace au tableau une droite graduée en dixièmes de 0 à 5 et distribue à chaque élève une photocopie de cette droite (cf. matériel bas de page). Il demande de calculer par les deux méthodes 1 + 2,8. Deux élèves viennent à tour de rôle exposer leur calcul au tableau. On procède de la même manière pour calculer 1,3 + 2,5. L'enseignant fait remarquer que l'on peut aussi effectuer d'abord la somme des parties entières, puis la somme des parties décimales :
1,3 + 2,5 = 1 + 0,3 + 2 + 0,5 = 1 + 2 + 0,3 + 0,5 = 3 + 0,8 = 3,8.
Dans ce cas, la difficulté se limite au calcul de la somme de deux nombres à virgule inférieurs à 1.

L'enseignant pose ensuite la question rituelle : « *Qu'avons-nous appris aujourd'hui?* » Il aide la classe à formuler une réponse proche de : ***« Nous avons appris à calculer la somme de 2 nombres décimaux par une addition en ligne. »***

Activités individuelles

S'exercer

Ces exercices visent la compréhension de la numération décimale et la maîtrise de la technique opératoire en privilégiant le calcul mental. Il s'agit de calculer mentalement les opérations. Le calcul réfléchi permet, lui, l'appui de l'écrit pour noter les calculs intermédiaires si nécessaire.

1 Cet exercice est une application directe de l'activité de recherche 1. Au niveau **a** les sommes ne dépassent pas l'unité ce qui n'est plus le cas au niveau **b**.
a 0,4 + 0,5 = 0,9 ; 0,3 + 0,2 = 0,5 ; 0,1 + 0,7 = 0,8 ; 0,5 + 0,5 = 1 ; 0,2 + 0,7 = 0,9 ; 0,4 + 0,6 = 1.
b 0,8 + 0,5 = 1,3 ; 0,7 + 0,7 = 1,4 ; 0,9 + 0,3 = 1,2 ; 0,7 + 0,5 = 1,2 ; 0,8 + 0,8 = 1,6 ; 0,6 + 0,9 = 1,5

2 Cet exercice est une application directe de l'activité de recherche 2. Au niveau **a** les sommes ne dépassent pas 3, ce qui n'est plus le cas au niveau **b**. On privilégiera les calculs utilisant la décomposition des nombres.
a 1,5 + 0,5 = 2 ; 1,4 + 0,4 = 1,8 ; 2,7 + 0,3 = 3 ; 1,4 + 0,6 = 2 ; 2,5 + 0,5 = 3.
b 1,5 + 1,5 = 3 ; 3,5 + 4 = 7,5 ; 1,5 + 2,3 = 3,8 ; 2,5 + 2,5 = 5 ; 3,5 + 3,5 = 7.

3 **a** L'élève doit compléter une suite arithmétique de raison 0,2.
0,4 ; 0,6 ; 0,8 ; 1 ; 1,2 ; 1,4 ; 1,6 ; 1,8 ; 2 ; 2,2 ; 2,4 ; 2,6 ; 2,8.
b L'élève doit compléter une suite arithmétique de raison 0,5.
1,2 ; 1,7 ; 2,2 ; 2,7 ; 3,2 ; 3,7 ; 4,2 ; 4,7 ; 5,2 ; 5,7 ; 6,2 ; 6,7 : 7,2.

Résoudre

Dans ces deux problèmes, l'élève ne doit pas oublier l'unité dans le résultat.

4 3,3 + 0,7 = 4. La capacité de stockage de cette clé USB est de 4 Go.
On trouvera un problème de même type dans la banque d'exercices : n° 9 page 190.

5 0,4 + 0,7 = 1,1. Maxime parcourt 1,1 km en tout.

➤ Prolongements

➢ **Photofiche S51**

L'élève doit additionner ou soustraire des nombres décimaux simples en utilisant soit la droite graduée, soit en calculant à partir de dixièmes, un exemple étant donné.

➢ **Banque d'exercices p. 190**

8 **a** 0,5 + 0,5 = 1 ; 0,7 + 0,4 = 1,1 ; 0,3 + 0,9 = 1,2 ; 0,7 + 0,7 = 1,4.
b 1,2 + 0,5 = 1,7 ; 0,6 + 1 = 1,6 ; 1,5 + 0,5 = 2 ; 1,6 + 0,8 = 2,4.

9 0,8 + 3,2 = 4. La capacité de stockage est de 4 Go.

Leçon 84 – Calcul réfléchi : Additionner des nombres décimaux simples

Matériel photocopiable

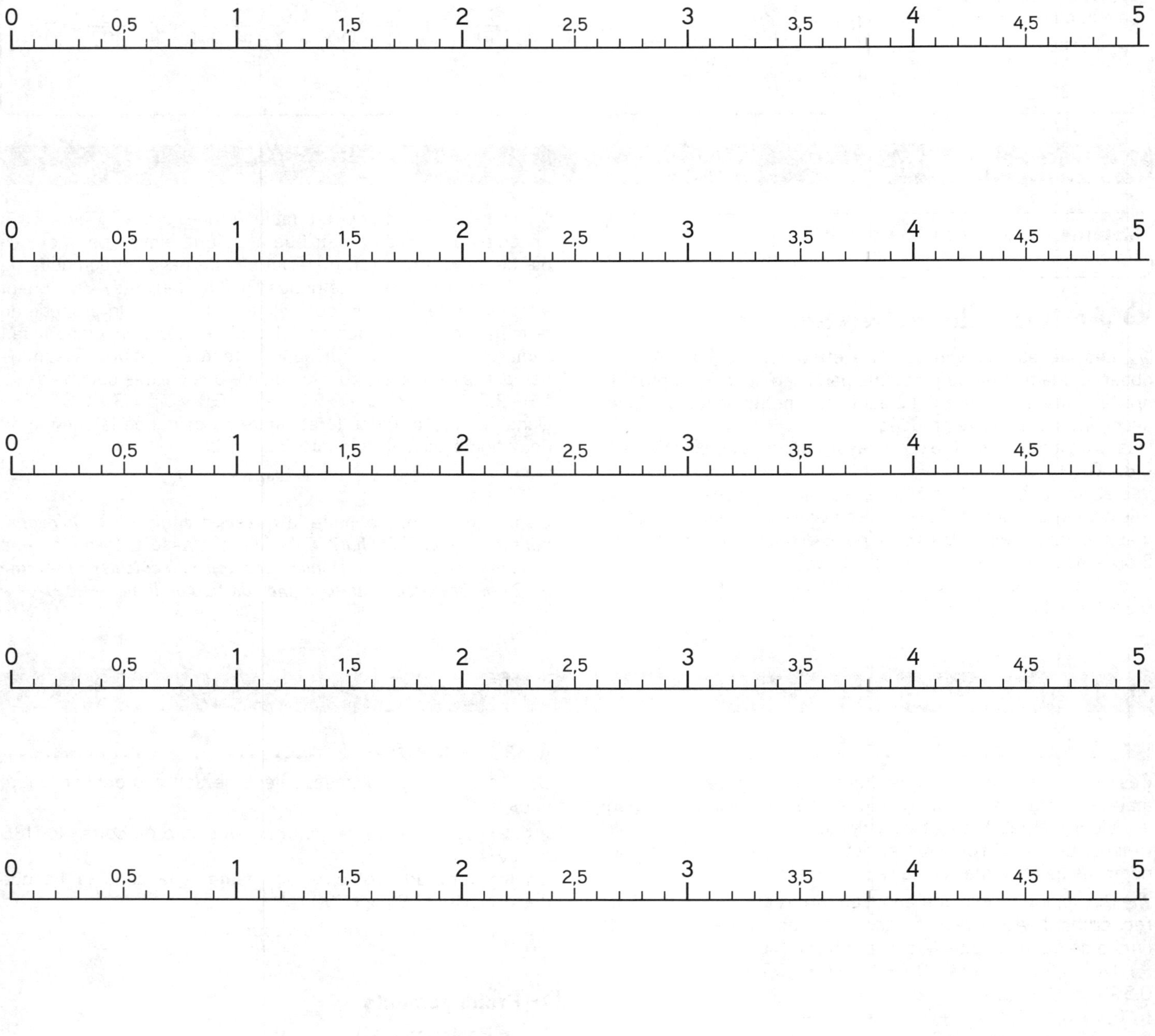

85 Calcul réfléchi : Soustraire des nombres décimaux simples

Compétence
Calculer la différence de nombres décimaux par un calcul en ligne.

Calcul mental
Compléter une équivalence. L'enseignant écrit : $\frac{7}{10} = \frac{...}{100}$; l'élève écrit $\frac{70}{100}$.

Items : $\frac{7}{10} = \frac{...}{100}$; $\frac{5}{10} = \frac{...}{100}$; $\frac{30}{10} = \frac{...}{100}$; $\frac{15}{10} = \frac{...}{100}$; $\frac{10}{10} = \frac{...}{100}$; $\frac{11}{10} = \frac{...}{100}$; $\frac{8}{10} = \frac{...}{100}$; $\frac{25}{10} = \frac{...}{100}$; $\frac{20}{10} = \frac{...}{100}$; $\frac{100}{10} = \frac{...}{100}$.

Activités collectives

Matériel : Droite graduée (*cf.* matériel photocopiable en fin de leçon).

Activités de recherche

1 Les élèves lisent le calcul à effectuer : 1,2 – 0,5, puis observent la technique proposée par Théo. Ils commentent la droite graduée. Retrancher 0,5 c'est faire 5 petits bonds de 0,1 en reculant sur la droite graduée.
Quand on retranche 0,5 à 1,2 on passe l'unité de 3 dixièmes : 1,2 – 0,5 = 0,7.
Les élèves observent ensuite la technique proposée par Léa. Elle choisit de calculer 1,2 – 0,5 en écrivant les nombres décimaux en dixièmes : 1,2 – 0,5 c'est 12 dixièmes – 5 dixièmes.
12 dixièmes – 5 dixièmes = 7 dixièmes ;
7 dixièmes = 0,7.
1,2 – 0,5 = 0,7.

2 L'enseignant trace au tableau une droite graduée en dixièmes de 0 à 5 et distribue à chaque élève une photocopie de cette droite (cf matériel bas de page). Il demande de calculer par les deux méthodes 2 – 0,7. Deux élèves viennent à tour de rôle exposer leur calcul au tableau. On procède de la même manière pour calculer 2,3 – 1,8.
L'enseignant fait remarquer que la décomposition des nombres en partie entière et partie décimale n'est plus adaptée à ce calcul soustractif, alors qu'elle l'était dans le calcul additif.

En fin de séance, l'enseignant pose ensuite la question rituelle : *« Qu'avons-nous appris aujourd'hui ? »* Il attend une réponse proche de : ***« Nous avons appris à soustraire 2 nombres décimaux par un calcul en ligne. »***

Activités individuelles

S'exercer

Ces exercices visent la compréhension de la numération décimale et la maîtrise de la technique opératoire en privilégiant le calcul mental. Il s'agit de calculer mentalement les opérations. Le calcul réfléchi permet, lui, l'appui de l'écrit pour noter les calculs intermédiaires si nécessaire.

1 Cet exercice est une application directe de l'activité 1 de recherche. Au niveau a aucun nombre ne dépasse l'unité ce qui n'est plus le cas au niveau b.
a 0,5 – 0,2 = 0,3 ; 0,3 – 0,2 = 0,1 ; 0,7 – 0,5 = 0,2 ; 0,6 – 0,5 = 0,1 ; 0,7 – 0,1 = 0,6 ; 0,9 – 0,6 = 0,3.
b 1,8 – 0,5 = 1,3 ; 1,7 – 0,7 = 1 ; 2 – 0,4 = 1,6 ; 2,5 – 0,5 = 2 ; 3,8 – 3 = 0,8 ; 2,6 – 1,9 = 0,7.

2 a L'élève doit compléter une suite arithmétique de raison – 0,2 → 2,4 ; 2,2 ; 2 ; 1,8 ; 1,6 ; 1,4 ; 1,2 ; 1 ; 0,8.
b L'élève doit compléter une suite arithmétique de raison – 0,5 → 6,7 ; 6,2 ; 5,7 ; 5,2 ; 4,7 ; 4,2 ; 3,7 ; 3,2.

Résoudre

3 Dans ces deux problèmes, l'élève ne doit pas oublier l'unité dans le résultat.
2 – 1,6 = 0,4.
0,4 < 0,5. Julia n'a pas la place pour télécharger un jeu de 0,5 Go.
On trouvera un problème de même type dans la banque d'exercices : n° 9 page 190.

4 1,2 – 0,7 = 0,5. Nils doit encore parcourir 0,5 km soit 500 m.

Le coin du chercheur
Il y a 18 livres sur l'étagère.

➤ Prolongements

➢ **Photofiche S51**

L'élève doit additionner ou soustraire des nombres décimaux simples en utilisant soit la droite graduée, soit en calculant à partir de dixièmes, un exemple étant donné.

➢ **Banque d'exercices p. 190**

10 a 0,8 – 0,3 = 0,5 ; 0,7 – 0,4 = 0,3 ; 0,9 – 0,9 = 0 ; 0,6 – 0,5 = 0,1
b 1– 0,8 = 0,2 ; 1,2 – 0,7 = 0,5 ; 1,5 – 0,5 = 1 ; 2,1 – 1,8 = 0,3

11 2 – 0,6 = 1,4. 1,4 > 1,2. Julia peut encore télécharger un jeu de 1,2 Go.

Leçon 85 – Calcul réfléchi : Soustraire des nombres décimaux simples

Matériel photocopiable

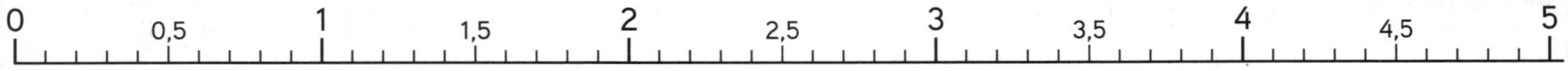

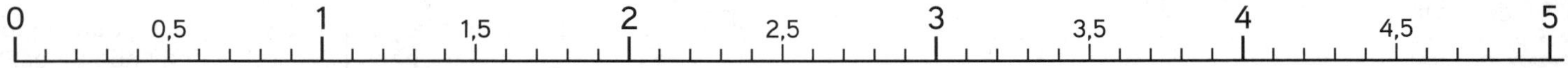

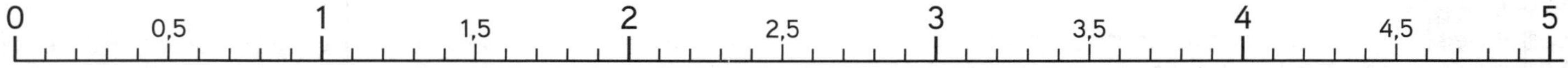

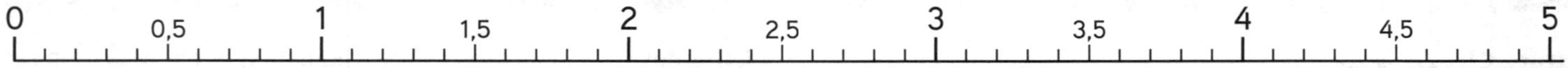

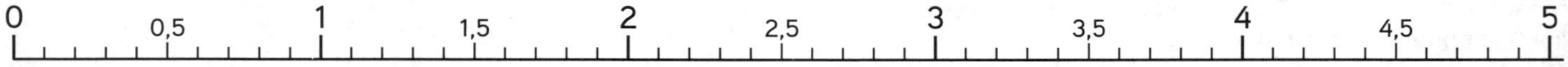

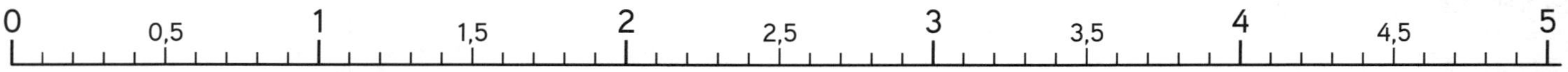

86 Calculer un périmètre

Compétences
Comparer des périmètres sans mesurer, avec report au compas. Calculer un périmètre avec les unités de longueur.

Calcul mental
Écrire une fraction décimale sous la forme d'une écriture à virgule.
L'enseignant dit : « 14 dixièmes ». L'élève écrit 1,4.
Items : 14 dixièmes ; 34 dixièmes ; 514 dixièmes ; 20 dixièmes ; 98 dixièmes ; 104 dixièmes ; 100 dixièmes ; 180 dixièmes ; 300 dixièmes ; 99 dixièmes.

Activités collectives

Matériel : Compas et règle graduée.

➡ Activités de recherche

1 L'enseignant demande à un élève de lire la première consigne, puis de la reformuler pour s'assurer que les élèves l'ont comprise : *« Nous devons, dans un premier temps, comparer le périmètre des figures A et B, sans les mesurer, en utilisant le compas. »* L'enseignant demande aux élèves de préciser ce qu'on entend par « périmètre d'une figure » : *« le périmètre d'une figure c'est la longueur du contour de la figure »*, ce que rappelle la bulle de Théo.
Individuellement ou par deux les élèves cherchent à réaliser cette comparaison. Pour cela l'aide de l'essentiel peut être commentée et utilisée. Sur le cahier, les reports, à l'aide du compas, des segments qui représentent les côtés des figures A et B, doivent être précis. On conseille aux élèves de tenir une feuille de classeur grand format en position « paysage » car les périmètres des figures A et B sont voisins de 19 cm. Pour comparer ces deux périmètres, les élèves peuvent utiliser une bande de papier ou leur compas si l'écartement de celui-ci est suffisant.
La correction collective permet de conclure : Le périmètre de la figure A est égal au périmètre de la figure B.

2 Les élèves se penchent ensuite sur la 2e partie des Activités de recherche. Une fois la consigne reformulée, il est demandé aux élèves d'utiliser la mesure des segments pour comparer ces deux périmètres. Il est rappelé que la longueur du périmètre correspond à la somme des longueurs des côtés de la figure. Pour que le risque d'erreur soit minimisé, dans un premier temps les élèves mesurent la longueur de chaque côté. Ces mesures sont écrites au tableau, c'est l'occasion de vérifier si ces mesures correspondent et dans le cas contraire la discussion permet de corriger les erreurs éventuelles de mesurage. Il apparaît que les longueurs des segments ne mesurent pas toutes un nombre entier de centimètres. Pour calculer le périmètre, il faut additionner ces longueurs. Ce calcul impose de convertir toutes ces longueurs avec la même unité comme le rappelle Mathix : soit en cm soit en mm.
Périmètre de A :
5,7 cm + 3,9 cm + 1,6 cm + 4,3 cm + 3,6 cm = 19,1 cm.
Périmètre de B :
4,3 cm + 6,5 cm + 8,3 cm = 19,1 cm.
La mesure permet d'affirmer que le périmètre de la figure A est égal au le périmètre de la figure B.

En fin de séance, l'enseignant pose ensuite la question rituelle : *« Qu'avons-nous appris aujourd'hui ? »* Il attend une réponse proche de : ***« Nous avons appris à comparer des périmètres sans mesurer, avec report au compas puis à calculer un périmètre avec les unités de longueur. »***

Activités individuelles

S'exercer

1 Cet exercice est l'application de l'activité 1.
a Le périmètre de la figure bleue est plus grand que celui de la figure orange.
b Le périmètre du rectangle rouge est plus grand que celui du rectangle vert.

2 **a** Ce panneau stop est un hexagone de 2 cm de côté. Périmètre = 2 × 8 = 16 cm.
b Le périmètre de l'image rectangulaire : (6,5 cm + 4 cm) × 2 = 10,5 cm × 2 = 21 cm.

Résoudre

3 Périmètre de la partie blanche : (16 cm + 5 cm) × 2 = 42 cm.
Périmètre de la partie rouge : (16 cm + 5 cm) × 2 = 42 cm.
Périmètre de la partie blanche + Périmètre de la partie rouge : 42 cm + 42 cm = 84 cm.
Périmètre du drapeau polonais : (16 cm + 10 cm) × 2 = 52 cm.
Le périmètre du drapeau polonais n'est pas égal à la somme des périmètres de ses parties rouge et blanche.

4 Le périmètre de la pièce carrée : 4,5 m × 4 = 18 m.

Le coin du chercheur
Dans un kilomètre il y a 100 000 cm.

➤ Prolongements

➢ **Photofiche S52**

Cette photofiche se compose de 2 exercices.

1 Application de l'activité 1 (comparer des périmètres à l'aide du compas).

2 Application de l'activité 2 (calculer des périmètres à l'aide du calcul).

➢ **Banque de problèmes p. 190**

12 **Comme le problème guidé.**
Périmètre du drapeau : (4 cm + 3 cm) × 2 = 14 cm.
Périmètre du triangle bleu : (4 cm + 5 cm + 3 cm) = 12 cm.
Périmètre du triangle jaune : (4 cm + 5 cm + 3 cm) = 12 cm.
Le périmètre du drapeau n'est pas égal à la somme des périmètres des triangles bleu et jaune.

87 Nombres décimaux et mesures

Compétence
Utiliser les nombres décimaux dans le système métrique.

Calcul mental
Écrire une fraction décimale sous la forme d'une écriture à virgule. L'enseignant dit : « $\frac{256}{100}$ ». L'élève écrit 2,56.

Items : $\frac{256}{100}$; $\frac{95}{100}$; $\frac{200}{100}$; $\frac{590}{100}$; $\frac{100}{100}$; $\frac{509}{100}$; $\frac{650}{100}$; $\frac{70}{100}$; $\frac{860}{100}$; $\frac{6}{100}$.

Observations préalables
Pour permettre aux élèves de faire le lien entre une mesure complexe comportant plus d'une unité (ex. : 2 m 5 cm) et une mesure décimale comportant une seule unité (ex. : 2,05 m), il est souhaitable qu'ils comprennent les relations qui s'établissent entre ces deux façons d'énoncer une même mesure. Pour cela, ils doivent être capables de faire correspondre à chaque sous-multiple d'une unité son expression sous forme de fraction décimale de l'unité (ex. : 1 cm = $\frac{1}{100}$ m), fraction décimale qui pourra être traduite par l'écriture à virgule d'un nombre décimal (ex. : 1 cm = 0,01 m). L'essentiel de cette leçon est donc consacré à ce type de travail, prenant en compte les mesures de grandeurs les plus utilisées (longueur, masse, contenance, prix).

Activités collectives

Matériel : Tableaux (voir matériel photocopiable).

➡ Activité préliminaire

L'enseignant reproduit au tableau le tableau des mesures (voir matériel photocopiable) et demande aux élèves de l'observer.
– *« Qui peut lire les unités qui figurent dans ce tableau ? »*
Il distribue aux élèves le tableau (ci-dessous) qu'il aura photocopié au préalable.
– *« Complétez ce tableau en écrivant en toutes lettres les unités qui y figurent. »*
– *« Quelle remarque pouvez-vous faire pour les mots de chaque colonne ? »*
Après discussion, les élèves constatent que les mots qui figurent dans la même colonne commencent par le même préfixe : hectomètre, hectogramme, hectolitre.
Il distribue ensuite le tableau des préfixes. Le tableau et les nombres qui y figurent sont commentés et explicités. Après les explications concernant les préfixes (kilo-, hecto-, déca-, etc.), les enfants sont capables de constater que les mesures du système métrique progressent ou régressent (elles sont de 10 en 10 fois plus grandes ou plus petites).
déca, hecto, kilo ➔ × 10, × 100, × 1 000 ;
déci, centi, milli ➔ × $\frac{1}{10}$, × $\frac{1}{100}$, × $\frac{1}{1\,000}$.
L'enseignant explique que c'est la raison pour laquelle le système métrique est un système décimal.

➡ Activités de recherche

1 Les élèves lisent la consigne 1. Les élèves la reformulent : Il faut écrire la hauteur de la porte 205 cm à l'aide d'un nombre décimal. Chacun cherche et propose sa solution. Un volontaire ou l'enseignant écrit la synthèse qui donne :
205 cm = 200 cm + 5 cm.
205 cm = 2 m + 5 cm.
1 cm = $\frac{1}{100}$ m ; 5 cm = $\frac{5}{100}$ m = 0,05 m.
205 cm = 2 m + 0,05 m = 2,05 m.

2 Dans cette partie, il faut passer de l'écriture décimale à l'écriture « complexe » (voir observation préalable).
Les élèves observent les calculs, les commentent puis les recopient et les complètent.
1,43 m = 1 m + 0,43 m ; 0,43 m = $\frac{43}{100}$ m = 43 cm
1,43 m = 1 m + 43 cm = 1 m 43 cm.

En fin de séance, l'enseignant pose la question rituelle : *« Qu'avons-nous appris aujourd'hui ? »* Il attend une réponse proche de : ***« Nous avons appris à utiliser les nombres décimaux dans le système métrique. »***

Activités individuelles

S'exercer

Les exercices ont des niveaux différenciés.
1 Le niveau **b** est plus difficile car les calculs sont moins détaillés.
a 1 dL = 0,1 L ; 1 dm = 0,1 m.
b 1 cL = 0,01 L ; 1 c = 0,01 €.

2 C'est l'application de la deuxième partie des activités de recherche. Le niveau **b** est plus difficile, car les mesures sont exprimées avec 2 unités.
a 50 cm = 0,5 m ; 50 c = 0,5 € ; 25 cL = 0,25 L.
b 3 m 18 cm = 3,18 m ; 1 L 25 cL = 1,25 L.

3 **a** 0,25 m = 25 cm ; 0,75 L = 75 cL.
b 1,58 m = 1 m 58 cm ; 3,50 € = 3 € 50 c.

Résoudre

4 Problème guidé.

3 × 75 cL = 225 cL.
225 cL = 200 cL + 25 cL.

225 cL = 2 L + $\frac{25}{100}$ L = 2 L + 0,25 L.

225 cL = 2,25 L.

➤ Prolongements

➢ Photofiche A25

Cette photofiche de soutien comporte 4 exercices.

Dans les deux premiers, les mesures doivent être exprimées par un nombre décimal.

Le 3e et le 4e sont des problèmes d'application.

➢ Banque de problèmes p. 190

13 1 cg = 0,01 g • 1 dg = 0,1 g • 1 cm = 0,01 m
1 dm = 0,1 m • 1 cL = 0,01 L • 1 dL = 0,1 L

14 0,50 m = 50 cm • 0,75 L = 75 cL
0,5 € = 50 c • 1,43 m = 143 cm
1,5 L = 150 cL • 1,20 € = 120 c

15 1,07 m = 1 m 7 cm
1,5 m = 1 m 50 cm
1,75 L = 1 L 75 cL • 2,08 L = 2 L 8 cL

16 Comme le problème guidé.

33 cL × 4 = 132 cL.

132 cL = 1,32 L.

Leçon 87 – Nombres décimaux et mesures

Matériel photocopiable

➡ Activités préliminaires

km	hm	dam	m	dm	cm	mm
....	....	....	....	....	....	....
kg	hg	dag	g	dg	cg	mg
....	....	....	....	....	....	....
	hL	daL	L	dL	cL	mL
....	....	....	....	....	....	....

	Préfixes	
Multiples	kilo	1 000
	hecto	100
	déca	10
	Unité	1
Sous-multiples	déci	0,1
	centi	0,01
	milli	0,001

88 Calculatrice et décimaux

Compétences
Utiliser la calculatrice avec les nombres décimaux. Utiliser la touche « diviser ».

Calcul mental
Dictée de nombres décimaux. L'enseignant dit : « 2 unités 3 dixièmes ». L'élève écrit 2,3.
Items : 2 unités 3 dixièmes ; 1 unités 5 dixièmes ; 12 unités 8 dixièmes ; 21 unités 4 dixièmes ; 9 unités 1 dixième ; 20 unités 6 dixièmes ; 38 unités 3 dixièmes ; 3 unités 9 dixièmes ; 42 unités 7 dixièmes ; 60 unités 6 dixièmes.

Observations préalables
Le calcul instrumenté est largement répandu dans la vie courante. Il est donc essentiel que l'école soit en prise avec cette réalité de notre temps.
Cette utilisation n'est pas contradictoire avec les techniques opératoires traditionnelles. Au contraire, c'est une occasion de faire fonctionner le calcul mental et le calcul approché.
Si les calculatrices ne font pas partie du matériel de la classe, on demandera aux élèves d'apporter des calculatrices « basiques » quatre opérations, qui suffisent pour le travail à l'école primaire.
Les élèves ont déjà utilisé la calculatrice à plusieurs reprises dans ce manuel. L'enseignant appréciera lui-même s'il est nécessaire de revenir sur l'utilisation (touches ON/C, OFF ou CE suivant les modèles) et les fonctions de base de la calculatrice (touches + , − , ÷ , =).

Activités collectives

Matériel : Calculatrices.

➡ Activités préliminaires

Activité 1

L'enseignant lance le débat de la manière suivante : *« Avec ma calculatrice je ne fais jamais d'erreurs, êtes-vous d'accord avec mon affirmation ? »* Les élèves formulent toutes les remarques qui leur viennent à l'esprit. Quelques élèves relèveront probablement que, dans certains cas, la calculatrice n'est pas un outil efficace (le calcul mental est parfois bien plus rapide).
On retient du débat : *« La calculatrice ne fait jamais d'erreurs de calcul, mais c'est celui qui saisit les nombres ou qui choisit l'opération qui en commet. »* Les élèves prennent ainsi conscience que la calculatrice n'est qu'un outil qu'il faut maîtriser à bon escient.

Activité 2

L'enseignant demande d'afficher des petits nombres décimaux : 0,4 ; 0,75 ; etc. Les élèves constatent que c'est un point qui remplace la virgule. Il organise ensuite un concours de calcul : « Plus vite que la calculatrice. » La classe est divisée en deux groupes : un groupe dans lequel chaque élève possède une calculatrice et un groupe sans. L'enseignant écrit au tableau des sommes de petits nombres décimaux. Les élèves sans calculatrice essaient de calculer plus vite que ceux qui en possèdent une.

➡ Activités de recherche

1 Les élèves travaillent individuellement, chacun avec sa calculatrice. Ils découvrent rapidement que la touche [.] permet de saisir la virgule. On demande ensuite aux élèves de repérer la touche qui permet d'effectuer une division. Ils la repèrent rapidement car elle ressemble à une fraction ÷.

2 Dans les leçons 84 et 85, les élèves ont déjà mis en œuvre différentes techniques pour calculer mentalement avec les nombres décimaux. L'enseignant leur fait remarquer que, pour effectuer certains calculs, l'utilisation de la calculatrice n'est pas indispensable (activité préliminaire 2). Elle permet de vérifier les résultats.
3,5 + 2,5 = 6 ; 1,50 × 2 = 3 ; 0,25 × 4 = 1 ; 0,75 × 2 = 1,5.
Certains élèves peuvent avoir des difficultés pour calculer mentalement ces multiplications qui font intervenir des décimaux et qu'ils n'ont jamais vues. Leur rappeler que 1,50 × 2 = 1,50 + 1,50 et que 0,25 × 4 = 0,25 + 0,25 + 0,25 + 0,25 = 0,5 + 0,5.
Les élèves vont ensuite utiliser systématiquement la calculatrice pour calculer les autres opérations. Leur faire remarquer que la calculatrice ne donne pas le quotient entier et le reste d'une division : elle donne un nombre à virgule pour quotient.
6,9 + 17,25 = 24,15 ; 34,80 − 22,75 = 12,05 ; 25,18 × 4 = 100,72.
972 divisé par 4 → 243.
1 204 divisé par 16 → 75,25.

À l'issue de la séance, l'enseignant pose la question rituelle : *« Qu'avons-nous appris aujourd'hui ? »* Il attend une réponse proche de : ***« Nous avons appris à utiliser la calculatrice avec les nombres décimaux et à utiliser la touche diviser. »***

Activités individuelles

S'exercer

1 Les élèves utilisent leur calculatrice pour donner le résultat des opérations.

a 16,96 + 2,15 = 19,11 ; 8,74 × 3 = 26,22 ; 5,85 − 4,09 = 1,76.
b 24,87 + 5,20 = 30,07 ; 12,78 × 3 = 38,34 ;
16,80 − 5,12 = 11,68.

2 Cet exercice est plus délicat car une calculatrice ne sait pas effectuer des additions à trou ! Il faut transformer ces additions en soustractions. Par exemple pour calculer 54,5 + ... = 100, ils devront calculer 100 – 54,5.
a 54,5 + 45,5 = 100 ; 67,2 + 3,8 = 71.
b 135,53 + 123,57 = 259,1 ; 231,4 + 124,85 = 356,25.

3 Les quotients sont tous des nombres entiers.
a 856 divisé par 4 → 214 ; 1120 divisé par 8 → 140.
b 1430 divisé par 13 → 110 ; 114 570 divisé par 57 → 2010.

Résoudre

4 **Problème guidé.** Il faut trouver le total d'une facture. La difficulté réside dans la saisie de nombreux nombres à virgule.
3,89 + 4,56 + 0,89 + 8,53 + 8,50 = 26,37.
Le total à payer est de 26,37 €.

5 Le problème est simple sans données inutiles. Il suffit de trouver l'opération et d'utiliser la calculatrice. La seule difficulté réside dans la conversion du quotient décimal donné en km qu'il faut transformer en km et m.
306 ÷ 80 = 3,825. Un tour de circuit mesure 3,825 km ou 3 km 825 m.

Le coin du chercheur
5, 10, 15, 20, 25, 30, 35, 40, 45.

➤ Prolongements

➢ **Banque d'exercices p. 191.**

17 21,97 + 3,45 = 25,42 ; 7,84 × 31 = 243,04 ; 25,75 – 9,08 = 16,67.
54,38 + 5,2 = 59,58 ; 580 ÷ 4 = 145.

18

Jambon	11,40 €
Yaourt	3,35 €
Camembert	**1,45 €**
Jus de fruits	2,80 €
Café	3,75 €
TOTAL	22,75 €

22,75 – (11,40 + 3,35 + 2,80 + 3,75) = 1,45.
Le camembert coûte 1,45 €.

19 **Comme le problème guidé.**

Article	Quantité	Prix unitaire en €	Prix total en €
Cahiers de dessin	12	10,90 €	**130,80 €**
Pots de peinture	14	38 €	**532 €**
Pinceaux	35	1,95 €	**68,25 €**
Crayons	40	**0,20 €**	8 €
		Prix total à payer	**739,05 €**

89 L'addition posée de nombres décimaux

Compétences
Poser et effectuer une addition entre 2 nombres décimaux ne comportant pas plus de 2 chiffres après la virgule.

Calcul mental
Dictée de nombres décimaux. L'enseignant dit : « 2 unités 3 centièmes » ; l'élève écrit 2,03.
Items : 2 unités 3 centièmes ; 1 unité 12 centièmes ; 1 unité 1 centième ; 5 unités 5 dixièmes ; 5 unités 5 centièmes ; 2 unités 35 centièmes ; 3 unité 9 centièmes ; 3 unités 9 dixièmes ; 4 unités 15 centièmes ; 10 unité, 1 centième.

Observations préalables
La technique de l'addition et de la soustraction des nombres décimaux et celle des nombres entiers sont identiques ; la virgule ne pose pas de problème particulier aux élèves, lorsque ces derniers ont correctement construit le concept de nombre décimal. Le calcul posé ne doit pas faire l'objet d'une recherche de virtuosité excessive. Il doit être abordé principalement dans l'optique de la compréhension des propriétés qui interviennent dans chaque « technique opératoire ».

Activités collectives

Matériel : Des tableaux de numération (*cf.* matériel photocopiable en fin de leçon).

Activité préliminaire

L'enseignant écrit au tableau 13,64 + 23,5 et demande à la classe comment on pourrait calculer cette addition. On amènera les élèves à faire le lien avec la méthode de Léa vue en leçon 84. Si on transforme ces deux nombres en centièmes, il suffit de calculer 1364 centièmes + 2350 centièmes. Un élève vient poser et effectuer l'addition de ces deux nombres entiers au tableau : 1364 + 2 350 = 3 714.
Donc 1 364 centièmes + 2 350 centièmes = 3 714 centièmes.
L'enseignant demande d'écrire ce nombre sous la forme d'un nombre à virgule.
3 714 centièmes = 37,14. Ainsi 13,64 + 23,5 = 37,14.

Activités de recherche

1 Les élèves lisent la première question et justifient le choix de l'addition. L'enseignant leur distribue un tableau de numération et demande de placer les nombres dans ce tableau. Si les nombres sont correctement placés, les virgules sont naturellement alignées. Dans ce tableau, l'écriture des virgules ne se justifie pas car c'est le trait épais vertical, en fin de la case « unités », qui délimite partie entière et partie décimale.

L'enseignant demande ensuite de poser cette opération sur le cahier, les chiffres étant dans la même disposition que dans le tableau de numération. L'enseignant fera remarquer que les virgules sont alors placées les unes sous les autres. Il fera écrire 8,70 à la place de 8,7 afin que les deux nombres aient le même nombre de chiffres après la virgule. Il leur demande d'effectuer l'addition sans tenir compte, dans un premier temps, des virgules (on additionne des centièmes comme dans l'activité préliminaire). Le calcul terminé, il demande de placer la virgule dans le résultat.
Les élèves vérifient l'addition avec leur calculatrice. Si nécessaire, l'enseignant leur rappelle que sur une calculatrice le point remplace la virgule. Ils rédigent ensuite la réponse.

2 Dans la deuxième partie des activités de recherche, l'enseignant demande aux élèves de poser les deux additions sur leur cahier d'essai. Il observe leur travail. L'exercice lui permet de vérifier la parfaite maîtrise de la technique opératoire : alignement des virgules et exactitude des calculs. La correction collective permet d'analyser les éventuelles erreurs (position des nombres, retenue oubliée, calcul inexact).
34 + 11,4 = 45,4 ; 27,3 + 5,82 = 33,12

En fin de séance, l'enseignant pose la question rituelle : « *Qu'avons-nous appris aujourd'hui ?* » Il attend une réponse proche de : ***« Nous avons appris à calculer la somme de 2 nombres décimaux par une addition posée. »***

Activités individuelles

S'exercer

1 Dans cet exercice, les additions sont posées.
Au niveau **a**, les 2 nombres possèdent le même nombre de chiffres après la virgule, ce qui n'est pas le cas pour le niveau **b**.
a 35,7 + 19,4 = 55,1 ; 42,28 + 9,54 = 51,82
b 16,4 + 7,25 = 23,65 ; 8 + 6, 78 = 14,78

2 Dans cet exercice, l'élève doit poser les additions.
Au niveau **a**, les 2 nombres possèdent le même nombre de chiffres après la virgule, ce qui n'est pas le cas pour le niveau **b**.
a 5,67 + 4,23 = 9,9 ; 26,98 + 6,54 = 33,52 ;
8,3 + 6,9 = 15,2 ; 46,43 + 9,00 = 55,43.
b 35 + 9,2 = 44,2 ; 52,4 + 6,52 = 58,92 ; 89 + 7,73 = 96,73 ; 81,35 + 6,7 = 88,05.

Résoudre

3 23 + 16,85 = 39,85. Le montant des achats est de 39,85 €, soit 39 € 85 c.

4 1,89 + 3,5 = 5,39. Ces deux dossiers occupent 5,39 Go.

➤ Prolongements

➢ **Photofiche S53**

Cette photofiche comporte 2 exercices.

Dans le premier exercice l'élève doit calculer 3 additions posées de nombres décimaux.

Dans le second exercice, il doit poser et effectuer 6 additions de nombres décimaux.

➢ **Banque d'exercices p. 191**

20 27,35 + 7,21 = 34,56 ; 34,4 + 8,75 = 43,15 ; 176,9 + 97 = 273,9 ; 348 + 16,08 + 56,7 = 420,78

21 23,50 + 46,90 = 70,4.

Leçon 89 – L'addition posée de nombres décimaux

Matériel photocopiable

	dizaine	unité	dixième	centième
+				
=				

	dizaine	unité	dixième	centième
+				
=				

	dizaine	unité	dixième	centième
+				
=				

90 La soustraction posée de nombres décimaux

Compétences
Poser et effectuer une soustraction de 2 nombres décimaux ne comportant pas plus de 2 chiffres après la virgule.

Calcul mental
Tables de multiplication. L'enseignant dit : « 6 × 7 » ; l'élève écrit 42.
Items : 6 × 7 ; 7 × 7 ; 8 × 6 ; 7 × 9 ; 5 × 7 ; 8 × 8 ; 8 × 5 ; 6 × 9 ; 6 × 6.

Activités collectives

Matériel : Des tableaux de numération (*cf.* matériel photocopiable en fin de leçon).

Activité préliminaire

L'enseignant écrit au tableau 23,61 – 14,8 et demande à la classe comment calculer cette soustraction. On amène les élèves à faire le lien avec la méthode de Léa vue en leçon 85. Si on transforme ces deux nombres en centièmes, il suffit de calculer 2 361 centièmes – 1 480 centièmes. Un élève vient poser et effectuer la soustraction de ces deux nombres entiers au tableau : 2 361 – 1480 = 881.
Donc : 2 361 centièmes – 1 480 centièmes = 881 centièmes.
L'enseignant demande d'écrire ce nombre sous la forme d'un nombre à virgule : 881 centièmes = 8,81.
Ainsi, 23,61 – 14,8 = 8,81.

Activités de recherche

1 Les élèves lisent la première question et justifient le choix de la soustraction. L'enseignant leur distribue un tableau de numération et demande de placer les nombres dans ce tableau, le plus grand nombre en haut. Si les nombres sont correctement placés, les virgules sont naturellement alignées. Dans ce tableau l'écriture des virgules ne se justifie pas car c'est le trait épais vertical, en fin de la case « unités », qui délimite partie entière et partie décimale.
L'enseignant demande ensuite de poser cette opération sur le cahier, les chiffres étant dans la même disposition que dans le tableau de numération. L'enseignant fera remarquer que les virgules sont alors placées les unes sous les autres. Il fait écrire 2,80 à la place de 2,8 afin que les deux nombres aient le même nombre de chiffres après la virgule. Il leur demande d'effectuer la soustraction sans tenir compte, dans un premier temps, des virgules (on additionne des centièmes comme dans l'activité préliminaire). Le calcul terminé, il demande de placer la virgule dans le résultat.
Les élèves vérifient la soustraction avec leur calculatrice. Si nécessaire, l'enseignant leur rappelle que sur une calculatrice le point remplace la virgule. Ils rédigent ensuite la réponse.

2 Dans la deuxième partie des activités de recherche, l'enseignant demande aux élèves de poser les deux soustractions sur leur cahier d'essai. Il observe leur travail. L'exercice lui permet de vérifier si les élèves ont acquis la parfaite maîtrise de la technique opératoire : alignement des virgules et exactitude des calculs. La correction collective permet d'analyser les éventuelles erreurs (position des nombres, retenue oubliée, calcul inexact) : 7,3 – 4,72 = 2,58 ; 23 – 9,4 = 13,6.

En fin de séance, l'enseignant pose la question rituelle : *« Qu'avons-nous appris aujourd'hui ? »* Il attend une réponse proche de : ***« Nous avons appris effectuer une soustraction entre 2 nombre décimaux en posant l'opération. »***

Activités individuelles

S'exercer

1 Dans cet exercice, les soustractions sont posées. Au niveau a, les 2 nombres possèdent le même nombre de chiffres après la virgule, ce qui n'est pas le cas pour le niveau b.
a 25,8 – 19,3 = 6,5 ; 12,38 – 9,45 = 2,93
b 14,4 – 8,14 = 6,26 ; 9 – 5,84 = 3, 16

2 Dans cet exercice, l'élève doit poser les soustractions. Au niveau a, les 2 nombres possèdent le même nombre de chiffres après la virgule, ce qui n'est pas le cas pour le niveau b.
a 4,56 – 3,12 = 1,44 ; 17,87 – 5,43 = 12,44 ; 9,3 – 3,9 = 5,4 ; 56,43 – 8,00 = 48,43.
b 34 – 8,2 = 25,8 ; 42,3 – 5,58 = 36,72 ; 85 – 6,71 = 78,29 ; 71,25 – 5,6 = 65,65.

Résoudre

3 20 – 15,85 = 4,15. On rend à Fantine 4,15 €, soit 4 € 15 c.

Le coin du chercheur

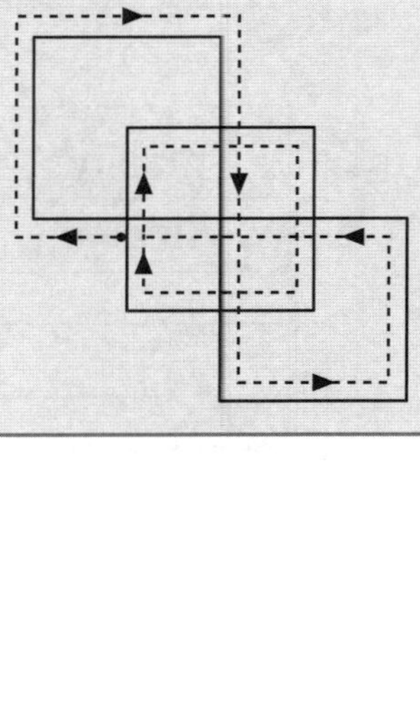

➤ Prolongements

➢ Photofiche S54

Cette photofiche comporte 2 exercices.

Dans le premier exercice, l'élève doit calculer 3 soustractions posées de nombres décimaux.

Dans le second exercice, il doit poser et effectuer 6 soustractions de nombres décimaux.

➢ Banque d'exercices p. 191

22 131,6 – 43,2 = 88,4 ; 49,8 – 17,34 = 32,46 ; 205,32 – 84 = 121,32 ; 327 – 14,76 = 312,24.

23 1,76 + 0,99 = 2,75 ; 4 – 2,75 = 1,25. L'équerre coûte 1,25 € soit 1 € 25 c.

24 On passe d'un nombre au suivant en retranchant 0,4.
➔ 21,2 ; 20,8 ; 20,4 ; 20 ; 19,6 ; 19,2 ; 18,8 ; 18,4 ; 18 ; 17,6.

25 40 – 35,80 = 4,20. Le marchand lui rend 4,20 € soit 4 € 20 c.

Leçon 89 – La soustraction posée de nombres décimaux

Matériel photocopiable

	dizaine	unité	dixième	centième
–				
=				

	dizaine	unité	dixième	centième
–				
=				

	dizaine	unité	dixième	centième
–				
=				

91 Valeurs approchées et nombres décimaux

Compétences
Arrondir un nombre décimal au nombre entier le plus proche.
Calculer une valeur approchée d'une somme ou d'une différence de nombres décimaux.

Calcul mental
Comparer des nombres décimaux. L'enseignant écrit : 1,45 ; 3,5 : 2,32 ; l'élève écrit le plus grand de ces trois nombres : 3,5.
Items : (1,45 ; 3,5 : 2,32) ; (2,65 ; 1,95 : 1,63) ; (6,4 ; 4,8 : 5,34) ; (6,75 ; 8,1 : 4,2) ; (3,85 ; 2,9 : 4,03) ; (8,12 ; 9,5 : 8,42) ; (1,25 ; 3,1 : 3,42) ; (2,13 ; 2,1 : 2,2) ; (4,45 ; 4,5 : 4,2) ; (1,4 ; 1,15 : 1,05).

Observations préalables
Cette leçon fait suite à la leçon 22 dans laquelle les grands nombres ont été arrondis au millier le plus proche. Ici, les élèves vont utiliser la propriété qu'ont les nombres décimaux de s'intercaler entre deux nombres entiers consécutifs. Il est fondamental qu'un élève de CM1 soit capable de dire en voyant écrit les nombres 4,38 ou 4,8 que ces nombres sont compris entre 4 et 5. Il observe ensuite avec plus d'attention la partie décimale de ces nombres pour savoir s'ils sont plus près de 4 ou plus près de 5 afin de déterminer l'entier le plus proche du décimal. Cette leçon permet de procéder à des calculs approchés de sommes ou de différences de décimaux, mais elle permet aussi de revenir sur la nature même des nombres décimaux et sur la distinction à apporter entre leur partie entière, qui les situe entre deux entiers, et leur partie décimale, qui les positionne entre ces deux entiers.

Activités collectives

Matériel : Une ardoise par élève.

➡ Activité préliminaire

L'enseignant écrit au tableau la série suivante de dix nombres décimaux qu'il demande à la classe de lire à haute voix : « 28,4 ; 3,65 ; 71,3 ; 8,25 ; 2,75 ; 3,4 ; 31,5 ; 8,9 ; 7,42 ; 2,8. »
« 28 unités 4 dixièmes, 3 unités 65 centièmes, 71 unités 3 dixièmes, etc. »
Il propose aux élèves d'utiliser leur ardoise pour se livrer à un concours de rapidité : l'enseignant va sélectionner les cinq premiers élèves répondant correctement à sa question.
Première question : *Quels sont les nombres de cette liste compris entre 3 et 4 ? Les recopier sur l'ardoise.* Réponse : 3,65 et 3,4. L'enseignant sélectionne les 5 premières réponses et demande à ces élèves de poser leur ardoise et de préciser quelle technique ils ont employée pour répondre rapidement. Les échanges font apparaître que les nombres compris entre 3 et 4 sont ceux qui ont le nombre 3 comme partie entière, et non ceux qui commencent par 3 car 31,5 est compris entre 31 et 32.
Il procède de la même manière pour la deuxième et la troisième question :
Deuxième question : *Quels sont les nombres de cette liste compris entre 2 et 3 ? Les recopier sur l'ardoise.* Réponse : 2,75 et 2,8.
Troisième question : *Quels sont les nombres de cette liste compris entre 7 et 8 ? Les recopier sur l'ardoise.* Réponse : 7,42.
Quatrième question : *Quels sont les nombres de cette liste compris entre 8 et 9 ? Les recopier sur l'ardoise.* Réponse : 8,25 et 8,9. L'enseignant laisse un temps suffisant pour offrir la possibilité aux derniers élèves de réussir.
Après le débat entre pairs, la conclusion s'impose : pour savoir placer un nombre décimal entre deux entiers, il suffit de regarder sa partie entière, c'est-à-dire le nombre entier écrit avant la virgule (le nombre entier qui le précède).

➡ Activités de recherche

1 Les élèves découvrent la situation de la leçon : Théo observe les prix de trois articles qui coûtent 7,90 € ; 8,40 € ; 9,75 €. Les élèves doivent encadrer chacun de ces prix décimaux entre deux nombres entiers qui se suivent, puis reproduire la droite graduée du manuel pour y placer approximativement ces nombres. La première partie du travail ne devrait poser aucun problème si l'activité préliminaire a été conduite à son terme. Le positionnement sur la droite graduée oblige à prendre en compte la valeur de la partie décimale de ces nombres. La droite graduée ne comporte qu'une graduation intermédiaire entre deux entiers successifs. L'enseignant demande aux élèves d'écrire le nombre décimal correspondant à chaque graduation intermédiaire : 7,5 ; 8,5 ; 9,5 ; 10,5. Pour le premier nombre 7,90, il s'agit de le placer soit entre 7 et 7,5, soit entre 7,5 et 8. La discussion porte sur cette question. Sa partie décimale égale à 0,90 est supérieure à 0,50, donc il est entre 7,5 et 8, plus près de 8 que de 7,5. L'enseignant aide les élèves à justifier la position de chaque décimal sur la droite graduée.
Quand les nombres sont correctement positionnés, l'enseignant demande à la classe d'indiquer quel est l'entier le plus proche de chacun des trois nombres : 8 est l'entier le plus proche de 7,90 ; 8 est l'entier le plus proche de 8,40 ; 10 est l'entier le plus proche de 9,75.
Il fait remarquer que cette réponse dépend de la position du nombre par rapport à la graduation médiane qui définit une frontière entre les nombres plus proches d'une borne entière que de l'autre. Les élèves écrivent le prix de chaque article arrondi à l'euro le plus proche : 7,90 € → 8 € ; 8,40 € → 8 € ; 9,75 € → 10 €.

2 Théo achète ces trois produits. Pour avoir une idée du prix qu'il va payer, il calcule la somme des trois prix arrondis à l'euro le plus proche. Les élèves font ce calcul qui est accessible mentalement (8 € + 8 € + 10 € = 26 €).

Ils comparent ce résultat avec celui que donne la calculatrice manipulée par l'enseignant (ou un élève) :
7,90 € + 8,40 € + 9,75 € = 26,05 €.
L'enseignant conclut que les arrondis à l'euro le plus proche permettent d'avoir une idée assez précise de la valeur finale du calcul.

En fin de séance, l'enseignant pose la question rituelle : « *Qu'avons-nous appris aujourd'hui ?* » Il attend une réponse proche de : ***« Nous avons appris à trouver le nombre entier le plus proche d'un nombre décimal pour calculer rapidement la valeur approximative d'une somme de nombres décimaux. »***

Activités individuelles

S'exercer

1 Cet exercice propose d'arrondir une série de nombres décimaux à l'entier le plus proche, dans l'item **a** les parties décimales sont des dixièmes, dans l'item **b** ce sont des centièmes.
a 6,2 → 6 ; 4,7 → 5 ; 8,9 → 9 ; 0,9 → 1 ; 9,1 → 9.
b 3,85 → 4 ; 11,29 → 11 ; 10,32 → 10 ; 45,99 → 46 ; 19,78 → 20.

2 Dans cet exercice, les élèves doivent arrondir chaque nombre décimal à l'entier le plus proche et utiliser ces arrondis pour donner une valeur approchée de chaque calcul :
a 6,2 + 7,9 → 6 + 8 = 14
5,8 – 2,3 → 6 – 2 = 4
12,8 + 11,3 → 13 + 11 = 24
b 7,18 + 9,88 → 7 + 10 = 17
19,84 – 15,12 → 20 – 15 = 5
7,2 – 4,67 → 7 – 5 = 2

Résoudre

3 **Problème guidé.** Anaïs achète 3 articles à 2,10 € ; 5,80 € et 6,15 €. Les élèves doivent arrondir ces prix à l'euro le plus proche pour calculer mentalement la somme qu'elle va payer environ.
2,10 € → 2 € ; 5,80 € → 6 € ; 3,15 € → 3 € ;
total arrondi : 2 € + 6 € + 3 € = 11 €.
Le caissier se trompe car il doit rendre environ 9 € à Anaïs.

➤ Prolongements

➢ Photofiche S55

Cette fiche comporte quatre exercices. Les deux premiers traitent des nombres décimaux dont la partie décimale est en dixièmes, les deux derniers des nombres décimaux dont la partie décimale est en centièmes. Le premier et le troisième exercice donnent la position de chacun des quatre nombres décimaux sur un segment borné par les deux entiers successifs qui l'encadrent, et demandent de l'arrondir à l'entier le plus proche. Le deuxième et le quatrième exercice proposent de placer et d'arrondir quatre décimaux sur une seule droite graduée commune.

➢ Photofiche A26

Cette fiche comporte quatre problèmes. Dans le premier, il faut donner l'écriture à virgule de chacun des quatre prix avant d'en donner l'arrondi à l'euro le plus proche. Dans le deuxième, il faut arrondir le prix de trois articles à l'euro le plus proche pour déterminer mentalement le prix total des achats. Dans le troisième, les élèves doivent choisir le résultat le plus proche des calculs proposés (somme ou différence de décimaux) parmi trois propositions. Dans le quatrième, l'élève doit calculer la masse approximative de trois chats en les arrondissant au kg le plus proche.

➢ Banque d'exercices p. 191

26 Écrire pour chaque décimal, le nombre entier le plus proche :
5,7 → 6 ; 15,2 → 15 ; 7,7 → 8 ; 4,78 → 5 ; 8,13 → 8.

27 **Comme le problème guidé.** La somme 5,8 + 4,34 est proche de 10.
La différence 27,56 – 2,67 est proche de 25.

92 Tuic n° 5 : Déplacements

Compétence
Utiliser un logiciel pour programmer les déplacements d'un personnage sur un écran.

Calcul mental
Comparer des nombres décimaux. L'enseignant écrit : 2,38 ; 2,5 ; 2,46 ; l'élève écrit le plus grand : 2,5.
Items : 2,38 – 2,5 – 2,46 ; 0,2 – 0,18 – 0,07 ; 7,68 – 6 – 6,9 ; 4,37 – 4,28 – 4,52 ; 1,91 – 1,19 – 1,9 ; 6,23 – 6,4 – 6,18 ; 7,2 – 8,1 – 8,07 ; 14,1 – 1,9 – 13 ; 3,41 – 3,6 – 3,83 ; 5,2 – 5,52 – 5,8.

Observations préalables
Les programmes, avec la mise en œuvre du socle commun de connaissances, de compétences et de culture, insistent, à juste titre, sur l'intérêt qu'apportent les outils informatiques dans la plupart des situations d'enseignement.
Au milieu de chaque période, nous proposons donc aux enseignants un atelier informatique intitulé TUIC (Technologies Usuelles de l'Information et de la Communication), qui permet aux élèves d'approfondir les notions étudiées. Outre l'allègement de la charge de travail qu'ils permettent pour traiter des données, les logiciels offrent l'occasion d'une approche expérimentale des mathématiques. Dans cet esprit, le logiciel permet de varier les points de vue sur un même concept ; mais les activités réalisées à l'aide de cet outil ne remplacent pas celles qui sont situées dans l'espace réel ou sur le plan matérialisé par la feuille de papier.

Activités individuelles

Matériel : Ces activités ont été conçues pour que les enfants puissent les pratiquer seuls en suivant pas à pas les consignes, soit à l'école, soit à la maison sur l'ordinateur familial. Le logiciel GéoTortue utilisé pour cet atelier est un logiciel éducatif inspiré du langage « logo ». Il est téléchargeable gratuitement à l'adresse suivante : http://geotortue.free.fr/ (pour de plus amples explications, se référer au chapitre Annexe 4 Tuic, page 258 de cet ouvrage). Il permet de dessiner des figures géométriques à l'aide d'une tortue se déplaçant sur l'écran. Le pilotage de la tortue s'effectue à l'aide d'un langage simple et intuitif. En se déplaçant, la tortue dessine le chemin qu'elle emprunte : c'est par ce mécanisme que des figures peuvent être construites. Sous l'espace graphique dans lequel évolue la tortue, se trouve la fenêtre de commande dans laquelle s'affichent toutes les commandes du programme en cours d'exécution.
Ce logiciel est également intéressant pour ses deux modes de fonctionnement : le bac à sable pour les débutants, le pupitre pour les utilisateurs confirmés.

Activité 1

Le logiciel GéoTortue est ouvert par un double-clic à l'aide du bouton gauche de la souris, directement sur l'onglet bac à sable. C'est cette interface que nous utiliserons dans ce manuel qui offre une simple découverte des possibles manipulations et programmations.
L'atelier commence par l'utilisation de quelques boutons et surtout l'observation des effets produits à l'écran.
Le bouton « av 100 » ordonne à la tortue d'avancer de 100 pas. Si « av » signifie avancer, les élèves devraient aisément trouver que « re » signifie reculer.
Le bouton « td 90 » ordonne à la tortue de tourner à droite d'un angle de 90 degrés, c'est-à-dire qu'elle effectue un quart de tour vers la droite. La lecture de la bulle de Mathix permettra de dissiper les interrogations sur la nature de cette nouvelle unité de mesure qui ne sera étudiée qu'au collège. Si « td » signifie tourner à droite, les élèves devraient aisément trouver que « tg » signifie tourner à gauche.
Enfin, les élèves mettent en pratique l'utilisation de ces boutons pour tracer un carré. Ils vont procéder à quatre combinaisons successives des boutons : « av 100 » et « td 90 ».
Le bouton « vg » à gauche de l'écran permet de vider le graphique, c'est-à-dire d'effacer la figure en cas de résultat non satisfaisant.
À la fin de chaque activité, les élèves peuvent enregistrer leur figure.

Activité 2

Les élèves vont suivre un programme et utiliser plusieurs nouveaux boutons pour construire une figure en forme d'escalier. Ils doivent être rigoureux car la moindre erreur conduit à une figure différente de celle demandée. Le dessin de la tortue est une aide sur le bon positionnement de celle-ci par rapport aux différents tracés.

Activité 3

Les élèves vont maintenant apprendre à changer la couleur du crayon de la tortue en suivant un nouveau programme de construction.

Activité 4

Pour cette dernière activité, les élèves vont réinvestir ce qu'ils ont déjà appris en créant un programme pour réaliser la figure demandée. Pour leur simplifier la tâche, nous avons choisi une figure qui a été obtenue par symétrie centrale (le centre de symétrie étant le point de départ de la tortue). Cette particularité permet aux élèves d'utiliser l'opposé de certaines commandes du programme de l'activité 3 : par exemple, lorsqu'il fallait avancer, il faut maintenant reculer ; ou alors, lorsqu'il fallait tourner à droite, il faut maintenant tourner à gauche...

93 Problèmes : Apprendre à chercher

Compétence
Élaborer une démarche personnelle pour résoudre des problèmes pour lesquels l'élève ne dispose pas d'une méthode de résolution experte.

Calcul mental
Problèmes : L'enseignant dit deux fois l'énoncé : *« Chloé a 28 billes. Elle gagne des billes ; Maintenant elle a 48 billes ; Combien de billes a-t-elle gagnées ? »* ; l'élève écrit 20 billes.
Items :
– « Chloé a 50 €. Elle achète un jeu. Maintenant elle a 15 €. Combien coûte le jeu ? »
– « Paul a 30 images. Il en donne à Julie. Maintenant il a 18 images. Combien en a-t-il données à Julie ? »
– « Max habite à 700 m de l'école, il passe prendre Jules chez lui. Ensemble ils marchent encore 400 m pour arriver à l'école. À quelle distance de chez Jules habite Max ? »

Observations préalables
Dans chacun des problèmes proposés dans cette leçon, les élèves doivent développer une démarche originale de résolution. Ces problèmes font essentiellement appel à des raisonnements basés sur la transitivité des relations d'ordre (première partie) ou à des dénombrements pouvant se résoudre à l'aide d'un tableau à double entrée (deuxième partie). L'objectif poursuivi n'est pas de dégager une méthode de résolution de ces problèmes, mais de montrer aux élèves que face à un problème inédit, il est toujours possible d'effectuer des recherches personnelles et des essais originaux de façon à sortir de la dichotomie « je sais/je ne sais pas », qui conduit de nombreux élèves à attendre la correction dès qu'ils sont face à un problème qu'ils ne savent pas résoudre. Cette leçon est prévue pour une durée de deux séances successives.

Activités collectives

Problème de référence 1

Les élèves lisent l'énoncé du problème. L'enseignant s'assure qu'ils ont bien compris la situation décrite, puis leur demande de chercher à résoudre ce problème, d'abord individuellement, puis en s'associant avec le voisin pour comparer les réponses obtenues.
Quand chaque groupe a trouvé une réponse, l'enseignant demande de lire les bulles de Théo, Mélissa et Pedro qui décrivent leur propre façon de résoudre ce problème. Les élèves doivent expliquer le raisonnement suivi par ces trois enfants et le comparer à leur propre méthode de résolution. La réponse attendue est de gauche à droite : Léa / Fatou / Aki / Nina / Maya. L'enseignant fait remarquer que la résolution de ce problème ne comportait aucun calcul, mais qu'en faisant des essais et en relisant plusieurs fois l'énoncé pour contrôler la validité de ces essais, on arrivait à trouver la bonne réponse. Les trois enfants ont été malins car en utilisant des papiers avec les prénoms, ils pouvaient les déplacer sans avoir à écrire chaque fois qu'ils faisaient un nouvel essai.

Activités individuelles

Problèmes d'application

1 Les élèves lisent l'énoncé du problème d'application 1 qui demande le rangement de quatre amis par ordre croissant de taille. Après avoir relu l'énoncé à voix haute, l'enseignant leur demande de résoudre individuellement ce problème. Quand chaque élève semble avoir trouvé une réponse, il conseille aux voisins de comparer leur réponse, puis il organise une mise en commun des différentes propositions. Il apparaît que Ludovic > Antoine > Frédéric > David. L'enseignant félicite les élèves ayant pris des initiatives originales : petits papiers, dessins, schémas...

2 Le texte donne des informations sur la façon dont se comparent deux à deux les prix de quatre jouets. Sur l'illustration, quatre étiquettes prix sont dispersées autour des quatre jouets : l'ours, le camion, le cheval et la poupée. Les élèves doivent retrouver le prix de chaque jouet en rangeant les prix dans le même ordre que les jouets.
Les élèves résolvent individuellement ce nouveau problème, un temps de confrontation des réponses entre élèves proches précède la mise en commun des différentes propositions. Le rangement des jouets d'après leur prix donne l'ordre : camion < ours < poupée < cheval ; le rangement des prix par ordre croissant donne : 16 € < 18 € < 26 € < 35 €.
La mise en correspondance de ces deux rangements permet de relier le camion au prix de 16 €, l'ours à 18 €, la poupée à 26 € et le cheval à 35 €. L'enseignant félicite à nouveau tous les élèves ayant pris des initiatives originales même s'ils n'ont pas réussi à aboutir à la réponse finale.

Activités collectives

Problème de référence 2

Les élèves lisent l'énoncé du problème de référence 2. Cet énoncé donne le choix entre cinq parfums différents offerts par un glacier. Les élèves doivent trouver le nombre de cornets de deux boules de parfum différents qu'il est possible de commander à ce glacier.
L'enseignant relit l'énoncé à voix haute puis demande aux élèves de résoudre ce problème en se groupant par deux, il les met en garde contre les répétitions et contre les oublis, puis laisse les groupes effectuer leur recherche. Quand chaque groupe est en mesure de faire une proposition, il organise une mise en commun qui conclut que le cornet (vanille, fraise) est le même que le cornet (fraise, vanille) et qu'il y a 10 cornets de deux parfums différents.
L'enseignant demande alors aux élèves de se pencher sur la méthode que veulent employer Louis et Flora. Ils utilisent un tableau à double entrée et barrent certaines cases du tableau. L'enseignant demande de justifier ces choix : sur la diagonale, les deux boules ont le même parfum, elles ne conviennent donc pas. De part et d'autre de la diagonale, on retrouve les mêmes parfums mais dans un ordre différent, il faut en barrer un car on ne doit pas les compter deux fois. L'enseignant demande aux élèves de reproduire le tableau pour le compléter avec les couples : (V,F) ; (V,N) ; (V,P) ; (V,C) ; (F,N) ; (F,P) ; (F,C) ; (N,P) ; (N,C) ; (P,C).
L'enseignant précise que le recours au tableau à double entrée permet de ne rien oublier, mais qu'il n'est pas obligatoire.

Activités individuelles

Problèmes d'application

1 Les élèves lisent l'énoncé du problème d'application 1 : un archipel est composé de six îles, chacune est reliée aux autres par un pont. Combien y a-t-il de ponts ?
L'enseignant s'assure de la compréhension de la situation, il explique le sens du mot « archipel » ou groupe d'îles, précise que chaque île est directement reliée par un pont à toutes les autres. Puis il demande aux élèves de résoudre ce problème de façon individuelle. Il encourage toutes les initiatives : dessin, tableau, petits papiers...

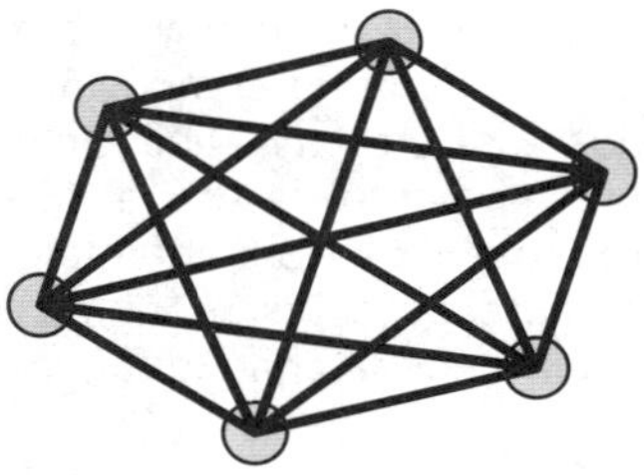

Quand chacun est en mesure de faire une proposition, il conduit une mise en commun qui fait apparaître le dessin comme une méthode intéressante mais qui ne garantit pas d'échapper à l'oubli et qui ne facilite pas le dénombrement final.
Il faut trouver un moyen méthodique de dessiner les ponts et de les compter qui permet de contrôler qu'on n'a rien oublié. L'utilisation d'un tableau à double entrée est plus théorique mais apporte ces garanties. Au final, il y a 15 ponts en tout.

2 Les élèves lisent l'énoncé du problème d'application 2 : cinq équipes s'affrontent dans un tournoi de football. Chaque équipe doit jouer contre toutes les autres. Combien de matchs auront lieu ?
L'enseignant s'assure de la compréhension de la situation, puis demande aux élèves de résoudre ce problème de façon individuelle. Le fait que chaque équipe porte un nom ouvre de nouvelles perspectives aux élèves, la technique des petits papiers peut être réinvestie, la liste des matchs à disputer aussi, même si le tableau à double entrée reste le moyen le plus sûr de proposer une liste exhaustive des matchs. La réponse est la même que pour le problème de référence 2 : 10 matches auront lieu. Quand chaque élève est en mesure de faire une proposition une mise en commun est organisée par l'enseignant, elle met en valeur toutes les initiatives plus que la validité des réponses proposées.

3 Ce dernier problème peut jouer le rôle de régulateur de la séance en étant proposé seulement aux élèves qui résolvent rapidement les deux premiers problèmes. L'énoncé donne les prénoms de six personnes qui se rencontrent, chacune serrant la main de toutes les autres. Combien de poignées de main seront échangées ?
Toutes les méthodes utilisées dans la résolution des trois problèmes précédents peuvent être réinvesties dans ce dernier problème et, en particulier, le tableau à double entrée dans lequel la diagonale et une moitié du tableau sont inutilisées. Il s'échange en tout 15 poignées de main.

En fin de séance, l'enseignant pose la question rituelle : *« Qu'avons-nous appris aujourd'hui ? »* Il attend une réponse proche de : ***« Nous avons appris à résoudre des problèmes dans lesquels il n'y a pas de calcul à faire mais où on peut faire des essais, des dessins ou des tableaux pour trouver la réponse. »***

➤ Prolongements

➢ Photofiche P24

Cette fiche contient trois énoncés de problèmes pour chercher portant sur des contextes différents. Le premier demande de trouver la place de quatre passagers d'une voiture, le second le nombre de bonbons contenus dans un sachet à partir d'une façon originale de les consommer, le troisième donne les dates anniversaires de quatre enfants, il faut retrouver la date anniversaire de chacun à partir d'informations partielles sur les mois et les jours de ces anniversaires.

➢ Photofiche P25

Cette fiche contient aussi trois énoncés de problèmes pour chercher, qui peuvent se résoudre à l'aide d'un tableau à double entrée. Pour chaque problème, les tableaux sont dessinés en marge de l'énoncé. Dans les deux premiers problèmes, les débuts de ligne et de colonne du tableau sont renseignés. Dans le dernier problème, le tableau est vierge.

94 Reproduire une figure

Compétence
Reproduire une figure complexe sur papier uni.

Calcul mental
Ajouter un nombre décimal. L'enseignant écrit 1,2 + 0,4 ; l'élève écrit 1,6.
Items : 1,2 + 0,4 ; 0,5 + 0,4 ; 2,3 + 1,2 ; 1,1 + 2,8 ; 4,5 + 3,3 ; 5,4 + 2,1 ; 4,5 + 4,3 ; 3,4 + 0,4 ; 7,2 + 1,5 ; 6,4 + 2,5.

Activités collectives

Activités de recherche

Les élèves observent et analysent la figure. Les figures géométriques qui la composent sont deux carrés et deux quarts de cercle. Les côtés des deux carrés ont même longueur, les élèves le vérifient avec une bande de papier ou en les mesurant avec leur règle. Les deux carrés cachent deux parties du disque violet. L'enseignant demande : *« Les côtés des carrés ont-ils la même longueur que le rayon du disque ? »* Les élèves justifient leur réponse.
Pour reproduire la figure, Théo aura besoin d'un compas, d'une équerre, d'une règle graduée et d'un crayon bien taillé. Les élèves débattent de l'ordre de construction de la figure à reproduire. Ils reproduisent la figure sur leur cahier. Puis les propositions de construction sont étudiées au tableau sur lequel les élèves viennent tracer la figure selon leur méthode. Il y a au moins deux façons de reproduire la figure : commencer par tracer les deux carrés ou commencer par tracer le cercle. La discussion doit faire émerger la solution la plus rigoureuse, la plus facile et la plus rapide à réaliser.
Pour reproduire cette figure, Théo commencera par tracer le cercle dont le rayon est égal à 5 cm, qui est la longueur des côtés des carrés. Il trace ensuite les deux diamètres perpendiculaires. Puis à partir des diamètres perpendiculaires, il construit les deux carrés.
Les élèves construisent la figure en adoptant la méthode de Théo.

Activités individuelles

S'exercer

1 Tous les outils de la géométrie sont nécessaires pour reproduire la figure. Si l'aide forte de Mathix facilite la reproduction, il faut cependant déterminer le centre des deux cercles, puis leur rayon.

2 Les élèves auront tendance à construire les figures une à une : le carré en premier, puis les deux triangles rectangles. La bulle de Mathix les incite à comparer les longueurs, ce qui peut donner l'idée de construire d'abord le triangle rectangle, puis de pointer les milieux des deux côtés de l'angle droit du triangle rectangle et de l'hypoténuse, et enfin de joindre le milieu de l'hypoténuse respectivement à chaque milieu des côtés de l'angle droit du triangle rectangle.

Prolongements

Photofiche S56

Il suffit de joindre les diagonales de carrés et de rectangles pour reproduire la trame des deux modèles.

Photofiche A27

Cette photofiche demande la maîtrise du compas et la connaissance des propriétés du cercle. La difficulté est de trouver les centres des cercles pour tracer les arcs de cercle. Savoir construire un carré est nécessaire pour réaliser la reproduction de la deuxième figure.

Banque d'exercices p. 191

28 La reproduction proposée utilise tous les instruments de la géométrie. Cette figure simple d'apparence cache une difficulté : trouver le centre et le rayon du cercle. La solution la plus efficace est de commencer par tracer le carré puis les diagonales pour déterminer le centre du cercle inscrit. Elle est préférable à celle qui utiliserait la construction des médianes, méthode longue et délicate.

95 Calcul réfléchi : **Moitié d'un nombre impair**

Compétence
Calculer la moitié d'un nombre impair.

Calcul mental
Ajouter un nombre décimal. L'enseignant écrit 3,5 + 1,5 ; l'élève écrit 5.
Items : 3,5 + 1,5 ; 1,5 + 2,5 ; 3,4 + 1,2 ; 1,8 + 2,1 ; 2,6 + 1,4 ; 1,8 + 1,7 ; 2,8 + 1,2 ; 3,1 + 1,9 ; 6,4 + 3,2 ; 5,3 + 3,7.

Observations préalables
Les élèves ont appris dès le CE1 à compter la moitié d'un nombre pair. Avec cette leçon, ils vont apprendre à calculer la moitié d'un nombre impair. Il nous a semblé cependant nécessaire de revoir les méthodes de calcul des moitiés de nombres pairs et d'apprendre à calculer la moitié des petits nombres impairs dans les « Activités préliminaires ». Une séquence sur deux jours sera donc nécessaire.

Activités collectives

Activités préliminaires

1 L'enseignant vérifie que les élèves savent calculer mentalement la moitié des nombres pairs inférieurs à 20, la moitié des dizaines : 20, 30, 40, 50, puis la moitié de nombres pairs supérieurs à 20.

2 Si les performances des élèves sont médiocres, l'enseignant propose un travail collectif pour calculer la moitié des nombres pairs : 24 = 20 + 4.
Moitié de 24 = moitié de 20 + moitié de 4 ;
moitié de 24 = 10 + 2 = 12.
Ensuite, les élèves calculent individuellement la moitié de 36.

3 Les élèves calculent la moitié des petits nombres impairs 1, 3, 5, 7 et 9 en utilisant les droites graduées :

Moitié de 1 = ...

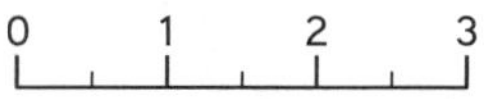

Moitié de 3 = ...

Moitié de 5 = ...

Moitié de 7 = ...

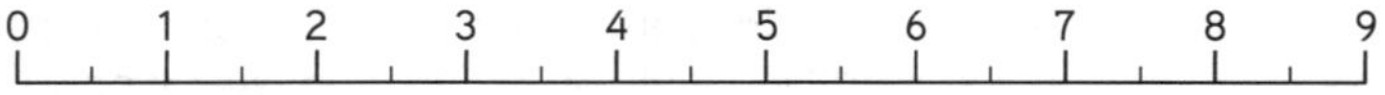

Moitié de 9 = ...

Ils retrouvent les mêmes résultats en transformant 1, 3, 5, 7, 9 en dixièmes.
Moitié de 1 = moitié de $\frac{10}{10} = \frac{5}{10} = 0{,}5$;
moitié de 3 = moitié de $\frac{30}{10} = \frac{15}{10} = 1{,}5$.
Après avoir calculé la moitié de 1, il est facile de calculer la moitié d'un nombre impair en décomposant un nombre impair en la somme d'un nombre pair (son précédent) et de 1.
Par exemple : 5 = 4 + 1 ; moitié de 5 = moitié de 4 + moitié de 1 = 2 + 0,5 = 2,5.
Cette technique sera employée avec les nombres plus grands.
La table est constituée :
1 = 0,5 + 0,5
3 = 1,5 + 1,5
5 = 2,5 + 2,5
7 = 3,5 + 3,5
9 = 4,5 + 4,5
Elle sera utilisée dans la leçon.

Activités de recherche

1 Les élèves lisent la bulle de Mélissa. Elle pose un défi à Théo et Léa : calculer la moitié de 35. L'enseignant fait remarquer que 35 est un nombre impair. Il fait la distinction entre nombre pair et nombre impair. Il fait constater que la moitié des petits nombres impairs est facile à calculer, comme le montre le tableau de Mathix qui est vérifié. L'enseignant insiste sur le fait qu'il existe deux procédures pour calculer la moitié d'un nombre impair, celle utilisée par Théo et celle utilisée par Léa.
Les élèves observent et commentent les deux méthodes.
• **Méthode de Théo :** moitié de 35 = moitié de 30 + moitié de 5
Les élèves constatent que Théo décompose le nombre impair en un nombre entier de dizaines et un petit nombre impair facile à partager en deux.
Les élèves terminent la méthode de Théo :
moitié de 35 = moitié de 30 + moitié de 5
moitié de 35 = 15 + 2,5
moitié de 35 = 17,5.
Un élève vient effectuer la correction au tableau.
• **Méthode de Léa :** moitié de 35 = moitié de 34 + moitié de 1
Les élèves constatent que Léa décompose le nombre impair en utilisant le nombre pair immédiatement inférieur au nombre donné et le nombre 1.
Les élèves terminent la méthode de Léa :
moitié de 35 = moitié de 34 + moitié de 1
moitié de 35 = 17 + 0,5
moitié de 35 = 17,5.
Un élève vient effectuer la correction au tableau.
Avec la méthode de Léa, il suffit de calculer la moitié d'un nombre pair et d'y ajouter 0,5.
Cependant, prendre la moitié d'un nombre de dizaines peut s'avérer pour certains plus facile que prendre la moitié d'un nombre pair d'unités. Les élèves ont le choix de la méthode.

2 Les élèves peuvent maintenant répondre aux trois questions.
La moitié d'un nombre pair est toujours un nombre entier mais la moitié d'un nombre impair n'est pas un nombre entier, c'est un nombre décimal. Un nombre entier a toujours une moitié.

S'exercer

1 L'item **a** propose de calculer la moitié de petits nombres de deux chiffres. L'item **b** en propose de plus grands.

a moitié de 11 : 5,5 ; de 13 : 6,5 ; de 15 : 7,5 ; de 17 : 8,5 ; de 19 : 9,5 ; de 21 : 10, 5.

b moitié de 43 : 21,5 ; de 51 : 25,5 ; de 65 : 32,5 ; de 77 : 38,5 ; de 99 : 49,5.C

L'enseignant fait remarquer que la moitié d'un nombre impair a toujours 5 dixièmes pour partie décimale.

Résoudre

2 **Problème guidé.** Partager équitablement 45 € en deux, c'est calculer la moitié de 45. Mathix rappelle qu'1 € = 50 c + 50 c = 0,50 € + 0,50 €. Il incite aussi à utiliser la décomposition 45 = 44 + 1 mais les élèves sont libres de choisir leur méthode de calcul.

45 € = 40 € + 5 €
moitié de 45 € = 20 € + 2,50 € = 22,50 €
ou 45 € = 44 € + 1 €
moitié de 45 € = moitié de 44 € + moitié de 1 €
moitié de 45 € = 22 € + 50 c = 22 € + 0,50 € = 22,50 €
Chaque enfant aura 22,50 €.

3 Les adultes paient 37 €.
Les enfants paient demi-tarif.
La moitié de 37 € = 18,50 €
37 € + 18,50 € = 55,50 €
Lisa et sa maman devront payer 55,50 €.

4 Moitié de 87 kg = 43,5 kg
Bastien pèse 43,5 kg.

➤ Prolongements

➢ Photofiche S57

Elle propose quatre exercices. Le premier reprend le calcul des moitiés des nombres impairs inférieurs à 10 avec l'aide de droites graduées. Les deux suivants proposent de calculer les moitiés des nombres impairs inférieurs à 20 pour le premier et supérieurs à 20 pour le second en utilisant la méthode de Théo : la décomposition du nombre en un nombre de dizaines et un nombre impair inférieur à 10. Pour la résolution de ses quatre items, le dernier exercice fait appel au lien entre moitié et double : les élèves doivent relier des nombres à leur moitié.

➢ Banque d'exercices p. 191

29 **Comme le problème guidé**

Moitié de 55 € = moitié de 50 € + moitié de 5 €
Moitié de 55 € = 25 € + 2,50 € = 27,50 €
Le prix d'entrée pour une personne est de 27,50 €.

96 Cube et pavé droit

Compétences
Reproduire, construire des solides simples ou des assemblages de solides simples à partir d'un patron donné. Reconnaître, décrire des solides simples ou des assemblages de solides simples à partir de certaines de leurs propriétés.

Calcul mental
Additionner deux nombres décimaux. L'enseignant écrit 0,8 + 1,2 ; l'élève écrit 2.
Items : 0,8 + 1,2 ; 1,6 + 0,4 ; 1,6 + 0,6 ; 2,5 + 1,5 ; 2,7 + 1,7 ; 1,8 + 0,4 ; 1,7 + 1,5 ; 1,9 + 2,5 ; 2,4 + 0,9 ; 2,6 + 1,7.

Activités collectives

➡ Activités de recherche

1 Les élèves reproduisent, découpent et plient le patron pour obtenir un pavé droit. Ils lisent la bulle de Mathix et découvrent le nom « savant » du pavé droit.

2 Sur le patron plié, ils repèrent les faces opposées en les marquant d'une croix. Elles sont superposables. Les faces opposées sont coloriées sur le patron déplié en utilisant les trois couleurs imposées par le modèle du manuel : les faces les plus grandes en rose, les plus petites en bleu, les autres en jaune. Le pavé droit est terminé, les arêtes sont scotchées.

3 Les élèves se groupent par deux pour réaliser deux assemblages comme Théo et Léa.
L'assemblage B est un pavé droit : il a 6 faces, 8 sommets et 12 arêtes. Il a été formé en joignant les faces roses. Les élèves réalisent d'autres assemblages en forme de pavé droit en joignant deux faces jaunes, ou deux faces bleues.

Activités individuelles

S'exercer

1 Sur l'unique figure de l'item **a**, les faces sont de trois types différents ; les faces opposées sont donc plus facilement identifiables que sur le cube. Les faces coloriées par Mélissa sont les faces opposées. Les faces opposées de la figure 2 de l'item **b** n'ont pas été bien identifiées par Mélissa. Deux faces opposées ne peuvent être consécutives sur le patron. La figure 3 est parfaitement coloriée.

2 L'assemblage 1 et l'assemblage 3 sont des pavés droits. Ils ont 6 faces, 8 sommets et 12 arêtes.

Résoudre

3 **Problème guidé.** Le solide 1 présente 2 faces vertes consécutives alors que sur le patron ce sont deux faces opposées. Le solide 2 présente deux faces jaunes consécutives alors que sur le patron ce sont des faces opposées. C'est donc le solide 3 qui a été obtenu à partir de ce patron. L'enseignant fait nommer la couleur de la face arrière et la couleur de la face latérale gauche. Ce solide est un cube, il possède 6 faces, 8 sommets et 12 arêtes.

4 Ce polyèdre possède 8 faces.

Le coin du chercheur
L'hypoténuse du triangle rectangle mesure 5 carreaux. Pour le vérifier, les élèves se servent d'une bande de papier graduée de dix carreaux.

➤ Prolongements

➢ **Photofiche S58**

Elle propose trois exercices. Sur le premier, il faut reconnaître les faces opposées sur deux patrons différents d'un pavé droit. Sur le deuxième, il faut reconnaître les faces opposées sur deux patrons différents d'un cube. Sur le troisième, un pavé est présenté en train de s'ouvrir, un sommet marqué par un point noir sur une face ; il faut dessiner sur les deux autres faces les points qui correspondent à ce sommet.

➢ **Banque d'exercices p. 191**

30 **Comme le problème guidé.** C'est le solide 2 qui a été obtenu à partir du patron. C'est un pavé droit ou parallélépipède rectangle. Il possède 6 faces, 12 arêtes et 8 sommets.

97 Problèmes : La proportionnalité en cuisine

Compétence
Réinvestir la proportionnalité dans la vie quotidienne.

Calcul mental
Soustraire un nombre décimal. L'enseignant écrit 2,5 – 0,4 ; l'élève écrit 2,1.
Items : 2,5 – 0,4 ; 1,9 – 0,5 ; 3,8 – 0,6 ; 7,6 – 0,5 ; 8,6 – 0,3 ; 7,2 – 0,2 ; 9,5 – 1,5 ; 6,4 – 1,2 ; 5,7 – 2,3 ; 3,9 – 1,5.

Observations préalables
Cette leçon fait suite à la leçon 79 dans laquelle les élèves ont résolu des problèmes de proportionnalité en utilisant des raisonnements fondés sur la linéarité additive ou multiplicative. Ils vont réinvestir ces raisonnements dans des situations de vie courante où ces raisonnements vont pouvoir à nouveau s'appliquer de façon « naturelle ».

Activités collectives

Matériel : Tableau des Activités de recherche (*cf.* matériel photocopiable en fin de leçon).

Activité préliminaire

L'enseignant écrit au tableau la liste des ingrédients d'une recette de pâte à crêpes prévue pour réaliser 20 crêpes : 250 g de farine ; 3 œufs ; 0,5 L de lait ; 30 g de beurre fondu ; 1 pincée de sel ; 50 g de sucre en poudre.
5 groupes d'élèves sont chargés de calculer les quantités d'ingrédients nécessaires pour préparer 500 crêpes pour la fête des écoles. Chaque groupe a la charge de calculer la quantité d'un des ingrédients. Groupe 1 : la farine ; groupe 2 : les œufs ; groupe 3 : le lait ; groupe 4 : le beurre ; groupe 5 : le sucre en poudre.
Les groupes se mettent au travail. Quand chacun est en mesure de faire une proposition, l'enseignant organise une mise en commun. Le premier problème à résoudre est de savoir combien de fois il faut fabriquer 20 crêpes pour en avoir 500. Les propositions additives ou multiplicatives montrent que 5 × 20 = 100 et que 5 × 100 = 500. Donc 5 × 20 × 5 = 25 × 20 = 500. 500 crêpes, c'est donc 25 fois 20 crêpes.
Après ce calcul, chaque groupe présente sa réponse sous le regard de la classe.

- **Groupe 1 :** 250 g de farine pour 20 crêpes, pour 500 crêpes c'est 25 fois plus : 25 × 250 g = 6 250 g = 6 kg 250 g. On aura besoin de 6 kg 250 g de farine.
- **Groupe 2 :** 3 œufs pour 20 crêpes, pour 500 crêpes c'est 25 fois plus : 25 × 3 œufs = 75 œufs. On aura besoin de 75 œufs.
- **Groupe 3 :** 0,5 L de lait pour 20 crêpes, pour 500 crêpes c'est 25 fois plus : 25 × 0,5 L = ?
Il faut convertir en cL pour avoir des nombres entiers : 0,5 L = 50 cL ; 25 × 50 cL = 1 250 cL ; 1250 cL = 12,50 L de lait. On aura besoin de 12,5 L de lait.
- **Groupe 4 :** 30 g de beurre pour 20 crêpes, pour 500 crêpes c'est 25 fois plus : 25 × 30 g = 750 g. On aura besoin de 750 g de beurre.
- **Groupe 5 :** 50 g de sucre pour 20 crêpes, pour 500 crêpes c'est 25 fois plus : 25 × 50 g = 1 250 g = 1 kg 250 g. On aura besoin de 1 kg 250 g de sucre en poudre.

L'enseignant souligne que ce type de calcul est fréquent dans la vie de tous les jours et qu'il faut savoir résoudre un tel problème.

Activités de recherche

Les élèves découvrent la situation de la leçon : un encart donne la liste des ingrédients du Flan de roquefort aux poires pour 6 personnes. Théo voudrait réaliser cette recette pour 3 personnes ; Léa pour 9 personnes et Mélissa pour 12 personnes.
En s'aidant de la bulle de Mathix, les élèves conviennent que 3 étant la moitié de 6, il faut diviser toutes les quantités d'ingrédients par 2 pour remplir la colonne de Théo ; 9 étant la somme de 6 et de 3, il faut ajouter les quantités initiales pour 6 aux quantités pour 3 pour remplir la colonne de Léa ; 12 étant le double de 6, il faut multiplier toutes les quantités d'ingrédients par 2 pour remplir la colonne de Mélissa.
L'enseignant distribue à chaque élève un tableau comparable à celui du manuel (voir le matériel photocopiable ci-après) et laisse chacun remplir le tableau au crayon avant d'organiser une mise en commun
La classe s'accorde sur le tableau suivant :

	3 personnes	9 personnes	12 personnes
crème fraîche	1 dL	3 dL	4 dL
lait	0,5 dL	1,5 dL	2 dL
œufs	1 œuf	3 œufs	4 œufs
roquefort	75 g	225 g	300 g
poires	2	6	8
beurre	25 g	75 g	100 g
farine	½ cuillère	1 cuillère et demie	2 cuillères

En fin de séance, l'enseignant pose la question rituelle : *« Qu'avons-nous appris aujourd'hui ? »* Il attend une réponse proche de : ***« Nous avons appris à calculer les quantités d'ingrédients d'une recette pour plusieurs nombres de personnes différents en utilisant la proportionnalité. »***

Activités individuelles

S'exercer

1 Une douzaine d'œufs coûte 4 €. Dans l'item **a**, il faut diviser ce prix par 2, puis l'ajouter au prix de 12 œufs. Dans l'item **b**, il faut doubler ce prix puis l'ajouter à sa moitié dont le calcul est implicite, ce qui rend le calcul plus délicat.
a 6 œufs coûtent 2 € ; 18 œufs coûtent 4 € + 2 € = 6 €.
b 24 œufs coûtent 8 € ; 30 œufs = 24 œufs + 6 œufs ; 6 œufs coûtent 2 € ; 30 œufs coûtent 8 € + 2 € = 10 €.

2 Louis prévoit 240 g de spaghettis pour 4 personnes. Dans l'item a, il faut diviser cette quantité par 2 puis l'ajouter à la quantité initiale. Dans l'item b, il faut calculer la part d'une seule personne, ce qui oblige à diviser par 4, puis les parts de 15 personnes, ce qui oblige à multiplier par 15 la quantité précédente. L'ensemble de ces calculs est donc plus délicat qu'en a.

a Pour 2 personnes, il faut 120 g de spaghettis ; pour 6 personnes, il faut 360 g de spaghettis.

b Pour 1 personne, il faut 60 g de spaghettis ; pour 15 personnes, il faut 900 g de spaghettis.

Résoudre

3 **Problème guidé.** Un encart donne la recette d'un kg de sorbet aux fraises, les élèves doivent calculer les quantités d'ingrédients nécessaires pour un demi-kilogramme de sorbet. Mathix leur rappelle qu'un demi-kilogramme, c'est la moitié d'un kilogramme, ils doivent donc diviser par 2 les quantités de chaque ingrédient. Pour un demi-kilogramme de sorbet, il faut : 90 g de sucre ; 40 g de glucose ; 40 mL d'eau ; 340 g de pulpe de fraise.

4 La recette du thé à la menthe est donnée pour 6 personnes avec 1,5 L d'eau.
3 L est le double de 1,5 L donc Samia prépare du thé à la menthe pour 12 personnes.
Elle doit doubler les quantités de chaque ingrédient : 6 cuillères à café de thé vert ; 36 feuilles de menthe ; 12 cuillères à soupe de cassonade.

➤ Prolongements

➢ **Photofiche P26**

Cette fiche comporte, sous forme de tableaux, la liste des quantités d'ingrédients de deux recettes. La première est celle d'un gâteau au chocolat pour 8 enfants, on demande les quantités pour 4 enfants et pour 12 enfants. La deuxième est celle d'un cocktail de jus de fruits pour 3 personnes, on demande les quantités pour 1 personne et pour 10 personnes.

➢ **Banque d'exercices p. 191-192**

31 3 crayons coûtent 60 c, 12 crayons coûtent 240 c = 2 € 40 c = 2,40 €.

32 3 sachets de dattes pèsent 375 g et 5 sachets de dattes pèsent 625 g. Donc 8 sachets de dattes pèsent 1 000 g = 1 kg.

33 Un flacon de shampoing de 20 cL coûte 3 € donc 1 L de shampoing coûte 15 €.

34 **Comme le problème guidé.** Pour l'achat de 6 bouteilles de soda le marchand offre 2 paquets de biscuits.

a Il faut compléter les deux dernières lignes du tableau :

Nombre de bouteilles achetées	6	24	48	54	60	72
Nombre de cartons de 6 bouteilles	1	4	8	9	10	12
Nombre de paquets de biscuits offerts	2	8	16	18	20	24

b 16 paquets de biscuits sont offerts pour 48 bouteilles achetées ; 18 paquets de biscuits sont offerts pour 54 bouteilles achetées.

c Pour recevoir 16 paquets de biscuits, il faut acheter 48 bouteilles.
Pour recevoir 20 paquets de biscuits, il faut acheter 60 bouteilles.

Leçon 97 – Problèmes : La proportionnalité en cuisine

Matériel photocopiable

	3 personnes	9 personnes	12 personnes
crème fraîche			
lait			
œufs			
roquefort			
poires			
beurre			
farine			

98 Tracer un graphique

Compétence
Produire des graphiques en bâtons en organisant des données numériques.

Calcul mental
Soustraire un nombre décimal. L'enseignant écrit 3,6 – 0,6 ; l'élève écrit 3.
Items : 3,6 – 0,6 ; 1,5 – 0,5 ; 1,8 – 0,2 ; 4 – 0,8 ; 2,5 – 1,5 ; 4,4 – 0,5 ; 3,6 – 1,2 ; 2,5 – 0,5 ; 9,5 – 0,6 ; 2,1 – 0,3.

Observations préalables
Après la lecture et l'interprétation des graphiques (Leçons 51 et 59), nous proposons aux élèves de tracer des graphiques en bâtons. Les élèves apprendront à tracer des graphiques en courbes au CM2.

Activités collectives

Activités de recherche

L'enseignant demande aux élèves d'observer le tableau et le graphique. Il vérifie s'ils savent ce qu'est le Tournoi de rugby des Six Nations, ce que représentent les nombres inscrits dans le tableau. Si nécessaire, après les interventions des enfants, il apporte quelques compléments. Il établit le parallèle entre le tableau et le graphique en comparant les données pour le premier pays, l'Angleterre ; puis il précise aux enfants ce qu'ils doivent faire : reproduire le graphique et le compléter à l'aide des données du tableau.
Pour s'assurer que les graduations du graphique sont interprétées correctement, il pose les questions du manuel :
– *« Verticalement, à quel nombre de victoires un interligne correspond-il ? »* Réponse : *« À une victoire puisque le 4 est sur la 4ᵉ graduation. »*
– *« Horizontalement, à quoi correspond un carreau ? »* Réponse : *« À un pays. »*
Les élèves travaillent ensuite individuellement ou par deux ; ils reproduisent sur leur cahier d'essai le graphique tel que le donne le manuel. Avant de poursuivre, l'enseignant s'assure que ce travail est exécuté correctement, car il serait absurde de reporter des données sur un tracé incorrect.
Le tracé des premiers bâtons est réalisé collectivement sous le contrôle de l'enseignant :
– *« Quel est le nombre de victoires de l'Écosse ? »* Réponse : *« 22. »*
– *« Comment allons-nous reporter ce renseignement sur le graphique ? »*
Les élèves marquent un trait horizontal d'une largeur d'un carreau la colonne de l'Écosse en face de la graduation correspondant à 22 victoires ; puis ils tracent le rectangle et le colorient d'une couleur de leur choix. L'enseignant fait remarquer que si l'on emploie des couleurs différentes pour chaque bâton, on facilite la lecture du graphique.
Ils terminent seuls le tracé du graphique qui sera corrigé ensuite collectivement.
L'enseignant corrige enfin les questions du manuel :
– Le pays qui a le plus de victoires correspond au bâton le plus haut : c'est le Pays de Galles.
– Le pays qui a le moins de victoires n'a pas de bâton car le nombre de victoires est nul : c'est l'Italie.
– Les pays qui ont un nombre de victoires supérieur à 24 sont au nombre de trois : le Pays de Galles, l'Angleterre et la France.

En fin de séance, l'enseignant pose la question rituelle : *« Qu'avons-nous appris aujourd'hui ? »* Il attend une réponse proche de : ***« Nous avons appris à tracer un graphique en bâtons. »***

Activités individuelles

Résoudre

C'est l'application directe des « Activités de recherche ». L'enseignant peut s'assurer de la bonne compréhension du problème avant de lancer la construction du graphique. La bulle de Mathix est lue et commentée.
Lorsqu'ils ont terminé leurs tracés, les élèves répondent à la question : *« Le bâton le plus grand représente le nombre de jours ensoleillés au cours du mois de février. »*

Le coin du chercheur
Voici un exemple de partage en 7 carrés.

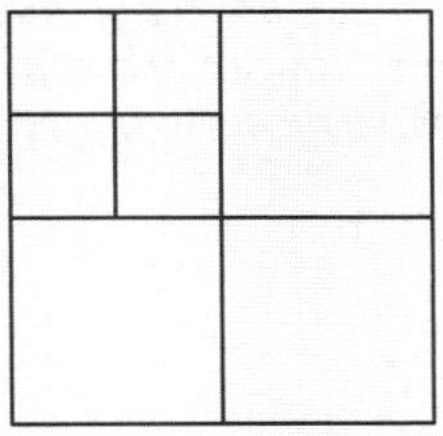

➤ Prolongements

➢ **Photofiche A28**
Cette photofiche propose de tracer deux graphiques en bâtons.

➢ **Photofiche A29**
Cette dernière photofiche permet de réinvestir les acquis de la leçon dans le tracé d'un double graphique en courbes.

99 Aire et périmètre

Compétence
Distinguer l'aire de la surface d'une figure et le périmètre de cette figure.

Calcul mental
Soustraire un nombre décimal. L'enseignant écrit 3,45 – 0,1. L'élève écrit 3,35.
Items : 3,45 – 0,1 ; 5,85 – 0,2 ; 13,48 – 0,4 ; 7,19 – 0,1 ; 14,85 – 0,8 ; 32,95 – 0,7 ; 39,28 – 0,2 ; 51,72 – 0,5 ; 71,76 – 0,3 ; 59,88 – 0,8.

Observations préalables
Les élèves confondent très souvent les notions de périmètre et d'aire. En effet, dans la plupart des manipulations que nous réalisons sur des objets de la vie quotidienne, ces grandeurs augmentent ou diminuent conjointement. Par exemple, plus une boîte est grande, plus il faut de papier pour l'envelopper (aire) et plus la ficelle pour l'entourer sera longue (périmètre). Même au lycée, pour calculer l'aire d'un disque, les élèves utilisent souvent la formule $2\pi R$ qui donne la circonférence du disque à la place de πR^2, formule qui donne l'aire.
Il est important de leur montrer qu'une figure ayant un grand périmètre peut avoir une aire plus petite qu'une figure ayant un plus petit périmètre.

Activités collectives

Matériel : Ficelle, feuilles de carton quadrillées, punaises ; tangrams.

➡ Activités préliminaires

Activités sans utiliser la mesure

La démarche que nous allons employer va permettre aux élèves de comprendre que le périmètre peut varier indépendamment de l'aire.

1 On garde constant le périmètre et on en tire les conclusions pour l'aire.
Pour cela, il faut par groupe d'élèves, une feuille de carton quadrillée, une ficelle (la ficelle a une longueur constante de 24 carreaux Seyès, par exemple) et 4 punaises. Les élèves matérialisent sur la feuille cartonnée différents rectangles avec la ficelle et les punaises. Le périmètre est constant car la longueur de la ficelle ne varie pas. Les élèves colorient le nombre de carreaux entourés par la ficelle (périmètre) et constatent que l'aire (nombre de carreaux) des figures coloriées varie.
Les élèves en tirent une première conclusion : des figures qui ont le même périmètre peuvent avoir des aires différentes.

2 On garde constante l'aire et on observe les variations du périmètre.
Pour cela, le Tangram est un excellent outil pour conduire ces observations. L'enseignant demande aux élèves de réaliser divers assemblages en utilisant toutes les pièces d'un Tangram. L'aire de ces assemblages est donc identique.
Il est alors facile de faire constater à l'aide d'une ficelle que le tour (le périmètre) de ces assemblages de même aire est différent. Les élèves concluent que des figures de même aire peuvent avoir des périmètres différents.

➡ Activité de recherche

1 L'enseignant demande d'observer le travail de Léa. Elle a tracé un rectangle A et mesure son périmètre en utilisant comme unité de longueur, v la longueur d'un côté du carreau.
– *« Combien mesure le périmètre du rectangle A ? »* (14 v)
Léa mesure ensuite l'aire du rectangle A.
L'unité d'aire choisie est l'aire de la surface du carré u. Son aire égale à 1 **u**.
– *« Quelle est l'aire du rectangle A ? »* (12 u)
Les élèves observent de la même manière le rectangle de Théo. Ils mesurent le périmètre du rectangle B (16 v) et son aire 12 u.
L'enseignant demande ensuite de comparer les résultats du rectangle de Léa et celui de Théo :
Les rectangles A et B ont la même aire (12 u) mais ils ont des périmètres différents.
« Que peut-on en déduire ? »
Des figures de même aire peuvent avoir des périmètres différents.

2 Les élèves travaillent individuellement ou par 2. Ils doivent tracer un rectangle de périmètre 24 v et mesurer son aire avec l'unité u, puis tracer un rectangle d'aire 24 u et mesurer son périmètre avec l'unité v.
Cet exercice peut poser des difficultés aux élèves qui n'ont pas compris comment tracer un rectangle dont le périmètre est égal à 24 v. Ils doivent comprendre que ces rectangles ont un demi-périmètre L + l = 12 v.
Il existe cinq rectangles dont le périmètre est égal à 24 v. Aucun n'a la même aire.
De même, il existe plusieurs rectangles d'aire 24 u. Aucun n'a le même périmètre.
« Quelle conclusion peut-on en déduire ? »
Des figures de même périmètre peuvent avoir des aires différentes.
Des figures de même aire peuvent avoir des périmètres différents.

À l'issue de la séance, l'enseignant pose la question rituelle : *« Qu'avons-nous appris aujourd'hui ? »* Il attend une réponse proche de : ***« Nous avons appris à distinguer l'aire d'une figure et le périmètre de cette figure. »***

Activités individuelles

S'exercer

1 **a** Périmètre du rectangle : 16 v ; aire de ce rectangle : 12 u.

b Cette deuxième partie permet d'élargir l'étude précédente, qui portait uniquement sur l'aire et le périmètre d'un rectangle, à l'étude de polygones quelconques (toujours sur quadrillage).
Périmètre : 18 v ; Aire = 11 u.

2 **a** Aire de A = 8 u.
b Périmètre de A : 12 v.

Résoudre

3 **Comme le problème guidé.** Ce problème est une application des activités préliminaires.
Ces assemblages ont la même aire : 3 fois l'aire d'une table.
Dans la disposition A, on compte 12 places.
Dans la disposition B, on compte 20 places.
Ces deux assemblages n'ont pas le même périmètre.

4 Les élèves observent attentivement la figure jaune et doivent découvrir qu'elle peut être décomposée en demi cercles. Ces demi-cercles peuvent à leur tour être regroupés en deux cercles. Ils concluent que l'aire de la figure jaune, égale à 2 w, est le double de celle de la figure bleue. Son périmètre n'est pas égal au double du périmètre du disque bleu ; il est supérieur, car il faut prendre en compte un diamètre et deux rayons.

Le coin du chercheur

Place les nombres de 1 à 6 dans les cercles.
Les trois alignements doivent donner la même somme : 9.

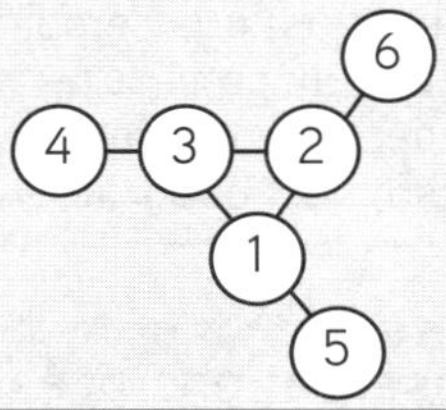

➤ Prolongements

➢ **Photofiche S59**

Cette fiche se compose d'un exercice. Il faut calculer l'aire et le périmètre de chaque rectangle sur le quadrillage.

➢ **Banque d'exercices p. 192**

35 La figure B a la plus petite aire : Aire de A = 32 ; Aire de B = 26.
La figure B a le plus grand périmètre :
Périmètre de A = 38 ; Périmètre de B = 53.

36 Aire du carré : 4 × 4 = 16 u ; Périmètre = 16 v.

Aire du rectangle : 16 u ; Périmètres : 34 v ou 20 v selon le rectangle tracé. Ils n'ont pas la même longueur que celui du carré.

37 **Comme un problème guidé.**
a Aire de la table = 3 u ; Périmètre de la table = 8 w.
b Assemblages à vérifier avec l'enseignant. Ils ont la même aire mais des périmètres différents.

100 Décrire et exécuter des déplacements

Compétence
Utiliser les quatre points cardinaux pour coder ou décoder un trajet sur un support quadrillé.

Calcul mental
Trouver l'entier le plus proche d'un nombre décimal. L'enseignant dit : « Nombre entier le plus proche de 5,8. » L'élève écrit 6.
Items : 5,8 ; 6,4 ; 7,6 ; 4,3 ; 1,9 ; 2,8 ; 3,6 ; 7,3 ; 8,7 ; 9,6.

Observations préalables
La leçon 92 (Tuic) consacrée au logiciel GéoTortue propose des déplacements intégrant les codes de ce logiciel. Dans cette leçon, nous allons nous pencher sur le codage d'un déplacement en fonction des quatre points cardinaux rappelés sur les bords du quadrillage. Ce codage se compose de l'initiale de la direction : S pour Sud, N pour Nord, E pour Est, O pour Ouest, suivie du nombre de cases du déplacement fait dans cette direction. Ce type de codage vaut surtout par le réinvestissement qui peut en être fait en géographie pour situer des lieux ou des pays par rapport à d'autres, de même que dans des situations de repérage ordinaire sur une carte ou sur un plan.

Activités collectives

Matériel : Quadrillage des Activités de recherche (*cf.* matériel photocopiable en fin de leçon).

Activités de recherche

1 Les élèves découvrent la situation de la leçon : Théo a effectué un parcours lors d'une course d'orientation. Ce parcours est dessiné sous forme de flèches de couleur sur un quadrillage. Théo a commencé à coder les trois premières parties de son parcours : E3 ; S4 ; O6 ; … Les élèves doivent trouver la signification de ce codage en observant le parcours sur quadrillage puis continuer le codage du parcours de Théo. L'enseignant favorise l'expression des remarques des élèves, il rappelle ce que sont les quatre points cardinaux, leur relation avec la rotation de la Terre et la course apparente du soleil dans le ciel. Ces échanges permettent de découvrir que chaque lettre du codage est l'initiale du point cardinal vers lequel se dirige Théo et que le nombre qui suit indique le nombre de cases parcourues dans cette direction. Dans cette recherche, la couleur des flèches est une aide intéressante car elle rappelle la couleur du bord du quadrillage associé à la direction du déplacement. Une fois le codage démystifié, la classe complète collectivement la suite du codage de Théo : N7 ; E7 ; N2 ; O3 ; N2 ; E5 ; S6.

2 Léa a trouvé un parchemin avec un codage de chemin. En partant du point rouge, ce codage mène à un trésor. L'enseignant distribue la photocopie du quadrillage (voir matériel photocopiable ci-après) pour permettre à chaque élève d'y dessiner le chemin qui mène au trésor. Pour corriger ce travail, il peut rétroprojeter le quadrillage sur le mur de la classe pour y décrire, étape par étape, le chemin qui conduit au trésor. Le trésor se trouve au pied du cactus.

En fin de séance, l'enseignant pose la question rituelle : « *Qu'avons-nous appris aujourd'hui ?* » Il attend une réponse proche de : ***« Nous avons appris à coder et à décoder des déplacements sur quadrillage en utilisant les quatre points cardinaux. »***

Activités individuelles

Résoudre

1 Les élèves doivent coder le chemin suivi par Ingrid lors d'une course d'orientation. Ce chemin est dessiné avec des flèches de couleur sur le quadrillage du manuel. Chaque élève produit son codage et, comme le conseille Mathix, l'échange avec celui de son voisin qui le vérifie en s'assurant qu'il correspond bien au chemin dessiné sur le quadrillage. Le codage du chemin d'Ingrid est le suivant : O4 ; S3 ; O2 ; N10 ; E4 ; S3 ; E4 ; N3 ; E2 ; S4 ; E2.

2 En utilisant le quadrillage de son cahier chaque élève dessine un cadre carré de 15 carreaux de côté, il marque les 4 points cardinaux sur les quatre bords du cadre. Il place le point de départ D (marqué d'un fanion sur le manuel) en se contentant de dessiner un point rouge sur le nœud correspondant de son quadrillage. Enfin, il dessine les 9 points de couleur en respectant leur position à proximité de la bordure Est du cadre. Après ces exercices pratiques de repérage, chaque élève dessine, en le décodant, le déplacement de Tom qui est indiqué sur le manuel et précise sur quel point de couleur se termine le trajet de Tom.

Quand la correction a confirmé que le trajet de Tom se terminait sur le point vert central, les élèves doivent proposer un autre codage de ce chemin qui soit composé seulement de deux déplacements. La réponse fait apparaître deux trajets possibles : E4 ; N4 ou N4 ; E4 ou tout autre trajet en escalier équivalent à ces deux étapes, sans intervention des directions Ouest ou Sud.

➤ Prolongements

➢ Photofiche P27

Cette fiche propose deux chemins à décoder sur un quadrillage 6 × 6. Le premier en seulement 6 étapes conduit Médor à son os, le second en 8 étapes conduit le bateau pirate à l'île au trésor.

➢ Photofiche P28

Cette fiche propose deux chemins à coder sur un quadrillage 6 × 6. Chaque chemin comporte 8 étapes. Les deux premières cases du premier chemin qui conduit Médor à sa niche sont remplies, la première case du second chemin qui conduit le bateau pirate à l'île au trésor est remplie.

Leçon 100 – Décrire et exécuter des déplacements

Matériel photocopiable pour la deuxième partie des activités de recherche

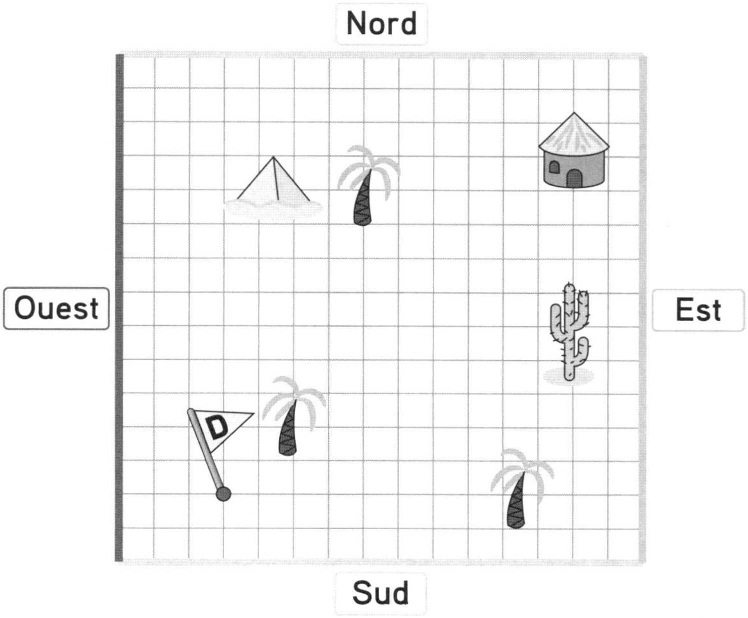

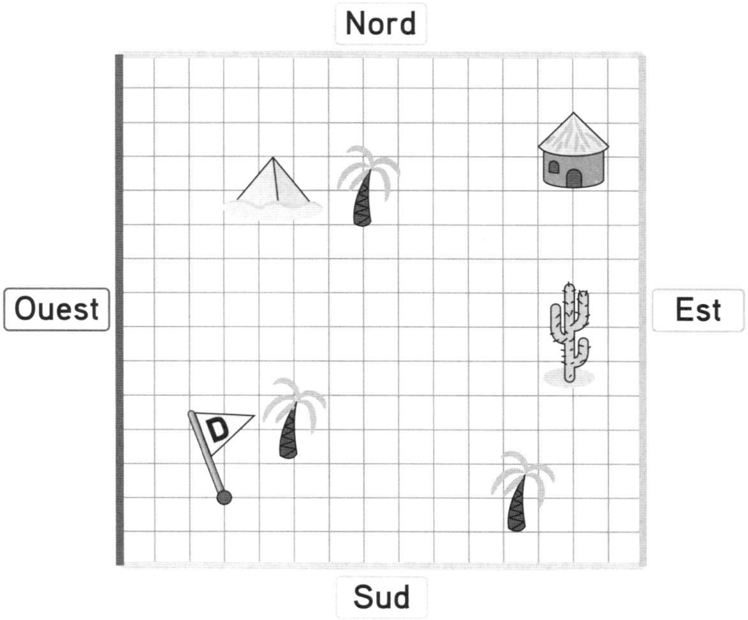

101 Problèmes : Programmes de construction

Compétences
Associer un programme de construction à la figure qui convient et réciproquement.
Réaliser un programme de construction.

Calcul mental
Trouver l'entier le plus proche d'un nombre décimal. L'enseignant dit : « Nombre entier le plus proche de 12,35 » : l'élève écrit 12.
Items : 7,35 ; 2,87 ; 1,48 ; 8,35 ; 6,75 ; 9,28 ; 8,75 ; 9,95 ; 14,16 ; 24,81.

Observations préalables
L'élaboration d'un programme de construction est un travail complexe qui dépasse les compétences d'un élève de CM1. En revanche, les élèves de CM1 peuvent exécuter un programme de construction ne faisant intervenir que le vocabulaire géométrique qu'ils maîtrisent, ou comparer la précision de différents programmes de construction.
Cette fréquentation des programmes de construction leur permettra progressivement d'en élaborer eux-mêmes en fin de cycle 3 et surtout au cours du cycle 4.

Activités collectives

➡ Activités de recherche

1 Les élèves découvrent le cadre de la leçon : Théo explique à Léa comment construire la figure dessinée sur la partie droite de la page. Les élèves lisent et comparent les trois programmes qui leur sont proposés. Aucun n'est totalement faux, mais l'un des trois est plus précis que les deux autres. Les programmes 1 et 2 pourraient donner naissance à d'autres figures que le modèle qu'ils sont censés décrire.
Si les élèves ont choisi le programme 1, l'enseignant dessine au tableau par exemple un rectangle et un triangle dont les sommets sont placés vers les milieux de trois des côtés du rectangle. Il montre que cette figure peut correspondre au programme 1 et pourtant ce n'est pas la figure modèle.
Si les élèves ont choisi le programme 2, l'enseignant dessine par exemple un rectangle et un triangle isocèle à l'intérieur du rectangle dont les sommets ne sont pas situés sur les côtés du rectangle. Il montre que cette figure peut correspondre au programme 2 et pourtant ce n'est pas la figure modèle.
Dans le programme 3, il n'est pas possible de placer les sommets du triangle ailleurs que sur la position qu'ils occupent sur le modèle, la seule latitude consiste à dessiner le triangle « tête en bas », mais en retournant la figure on retrouve le modèle. Ce programme est donc plus précis que les deux autres. Les élèves construisent la figure en suivant le programme 3.

2 Les élèves doivent trouver quelle est la figure décrite par le programme proposé. Le cercle est défini par son diamètre et la position de son centre. Dans la figure A, le diamètre du cercle est correct mais son centre n'est pas positionné correctement. Dans la figure B, le diamètre du cercle est égal à la diagonale du carré et son centre n'est pas positionné correctement. Seule la figure C remplit toutes les conditions. L'enseignant mettra en évidence les insuffisances des figures A et B dans le cas où les élèves auraient porté leur choix sur ces figures.

En fin de séance, l'enseignant pose la question rituelle : *« Qu'avons-nous appris aujourd'hui ? »* Il attend une réponse proche de : ***« Nous avons appris qu'un programme de construction doit être très précis de façon à ce qu'on ne puisse pas dessiner une autre figure que le modèle qu'il décrit. »***

Activités individuelles

Résoudre

1 Les élèves doivent choisir le programme qui permet de construire la figure formée d'un premier carré et d'un autre carré dont les sommets sont les milieux des côtés du premier carré. Le programme A manque de précision car la position du deuxième carré n'est pas précisée, il peut se placer de plusieurs façons à l'intérieur du premier carré. Le programme B précise clairement où se trouvent les sommets du deuxième carré, il s'agit du programme aboutissant à la construction du modèle. Le programme C manque de précision car les sommets du deuxième carré peuvent être sur les côtés du premier carré sans pour autant être au milieu de ces côtés. Lors de la correction, l'enseignant montre que les programmes A et C peuvent donner naissance à d'autres figures que le modèle.

2 Les élèves doivent choisir le programme qui permet de construire la figure formée d'un rectangle ayant une longueur double de sa largeur et d'un cercle dont le diamètre est égal à une longueur du rectangle. Les deux programmes demandent le tracé d'un rectangle ayant une longueur double de sa largeur. Le programme A propose de tracer un cercle ayant pour diamètre l'une des longueurs du rectangle, ce qui correspond à la figure modèle, tandis que le programme B propose de tracer un cercle ayant pour rayon l'une des longueurs du rectangle. Lors de la correction, l'enseignant montre que la figure qui correspond au programme B n'est pas du tout celle du modèle.
Mathix donne le conseil judicieux de ne pas confondre le diamètre et le rayon d'un cercle qui peut, en effet, être une source de confusion entre les deux programmes.

3 Les élèves doivent trouver quelle est celle des trois figures qui a été construite en suivant le programme de construction proposé. Les trois rectangles respectent les dimensions du programme, le triangle dessiné à l'intérieur du rectangle n'a ses trois sommets dans les positions décrites par le programme que dans la figure B. Lors de la correction, l'enseignant montre que l'un des sommets du triangle de la figure A est mal placé, et que deux des sommets du triangle de la figure C sont mal placés.

Prolongements

Photofiche P29

Cette fiche comporte deux exercices. Dans le premier exercice, les élèves doivent choisir parmi trois programmes celui qui décrit le mieux la figure modèle formée d'un carré et d'un cercle ayant pour centre un sommet du carré et pour rayon la moitié du côté du carré (programme 2). Dans le second exercice, les élèves doivent exécuter un programme de construction en traçant un carré de 6 cm de côté, puis les diagonales du carré qui se coupent en O et, enfin, le cercle de centre O passant par les quatre sommets du carré.

Photofiche P30

Cette fiche comporte deux exercices. Dans le premier exercice, les élèves doivent choisir parmi trois figures, toutes formées d'un grand cercle et d'un petit cercle, celle qui correspond au programme proposé (c'est la figure C). Dans le second exercice, les élèves doivent exécuter un programme de construction en construisant un triangle rectangle isocèle dont les côtés de l'angle droit ont 6 cm de longueur (demi-carré), puis positionner le milieu de son plus grand côté et tracer le cercle ayant pour diamètre ce plus grand côté.

102 Les angles

Compétences
Comparer des angles en utilisant un calque. Vérifier qu'un angle est droit, aigu, obtus.

Calcul mental
Tables de multiplication. L'enseignant dit : « 4 × 8 » ; l'élève écrit 32.
Items : 4 × 8 ; 6 × 7 ; 7 × 5 ; 8 × 6 ; 3 × 9 ; 7 × 7; 6 × 9 ; 6 × 6 ; 5 × 5 ; 6 × 7.

Observations préalables
La grandeur géométrique « angle » est une grandeur difficile à concevoir pour les élèves de CM1, ils l'associent souvent aux grandeurs géométriques déjà connues : la longueur des côtés de l'angle ou l'aire de la surface occupée par le secteur angulaire, ce qui fait obstacle à une conception correcte. Il est naturel que la première approche de cette grandeur se limite à des comparaisons. Les notions d'angle aigu et d'angle obtus se déduisent de la comparaison avec l'angle droit. Les comparaisons d'angles entre eux s'appuient sur l'utilisation du papier calque. Pour faciliter ce type de comparaisons il est souvent pertinent d'inciter les élèves à prolonger les longueurs des côtés des angles à comparer, ce qui les aide à comprendre que cela ne modifie pas la valeur de l'angle.

Activités collectives

Matériel : Par élève, une équerre et un quart de feuille de papier calque.

➡ Activités de recherche

1 Les élèves lisent et exécutent les consignes de l'activité 1.
La comparaison des angles à l'angle droit de l'équerre permet de les classer en trois catégories : ceux plus grands que l'angle droit, ceux plus petits et ceux égaux à l'angle droit. L'enseignant veille au bon positionnement de l'équerre et introduit le vocabulaire et les conventions de représentation : les demi-droites qui bordent les angles sont les côtés de l'angle. Elles ont pour origine commune le sommet de l'angle. Les angles plus petits que l'angle droit (l'équerre les recouvre) sont les angles aigus. Les angles plus grands que l'angle droit (un de leurs côtés dépasse l'équerre) sont les angles obtus. L'angle plat est un cas limite ; il vaut deux angles droits. Le classement des angles est le suivant :
- angles aigus : A et C ;
- angles obtus : B et D.

2 Les élèves exécutent les consignes de l'activité 2.
La méthode de comparaison qui s'impose consiste à superposer les angles à l'aide du papier calque. La superposition n'est que relative, car seuls les sommets et une partie des côtés des angles coïncident car les côtés n'ont pas forcement la même longueur.
Cette remarque permet de montrer aux élèves que la grandeur des angles ne dépend pas de la longueur des côtés mais de leur écartement. Pour bien mettre en garde les élèves contre cette confusion, l'enseignant fait comparer deux angles formés avec les branches du compas de la classe et les branches d'un compas individuel. L'angle formé par les branches du compas de la classe peut être plus petit que l'angle formé par les branches du compas individuel, même si les branches du compas de la classe sont nettement plus longues.
Rangement : A (angle droit) = E < D < B < C.

En fin de séance, l'enseignant pose la question rituelle : « *Qu'avons-nous appris aujourd'hui ?* » Il attend une réponse proche de : ***« Nous avons appris à comparer, classer et nommer des angles. »***

Activités individuelles

S'exercer

Le premier exercice peut être abordé de façon différenciée. Le contenu de L'essentiel doit être considéré comme une aide consultable à tout moment de la séance d'exercices.

1 Cet exercice de comparaison de deux angles insiste sur l'idée que la grandeur d'un angle ne dépend pas de la longueur de ses côtés mais de leur écartement (niveau **b**). Pour comparer les angles, si nécessaire, les élèves emploient le calque.
a A > B ; **b** D > C

2 Les élèves rangent les différents angles en utilisant le papier calque. L'enseignant s'assure que ceux qui n'ont pas réussi ce rangement emploient correctement le matériel.
A < C < B

3 Pour savoir si un triangle est équilatéral, il faut comparer les longueurs des 3 côtés (aide suggérée par Mathix). Les élèves utilisent leur compas pour comparer ces longueurs. Ce triangle possède 3 côtés de même longueur : c'est un triangle équilatéral. Les élèves comparent ensuite les angles. Tous les angles sont superposables : ils sont égaux.

Résoudre

4 Il suffit de suivre pas à pas les conseils de Mathix pour réussir le problème. L'enseignant veille à l'emploi correct du papier calque.
B < A < C < D.
On trouvera un problème de même type dans la banque d'exercices : n° 38 page 192.

Le coin du chercheur

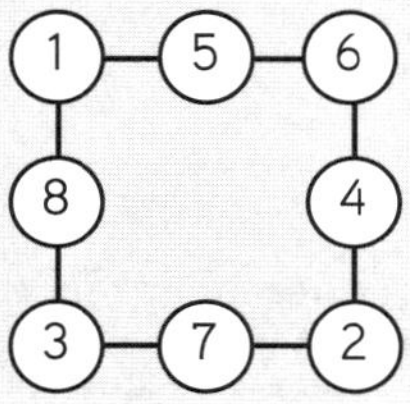

➤ Prolongements

➢ Photofiche S60

Cette photofiche propose 5 angles. Dans un premier temps, l'élève doit utiliser l'équerre pour identifier l'angle droit, puis les 2 angles aigus et enfin les 2 angles obtus.

Dans un deuxième temps, il doit utiliser le calque pour ranger ces angles par ordre croissant.

➢ Photofiche A30

L'élève travaille la notion d'angle à partir de l'angle formé par les deux aiguilles d'une horloge.

➢ Banque d'exercices p. 192

38 **Comme le problème guidé.** Cet exercice reprend le problème guidé en plus simple puisque la figure est un triangle.
B est un angle obtus et A et C sont des angles aigus.
$A < C < B$.

103 Mobilise tes connaissances (5)

Observations préalables

Toutes les remarques formulées en leçon 25 concernant les compétences et la présentation générale des pages « Mobilise tes connaissances » sont valables pour cette leçon. Nous conseillons donc aux enseignants de s'y reporter.

Présentation collective

L'enseignant demande aux élèves d'observer et de lire les documents qui figurent sur les deux pages. Il leur laisse quelques minutes pour ce travail, puis leur donne la parole pour qu'ils puissent apporter des informations supplémentaires, poser des questions ou répondre à celles de leurs camarades. Il n'intervient que si aucun élève ne sait répondre. Il s'assure, en posant quelques questions, que les informations données ont bien été comprises. Il leur indique que Mayotte est un Département et Région d'Outre-Mer. C'est un ensemble d'îles situées dans l'océan Indien, entre Madagascar et l'Afrique de l'Est. Il localise Mayotte sur un globe terrestre.
Le travail présenté sur ces deux pages peut être réparti en deux séances.

Travail individuel et en groupes

L'enseignant demande ensuite aux élèves de lire les questions des enfants figurant sur le document, de rechercher les données utiles pour y répondre, d'effectuer les calculs nécessaires et de rédiger les réponses.
Il leur signale qu'ils peuvent trouver sur ces deux pages tous les renseignements utiles pour répondre aux questions ; ils ne sont donc pas obligés de consulter d'autres documents.
Après un moment de travail individuel, il leur permet de collaborer avec deux ou trois de leurs camarades pour la rédaction collective des réponses.

Mise en commun

La mise en commun des résultats permet la confrontation des travaux des petits groupes. Si les réponses divergent, l'enseignant demande à chacun de justifier ses résultats. Il n'intervient que si les réponses ne sont pas suffisamment explicites pour tous.

Réponses aux exercices

1 L'élève doit disposer d'un morceau de papier calque. Après avoir décalqué cette figure et marqué l'axe de symétrie, l'élève doit retourner son calque et repasser au crayon le verso des lignes déjà tracées.

2 0,22 m = 22 cm ; 0,11 m = 11 cm ; 1,20 m = 120 cm ; 3 m = 300 cm ; 4 m = 400 cm.
400 cm > 300 cm > 120 cm > 22 cm > 11 cm.

3 0,23 m = 23 cm.
400 cm > 300 cm > 120 cm > 23 cm > 22 cm > 11 cm.

4 3 min 25 s = 205 s.

5 33 × 11 = 363.
La superficie de Grande-Terre est de 363 km².

6 Avec une équerre, l'élève vérifie que ces deux droites sont perpendiculaires.

7 Avec 1 t = 1 000 kg de fleurs, on obtient 20 kg d'huile essentielle.

Avec $\frac{1}{2}$ t = 500 kg de fleurs, on obtient 10 kg d'huile essentielle.

Avec $\frac{1}{4}$ t = 250 kg de fleurs, on obtient 5 kg d'huile essentielle.

8 Le mois le plus pluvieux est le mois de janvier et c'est au mois d'août que la température est la plus basse (Mayotte est dans l'hémisphère Sud).

Je fais le point (5)

Fiche autocorrective

Espace et géométrie

- Connaître les propriétés du cercle
- Reconnaître un programme de construction
- Connaître les propriétés d'un pavé droit

		A	B	C	Aide
1	Ce cercle de centre O a un diamètre de 6 cm. Le point situé à 3 cm de O est : 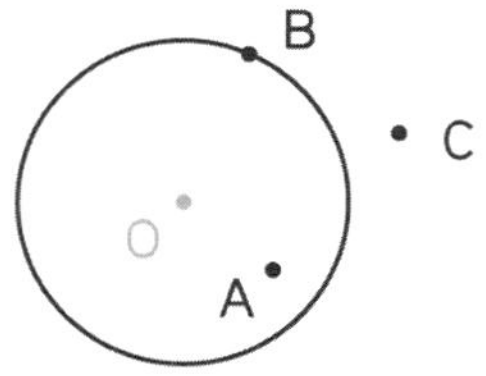	Le point A *Faux* *Le point A est à moins de 3 cm du point O.*	Le point B *Bravo !*	Le point C *Faux* *Le point C est à plus de 3 cm du point O.*	L 82 Ex. 4
2	Quel programme de construction permet de reproduire cette figure ? 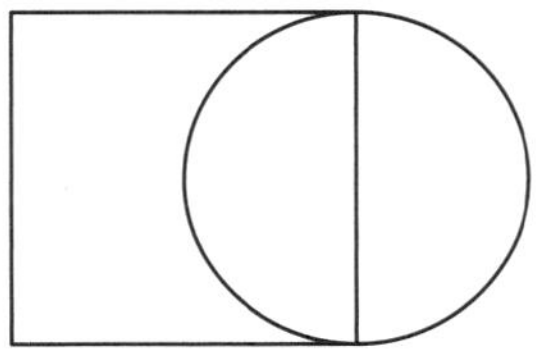	– Trace un carré. – Trace un cercle qui passe par 2 sommets du carré. *Faux* *Ce n'est pas assez précis.*	– Trace un cercle. – Trace un carré qui touche le cercle. *Faux*	– Trace un carré. – Trace un cercle qui a pour diamètre un côté du carré. *Bravo !*	L101 Ex. 2
3	Sur lequel de ces trois patrons de pavés, les côtés opposés sont-ils coloriés ?	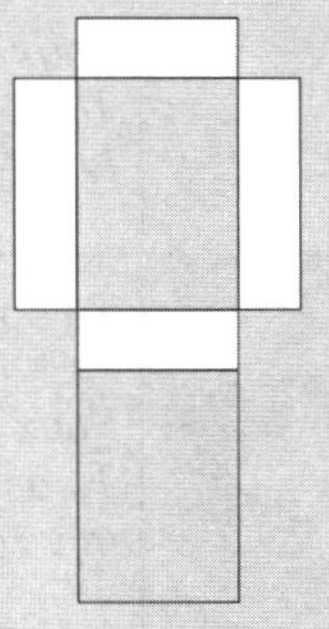 *Bravo !*	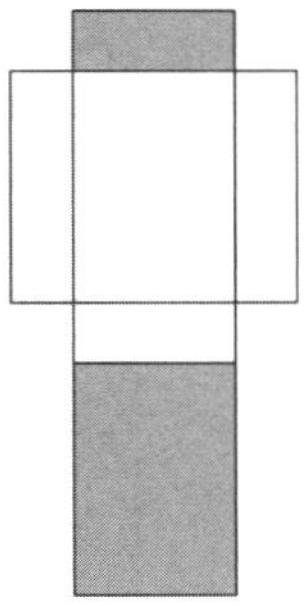 *Faux* *Les côtés opposés sont superposables.*	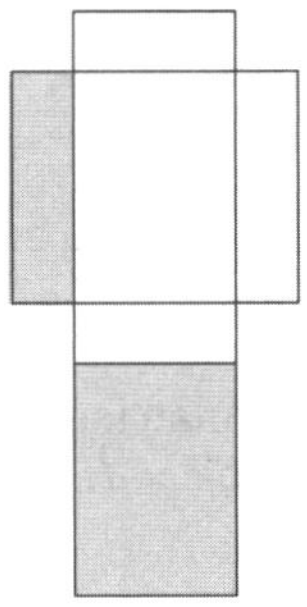 *Faux* *Les côtés opposés sont superposables.*	L96 Ex. 1

Nombres

• Lire, écrire, décomposer, comparer, ordonner des nombres décimaux

		A	B	C	Aide
4	Range par ordre croissant : 4 ; 40,4 ; 0,44 ; 4,04.	40,4 4,04 4 0,44 *Faux* *Tu confonds ordre croissant et ordre décroissant.*	4 4,04 0,44 40,4 *Faux* *Tu réponds au hasard.*	0,44 4 4,04 40,4 *Bravo !*	L83 Ex. 2 et 5
5	Quel nombre est compris entre 3,4 et 3,5 ?	3,6 *Faux* *3,6 est plus grand que 3,5.*	3,48 *Bravo !*	3,52 *Faux* *3,52 est plus grand que 3,5.*	

Calculs

• Calculer la somme, la différence de nombres décimaux
• Utiliser la calculatrice avec les nombres décimaux

		A	B	C	Aide
6	Quel est le résultat de 6,25 + 12,8 ?	190,5 *Faux* *Tu as mal placé la virgule.*	19,05 *Bravo !*	1 905 *Faux* *Tu as oublié la virgule.*	L89 Ex. 1
7	Quel est le résultat de 24,6 – 8,7 ?	25,9 *Faux* *Tu as oublié une retenue.*	159 *Faux* *Tu as oublié la virgule.*	15,9 *Bravo !*	L90 Ex. 1
8	Utilise ta calculatrice pour trouver le produit 34,52 × 7.	241,64 *Bravo !*	24 164 *Faux* *Tu as oublié la virgule.*	24,164 *Faux* *Tu as mal placé la virgule.*	L88 Ex. 1

Grandeurs et mesures

- Différencier aire et périmètre
- Réinvestir les nombres décimaux dans les mesures
- Comparer des angles

		A	B	C	Aide
9	Les figures A et B ont-elles la même aire ? le même périmètre ? 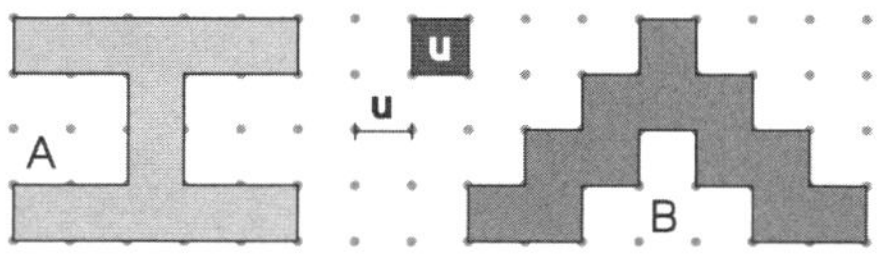	Même aire, périmètre différent *Faux* *Chaque périmètre est égal à 26 v.*	Aire différente, même périmètre *Faux* *Chaque aire est égale à 12 u.*	Même aire, même périmètre *Bravo !*	L99 Ex. 1
10	50 cL est égal à ...	0,50 L *Bravo !*	5 L *Faux* *5 L = 500 cL.*	5,0 L *Faux* *5,0 L = 5 L.*	
11	1 m 52 cm est égal à...	15,2 m *Faux* *15,2 m = 15 m 20 cm.*	1,52 m *Bravo !*	0,152 m *Faux* *Il faut trouver plus de 1 m.*	L87 Ex. 2 et 3
12	3,82 m est égal à	3 m 82 cm *Bravo !*	382 dm *Faux* *382 dm = 38,2 m.*	38 cm 2 dm *Faux* *38 cm 2 dm = 58 cm.*	
13	L'angle le plus grand est l'angle de sommet... 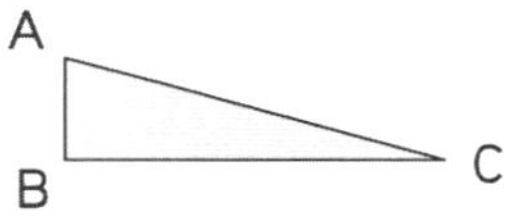	A *Faux* *A est un angle aigu. Il est plus petit qu'un angle droit.*	B *Bravo !*	C *Faux* *C est un angle aigu. Il est plus petit qu'un angle droit.*	L102 Ex. 1 et 2

Problèmes

- Résoudre des problèmes relevant de la proportionnalité

		A	B	C	Aide
14	Ludo a acheté 3 citrons pour 1 €. Quel est le prix de 9 citrons ?	9 € *Faux* *1 citron ne coûte pas 1 €.*	6 € *Faux* *6 €, c'est le prix de 18 citrons.*	3 € *Bravo !*	
15	Pour préparer un clafoutis pour 8 personnes, il faut : 2 pommes, 4 œufs, 20 cL de lait, 60 g de farine et 120 g de sucre. Que faut-il pour 4 personnes ?	1 pomme 2 œufs 5 cL lait 40 g farine 80 g sucre *Faux* *Tu te trompes sur les quantités de lait, de farine et de sucre.*	1 pomme 2 œufs 10 cL lait 30 g farine 60 g sucre *Bravo !*	1 pomme 2 œufs 10 cL lait 20 g farine 100 g sucre *Faux* *Tu te trompes sur les quantités de farine et de sucre.*	L97 Problèmes 3 et 4

Évaluation (5)

Nom : .... Prénom : .... Date : ....

Connaissances et compétences **Évaluation**

Nombres et calculs		
1. a. b. c. d.	**Comparer, ranger, encadrer, intercaler des nombres décimaux** Comparer des nombres décimaux Ranger des nombres décimaux Encadrer un nombre décimal entre deux entiers consécutifs Intercaler un nombre décimal	
2. a. b.	**Mémoriser des faits numériques et des procédures élémentaires de calcul** Calcul en ligne : additionner ou soustraire des nombres décimaux Calculer la moitié d'un nombre impair	
3. a. b.	**Calcul posé : mettre en œuvre un algorithme de calcul posé pour l'addition, la soustraction** Poser et effectuer une addition de 2 nombres décimaux Poser et effectuer une soustraction de 2 nombres décimaux	
4.	**Calcul instrumenté : utiliser une calculatrice pour trouver ou vérifier un résultat**	
5.	**Résoudre des problèmes relevant de la proportionnalité**	

1 **a. Entoure** le plus grand nombre de chaque étiquette.

5,1 2,3 4,8

3,57 3,09 3,6

b. Range ces 4 nombres par ordre décroissant : 1,98 ; 2,15 ; 1,8 ; 3.

....

c. Encadre ces nombres entre 2 nombres entiers consécutifs.

.... < 4,7 < .... ; .... < 2,58 < ....

d. Intercale un nombre décimal.

6 < .... < 7 ; 3,4 < .... < 3,8 ; 5,6 < .... < 5,7

2 **Calcule** sans poser les opérations.

a. 0,4 + 0,5 = ... ; 1,6 + 0,4 = ... ; 0,8 – 0,5 = ... ; 1,2 – 0,4 = ...

b. Calcule la moitié des nombres suivants.

5 → .... 15 → .... 23 → ....

Nom : .... Prénom : .... Date : ....

3 **Pose** et **effectue**.

a. 14,4 + 5,67

b. 18,45 – 3,6

4 **Utilise** ta calculatrice pour compléter ces égalités.

112,6 – 87,58 = ... ; 3,74 × 6 = ... ; 65,34 + ... = 71,8

5 Lilia veut inviter des amis. Elle a lu qu'il fallait 250 g de pâtes pour 4 personnes.
Quelle quantité de pâtes doit-elle prévoir pour :

– 2 personnes ? ....

– 8 personnes ? ....

– 10 personnes ? ....

Connaissances et compétences		Évaluation
Espace et géométrie		
6.	**Reconnaître, nommer, décrire, reproduire, représenter, construire des figures géométriques** Tracer un cercle	
7.	**Reconnaître, nommer, décrire, reproduire, représenter, construire quelques solides géométriques** Décrire un pavé droit	

6 **Trace** un cercle de 3 cm 5 mm de rayon.
Trace un rayon, puis un diamètre de ce cercle.
À quelle distance du centre A sont situés les points sur ce cercle ?

....

....

A

Nom : .... Prénom : .... Date : ....

7 Sur ce patron de pavé droit, **colorie** de la même couleur les faces opposées.

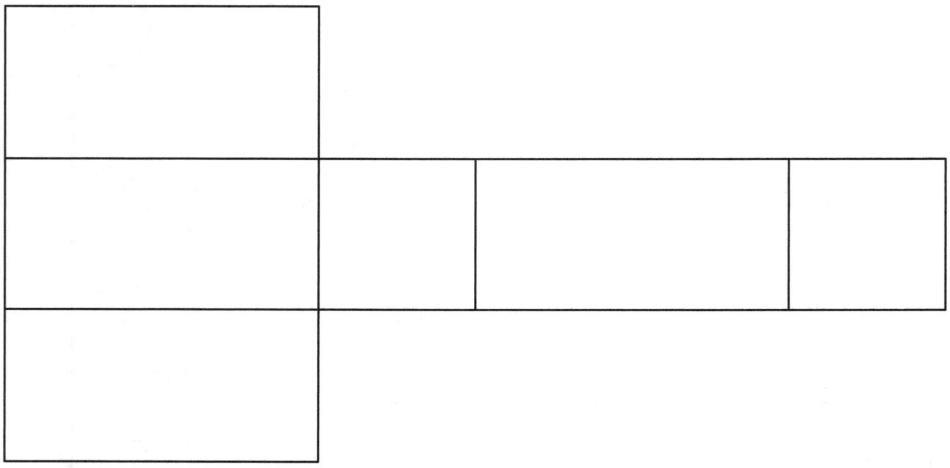

Connaissances et compétences		**Évaluation**
Grandeurs et mesures		
8.	**Différencier aire et périmètre d'une surface** Mesurer le périmètre et l'aire d'une figure	
9.	**Comparer des périmètres avec ou sans recours à la mesure** Comparer deux périmètres par la mesure	
10.	**Identifier des angles dans une figure géométrique** Identifier les angles d'un polygone	

8 **Mesure** les périmètres de ces 2 figures.

Figure A : ....

Figure B : ....

Ces deux figures ont-elles le même périmètre ?

....

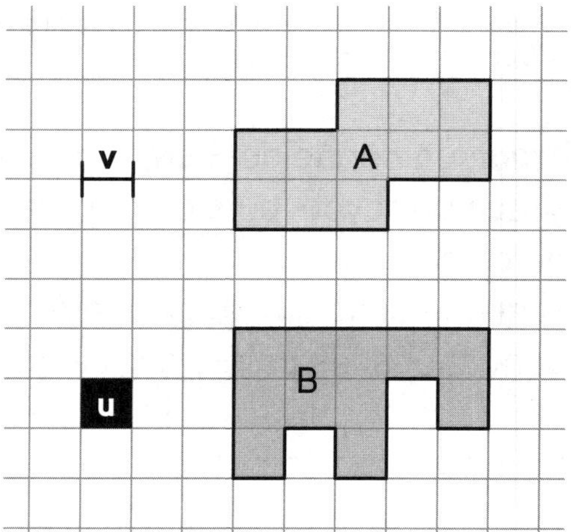

Mesure les aires de ces 2 figures.

Figure A : ....

Figure B : ....

Ces deux figures ont-elles la même aire ?

....

Nom : .... Prénom : .... Date : ....

9 **Mesure** les côtés de ces triangles et **calcule** le périmètre de chacun d'eux.

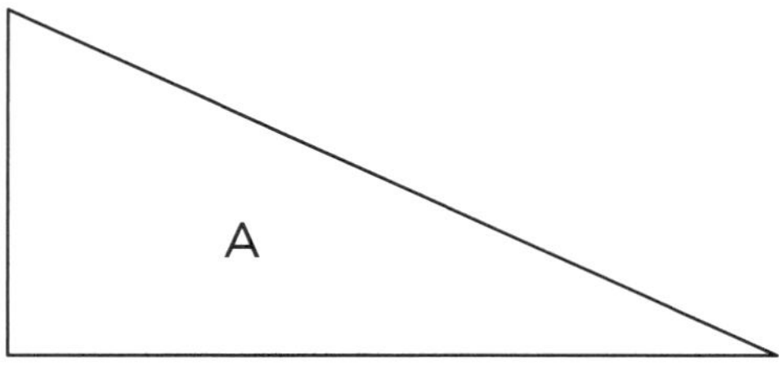

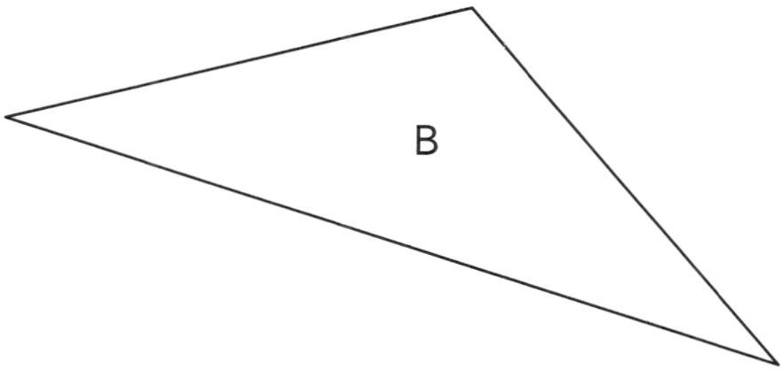

Triangle A : .... Triangle B : ....

....

Entoure le triangle qui a le plus grand périmètre.

10 **Complète** avec : *angle aigu*, *angle obtus* ou *angle droit*.

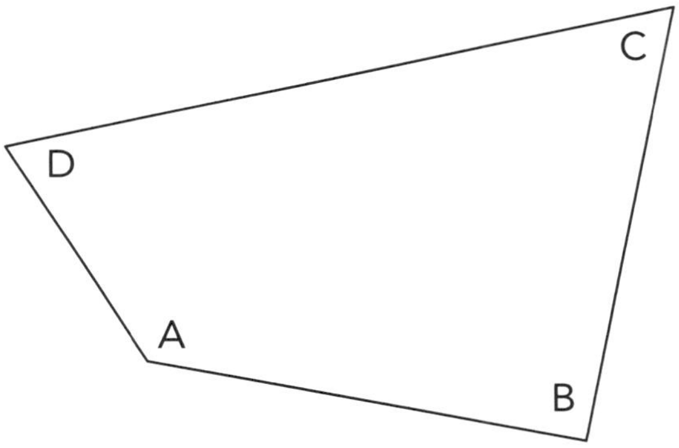

A ➔ .... ; B ➔ .... ;

C ➔ .... ; D ➔ .... ;

Annexes

ANNEXE 1
Fractions et nombres décimaux

1. Petit rappel théorique

D'un point de vue algébrique, c'est le besoin de pouvoir associer une solution à toute équation du premier degré à coefficients dans N, ensemble des nombres entiers naturels, $a \times x = b$, $a \neq 0$, qui conduit à construire l'ensemble des nombres rationnels. Une telle équation est entièrement déterminée par ses coefficients a et b. Leur couple (a, b), noté b/a, est une fraction. Elle identifie l'unique solution de l'équation. Dans le cas particulier où b est un multiple de a, on retrouve la solution entière. En remarquant que des équations ont la même solution si et seulement si on passe de l'une à l'autre en multipliant (ou en divisant lorsque c'est possible) leurs coefficients par un même nombre, on obtient la notion de fractions équivalentes. Une classe de fractions équivalentes est un nombre rationnel. L'inconvénient des nombres rationnels est qu'on ne dispose pas d'un moyen commode de les écrire : on peut seulement choisir une des fractions qui les représentent, généralement la fraction irréductible, pour les désigner. Si les multiplier ou les diviser entre eux sous forme fractionnaire ne pose pas de problème particulier, les comparer, les additionner ou les soustraire est une opération complexe quand leurs dénominateurs sont différents, or ces dernières opérations sont les plus utilisées. Ce problème a conduit à s'intéresser à une famille particulière de rationnels, celle des fractions décimales : ce sont les rationnels qui possèdent au moins une écriture fractionnaire dont le dénominateur est une puissance de dix (ex. : $\frac{1}{2} = \frac{5}{10}$). En étendant le tableau de numération des entiers au-delà de la colonne des unités, pour l'ouvrir aux fractions décimales simples : $\frac{1}{10}$; $\frac{1}{100}$; $\frac{5}{1\,000}$; ... ; et en marquant d'une virgule ou d'un point, la séparation entre la partie entière et la partie fractionnaire de l'écriture, on réussit à appliquer aux fractions décimales, l'écriture décimale de position des entiers, plus connue sous le nom de nombre décimal, et à étendre à ces nombres, avec des adaptations mineures, les algorithmes de comparaison, de calcul de somme ou de différence, qui étaient appliqués aux nombres entiers. Cette facilité d'utilisation a été une des principales raison du succès des nombres décimaux.

Leur importance pratique tient à cette propriété ainsi qu'à celle de pouvoir encadrer avec une précision arbitraire n'importe quel nombre réel (nombre qui exprime une mesure exacte) comme π par exemple qui exprime la mesure de la longueur d'un cercle en prenant son diamètre comme unité de longueur.

2. Comment faire apparaître la nécessité d'introduire ces nouveaux nombres que sont les fractions ?

L'introduction des nombre décimaux par des problèmes de conversion de mesure utilisant des multiples décimaux de l'unité principale a été longtemps pratiquée, mais elle a été abandonnée car tout nombre décimal pouvant être converti en nombre entier pourvu qu'on choisisse une unité adaptée (ex. : 1 458 m = 1,458 km), aux yeux des élèves le nombre décimal restait un nombre entier « déguisé » par une virgule et la spécificité des nombres décimaux de pouvoir s'approcher toujours plus près de n'importe quel nombre réel (propriété de densité) passait inaperçue aux yeux des élèves.

Devant ces obstacles épistémologiques, il a été convenu que les nombres décimaux devaient être présentés comme l'écriture particulière des fractions décimales, ce qui oblige à introduire les fractions avant les nombres décimaux.
Le plus naturel est sans doute de partir d'un problème de mesure mettant en évidence l'insuffisance des nombres entiers afin de faire surgir l'idée du fractionnement de l'unité. Pour montrer que ce problème ne dépend pas de la grandeur mesurée on propose généralement des mesures de longueurs et des mesures d'aires qui se prêtent bien à des représentations sur papier et à des pliages, mais des mesures de contenances ou de durées pourraient tout aussi bien convenir si leur expérimentation était plus facile d'accès.

Guy Brousseau a, par ailleurs, proposé une construction des nombres rationnels (ce n'est pas au programme, mais l'expérience est passionnante) à partir de la question *« Quelle est l'épaisseur d'une feuille de papier ? »* Le problème se prête bien à une recherche pratique dans la classe : en mesurant, on trouve zéro, mais on peut mesurer l'épaisseur d'un tas de feuilles de papier ; ce faisant, on ne peut pas caractériser l'épaisseur de la feuille par un seul nombre. Pour cela, il faut un couple de nombres : celui qui donne le nombre de feuilles du tas et celui qui donne l'épaisseur du tas. Si on prend un nombre de feuilles deux fois plus important, l'épaisseur du tas double aussi, mais pas l'épaisseur de la feuille de papier. On découvre ainsi que le même nombre (l'épaisseur de la feuille) peut être représenté par des couples équivalents. Ainsi, les nombres entiers ne suffisent pas toujours à caractériser une mesure[1]. Les enfants construisent progressivement les nombres rationnels, avant de s'intéresser aux fractions décimales et aux nombres décimaux.

3. Les propriétés essentielles

Les fractions sont très peu utilisées dans la vie courante, à l'exception des « petites fractions simples » : $\frac{1}{2}$, $\frac{1}{4}$ et parfois, mais rarement, $\frac{1}{3}$. Elles n'intéressent en fait que les professionnels des mathématiques et les Anglo-Saxons, qui n'ont pas encore assimilé le système métrique.
C'est tout le contraire pour les nombres décimaux qui tirent leur intérêt de deux propriétés :
• Tout nombre réel peut être approché avec une précision arbitraire par des nombres décimaux.
• Dans notre système de numération, tout nombre décimal s'écrit de manière unique à l'aide d'une suite finie de chiffres.

Ces deux propriétés sont relatives à l'ordre. En revanche, les propriétés algébriques des nombres décimaux sont assez médiocres du fait que le rapport de deux nombres décimaux n'est pas, sauf exception, un nombre décimal, cette faiblesse les disqualifie, d'un point de vue réthorique, au profit des nombres rationnels.
Ce sont les propriétés relatives à l'ordre que les élèves devront progressivement assimiler. Les exercices de codage des points d'une demi-droite graduée et les exercices d'intercalation sont un bon moyen d'entretenir ces connaissances.
Cependant, c'est le statut des nombres décimaux qui est l'objectif premier du travail pédagogique, en particulier leur propriété de s'intercaler entre deux nombres distincts, même très proches. La confusion entre nombres entiers naturels et nombres décimaux est la cause des erreurs les plus fréquentes des élèves (notamment celles qui concernent la comparaison des nombres décimaux et celles qui sont commises sur les opérations alors que les mêmes algorithmes opératoires fonctionnent sans erreur sur les nombres entiers naturels).

1. Le lecteur intéressé pourra consulter : *Les Décimaux*, IREM de Bordeaux, sous la direction de Guy Brousseau.

ANNEXE 2
Les jeux numériques

Ils peuvent compléter les séances de calcul mental du type *La Martinière* ou faire l'objet de séances spécifiques, car ils demandent un temps plus long, une installation particulière...
Il en existe toute une série : dés, cartes, dominos, marelles ou damiers en sont les supports les plus courants.
Voici, à titre d'exemples, quelques jeux à pratiquer par la classe entière.

1. Les lotos

Prévoir des cartons de 12 cases (3 lignes de 4) avec une case noire par ligne. Les autres cases portent des nombres écrits dans le système de numération ordinaire. Au CM1, il faut prévoir une série de cartons avec des nombres dans la tranche 70 à 100 (certains seront écrits plusieurs fois sur le même carton), et une autre série comportant des nombres judicieusement choisis pour leur richesse en diviseurs (comme 360 ou 128) ou parce qu'ils présentent des difficultés particulières liées aux divergences entre numération écrite et numération orale (comme 676 ou 496). Le travail de l'enseignant consiste à écrire des étiquettes adaptées aux objectifs de la séance et qui seront tirées d'une boîte les unes après les autres (écritures additives, soustractives, multiplicatives, littérales...).
Exemples : [12 × 25] [soixante-dix-sept] [200 + 90 + 3]
Les élèves cherchent si le nombre annoncé figure sur leur carton et, dans ce cas, posent un jeton sur la case correspondante. Le premier dont toutes les cases sont recouvertes (jeu à carton plein) ou dont une ligne est recouverte (jeu à ligne) a gagné. Il importe évidemment de vérifier l'annonce. Le gagnant peut devenir le meneur de jeu, et ainsi de suite.

2. Les papiers

Les élèves découpent des bouts de papier sur lesquels ils inscrivent des nombres imposés.
Par exemple : [100] [100] [50] [50] [40] [40] [30] [10]...
L'enseignant dit un nombre (dans l'exemple : multiple de dix). Les élèves doivent alors le composer à l'aide de leurs bouts de papier.
Exemples pour « cent quarante » : [100] [40] [100] [30] [10] [50] [50] [40]
L'enseignant peut imposer des contraintes : utiliser au moins trois bouts de papier, ne pas utiliser les 100, etc.

3. Les lectures cachées

L'enseignant écrit au tableau une suite de nombres. Il demande aux élèves (un seul à la fois) de lire à haute voix les doubles, les moitiés, les restes de la division par 5 des nombres écrits, etc.

Exemple : À partir de la suite de nombres : 60 ; 100 ; 40 ; 16 ; 120 ; 7 :
– l'élève dit la moitié : 30 ; 50 ; 20 ; 8 ; 60 ; 3,5 ;
– ou bien le quart : 15 ; 25 ; 10 ; 4 ; 30 ; 1,75 ;
– ou encore le double : 120 ; 200 ; 80 ; 32 ; 240 ; 14.

4. Le jeu du portrait

L'enseignant, ou un élève, ou un groupe d'élèves, choisit un nombre. La classe ou l'élève élu doit le deviner en posant des questions auxquelles il ne sera répondu que par « oui » ou par « non ».

5. La dictée de rangement

Quand les élèves réussissent bien à l'épreuve de dictée de nombres, l'enseignant leur demande d'écrire sous la dictée une suite de deux, puis de trois nombres (la suite est énoncée et écrite dans un second temps), puis enfin d'écrire en l'ordonnant (du plus petit nombre au plus grand ou du plus grand au plus petit) une suite dictée dans le désordre.
Exemple : le maître dit : 1,8 ; 1,25 ; 1,09 et attend de l'élève qu'il écrive : 1,09 ; 1,25 ; 1,8...

6. Jeux crayons-papier

Ce sont le plus souvent des jeux pour deux joueurs. En voici des exemples.
Le lecteur intéressé pourra en trouver d'autres, notamment, dans les brochures *Jeux 1* et *Jeux 2* publiées par l'APMEP.

a. Attraper 15

Les neuf premiers nombres entiers sont écrits sur une feuille : 1, 2, 3, 4, 5, 6, 7, 8, 9
Tour à tour, chacun des deux joueurs choisit l'un de ces nombres, l'écrit d'un côté de la feuille et le raye de la liste. L'adversaire ne pourra plus le choisir. Le vainqueur est le premier dont la somme des nombres est égale à 15 ou le premier qui bloque son adversaire en l'empêchant de jouer.
Exemple de déroulement : 1, ~~2~~, ~~3~~, ~~4~~, ~~5~~, ~~6~~, 7, 8, ~~9~~

Célia	Pierre	
5	9	
6	4	
3	2	Pierre gagne.

Les stratégies gagnantes reposent sur la décomposition de 15 en somme de trois nombres d'un chiffre.

b. La course à 21

Les joueurs disposent au départ du nombre 21 qu'ils peuvent matérialiser par 21 croix. Chacun barre tour à tour une ou deux croix. Le perdant est celui qui barre la dernière croix. Le jeu repose sur la connaissance du reste de la division d'un nombre par 3 : pour laisser une croix à son adversaire, il suffit de lui en laisser quatre, ou sept, ou dix, etc.
L'enseignant peut changer les paramètres du jeu suivant les besoins du moment : modifier le nombre de croix au départ, le nombre de croix qu'on peut barrer (une, deux ou trois par exemple si on désire utiliser la division par 4), etc.

ANNEXE 3
Multiplications dans le monde

Dans le manuel ou le fichier de l'élève, est présentée une technique pour poser et effectuer une multiplication, mais il en existe bien d'autres.

Plusieurs techniques utilisent la base 2. Elles ne requièrent pas la connaissance de toutes les tables de multiplication autres que la multiplication par 2 :
• la technique égyptienne est notamment connue grâce au papyrus *Rhind*, écrit au XVIIe siècle av. J.-C., où le sage Ahmès expose les connaissances mathématiques de son temps, qui viennent en partie des Babyloniens ;
• la technique russe est une variante de la technique égyptienne.

D'autres techniques utilisent la décomposition décimale des nombres et se caractérisent par le produit de chaque chiffre du premier nombre par chaque chiffre du second. Elles nécessitent donc de connaître les tables de multiplications d'un chiffre par un autre.
Cependant, plusieurs types de dispositions ont été adoptés au cours des temps :
• la technique grecque ;
• la technique contemporaine, actuellement la plus répandue ;
• la technique *per gelosia* (par jalousie) qui se pratiquait au Moyen Âge en Chine, en Inde, chez les Arabes aussi bien qu'en Occident, et se pratique encore aujourd'hui en Turquie ;
• les bâtons de Neper, mathématicien écossais, qui mit au point en 1617 un instrument de calcul très utilisé au XVIIe siècle permettant de calculer des multiplications. Il fonctionne sur le même principe que la technique *per gelosia*.

Enfin, une méthode graphique vient compléter ce panel. Pour de plus amples informations, on peut consulter le site Internet : http://therese.eveilleau.pagesperso-orange.fr/pages/truc_mat/textes/mult_grecque.htm#deux

Voici quelques exemples de ces techniques.

1. La technique égyptienne

Elle consiste à utiliser le double des nombres jusqu'à un nombre inférieur ou égal au second facteur : 32 + 4 = 36.
Ensuite, il suffit de sélectionner les doubles correspondant à la décomposition du second facteur. La somme de ces doubles donne le résultat de la multiplication.

Exemple : 345 × 36

Doubler	Doubler	Ajouter
345	1	
690	2	→ **1 380**
1 380	**4**	
2 760	8	
5 520	16	→ **11 040**
11 040	**32**	
		12 420

345 × 36 = 12 420

2. La technique russe

Elle consiste à calculer simultanément les moitiés successives de l'un des nombres et les doubles successifs de l'autre.
Ensuite, il suffit de sélectionner les doubles correspondant à des moitiés impaires.
La somme de ces doubles donne le résultat de la multiplication.
La justification de cette technique s'appuie sur les égalités du genre :
345 × 36 = (2 × 172 + 1) × 36 = 2 × 172 × 36 + 36 = 172 × 2 × 36 + 36 = 172 × 72 + 36
En remplaçant le produit 345 × 36 par 172 × 72 on « perd » 36, cela ne se produit que lorsque le premier facteur est impair, ce qui explique les sommes en fin de calcul.
Exemple : 345 × 36

Prendre la moitié	Doubler	Ajouter
345	**36**	**36**
172	~~72~~	
86	~~144~~	→ **288**
43	**288**	→ **576**
21	**576**	
10	~~1 152~~	→ **2 304**
5	**2 304**	
2	~~4 608~~	→ **9 216**
1	**9 216**	
		12 420

345 × 36 = 12 420

3. La technique *per gelosia*

Elle utilise un tableau avec des cases centrales coupées par des diagonales. Ces cases servent à écrire les produits des nombres en suivant la méthode de remplissage d'un tableau à double entrée : la partie inférieure reçoit l'unité et la partie supérieure la dizaine s'il y a lieu.
Lorsque tous les produits sont calculés, il faut effectuer la somme pour chaque diagonale, en commençant en bas à droite et en notant les retenues dans la diagonale suivante.
Exemple : 345 × 36

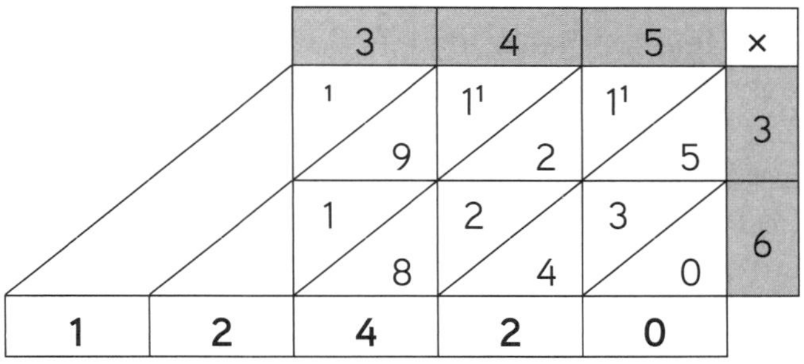

345 × 36 = 12 420

ANNEXE 4
Tuic
Ateliers informatiques

Les programmes, avec la mise en œuvre du socle commun de connaissances, de compétences et de culture, insistent, à juste titre, sur l'intérêt qu'apportent les outils informatiques dans la plupart des situations d'enseignement.
Au milieu de chaque période, nous proposons donc aux enseignants un atelier informatique intitulé TUIC (Technologies Usuelles de l'Information et de la Communication), qui permet aux élèves d'approfondir les notions étudiées. Outre l'allègement de la charge de travail qu'ils permettent pour traiter des données, les logiciels offrent l'occasion d'une approche expérimentale des mathématiques. Dans cet esprit, le logiciel permet de varier les points de vue sur un même concept ; mais les activités réalisées à l'aide de cet outil ne remplacent pas celles qui sont situées dans l'espace réel ou sur le plan matérialisé par la feuille de papier.
Nous pensons apporter une aide non négligeable aux enseignants en leur proposant les activités complémentaires qui permettent aux enfants d'approfondir les notions étudiées sous une forme différente : tracer des polygones, tracer des droites perpendiculaires et des droites parallèles, utiliser un tableur, utiliser un logiciel pour programmer les déplacements d'un personnage sur un écran.

Activités préalables

Les logiciels utilisés pour ces ateliers sont des logiciels libres (*open source*) et gratuits. Ils sont intéressants tant sur le plan de leur coût et de leur fiabilité que sur celui de la souplesse d'adaptation qu'ils offrent aux utilisateurs :

➢ **Apache OpenOffice, suite bureautique**
Pour télécharger le logiciel *Apache OpenOffice*, saisir l'adresse http://www.openoffice.org/fr/ dans la barre d'adresse de votre navigateur Internet, puis appuyer sur Entrée. Sur le site francophone *OpenOffice*, cliquer sur le bouton Télécharger, choisir un système d'exploitation et suivre les instructions.
Pour installer le logiciel, double cliquer sur le logiciel précédemment téléchargé et suivre les instructions de l'installation.
Bien sûr, ces activités sont tout à fait transposables à d'autres logiciels, mais cela demande une certaine connaissance de l'outil informatique et des logiciels utilisés.

➢ ***Déclic32*, logiciel de géométrie dynamique**
Pour télécharger le logiciel *Déclic32*, saisir l'adresse http://emmanuel.ostenne.free.fr/ dans la barre d'adresse de votre navigateur Internet, puis appuyer sur Entrée.
Sur le site d'Emmanuel Ostenne, cliquer sur le menu Téléchargement. Cliquer ensuite sur l'installateur du logiciel *Déclic32*.
Pour installer le logiciel, double cliquer sur le logiciel précédemment téléchargé et suivre les instructions de l'installation.

➢ ***GéoTortue*, logiciel pour programmer des déplacements**
Pour télécharger le logiciel *GéoTortue*, saisir l'adresse http://geotortue.free.fr/ dans la barre d'adresse de votre navigateur Internet, puis appuyer sur Entrée.
Sur le site *GéoTortue*, cliquer sur le menu Téléchargement. Cliquer ensuite sur le lien de téléchargement correspondant à votre système d'exploitation.
Pour installer le logiciel, double cliquer sur le logiciel précédemment téléchargé et suivre les instructions de l'installation.

Mise en œuvre

Ces activités ont été conçues pour que les élèves puissent les pratiquer seuls en suivant pas à pas les consignes, soit à l'école, soit à la maison sur l'ordinateur familial, même si l'outil informatique ne leur est pas tout à fait familier.
Durant le temps scolaire, l'école devrait être en mesure de proposer deux modes d'exploitation :

1. La classe dispose d'un matériel informatique. Un ou deux ordinateurs sont en fond de classe : les élèves peuvent librement les utiliser dès lors qu'ils ont terminé leurs travaux en cours ou bien l'accès est réglementé par un tour de rôle ou un contrat de travail.

2. Le matériel informatique est regroupé dans une salle. L'enseignant programme, au cours de son créneau horaire de réservation de la salle informatique, une séance sur le maniement d'un logiciel de géométrie dynamique, par exemple.
Si les élèves n'ont pas le temps de terminer les activités, ils enregistrent leur document, selon la procédure suivante :
– cliquer sur « Fichier », puis sur « Enregistrer sous » ;
– une fenêtre s'ouvre : choisir le dossier dans lequel ce document sera enregistré, par exemple : « Mes documents » ;
– taper un nom de fichier dans la case prévue à cet effet et cliquer sur « Enregistrer ».
Lors d'une nouvelle séance, l'élève ouvre son document : soit à partir du dossier « Mes documents » par un double-clic sur le nom de son document, soit à partir du logiciel :
– cliquer sur « Fichier », puis sur « Ouvrir » ;
– une fenêtre s'ouvre : choisir le dossier dans lequel le document a été enregistré, par exemple : « Mes documents » ; cliquer sur le nom du fichier puis sur « Ouvrir ».

ANNEXE 5
Grandeurs et mesures

1. Historique du système métrique

➢ Un trop grand nombre d'unités

En 1788, près de 2 000 unités de mesure ont cours sur le territoire français. Chaque produit à mesurer a sa propre unité. L'inventaire d'une ferme peut comprendre 100 *mines* de blé, 5 *muids* de légumes au grenier, 3 *queues* de vin, 7 *mirres* d'huile, quelques *penses* de fromage, 6 *corbes* de foin, 4 *aunes* d'étoffes, quelques *cordes* de bois à brûler, etc.
On mesurait une longueur en *points, lignes, pouces, pieds, toises, perches, palmes, lieues* ou *aunes*, les volumes en *boisseaux, setiers, picotins, litrons, veltes, demoiselles, chopines, pintes, roquilles, tonneaux*... On pesait en *livres, onces, drachmes, scrupules, grains*...
Les mesures agraires avaient un rapport avec la valeur et le labeur nécessaire au travail, par exemple une *bichée* correspondait à la surface que l'on pouvait ensemencer avec un bichet de grains.

➢ Une même unité a des valeurs différentes

La valeur d'une unité diffère d'une province à l'autre, d'un village à l'autre, et même quelquefois à l'intérieur d'une même cité.
– La *lieue* de Picardie vaut 4,444 km, celle de Touraine 3,933 km, celle de Bretagne 4,581 km, celle de Provence 5,849 km, celle de Paris 4,18 km.
– L'*aune*, unité utilisée pour mesurer les étoffes, vaut 0,677 m à Bourges, 1,188 m à Paris, 1,432 m à Laval.
– Le *pied* vaut 0,299 m en Normandie, 0,270 m à Avignon, 0,341 m à Lyon, 0,289 m à Strasbourg, 0,335 m à Mâcon...
– La *bichée* dépend de la fertilité du terrain.

2. Pourquoi cela ?

Chaque prince, duc, marquis, comte veut sa propre mesure : « *Dans mes terres, on pèse et on mesure comme je le décide.* » Une telle décision revêt une grande importance pour le seigneur, car les impôts sont payés en nature. En augmentant un étalon de volume, par exemple le boisseau avec lequel on mesure le blé, le serf paie plus d'impôts !
Or, avant la Révolution, le peuple réclame une égalité devant l'impôt et la suppression des privilèges. D'autre part, le commerce est entravé par cette multiplicité de mesures, sources de fraudes.
Dans les cahiers de doléances établis pour la convocation des États Généraux du 1er mai 1789, on trouve en premier lieu la nécessité d'harmoniser les unités de mesure : **« Un même roi, un même poids, une même mesure pour le même royaume. »**

3. Les étalons avant la Révolution

À Paris, les étalons de poids et de mesure étaient confiés à divers corps ou corporations. Ils avaient valeurs dans cette cité.

a. Mesures de longueur

• ***La toise***

L'étalon légal, déposé au grand Châtelet, avait été renouvelé assez souvent, et en dernier lieu en 1766 : il fut alors choisi égal à la toise du Pérou, déposée au cabinet de l'Académie des Sciences, au Louvre. Cet étalon légal était une règle de fer, à talons, scellée dans un mur accessible au public. Il fut détruit en 1802.

• ***L'aune***

L'étalon de l'aune était confié à la garde des marchands merciers, qui le conservaient dans leur bureau de la rue Quincampoix. Comme l'étalon de toise, c'était une règle de fer, avec talons ; au dos, elle portait, gravé en grosses capitales *Aune des Marchands Merciers et Grossiers, 1554,* et était divisée en demies, quarts, tiers, sixièmes... Ces subdivisions étaient d'ailleurs très défectueuses.

b. Poids

L'étalon de poids était conservé à l'Hôtel des Monnaies, et se trouve aujourd'hui au Conservatoire des Arts et Métiers. C'est une série de poids à godet, s'imbriquant les uns dans les autres, pesant au total 50 marcs (25 livres) et formant ce qu'on appelle « la pile de Charlemagne » car datant de Charlemagne. Les poids qui s'y rapportaient étaient dits « poids de marc ».

On avait étalonné à partir de cette pile les poids déposés dans tous les Hôtels des Monnaies, de sorte que le poids de marc était connu dans toute la France où il servait, pour ainsi dire, de poids universel. C'est aussi sur la pile de Charlemagne qu'on avait étalonné les poids déposés au Châtelet et ceux dont la garde était confiée conjointement aux Apothicaires et aux Épiciers ; ces corporations avaient le droit de contrôler, deux ou trois fois par an, les poids et les balances de tous les marchands et artisans de Paris.

c. Volumes

• ***Mesures pour les liquides***

L'étalon, conservé à l'Hôtel de Ville, était confié à la garde du Prévôt des Marchands et des Échevins.

• ***Mesures pour les grains, les matières sèches***

Les étalons étaient conservés par les soins des Jurés-Mesureurs du sel qui, pour la garde de ce dépôt, avaient une chambre à l'Hôtel de Ville. Ces mesures étaient différentes selon qu'il s'agissait de blé, d'avoine, de sel, de charbon, etc. Cependant, peu à peu, des ordonnances diminuèrent cette diversité. Les Jurés-Mesureurs pour le sel étaient chargés de l'étalonnage des mesures dont ils conservaient les étalons.

4. Des essais d'uniformisation

Des essais d'uniformisation ont eu lieu, sous l'Empire Romain et sous Charlemagne, essentiellement pour contrôler et uniformiser la recette des impôts. La féodalité eut ensuite vite raison de cette uniformisation.

La fin de la féodalité fut donc une condition nécessaire à la réussite de toute tentative d'uniformisation des poids et mesures. Cette condition est remplie le 11 août 1789. L'Assemblée nationale vote l'article 17 : « Les droits d'étalonnage sont supprimés. »

L'article 18 mentionne : « Les municipalités pourvoiront gratuitement à l'étalonnage et à la vérification des poids et mesures. »

Le seigneur perd alors son droit sur la mesure.

➢ **Quel étalon choisir ?**

Après la proclamation de la Déclaration Universelle des Droits de l'Homme, la Révolution française veut imposer l'universalité des mesures. Seul un étalon tiré de la nature même peut être adopté par tous les peuples.

L'unité de temps, la seconde, par son lien avec le jour solaire moyen, s'était depuis longtemps imposée. Dès le XVIIe siècle, depuis les travaux de Huygens sur le mouvement pendulaire, on savait fabriquer des horloges très précises. Cette précision dans la mesure du temps avait été demandée par les marins pour connaître précisément leur longitude et éviter bien des naufrages.

On voulut alors associer l'unité de longueur à l'unité de temps en choisissant pour unité de longueur la longueur d'un pendule simple battant la seconde. Cette unité de longueur correspondait d'ailleurs pratiquement à 1 mètre.

Mais, en 1672, à Cayenne, proche de l'équateur, l'astronome Jean Richer fit une découverte inattendue. Dix mois durant, il observa les oscillations d'un pendule. Un pendule qui battait la seconde à Paris oscillait là-bas plus lentement : il fallait le raccourcir d'une ligne un quart soit de 2,81 mm. Ce phénomène était dû à la rotondité imparfaite de la Terre, plus plate aux pôles qu'à l'équateur.

On s'orienta donc vers une unité de longueur indépendante de l'unité de temps. On choisit alors, comme référence, la Terre.

Le 30 mars 1791, on décida que cette nouvelle unité de longueur s'appellerait « mètre » (du grec « *métron* », mesure) et serait égale à la dix millionième partie du quart d'un méridien terrestre.

C'est alors que commença une folle expédition qui dura sept années, de 1792 à 1799, dans la période mouvementée de la Révolution, afin de mesurer la longueur d'un méridien avec un étalon de l'époque : la toise du Pérou.

Deux astronomes, Delambre et Méchain, mesurèrent avec précision la longueur d'une partie d'un méridien entre Dunkerque et Barcelone par la méthode dite « de triangulation ». Ils trouvèrent que le quart du méridien mesurait 5 130 740 toises.

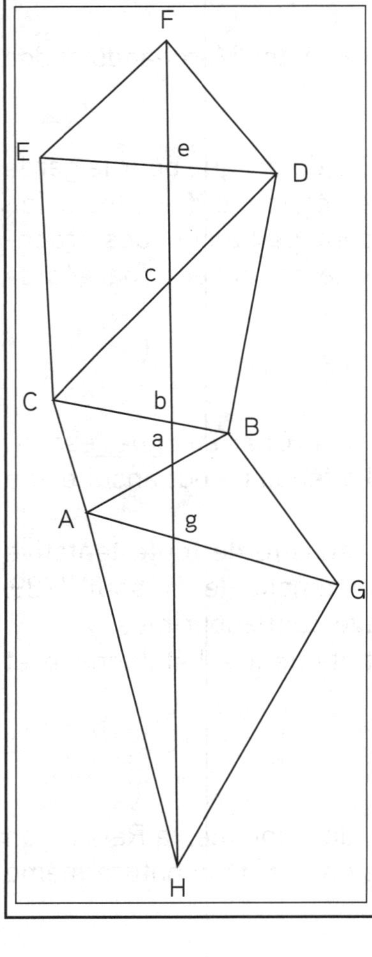

Technique de la « triangulation plane »
utilisée pour mesurer un segment de méridien

Partant d'un point F situé sur le méridien à mesurer, on constitue sur le terrain un réseau de points : F, E, D, C, B, A, G, H situés aux sommets de collines, tours, clochers... et visibles les uns des autres, en particulier la nuit quand on les éclaire par un feu. Ces points sont reliés de manière à former une suite de triangles : FED, EDC, CBD, ABC, ABH, AGH.

- On mesure les angles de ces triangles à l'aide d'une lunette et d'un rapporteur.
- On mesure sur le terrain la longueur d'un des segments, AB par exemple, qu'on appelle « la base ». Ce segment doit être horizontal et bien dégagé sur toute sa longueur pour permettre la mise bout à bout de perches (mesurant environ 4 mètres) : bord de mer, d'un fleuve, ou bien route droite en plaine.
- On calcule de proche en proche les côtés des triangles ABC, BCD, CDE, DEF, ABG, AGH par les formules :

$$AC = AB \cdot \frac{\sin \widehat{B}}{\sin \widehat{C}} \text{ et } BC = AB \cdot \frac{\sin \widehat{A}}{\sin \widehat{C}}$$

- On détermine les angles $\widehat{eFE}$ et $\widehat{eFD}$.
- On calcule successivement les longueurs Fe, ec, cb, ba, ag, gH d'où l'on déduit la longueur FH.

On peut aussi déterminer les projections orthogonales de F, E, D, C, B, A, G sur le méridien de F.

En général, pour minimiser les erreurs, on effectue au moins deux fois les mesures et calculs à partir de bases différentes.

On trouva alors, en prenant la dix millionième partie de cette valeur, qu'un mètre correspondait à 3 pieds 11,44 lignes de Paris.
Dès 1795, on fixa les noms des multiples en utilisant les préfixes grecs « *déca, hecto* et *kilo* » et ceux des sous-multiples à l'aide des préfixes latins « *déci, centi* et *milli* ».
L'unité de masse, le kilogramme, fut fixée au poids de 1 dm^3 d'eau à 0 °C. Par la suite, on constata que l'eau avait une densité maximale à 4 °C et l'on prit cette nouvelle référence.
Le 22 juin 1799, après le résultat connu de la mesure du méridien, on fabriqua des étalons en platine : une règle pour le mètre et un cylindre pour le kilogramme.
Le 10 décembre 1799, le système métrique devint obligatoire en France. Cela ne fut pas si simple ! Le système fut abandonné par Napoléon puis par Louis XVIII. Il deviendra à nouveau obligatoire le 4 juillet 1837, sous Louis-Philippe. Depuis, il est resté en vigueur.

Le système métrique décimal est donc le fruit de la Révolution française et a été adopté par la quasi-totalité des pays du monde (sauf le Royaume-Uni, les États-Unis, le Canada...) et par tout le monde scientifique.

➢ L'évolution des étalons

Jusqu'au 14 octobre 1960, l'étalon du mètre était une règle en platine (en réalité, un alliage de platine et d'iridium), conservée au Pavillon des poids et mesures à Sèvres. Des copies avaient été distribuées aux autres pays du monde.
Afin d'augmenter la précision des mesures, on changea d'étalon en abandonnant la règle de platine. On rattacha la définition du mètre à un certain multiple de longueur d'onde d'une radiation émise par un atome de césium.
Le 21 octobre 1983, étant donné la nécessité d'accroître encore la précision des mesures de longueur pour passer d'une précision d'un cent millionième à un cent milliardième, on adopta une nouvelle définition du mètre.
Depuis cette date, il n'y a plus d'étalon de longueur, mais un étalon de vitesse qui est la vitesse de la lumière, vitesse universelle, dans le vide. Le mètre est défini à partir de cet étalon : il est égal à la distance que parcourt la lumière en 1/299 792 458 seconde.
Au Pavillon des poids et mesures, seul subsiste l'étalon de masse qui est un cylindre de platine iridié de 39 mm de haut et de 39 mm de diamètre.

➢ Le système international d'unités

Le système international d'unités (S.I.) est composé de sept unités de base : mètre, kilogramme, seconde, ampère, kelvin, mole, candela.

Nature	Unité	Symbole	Définition
longueur	mètre	m	Le mètre est la longueur du trajet parcouru dans le vide par la lumière pendant une durée de 1/299 792 458 de seconde. (1983)
masse	kilo-gramme	kg	Le kilogramme est la masse du prototype en platine iridié déposé au Bureau i nternational des poids et mesures. (1889)
temps	seconde	s	La seconde est la durée de 9 192 631 770 périodes de la radiation correspondant à la transition entre les deux niveaux hyperfins de l'état fondamental de l'atome de césium 133 à une température de 0 kelvin. (1967)
courant électrique	ampère	A	L'ampère est l'intensité d'un courant constant qui, maintenu dans deux conducteurs parallèles, rectilignes, de longueur infinie, de section circulaire négligeable et placés à une distance de un mètre l'un de l'autre dans le vide produirait entre ces conducteurs une force égale à 2.10^{-7} newtons par mètre de longueur. (1948)
température	kelvin	K	Le kelvin est égal à la fraction 1/273,16 de la température thermodynamique du point triple de l'eau. (1967) Cette définition fait du kelvin une mesure de température égale en variation à celle du degré Celsius, mais basée sur le zéro absolu.
quantité de matière	mole	mol	La mole est la quantité de matière contenant autant d'entités élémentaires qu'il y a d'atomes dans 0,012 kilogramme de carbone 12. (1971)
intensité lumineuse	candela	cd	La candela est l'intensité lumineuse, dans une direction donnée, d'une source qui émet un rayonnement monochromatique de fréquence 540.10^{12} hertz et dont l'intensité énergétique dans cette direction est de 1/683 watt par stéradian. (1979)

Toutes les unités des autres grandeurs physiques sont exprimées à partir de ces unités de base.
Par exemple, l'unité de vitesse est le mètre par seconde (m/s), celle d'accélération le mètre par seconde au carré (m/s^2).
L'unité de force (ou de poids) est le newton (N) déduit de la formule qui traduit le principe fondamental de la dynamique : F = m.a (m : masse, a : accélération) : donc 1 N est égal à 1 kg . m/s^2.
Il en est de même des unités de pression, de charge électrique, d'énergie...
Les multiples ou sous multiples de ces unités sont légaux.

Référence : *Le Mètre du Monde*, Denis Guedj, Éditions du Seuil.
Site Internet : http://www.utc.fr/~tthomass/Themes/Unites/

ANNEXE 6
Approche de la proportionnalité

Le concept de proportion est très ancien : les penseurs grecs l'ont introduit dans un cadre qui n'était pas précisément numérique mais géométrique et lié à la mesure des grandeurs (longueurs, aires et volumes). Au cours de l'histoire, ces proportions ont lentement acquis, et non sans conflit, le statut de nombres. Elles sont à l'origine de la notion de nombres réels : il a fallu attendre le XIXe siècle pour que ceux-ci fassent l'objet d'une construction rigoureuse et explicite. Le lent processus qui a conduit à inclure les nombres entiers naturels et les nombres entiers rationnels dans l'ensemble des nombres réels permet de se faire une idée des difficultés que les élèves doivent surmonter pour maîtriser la proportionnalité.
On dit que quatre nombres *a, b, c* et *d* forment une proportion lorsque les rapports $\frac{a}{c}$ et $\frac{b}{d}$ sont égaux. Par extension, deux suites de nombres non nuls a_1, a_2, a_3..., *an et* b_1, b_2, b_3,... , *bn* sont proportionnelles si :

$$\frac{a_1}{b_2} = \frac{a_2}{b_2} = \frac{a_3}{b_3} = \dots \frac{a_n}{b_n} = t$$

Dans un langage plus moderne, les deux suites sont proportionnelles si les nombres *b* sont les images des nombres *a* par une fonction linéaire. Si *t* désigne le rapport commun (ou coefficient de proportionnalité), la fonction linéaire est la fonction : $F : x \mapsto t.x$ définie sur un ensemble convenable. Cette fonction vérifie la propriété fondamentale : pour tout couple (x, y) de nombres, $F(x + y) = F(x) + F(y)$: l'image d'une somme est la somme des images.
Plusieurs cas peuvent se produire :

a) *t* est un nombre entier naturel, et la fonction est définie sur les nombres entiers naturels. Alors, on retrouve simplement les propriétés de la multiplication des nombres entiers bien connue des élèves du CM : la multiplication est distributive sur l'addition.

Exemple :
Tony achète deux gâteaux à la pâtisserie. Il paie 4 €.
Combien paiera-t-il s'il achète 4, 6, ou 3 gâteaux semblables ?
En euros :
Prix d'un gâteau : 4 : 2 = 2.
Prix de 4 gâteaux : 2 × 4 = 8.
Etc.

Nombre de gâteaux	1	2	3	4	5	6
Prix en €	....	....	....	....	....	....

b) *t* est un nombre entier naturel, mais la fonction est définie sur un ensemble plus vaste, par exemple les nombres décimaux ou les fractions. On se trouve dans une situation plus compliquée mais assez familière aux élèves de CM. Il s'agit de la multiplication « externe » des nombres décimaux par les nombres entiers qui généralise simplement l'addition réitérée. Il est assez commode de donner du sens à cette multiplication dans un cadre de mesure. C'est toujours la distributivité de la multiplication « externe » sur l'addition (interne) qui est en œuvre.

Exemple :
Daniel et sa famille souhaitent partir en vacances en Angleterre. Le cours de la livre sterling (£) est, ce jour-là, de 1,42 €. Daniel achète 400 £, son épouse 300 £ et sa fille 180 £.
a. Quelle somme en euros chacun devra-t-il débourser ?
b. Quelle est la somme en euros déboursée par la famille ?
• somme en euros payée par Daniel : 1,42 × 400 = 568
• somme en euros payée par son épouse : 1,42 × 300 = 426
• somme en euros payée par sa fille : 1,42 × 180 = 255,60
• somme en euros déboursée par la famille : 568 + 426 + 255,60 = 1 249,60
Vérification :
1,42 × (400 + 300 + 180) = 1 249,60

£	1	400	300	180	880
€	.....	.....	.....	.....	.....

c) Le coefficient *t* n'est plus entier mais rationnel (représentable par une fraction). La situation est beaucoup plus complexe. On ne sait pas multiplier par une fraction ou un nombre décimal à l'école élémentaire. Néanmoins, certains problèmes peuvent être résolus par les élèves en utilisant l'aspect « isomorphisme additif » de la fonction linéaire sous-jacente. Il faut, pour cela, que la situation permette la construction du sens par les élèves.

Exemple :
Les élèves de l'école de Camaret ont convenu que cinq billes de terre valent 2 agates. Jacques est chargé de vérifier les transactions sur les billes. Pour l'aider, construis un tableau qui indique les valeurs d'échange de 10, 20, 100 billes de terre, de 4, 6, 8, 10 agates.

Billes de terre	0	5	10	15	20	25	100
Agates	0	2	4	6	8	10	40

d) Le coefficient *t* n'est même plus rationnel : c'est un nombre réel irrationnel, espèce la plus générale mais totalement dénuée de sens pour les élèves de l'école élémentaire.
Pourtant, ici encore, le sens général de certaines situations de mesure autorise la résolution du problème de proportionnalité.

Exemple :
Quelle distance Paul a-t-il parcourue avec sa belle bicyclette bleue ? Il a donné 1 000 tours de roue ; le diamètre de la roue mesure 70 cm.

Il faut pour cela savoir calculer le périmètre d'un disque à partir de son diamètre. La recherche expérimentale est possible au cm. Il faut prévoir un grand nombre d'objets circulaires : boîtes de conserve, gobelets, assiettes, roues diverses, cd, disques noirs, etc. En faire mesurer les périmètres (utiliser du ruban ou de la ficelle). En faire mesurer les diamètres : petit problème pratique de géométrie manipulatoire.

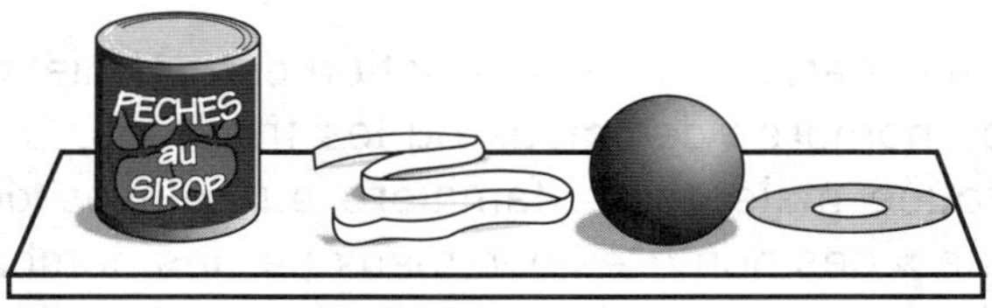

Cette activité se prête bien au travail de groupe : chaque équipe de trois ou quatre élèves mesure les périmètres et les diamètres de deux ou trois disques. Les résultats sont affichés au tableau sous la forme suivante :

Mesure du périmètre en mm					
Mesure du diamètre en mm					

Le tableau fait l'objet d'une étude collective : on remarque que les périmètres sont à peu près trois fois plus grands que les diamètres. Le calcul et une réflexion sur les ordres de grandeur permettent de recevoir l'information et de lui donner du sens : le rapport est constant ; il vaut à peu de chose près 3,14 et on le nomme Pi.

Tous ces problèmes sont du niveau des élèves du CM. Ils construisent eux-mêmes, avec l'aide du maître, les procédures de résolution. Pour conclure, s'il n'est pas question d'étudier la proportionnalité en tant que telle, on ne doit pas se satisfaire de l'étude des situations de type **a)** qui sont en fait du niveau du cycle des apprentissages fondamentaux, bien qu'il soit nécessaire de les reprendre au cycle des approfondissements. Par ailleurs, il importe de ne pas confondre « compétences exigibles » et notions et concepts faisant l'objet d'un travail pour que les premières soient solidement construites.

Approcher la proportionnalité par la résolution de problèmes est, au contraire, au cœur des pratiques du cycle des approfondissements. Ce qui n'appartient pas aux programmes, ce sont les exercices structuraux demandant aux élèves de vérifier qu'un tableau de nombres est un tableau de proportionnalité, ou de le modifier pour qu'il le devienne, ou de le compléter, etc. En effet, ces exercices visent à renforcer la connaissance de la proportionnalité en soi, indépendamment de tout contexte problématique.

« Il faut préserver les concepts fondamentaux, les mots nécessaires pour les utiliser, les exercices pour les apprendre, les situations qui leur donnent du sens », écrit le père de la didactique des mathématiques en France[1]. Et dans le même article : « Si le professeur dit complètement ce qu'il veut que l'élève fasse, celui-ci ne peut pas le produire comme le résultat d'une pensée personnelle et n'a pas besoin d'apprendre l'activité intellectuelle nécessaire. » Nous faisons nôtres ces deux exhortations.

1. Article de Guy Brousseau dans le *JDI* n° 1502 de novembre 1996.